KB185877

지리를 알면

다시 보이는

Episode of the Mediterranean

지리를 알면 다시 보이는 **지중해 25개국**

초판 1쇄 발행 2025년 1월 21일

지은이 박찬석
펴낸이 김선기
편집주간 조도희
편집 이선주
디자인 작품미디어
펴낸곳 (주)푸른길
출판등록 1996년 4월 12일 제16-1292호
주소 (03877) 서울시 구로구 디지털로 33길 48
대륭포스트타워 7차 1008호
전화 02-523-2907, 6942-9570~2
팩스 02-523-2951
이메일 purungilbook@naver.com
홈페이지 www.purungil.com

ISBN 979-11-7267-032-0 (03980)

지리를 알면 다시 보이는

Episode of the Mediterranean

지중해 25개국

지리학자의 눈으로 바라본 지중해 에피소드

푸른길

지리학자의 눈으로 바라본 지중해

UN에서는 국가를 개인의 인격과 동일시한다. 국가 안에 지역과 지방이 있고, 장소마다 에피소드가 존재하기 때문이다. 국가가 왜 그 자리에 자리하고 있고, 어떠한 역사적 경험을 했는지 말이다. 사람 팔자와 비슷하다. 팀 마샬Tim Marshall은 『지리의 힘The Power of Geography, 2021』에서 "국가의 운명은 위치가 결정한다."라고 했다. 100% 동의하지는 않지만 설득력이 있다고 생각한다.

나는 자주 "역사를 모르면 무식하다는 말을 듣지만, 지리를 모르면 하루도 살 수 없다."라고 말한다. 역사를 몰라도, 과거를 기억하지 못해도 살 수는 있다. 그러나 지리를 모르면 집을 찾을 수도 없을 뿐더러, 과장을 보탠다면 화장실도 식당도 찾을 수 없을 것이다. 우리 뇌에는 멘탈 맵Mental Map이라는 게 들어 있는데, 이것이 있어 방향, 거리, 위치, 축척을 감지할 수 있다. 예를 들어, 병원에 가려면 몇 번 버스를 타야 하고, 방향은 어디고, 시간이 얼마나 걸릴 것인가를 떠올렸을 때 그것이 총체적으로 머릿속에 그려지는 것이다.

『지리를 알면 다시 보이는 지중해 25개국』은 지리학을 공부한 사람의 눈으로 보고 해석한 지중해 이야기를 담은 지리 교양서, 즉 지지地誌이자 에

세이이다. 이 책에는 많은 지명이 나온다. 지지에서 지명은 영어 문장에서의 영어 단어와 같다. 지지는 지명에 대한 설명이다. 지명은 본래 지구 면적만큼이나 많고 지도 위에 표기된다. 하지만 아직도 지도 위에 지명이 표기되지 않는 곳이 있다. 사람이 살아야 땅 이름도 생긴다.

내가 생각할 때 지명을 가장 잘 표기해 둔 지도는 구글 지도google map이다. 이 책을 재미있게 읽기 위해서는 지도가 필요한데, 가능하다면 구글 지도 앱과 구글 이미지 앱을 스마트 폰에 깔아 두길 권장한다. 오프라인 지도보다 지명을 검색하기 쉬우며, 도시를 검색하면 도시 경관까지 볼 수 있어 그 나라를 이해하는 데 도움이 된다. 자유롭게 축척도 조정할 수 있다. 구글 지도와 구글 이미지 검색은 지도학의 혁명이다. 학창 시절 가지고 다니던 두꺼운 지리부도가 이젠 없어도 된다. 이 책에 표기된 지명은 구글 지도에 나오는 지명과 일치시켰고, 한글에 영어를 병기하였다.

이 책의 원고는 2003년부터 주간지 《내일신문》 대구판에 연재했던 고정 칼럼 〈박찬석의 세계지리 산책〉이 바탕이다. 주로 2016년부터 게재한 내용을 수정 보완하였고, 통계는 대부분 2022년 것으로 대체하였다.

각국의 통계는 인터넷 백과사전 위키피디아Wikipedia의 텍스트와 미국 CIA가 발표하는 '더 월드 팩트 북The World Fact Book'을 이용했다. 미국 CIA는 옛날에는 미국 외교 노선과 맞지 않는 후진국을 전복시키는 역할을 해서 악명이 높았다. 지금은 부수적으로 해외 자원 조사가 주 역할이며, 세계 각국의 정보를 정확하게 파악하고 자료집을 낸다. 각국의 주한국 외국 대사관과 주외국 한국 대사관의 자료를 참고했다. 정보를 얻기 위해 직접 그 나라를 방문하기도 했다.

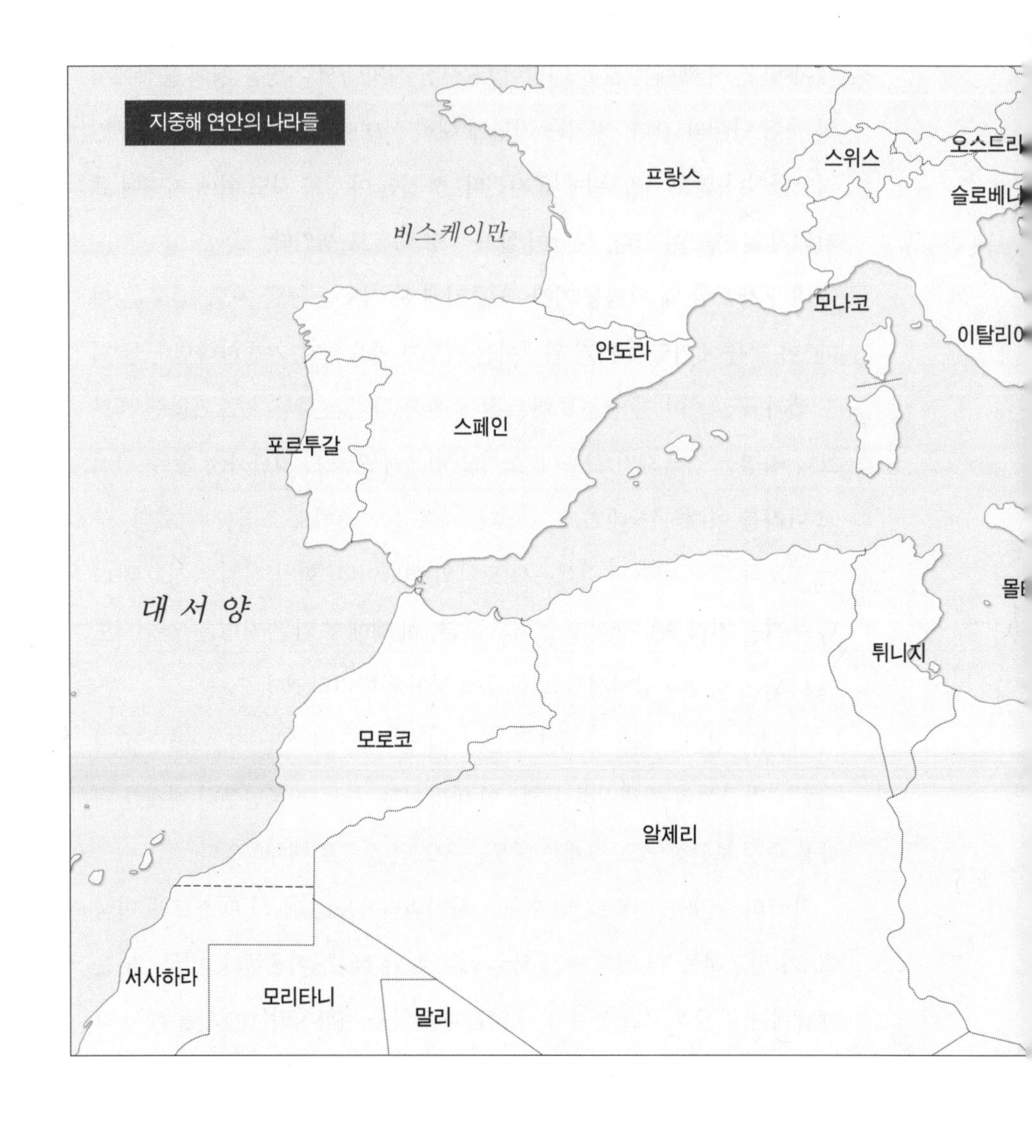

작지만 영향력이 막강했던 바다

지중해는 작은 바다지만 세계적으로 미치는 영향력은 매우 컸다. 태평양의 크기가 더 크더라도 그 바다가 세계사에 미친 영향은 지중해만 못하다.

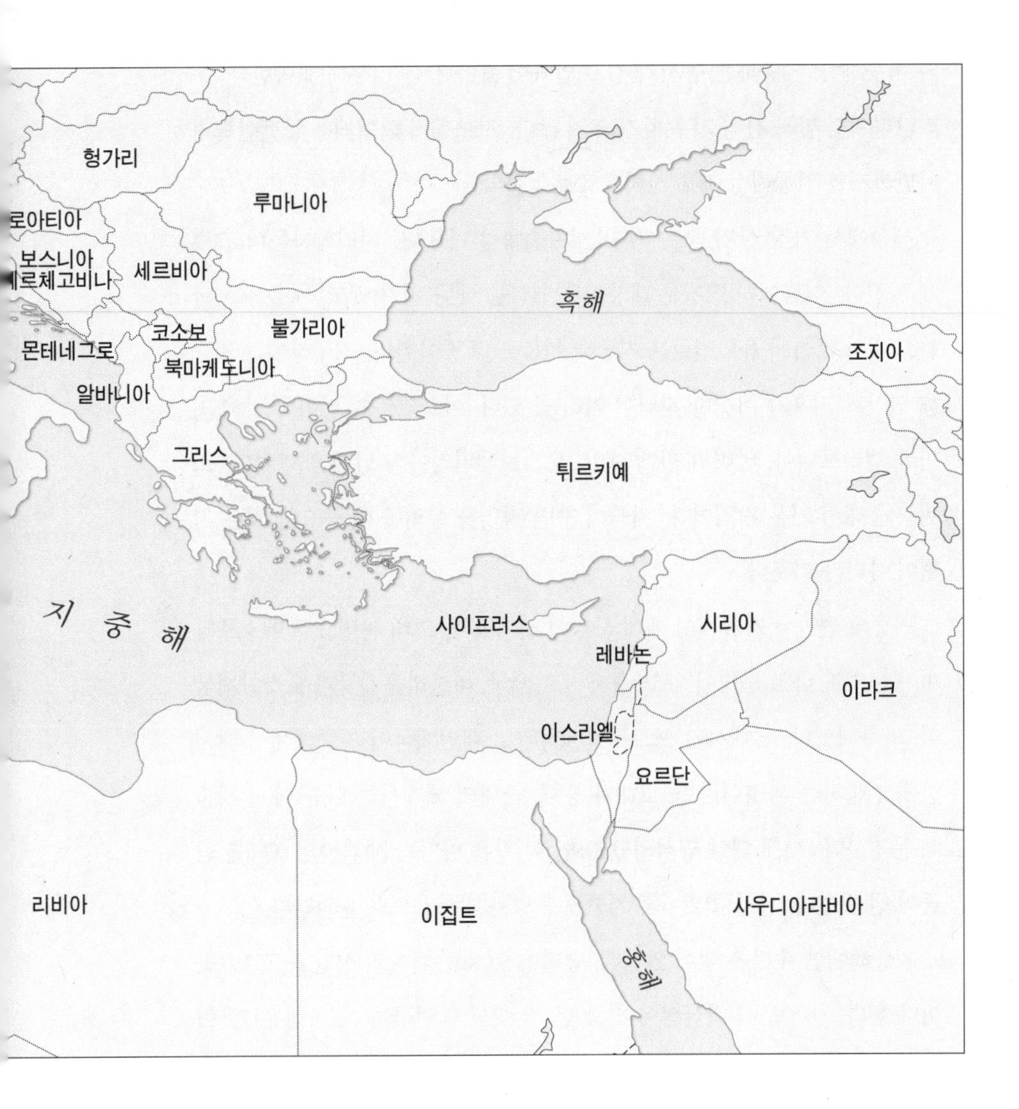

지중해는 유럽, 아프리카, 아시아 가운데 있는 바다인데, 590만 년 전에 대서양에서 떨어져 나와 다른 바다가 되었다. 면적은 약 250만km^2로 전체 바다의 0.7%를 차지한다. 미국983만km^2과 비교하면 4분의 1밖에 안 된다. 평균 수심은 1,500m이며, 위도 N30°~N46° 사이에 있다. 우리나라33N°~43N°

와 비슷하다. 지중해는 동서가 길고 남북이 짧아 같은 기후대에 속한다. 우리나라처럼 남북 간의 기후 차가 크지 않다. 지브롤터 해협에서 알렉산드리아만까지를 지중해성 기후 지역으로 분류한다.

세상에서 가장 살기 좋은 기후는 '지중해성 기후'다. 지리학자들이 그렇게 말했다. 여름에는 뜨거운 태양이 작열하는 데다 비가 적고, 겨울은 온난하고 비가 많아서 유럽인들은 지중해 여름을 더 좋아한다. 지구상에는 지중해 연안과 기후가 비슷한 지역이 여러 곳 있다. 아프리카의 남아공 남해안, 미국 캘리포니아, 남미의 칠레 해안, 오스트레일리아의 남서 해안이다. 소위 지중해성 기후 지역이다. 지중해 주변 지역을 살펴볼 때 중요한 것은 지형이 아니라 기후다.

지중해 연안 국가들에서 세계 문명이 일어났다. 고대 문명으로 메소포타미아 문명과 나일 문명이 있고, 중세 로마제국, 비잔티움제국과 오스만제국이 그 무대였다. 근대사가 포르투갈제국과 스페인제국이 지중해에서 대서양에 진출하는 과정이라면, 고대와 중세, 근대의 세계사는 다름 아닌 지중해 문명사다. 세계 해양 면적의 0.7%인 이 작은 바다가 세계사의 90%를 만들어 낸 것이다. 산업혁명 이후 지중해 문명은 대서양으로 옮겨간다.

지중해에는 수많은 섬이 있는데, 면적이 5.0km² 이상인 섬만 해도 191곳이나 된다. 대부분이 화산섬이다. 20만 명 이상의 인구가 사는 섬은 7곳이다. 시칠리아Sicily, 사르데냐Sardinia, 사이프러스Cyprus, 크레타Crete, 몰타Malta, 코르시카Corsica, 발레아레스Baleares 제도다. 섬이라고 해서 문명의 주변에 있는 오지라고 보기는 힘들다. 중세 때는 지중해 무역의 중심지였고 지금은 최고 관광지가 되었다. 한국에도 섬은 많다. 한국의 섬들은 육지에 비하면 고단한 편이다. 육지의 지원을 받아야 살 수 있다. 섬이 많은 나라는 이탈리아, 크로아티아, 그리스, 스페인, 튀르키예인데, 평화 시에는 관광지가 되고 전쟁 때는 바다에 떠 있는 항공모함이 된다. 십자군 시절에도 그랬고, 2차 세계대전 때도 그랬다.

세계의 제국들은 지중해에 접근하기 위해 수로를 정비하고 운하를 팠다. 첫째, 지브롤터Gibraltar해협을 통해 대서양에서 지중해로 들어간다. 둘째, 수에즈운하를 통하여 인도양과 홍해를 거쳐 지중해와 통한다. 셋째, 북해North Sea에서 라인Rhein강, 마인Main강, 론Rhone강, 손Saone강을 연결했다. 북해에서 프랑스를 북남으로 가로질러 지중해와 만난다. 넷째, 라인강과 다뉴브Danube강을 연결하는 운하를 건설하여 북해에서 흑해에 접근했다. 보스포루스Bosporus해협을 거쳐 지중해와 만난다. 다섯째, 발트Baltic해는 볼가Volga강을 통해 지중해와 연결된다. 볼가강 상류는 여러 개의 빙하호를 연결하여 북해와 통하고, 러시아를 북남으로 관통하여 카스피해를 거쳐 지중해로 들어온다. 유럽의 큰 도시는 운하로 지중해와 연결이 안 되는 도시가 없다. 유럽은 평야 지형인데다 강은 수량이 많고 천천히 흐른다. 운하가 많은 이유다.

지중해가 품고 있는 국가들

지중해라는 작은 바다 하나를 두고 이렇게 많은 민족과 국가가 붙어 있는 곳은 지구상 어느 곳에도 없다. 북쪽에 스페인, 프랑스, 모나코, 이탈리아, 슬로베니아, 크로아티아, 보스니아, 몬테네그로, 알바니아, 그리스, 튀르키예 등 11개국이 있다. 동쪽에는 시리아, 레바논, 이스라엘, 팔레스타인 등 4개국, 남쪽 아프리카에는 모로코, 알제리, 튀니지, 리비아, 이집트 등 5개국이다. 섬나라는 몰타, 사이프러스, 북사이프러스 등 3개국이다. 총 23개국이 지중해와 접해 있는 것이다. 여기에 대서양에 면하지만 문화도 기후도 역사도 같이하는 포르투갈과 메소포타미아의 이라크를 지중해가 품고 있는 국가로 포함하였다.

이 책은 이들 국가를 위치와 특성에 따라 네 개의 장으로 구분하였다. 제1장 기독교 국가들, 제2장 발칸반도와 아나톨리아반도, 제3장은 레반트 지방, 제4장은 마그레브 지방이다.

제1장

기독교 국가들

| 스페인 |

| 포르투갈 |

| 프랑스 |

| 이탈리아 |

제2장

발칸반도와 아나톨리아반도

| 유고 |

| 그리스 |

SPAIN · PORTUGAL
FRANCE · ITALIA

제1장

기독교 국가들

01 | 과거를 먹고 사는 나라

스페인 하면 연상되는 단어가 많다. 첫 번째로 스페인어다. 한국은 스페인어 학과가 15개 대학에 개설되어 있다. 5억 명의 세계 인구가 스페인어를 모국어로 쓰기 때문이다. 남미에서 여행하거나 사업을 하려면 스페인어가 필수다. 미국 땅의 3분의 2인 남서부도 한때 스페인의 식민지였다. 지금도 미국의 남서부는 스페인계 인구가 많다. LA에서 의류 판매업을 하던 친구는 LA에서 장사하려면 스페인어를 할 줄 알아야 한다고 했다. 스페인어를 하는 라틴계 미국인의 수가 전체 인구의 18.7%이다. 흑인 인구인 12.4%를 넘어섰다. 스페인 문화유산이 세계 곳곳에 남아 있다. 소위 라틴아메리카로 불리는 중남미는 브라질을 제외하고는 전부 스페인의 식민지였다. 지금은 과거에 비해 정치적·군사적 영향은 적다. 그 문화유산은 지금도 영어 다음으로 세계적인 영향력을 행사하고 있다.

두 번째는 투우鬪牛 문화다. 우리나라에는 청도 소싸움이 있는데, 이건 황소 간의 싸움이다. 투우는 황소와 사람과 싸움이다. 황소 죽이기 경기라고 해야 맞다. 많은 사람이 투우에 열광한다. 우리가 흔히 쓰는 정치 용어 중 '마타도어Matador'란 말이 있다. 이는 투우사가 붉은 망토를 흔들어 황소의 공격을 피하는, 거짓으로 진실을 위장하는 행위를 뜻한다. 마드리드 투우 경기장 입장료는 좌석에 따라 다르지만, 평균 10유로2023라 한다. 투우를 보고 난 뒤 스페인 남자들이 들르는 곳은 술집이다. 도시 선술집은 어디서나 볼 수 있다. 선술집 집시의 춤은 플라멩코Flamenco로 기타 반주에 딱딱한 바닥을 발로 쳐가며 추는 스텝 댄스다. 댄서의 몸짓이 대단히 선정적이고 관능적이다.

세 번째 스페인 문화는 축구다. 나라마다 리그가 있을 만큼 유럽 축구의 열기는 대단하다. 월드컵 축구는 올림픽보다 TV 중계료가 비쌀 정도다. 세계 최고 기량의 선수를 엄청난 돈을 주고 스카우트한다는 점에서 스페인 리그인 라리가La Liga는 대단하다. 스페인에서 유행하는 예술이나 스포츠는 라틴아메리카에 영향을 미쳤다. 남미에서 축구가 대대적인 인기를 끄는 것도 원조가 스페인이기 때문이다. 예술과 문화는 유럽 문화의 한 장르를 형성하고 있다. 한때 세계에서 가장 잘 살았던 대제국의 문화유산인 것이다.

스페인의 인구는 4천800만 명으로 한국5천100만 명과 비슷하다. 소득도 비슷하다. 스페인의 GDP가 1.582조 달러고 한국은 1.9조 달러이고, 스페인의 1인당 소득이 5만 달러, 한국의 1인당 소득은 5만 6천 달러Wikipedia, 2023다. 스페인은 입헌군주국이고 한국은 공화국이다. 유라시아 대륙 서쪽 끝의 나라 스페인과 동쪽 끝의 나라 한국은 자주 비교된다. 그 문화적 영향력은 우리와 비교가 안 된다. 포르투갈과 같이 한때 세계를 주름잡던 대제국

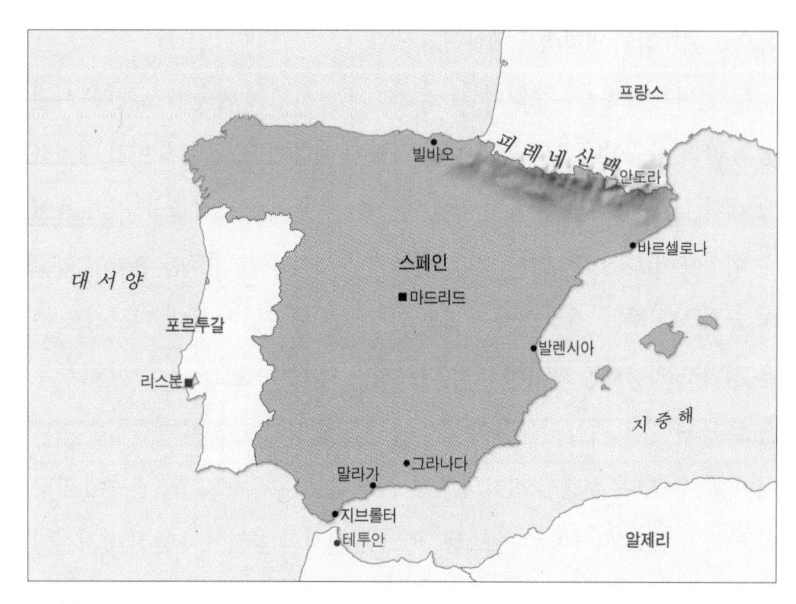

스페인

이었다. 스페인과 이웃하는 나라 포르투갈은 그 차이가 한국과 일본 차이만큼 크지 않다. 포르투갈어를 스페인 사람들은 다 알아듣고 소통한다. 같은 라틴 문화권이기 때문이다. 15세기부터 150년 동안 세계의 패권 제국이었다. 유네스코UNESCO에서 지정한 문화유산 순위는 이탈리아 49개, 중국 45개, 다음이 44개인 스페인이다. 세계에서 세 번째로 문화유산이 많은 나라다.

이베리아반도Iberian Peninsula에는 스페인과 포르투갈이 있다. 이베리아반도의 사람들을 에스파냐Espana라고 한다. '서쪽 사람들'이란 뜻이다. 로마 시대부터 그렇게 불렀다. 영어 국명은 'Kingdom of Spain'이지만, 스페인어로는 'Reino de España'다. 스페인의 국토 면적은 EU에서 프랑스 다음으로 크다. 50만km^2이다. 남쪽은 지중해를 면하고 북쪽은 대서양을 면하고 있다.

유럽에서 대서양과 지중해를 끼고 있는 나라는 스페인과 프랑스뿐이다.

동북쪽의 피레네산맥을 경계로 프랑스와 마주하고 있다. 작은 산악 국가 안도라Andorra, 468km²가 스페인과 프랑스 사이에 있다. 대서양 서사하라 맞은편에 카나리아 제도Canary Islands와 지중해에 발레아레스 제도Baleares Islands가 있다. 스페인의 역외 영토Exclave인 세우타Ceuta와 멜리야Melilla가 모로코에 있다. 영내 영토Enclave 영국령 지브롤터가 있다. 스페인은 EU 국가이자 UN 회원국이고 선진국이다.

기독교 국가인 스페인에 이슬람 문화가 남아 있다. 한때 이슬람 무어Moor인이 스페인을 지배했다. 서기 711년부터 1492년까지 781년 동안이다. 무어인은 북아프리카에 사는 이슬람을 믿는 베르베르족이다. 이슬람 문화의 중심은 아프리카와 가까운 스페인 남쪽 안달루시아 지방이다. 그라나다의 알람브라Alambra 궁전이 이슬람 문화의 상징이다. 북쪽 피레네산맥에 있던 작은 기독교 왕국들이 세력을 규합하여 이슬람 세력을 몰아내고, 이슬람의 마지막 거점인 그라나다를 함락시켰다. 1492년의 일이다. 이를 레콩키스타Reconquista라고 하며 같은 해 콜럼버스가 서인도 제도를 발견했다. 세계사는 스페인 중심으로 돌아갔다.

02 | 16세기의 미국, 스페인

미국은 개신교 백인이 건설한 나라다. 즉, WASPWhite, Anglo, Saxon, Protestant, 백인, 앵글로 색슨, 개신교가 주류다. 그러나 시간이 갈수록 개신교 백인의 세력은 줄어 가고 있다. 트럼프의 당선2017은 가난한 백인의 반란이라 한다. 미국은 이민의 나라고, 이민으로 세계 최강국이 된 나라다. 트럼프는 '미국부터 살고 보자Before You'다. 트럼프 정책이 한미방위조약을 파기하고 미군의 철군까지 할까 봐 나는 겁이 났다. 미군의 주둔은 대한민국 방위에 도움이 되기 때문이다. 한미연합군은 한국군 단독으로 전쟁을 수행하는 것보다 더 강력하다. 세계사를 살펴보면 미국은 항상 미국의 이익을 위해 전략적 판단으로 전쟁을 했다. 대한민국을 보호하기 위해, 베트남인을 지키기 위해, 이라크의 민주화를 위해 전쟁하지는 않았다. 유념해야 할 일이다.

로드리고 두테르테Rodrigo Duterte 필리핀 대통령이 중국 시진핑習近平을 만나 "미국과는 오랫동안 같이했다. 이젠 멀어져도 된다."라고 말했다. 그다음 날 미국 안보 담당 보좌관은 두테르테의 진의를 파악하기 위하여 필리핀으로 갔다. 필리핀의 전략적 가치 때문이다. 한반도의 가치가 미국에 어떤 영향을 주는지 미국 국무성은 판단한다. 6·25전쟁 때 이승만 대통령이 북진통일을 하자고 사정을 했지만, 미국은 단독으로 휴전을 했다. 우리가 사정만 해서 될 일은 아니다. 국방을 언제까지 미국에 맡길 것인가. 우리의 국방을 우리가 지켜야지 미국에 기대고 있다가는 낭패를 당할 수 있다. 형님의 이익이 동생의 이익과 항상 일치하는 것은 아니다.

스페인을 공부하고 있다. 대한민국의 역사는 세계사에 미친 영향이 미미하다. 매우 수동적이었다. 우리가 전쟁을 일으킨 일은 없다. 한반도의 좋은 지정학적 위치 때문에 강대국의 침략을 받았다. 그리고 그들의 힘으로 전쟁도 하고 독립도 했다. 6·25전쟁만 냉전체제에 있어 세계사적 의미가 있을 뿐이다. 스페인은 달랐다. 15세기 이후 19세기까지 스페인의 역사는 세계사의 중심에 있었다. 1469년 카스티야Castile 왕가의 이사벨라와 아르곤Argon 왕가가 결혼했다. 기독교 왕가다. 힘을 합해 이슬람의 마지막 거점인 그라나다Granada를 함락했다. 이슬람을 이베리아반도에서 쫓아냈다. 힘이 강해진 스페인 왕 펠리페 2세는 포르투갈을 합병했다1580. 스페인은 합스부르크가의 왕이 되고 유럽의 최강국이 되었다. 즉, 세계의 패권 국가로 등장했다. 스페인의 지배는 지중해 연안, 이탈리아에서 북쪽의 네덜란드와 벨기에에 이르렀다. 영국과 프랑스를 제외한 대제국을 건설했다.

스페인은 아메리카 대륙을 점령하고, 대서양과 태평양을 중심으로 대식민지를 건설했다. 15세기부터 세계사를 주도했다. 과정은 이렇다. 스페인의 후원을 받은 콜럼버스가 1492년 대서양을 건너 서인도 제도West Indies에 도착했다. 곧, 서인도 제도는 스페인의 식민지가 되었다. 이 사건을 계기로 스페인의 탐험대 코르테스1521는 멕시코의 아즈텍Aztec 왕국을 정복했다. 소수의 스페인 군대로 10만이 넘는 아즈텍 왕국 군대를 무너트렸다. 스페인은 멕시코를 중심으로 북쪽으로 캘리포니아, 텍사스를 점령했다. 현재 미국 3분의 2에 해당하는 서남부와 중남미 전역을 스페인 영토로 만들었다. 스페인의 피사로Pizarro가 현재 페루, 볼리비아, 칠레의 땅, 잉카Inca제국의 아타우알파 왕을 사로잡고 잉카제국을 멸망시켰다1541. 남아메리카 대륙을 스페인 식민지로 만들었다. 그 때문에 스페인이 지배한 중남미 아메리카에서는 브라질을 제외하고 모든 국가는 스페인어를 쓴다.

브라질은 포르투갈령이었다. 브라질을 제외하고 남아메리카 전역을 스페인 식민지로 만들었다. 마젤란은 포르투갈인이었지만, 스페인 카를로스 황제의 지원을 받아 세계 일주를 하였다. 마젤란의 세계 일주 덕택으로 태평양의 필리핀 제도, 괌Guam과 사이판Saipan, 태평양 제도가 스페인의 식민지가 되었다. 세계의 무역을 독점하고 세계 최초로 '해가 지지 않는 나라The Sun Never Set'가 되었다.

유럽의 왕국들은 스페인이 너무나 쉽게 부자가 되는 것을 보았다. 불고기 음식점이 잘되면 그 주변에 불고기 음식점이 생기는 법. 영국, 네덜란드, 프랑스가 끼어들기 시작했다. 식민지를 차지하기 위하여 여러 번 전쟁했다. 카리브해에서 스페인 무역선을 상대로 해적질을 했다. 그리고 식민지에서는 독립운동이 일어났다. 모두가 세계사를 바꾼 사건이다. 지중해 제해권을 장악하기 위하여 오스만제국과 전쟁을 했다. 레판토해전Battle of Lepanto, 1571이다. 스페인이 승리하여 전 세계의 해상권을 장악하는 무적함대Armada가 되었다.

신흥국인 영국의 도전을 받았다. 스페인의 무적함대는 1588년 해적질을 하는 영국을 길들이려 했지만, 영국에게 도리어 당했다. 스페인은 기가 꺾이고 말았고, 연이어 미국에게도 당했다. 스페인·미국 전쟁1898은 쿠바의 독립 전쟁으로 시작하였다. 산업화에 성공한 미국은 스페인을 물리쳤다. 태평양에 있는 괌과 필리핀도 미국의 지배로 넘어갔다. 스페인은 식민지에서 도둑질하여 부자가 되었다. 부동산으로 부자가 된 스페인은 자국의 산업을 육성할 절실함이 없었고 산업화를 등한시했다. 결국, 스페인제국은 18세기 들어서자 산업화에 성공한 영국, 프랑스, 미국에 의하여 역사의 뒤안길로 사라졌다. 찬란했던 과거만 남아 있다.

03 | 서부 유럽의 독재 정권 프랑코

스페인 내전이 일어났다. 스페인에 한정된 전쟁이 아니었다. 사실상 2차 세계대전의 전초전이었다. 이데올로기 전쟁이었다. 스페인 내전은 1936년에 시작하여 1939년에 종식되었다. 산업혁명의 후유증을 딛고 공산주의 사상이 유럽 사회를 흔들고 있을 때다. 국가권력은 사회주의가 변질되어 파시스트가 생겨났다. 히틀러도 무솔리니도 원래는 사회주의자였다 변절하여 파시스트가 되었다.

1929년 사상 초유의 경제 대공황이 일어났다. 공황은 자본주의 시장경제의 고질병이다. 세계 자본주의 국가들은 실업이 만연하고 빈부의 격차가 심해지고 사회는 불안해졌다. 스페인은 공황과 흉년으로 나라 전체가 곤궁에 빠졌다. 주 산업은 농업이고, 기본재산은 토지였다. 사회 지배층은 군인, 지주, 가톨릭 사제와 관료였고 국가 대부분의 토지를 갖고 있었다. 토지개혁이 절실했음에도 어느 정권도 제대로 하지 못했다. 특히, 스페인은 가톨릭의 폐해가 극심했다. 이유가 있다. 레콩키스타Reconquista로 이베리아반도에서 이슬람을 몰아냈다. 스페인은 로마가톨릭교의 수호자로 자칭했다. 식민지 지배를 위하여 군대가 비대해지고 군부의 힘이 막강해졌다. 군인, 사제, 지주가 재산을 대부분 차지하고 있었다. 한편, 산업혁명에 성공한 북유럽에서는 노동자의 문제가 심각했다. 노동자를 중심 의제로 삼은 사회주의 운동이 새로운 바람을 일으키고 있을 때다. 러시아는 1917년 사회주의 혁명에 성공했다.

공산주의 이데올로기는 스페인 정치에도 들어왔다. 스페인 공산당은 부패한 왕정을 붕괴하고 공화정을 수립했다. 선거로 수상을 뽑았다. 1936년이다. 토지개혁을 주장하는 공산당에 대하여 토지를 갖고 있던 지배계급은 불만이 높았다. 모로코에 파견된 프랑코 장군이 반란을 일으켰다. 처음에는 반란군이 곧 진압될 것으로 생각했다.

유럽 국가들이 스페인 내전에 간여했다. 대리전이 되었다. 프랑코 장군은 지주계급을 지켜주고 반공산주의를 외쳤다. 당시 반공산주의 파쇼Fascio 독재를 하고 있던 독일과 이탈리아도 반란군 프랑코 장군을 돕기 위해 전차, 항공기를 보냈다. 독일은 1만 5천 명의 병력을 파병했다. 무솔리니는 5만 명을 파병했다. 교황청과 히틀러와 무솔리니는 가시적으로 반란군 프랑코를 적극적으로 지원했다. 미국, 프랑스, 영국은 국민투표로 당선된 사회주의 정부군을 도왔다. 미국과 영국은 적극적이지 않았다. 명분은 사회주의 정부군 쪽에 있었다. 하지만, 무기와 재정이 튼튼한 반군 쪽으로 전세는 기울어졌다. 1939년 정부군의 마지막 보루인 마드리드가 함락되고, 반란군 프랑코가 정권을 잡았다.

내전은 더러운 전쟁이다. 승리는 했지만, 명분은 없었다. 세계적인 석학 촘스키는 "정의가 힘 앞에 무너졌다."라고 한탄했다. 헤밍웨이도 공산주의 정부군에 참여했다. 모든 내전은 외국 침략보다 더 많은 사람이 죽는다. 내전으로 50만 명 가까이 죽었다. 전쟁이 끝난 후에도 독재 정부에 반기를 들면 공산주의자로 몰아 죽였다. 무고한 민간인을 체포, 구금, 처형했다. 공산당 공화국의 마지막 거점인 마드리드를 프랑코가 포위하고 1939년 3월 28일 함락했다. 전쟁이 끝났다. 세계사에서 처음으로 마드리드를 항공기로 폭격했다. 무차별 폭격으로 많은 인명이 희생되었다. 프랑코는 1941년까지 20만 명을 처형했다.

포르투갈과 스페인은 15세기 세계를 주름잡던 대제국이었다. 지금도 그 유산이 곳곳에 남아 있다. 스페인은 가톨릭의 수호자로 자처했다. 프랑코의 사상은 '팔랑기즘Falangism'이다. 스페인 파시즘이라고도 한다. 국가주의, 반공산주의, 반민주주의다. 하나 더 가톨릭 이데올로기를 지켰다. 2차 세계대전 때 스페인의 스탠스는 중립이었다. 세계 어느 국가를 막론하고 이데올로기가 강한 나라는 잘살지는 못한다. 스페인은 독재자 프랑코가 죽고 난 후 민주화가 시작되었다. 독재 권력 하에서는 자유가 없고, 경쟁이 없고, 권력에 종속된 기업만 살아남을 수 있다. 스페인은 인적·물적 자원이 풍부한 나라다. 구 식민지에 엄청난 시장이 있다. 전 세계 5억 인구가 스페인 말을 한다. 그러나 격에 맞지 않게 못산다.

어니스트 헤밍웨이는 공산군을 따라 종군기자를 했다. 당시 미국, 영국은 공산군을 지원했다. 소설 『누구를 위하여 종은 울리나For Whom The Bell Tolls, 1940』는 스페인 내전이 배경이다. 내란이 끝난 다음 해에 출간되었다. 헤밍웨이의 최고 작품으로 평가받는다. 출간한 지 한 달 만에 100만 부가 팔렸고, 영화로도 제작되었다. 조지 오웰도 스페인 내전에 자원입대했다. 『카탈로니아 찬가Homage to Catalonia, 1938』를 썼다. 스페인 내전 이야기다. 프랑코는 내전에 승리하지만, 매우 더럽고 정의롭지 못한 승리다. 많은 외국의 지식인들이 공산당 정부를 지키기 위하여 자원해 싸웠다. 자유주의 국가들이 사회주의 정부군을 도운 결과가 되었다.

후발 국가 영국, 네덜란드, 독일, 프랑스, 이탈리아는 산업화를 이룩했고, 현대 국가가 되었다. 스페인은 추월당하고, 선진국 대열에서 밀려났다. 프랑코 정권은 공산주의 정권을 무너트렸다. 사회주의자들이 많았던 북부 지방인 카탈루냐 지방과 바스크는 더 많은 박해를 받았다. 언어까지 말살하고 탄압했다. 내전에 승리한 프랑코가 죽고 난 후 그의 평가는 부정적이다. 그는 동족 20만 명을 살해했다. 그 숫자는 나치가 동족을 죽인 숫자의 10배가 넘고, 무솔리니가 죽인 숫자보다 100배가 많다고 했다. 그의 동상은 끌어 내려졌고, 그의 기념관은 철거되었다. 그의 이름을 딴 지명 또한 바뀌었다. 프랑코를 모시는 가톨릭교회는 정부 보조금을 받지 못했다. 그리고 2006년 프랑코 독재 시절에 박해받고 살해된 희생자의 복권을 위한 법률이 통과되었다.

04 | 지브롤터, 부자들은 피난민이 들어와야 좋다

지브롤터Gibraltar는 스페인 땅에 있지만 영국의 영토고, 세우타Ceuta는 모로코에 있지만 스페인의 영토다. 유럽 대륙의 남단이다. 한편, 세우타는 지브롤터와 지중해를 두고 24km 떨어져 마주하고 있다. 두 도시는 지중해와 대서양의 길목에 있다. 15세기부터 지중해와 대서양을 들락거리는 모든 선박을 검문검색하고 해협 통과 세금을 거두었다. 전략적 요새다.

세우타는 포르투갈 영토였다. 1668년 스페인과 포르투갈을 합병하는 리스본 조약이 체결되었다. 세우타가 스페인에 양도되었다. 면적 18.5km², 인구 8만 2천 명이다. 영국령 지브롤터는 6.8km², 인구 3만 4천 명, 1인당 소득은 6만 2천 달러영국 5만 6천 달러, 2023년 기준다. 본토 스페인과 비교해 소득이 월등하게 높다. 스페인과 영국, 네덜란드 연합군이 전쟁했다. 영국은 지브롤터를 점령하고, 1713년 위트레흐트Utrecht 조약이 체결되었다. 지브롤터는 영국이 떼어 갔다. 스페인은 현재 영국에게 지브롤터를 내놓으라고 하고 있고, 세우타는 모로코가 내놓으라고 한다. 영토 주장에는 다 이유가 있다. 맞는 말처럼 들린다. 국제 관계는 힘이 첫째고, 정의는 다음이다.

아프리카에서 많은 난민이 유럽으로 들어오고 있다. 그 길목이 지브롤터와 세우타다. 유럽의 난민 문제는 심각하다. 브렉시트Brexit는 난민 때문에 일어났다. 아프리카의 난민이 유럽으로 이주함으로써 유럽 국가에 많은 문제가 일어났다. 일자리를 차지하여 영국의 실업률이 증가하고, 난민 속에 테러범들이 섞여 들어와 범죄를 일으킨다. 아프리카는 내전과 정치적 불안으로 난민이 생긴다. 아프리카 난민의 원인을 따져 보면 유럽의 식민지 정책 때문이다.

난민은 박해, 전쟁, 빈곤, 기근, 자연재해를 피해 다른 나라로 이주하는 사람들이다. 망명권Right of Asylum은 국제연합 난민고등판무관사무소United Nations High Commissioner for Refugees가 인정하는 권리다. EU의 딜레마는 난민을 받자니 실업과 범죄 문제가 있고, 거절하자니 원죄도 있고, 선진국으로서 인류 보편적 가치를 외면하는 체면 문제가 있다. '트럼프 샤이Trump Shy'란 말이 있다. 꼴통(?) 트럼프를 공개적으로 지지한다고 하자니 부끄러워 몰래 지지하고 투표하는 행위다.

유럽은 부자고 아프리카는 가난하다. 아프리카의 빈곤과 정치적 불안의 원죄는 유럽 강대국의 식민지정책에 있다. 민족과 삶의 터전을 고려하지 않고 강대국 마음대로 국경을 정했고, 분할통치Divide and Rule를 하고, 약탈하고 착취했다. 가장 악랄한 것은 수천만 명의 원주민을 잡아 노예장사를 했다는 사실이다. 1000년을 두고 사죄를 해도 안 될 죄를 지었다. 아프리카는 갈가리 찢기고 말았다. 내전이 일어나자 사람들은 살기 위해 유럽으로 향했다. 가난한 아프리카인이 비자를 받아서 유럽으로 들어오기란 바늘구멍에 낙타가 통과하기다. 온갖 수단을 동원해 목숨을 걸고 국경을 넘는다. 지중해를 건너오다가 익사하는 난민이 한 해에 2천 명이 넘는다고 한다2022년 기준. 아프리카 역사를 생각하면 기가 막힌다.

불법 이민은 어떤 영향을 미치는가? 스페인에 난민이 들어오면 부자들은 웃는다. 공장을 갖고 있거나 부동산을 가진 부자들의 처지에서는 값싼 노동자를 고용할 수 있고, 인구가 많아지면서 집세가 올라가기 때문에 좋아한다. 그러나 난민과 경쟁해야 하는 하층민은 일자리가 부족해지고 집세 또한 오르기 때문에 고통스럽다. 스페인 남부의 제조업은 아프리카의 불법 이민자가 아니면 돌아가지 않는다. 미국 LA의 제조업이 멕시코 난민이 아니면 문을 닫아야 하는 것과 같은 현상이다.

불법 이민은 세계적인 현상이다. 전 세계 난민의 수가 840만 명2006년 기준, 미국의 난민 및 이민위원회에서는 전 세계 난민의 수를 3천530만 명2022년 기준으로 집계했다. 한국의 국내 체류 외국인 246만 명 중 불법 체류인이 41만 2천2023년 명이다. 비자가 끝난 사람들이다. 사고를 치지 않으면 묵인한다. 그들이 아니면 3D 업종인 제조업과 농업은 타격을 받기 때문이다.

WTO의 정신은 국가 간의 관세 없는 상품의 자유로운 무역이다. 자유무역은 양국의 경제발전에 도움이 된다고 판단했다. 선진국의 발상이다. 좋은 상품을 만드는 국가는 수출할 상품이 있지만, 후발 국가는 수출할 제품이 없다. 그들의 수출품은 농산물과 광산물 그리고 사람뿐이다. 자유무역과 시장경제는 선진국은 더 부자가 되고, 후진국은 더욱 가난한 상태로 남는다. 후진국의 가난한 노동자는 선진국으로 들어가려 하지만, 노동자 이주의 자유는 없다. 가난한 나라의 노동자는 선진국으로 이동을 제한한다. 불법 이민을 하고 난민이 생기는 이유다. 상품과 함께 노동자 이동도 자유로울 때 빈부의 격차가 줄어든다. 그러나 현재는 상품 이동만 허용하고 사람 이동은 반대한다. 지브롤터와 세우타에 높은 철책이 있고, 개를 데리고 다니는 이민 경찰이 있는 이유다.

05 | 카나리아 제도, 대서양의 하와이

카나리아 제도Canary Islands는 화산섬이다. 스페인 본토에서 1,800km, 모로코에서는 100km 떨어진 대서양에 있다. N15°~N27°에 걸쳐 있다. 아열대 지방이다. N10°~N25° 사이의 북반구에서는 북동풍이 분다. 북동풍은 지구의 자전 때문에 일어나는 현상이다. 옛날 범선으로 무역하던 당시, 상인들은 바람의 존재를 알고 북동풍을 이용해 원거리를 항해했다. 이러한 바람을 무역하기 좋은 바람이라고 해서 '무역풍Trade Wind'이라고 불렀다. 서쪽으로 갈 때는 북동 무역풍을 이용하고, 동쪽으로 갈 때는 중위도 N30°~N60° 사이에 부는 편서풍을 이용하였다.

콜럼버스는 북동 무역풍의 존재를 알았다. 무역풍을 타고 계속 서쪽으로 가면 서쪽 끝에 있는 지팡구일본에 도착할 것으로 생각했다. 콜럼버스는 스페인의 팔로스Pharos 항구에서 출발하여 남쪽으로 갔다. 아프리카 연안을 따라 1,800km를 남쪽으로 내려왔고, 카나리아 제도의 라스팔마스Las Palmas에 정박했다. 콜럼버스가 거처했던 가옥은 지금도 보존하고 있다. 스페인에서 신대륙을 가기 위하여서는 식량과 물을 공급받기 위하여 카나리아 제도를 필수적으로 거쳐야 했다. 지금 스페인 땅이 되어 있다. 카나리아 제도는 원래 모로코인이 살고 있었다. 스페인이 정복하여 스페인 영토가 되었다. 지형적 위치는 스페인 땅도 포르투갈 땅도 아닌 아프리카의 모로코 땅이다. 등기는 스페인 앞으로 했다.

식민지 시대의 범선은 갤리온Galleon이다. 돛대 다섯 개가 있고, 수십 개의 작은 돛이 달려 있다. 당시 최대 무역선이다. 무역선도 무장하고 다녔다. 스페인은 신대륙으로부터 금, 은, 향신료, 보석, 담배, 비단, 농산물, 목재 등을 싣고 스페인으로 들어왔다. 책과 유리와 도구들이 신대륙으로 들어갔다. 스페인은 태평양에서는 필리핀 마닐라Manila에서 멕시코 아카풀코Acapulco까지, 대서양에서는 스페인에서 멕시코까지 정기선이 다녔다. 카리브 제도의 사탕수수 재배는 카나리아 제도에서 가져간 것이다. 카나리아 제도는 중개무역으로 번창했다.

스페인의 자치주인 카나리아 제도는 한때 한국 원양어선의 기지였다. 1966년에서 1970년대 말까지 10년이 넘게 200여 척의 한국 원양 선단의 기지였다. 평소 1만 명의 한국인이 상주했다. 원양어업 기지는 라스팔마스였다. 카나리아 제도는 대서양에 있는 섬이지만, 우리에게는 낯선 땅이 아니다. 지금도 적은 양이지만 카나리아 제도에서 수산물을 수입하고 있다.

두 개의 중심 도시가 있다. 하나는 산타크루즈Santa Cruz, 58만 명고, 다른 하나는 라스팔마스38만 명다. 카나리아 제도는 스페인 자치주다. 독재자 프랑코가 죽고 난 후 자치권을 획득했다. 표준시는 스페인과 1시간 차이가 있다. 카나리아 제도의 자치와 자주의 의미다. 영국의 GT그리니치 천문대 표준시를 같이 쓴다. 산업혁명 이후 증기선의 발달과 수에즈운하의 개통으로 중개무역 기지로 기능을 상실했다. 관광지로 변했다.

지구의 정반대 편에 있는 하와이와 매우 비슷하다. 모두 화산으로 형성된 섬이고, 같은 위도에 있다. 아열대 지방이지만 무역풍이 일정하게 분다. 기후가 좋아 많은 관광객이 찾는 세계적인 관광 명소다. 하와이는 8개의 섬으로 이루어져 있는데, 면적은 2만 8천km^2, 인구는 140만 명이다. 카나리아 제도의 전체 면적은 7천100km^{2}이고 인구는 200만 명이다. 참고로 제주도는 1,850km^2, 인구 63만 명이다. 지형은 비슷하지만 기후는 다르다. 카나리아 제도는 7개의 섬으로 이루어졌다. 시러큐스Syracuse 대학 기후문제연구소장 휘트모어 교수는 카나리아 제도 날씨를 "세계 최고의 기후The Best Climate in the World"라고 했다.

지금은 연간 1천만 명 이상 관광객이 온다. 태평양에는 하와이, 대서양에는 카나리아라고 한다. 사하라사막에서 불어온 거대한 사구가 있다. 사하라사막 연장선상에 있다. 사막 경관도 볼 수가 있다. 스페인의 국립공원 10개 중 4개가 카나리아 제도에 있다. 테이데산Teide, 3,718m 국립공원은 화산 경관이다. 연간 280만 명이 찾는다. 관광객은 독일, 영국, 스웨덴 사람이다. 최근 카나리아 제도 주변 해안에서 석유와 천연가스가 발견되었다. 지구상 섬의 가치는 섬 자체 자원보다 섬 주변의 해역에 있는 해저 자원에 관심이 더 크다. 카나리아 제도의 자연은 변하지 않았다. 시대에 따라 섬의 가치는 달랐다. 식민지 시대는 무역 기지, 20세기는 원양어업 기지, 21세기는 관광지로 변했다.

06 | 투우, 인간은 과연 만물의 영장?

축제는 민족문화의 표현이다. 투우Bullfighting의 유래는 오래되었다. 메소포타미아 문명에 기원을 둔다. 스페인에서 활성화된 것은 무어인의 사육제 때문이다. 투우 경기는 스페인을 비롯하여 유럽에서는 프랑스 남부와 포르투갈에서 행하고 있다. 아메리카 대륙에서는 멕시코, 콜롬비아, 에콰도르, 베네수엘라, 페루에도 있다. 스페인 문화권의 축제다. 스페인어로 투우를 '코리다Corrida'라고 한다. 투우 소는 무게 500kg, 4년 이상 사육한 건강한 놈을 간택한다. 스페인에서는 3월에서 10월 사이가 여름 축제다. 특히, 스페인 남부 안달루시아Andalusia 투우가 가장 성하다. 이슬람 무어인의 전통이다.

'코리다'라는 전용 경기장이 있다. 의전이 엄숙하다. 트럼펫 나팔로 시작을 알린다. 투우사들이 등장한다. 의상은 18세기 안달루시아의 복장이다. 투우사의 복장은 금실로 화려하게 장식한다. 다음은 검은 소가 등장한다. 특별히 사육한다. 경기 전 24시간 동안 암실에 가두었다가 경기 직전에 등장시킨다. 매우 흥분된 상태다.

피카도르Picador, 곧 말을 탄 투우사의 등장이 첫 단계다. 황소의 날카로운 뿔에 견딜 수 있는 매트를 말 등에 댄다. 말은 눈이 가려져 있다. 투우사가 공격하는 소의 등을 창으로 찌른다. 소는 처음으로 피를 흘린다. 소가 날카로운 뿔로 말을 받아 말이 넘어지는 때도 있다. 만약의 경우를 대비하여 2명의 피카도르가 더 있다. 투우사 3명과 소 한 마리의 대결이다. 창에 찔린 소는 피를 흘리고 힘이 빠진다. 두 번째로 반데리예로Banderillero가 등장한다. 3명의 반데리예로가 교대로 종이로 장식된 작은 꼬챙이깃대를 소 어깨에 꽂는다. 각각 2개의 깃대를 양손에 들고 소를 공격한다. 6개의 작은 꼬챙이로

소 등을 찌른다.

하이라이트는 마지막 단계 마타도르Matador의 등장이다. 클라이맥스이자 죽음의 장이다. 왼손에는 붉은 망토를 들고, 오른손에 날카로운 칼을 들고 소의 심장을 겨냥한다. 붉은 망토를 향해 질주하는 소를 유인하고 유인하는 광경을 멋지게 보여 주어야 인기 있는 투우사가 된다. 마타도르는 망토를 향해 전력으로 질주하는 황소를 피한다. 작은 움직임으로 소를 피하는 연기를 한다. 투우의 절정이다. 5번 정도 반복하여 소의 공격을 유도한다. 소의 사력을 다한 공격을 피할 때 마타도르의 멋진 제스처를 보고 관중은 박수를 보낸다. 대단히 위험하다. 목숨을 담보하는 경기다.

해마다 마지막 단계의 마타도르는 소의 공격을 피하지 못하여 죽는 투우사도 있다. 소는 색맹이다. 따라서 망토가 붉고 푸르고 관계가 없다. 다만 움직이는 물체를 공격한다. 유능한 마타도르는 전력으로 달려드는 소를 피하면서 소의 심장을 칼로 찌른다. 소는 피를 뿌리고 쓰러진다. 스페인에서 마타도르는 최고 연예인급에 해당하는 인기와 수입을 누린다. 전설적인 마타도르는 마놀레테다. 최고의 인기를 누리다가 30세에 경기 도중 소뿔에 받혀 죽었다. 전 스페인 국민이 애도했다.

힌두교를 제외하고는 누구나 쇠고기를 즐겨 먹는다. 소를 죽여야 쇠고기가 된다. 식용을 위하여 소를 죽이는 것이 아니라, 죽이기 위하여 죽이는 것이 투우 경기다. 19세기부터 투우 경기 반대 운동이 지식인과 기독교 단체를 중심으로 일어나고 있다. 독립을 주장하는 카탈루냐, 바스크, 갈리시아Galicia 지방에서는 동물의 생명권을 훼손시킨다고 투우를 금지하였다.

인종주의Racism는 백인은 우수하고 흑인은 열등하다는 관념이다. 인종이 다르다는 이유로 같은 일을 해도 같은 임금을 받지 못하고, 같은 지역에 살지도 못했다. 성차별Sexism은 남성은 우수하고 여성은 열등하다고 보는 시각이다. 여성은 남성과 같은 대우를 받지 못하고 사회적으로 차별을 받는다. 종차별주의Speciesism는 인간은 우수한 종이고 다른 동물은 열등하다는 관념이다. 인간만이 만물의 영장이라고 주장한다. 과연 그런가? 인간도 결국 동물이다. 생명체로서 인간과 다른 동물은 똑같은 생명이다. 다른 종의 생명의 무게도 결단코 가볍지 않다.

먹기 위해 소를 잡는 것과 다르다. 어떤 동물도 먹기 위하여 죽이지, 죽이기 위하여 죽이는 동물은 없다. 인간도 먹기 위하여 다른 동물을 죽일 수 있다. 늑대가 토끼를 잡아먹는 것, 고양이가 쥐를 사냥하는 것은 측은하게 생각할 필요가 없다. 자연의 섭리다. 그러나 먹기 위하여 죽이는 것이 아니고, 죽이는 것이 오락이 되고 취미가 되어서는 안 된다. 인간의 도리다. 스페인에서 아직도 열광하는 경기이기는 하다. 2007년 반대 여론이 50%였다. 11년이 지난 2018년에는 반대 여론이 74%가 되었다.

07 | 바스크, 독립 국가 같은 자치를 하는 지방

바스크Basque County 사람에게 "어느 나라 사람인가?" 하고 물으면 바스크라고 한다. 바스크가 어디인가를 물으면 그때야 비로소 스페인이라고 한다. 바스크의 자존심이다. 스페인의 서북부, 프랑스와 국경 지대에 있다. 스페인과 프랑스의 국경은 피레네산맥이다. 피레네산맥은 험준하고, 높으며 최고 3,404m, 길이가 400km가 넘는다. 스페인과 프랑스 간에 정치적·문화적 차이를 만들었다. 산악 지역이므로 교통이 불편했다. 다른 생활권을 만들었다. 아라곤Aragon 왕국과 나바레Navarre 왕국이 있었다. 산맥 중앙에는 지금도 작은 독립국 안도라Andorra가 있다. 높고 험준한 산맥이 광범위하게 분포하고 있어서 접근과 소통이 어렵다. 피레네산맥에는 작은 왕국들이 있었다. 오랜 세월 동안 유지·발전할 수 있었다.

바스크는 오래전에 영국의 원주민처럼 켈트Celt족이 지배했다. 스페인의 바스크는 영국의 아일랜드와 비슷하고, 스페인의 카탈루냐Catalonia는 영국의 스코틀랜드에 비유되기도 한다. 영국도 마찬가지다. 중앙이 잉글랜드고, 스코틀랜드와 아일랜드는 변방이다. 바스크는 바스크 말을 하는 지방이란 뜻이다. 바스크에는 바스크어와 스페인어가 공용어로 사용되고 있다. 바스크어는 스페인 쪽만 있는 것이 아니라, 프랑스 쪽에도 바스크어를 사용한다.

오랜 전통과 문화를 갖고 있어서 독립을 원했다. 1930년대에 일시적으로 독립했다. 곧 스페인에 내전이 일어났다. 공화국 편을 들었다가 프랑코 군대에 점령당하고 무차별 학살을 당했다. 프랑코 시절에는 바스크어도 민족자치도 허용되지 않았다. 바스크에 전통문화를 살리는 운동이 일어났다. 다시 탄압을 받았다. 무력 저항을 했다. ETAEuskadi Ta Askatasuna, 바스크와 자유는 바스크 민족주의자 좌파 게릴라 단체였다. ETA는 프랑스와 국경 지대에는 바스크어를 사용하는 작은 독립국을 요구했다. 탄압했다. 무장 게릴라로 발전했다.

독재자 프랑코가 죽었다. 스페인에 민주화 운동이 일어났다. 중앙정부도 ETA에 대한 평화적인 협상을 계속했다. 2010년 9월 10일에 ETA는 무력 사용을 전면적으로 종식한다고 선언하였다. 사바티안 국제평화회의San Sabastian Internatioal Peace Conference의 선언문이 채택되었다. 코피 아난 UN 사무총장, 전 미국 대통령 지미 카터, 전 영국 수상 토니 블레어가 같이 참석하고 서명했다.

바스크의 평화적 해결을 보고 영국 총리 브레어는 "총으로 해결되는 평화는 없다."라고 했다. 바스크 문제의 평화적 해결은 국제 분리주의를 해결하는 모범 사례가 되고 있다. 스페인은 피레네산맥 서북쪽, 대서양을 낀 곳에 바스크 자치주를 허용했다. 바스크어를 사용하고 전통을 가진 독립국에 준하는 자치를 한다. 면적 7천234km², 인구 210만 명이다. 중심 도시는 비스케이Biscay만에 있는 빌바오Bilbao다. 스페인 지방 중에서 가장 잘 사는 자치주다. EU의 평균 소득보다 더 높다.

중심 도시 빌바오에서 동쪽으로 22km 떨어진 지점에 작은 도시 게르니카Guernica가 있다. 피카소의 그림 「게르니카」1937가 있는 곳이다. 폭 3.49m, 길이 7.76m의 대형 그림이며 피카소의 문제작이고 세계적인 작품이다. 스페인 내전 때 프랑코는 히틀러에게 도시 게르니카를 폭격해 달라고 요청했다. 히틀러는 신무기 실험장으로 삼았다. 게르니카를 항공기로 폭격했다. 당시 게르니카는 인구 7천 명, 폭격으로 1천700명이 죽었다. 1937년 4월 26일이다. 피카소는 1937년 6월에 작품을 완성하여, 파리 박람회에 출품했다. 대단한 반향을 일으켰고 세계적인 작품이 되었다. 피카소는 같은 시각으로 「한국에서의 학살」1951을 그렸다. 군인이 무고한 시민을 기관총으로 쏴 죽이는 장면이다.

지금 바스크가 유명한 것은 순례길인 카미노 데 산티아고Camino de Santiago 때문이다. 프랑스에서 연간 수십만의 순례객이 온다. 바스크를 거쳐 갈리시아에 있는 카미노 데 산티아고에 들어간다. 많은 사람이 걷는다. 걷는 게 목적이다. 제주도 올레길도 산티아고를 모방했다고 한다. 야고보James 성당을 볼 수 있다. 야고보 성당, 즉 스페인 산티아고 데 콤포스텔라Santiago de Compostela가 형식적인 목적지다. 이베리아반도에서 기독교를 마지막으로 지키던 보루다. 인류는 직립원인Homo Erectus 때부터 두 발로 걷기 시작했다. 200만 년 전부터다. 베르나르 올리비에Bernard Ollivier의 저서 중

『나는 걷는다2014』가 있다. 이스탄불에서 중국 서안까지 걸었던 여행기다. 걷는 이야기다. 작가는 산티아고 길도 걸었다. 목적 없이 걸어도 걷는 데 의미가 있다. 왜 산티아고 데 콤포스텔라에 걸어왔느냐 하면, 그냥 걸어왔다고 한다. 지금까지 살아온 목적이 무엇인가, 목적이 없다. 우리나라 사람들도 산티아고 길을 많이 걷는다. 한 달 정도 걸리는 여정이라고 한다.

08 | 마드리드, 스페인 지리의 중앙이자 역사의 중심

마드리드는 스페인의 수도로, 600만 명이 사는 오래된 도시다. 우리나라는 100년 된 건물이면 문화재로 취급하지만, 스페인은 100년 된 건물을 역사 문화재로 분류하지도 않는다. 대도시에는 지금도 최대, 최고로 예술적인 장엄한 건물이 있다. 중세 때 또는 스페인제국 때의 건축이다. 교회도 왕궁도 지금의 어느 건물보다 웅장하고 예술적 가치도 높다. 역사적으로 오래된 것만이 아니다. 참으로 아름답고 근사하다. 건물만 보아도 그때 얼마나 잘 살았고 힘 있는 큰 제국이었던가를 짐작할 수 있다.

우리는 초라하다는 생각이 든다. 건축물 차이는 바로 한국 근대사와 스페인 근대사의 차이다. 우리는 식민지였고, 스페인제국은 식민지 모국이었다. 유럽을 여행하면서 가이드한테서 이름 있는 교회 건물의 건설 과정을 듣는다. 100년, 200년에 걸쳐 건설했다. 제국의 수준은 그랬다. 우리나라의 건물은 100년은 제쳐 두고라도 10년에 걸쳐 축성한 건물도 없다. 건물의 크기는 권력의 크기고 국가의 크기다. 우리나라의 경복궁과 중국 자금성의 차이다.

스페인 구시가지 중앙에 마요르 광장Plaza Mayor이 인상 깊었다. 큰 광장은 아니다. 주변은 3층 벽돌 건물이 3면으로 배치되어 있다. 아름답기도 하지만 웅장하다. 펠리페 3세 때 건립했다. 마드리드의 중앙, 즉 스페인의 중앙에 있다. 시민 광장이자 도시 마드리드를 잉태한 장소다. 처음에는 시장이었다. 모든 도시의 발생은 시장에서 출발한다. 사람이 모이는 곳을 지배하는 자가 권력자다. 권력자가 지배를 위해 터를 잡으면 사람이 더 많이 모여 도시가 된다. 산업화 이전의 이야기다. 여름의 마드리드 햇볕은 뜨겁지만, 그늘은 시원하다. 날씨가 좋다. 도시가 700m 쯤 높은 위치에 있기 때문이다. 마드리드는 유럽 대도시 중에서 가장 높은 지형에 있는 도시다.

광장의 이름은 여러 번 바뀌었다. 역사를 담고 있다. 교외 광장Plaza del Arrabal, 헌법 광장Plaza de al Constitution, 황제 광장Plaza Real, 공화국 광장Plaza de la Republica, 그리고 지금 시민 광장Plaza Mayor이 되었다. 교외 광장은 시장이란 이름이다. 교통이 편리하고 사람이 모이기 좋은 곳에 시장이 생긴다. 헌법 광장은 1812년 스페인 왕국 헌법이 제정되었다. 근사한 헌법이었다. 당시 헌법은 자유주의를 바탕으로 깔고 있다. 입헌군주국으로 의회를 두고 있었다. 그러나 오래가지 못했다. 왕정이 복구되자 이름이 다시 황제 광장으로 바뀌었다. 오늘의 마드리드 도시계획은 35년간 독재를 한 프랑코의 유산이다. 3년간1936~1939의 내전으로 피비린내 나는 전쟁을 했다. 스페인 내전이 끝나고, 광장의 이름은 시민 광장이 되었다. 20만 명의 반대파 시민을 처형했던 장소다. 광장에서 시위가 자주 일어난다. 시민 광장의 시위를 보면 지금 스페인의 현안과 갈등이 무엇인지 알 수 있다. 우리나라의 광화문 광장과 비슷하다.

유홍준의 『나의 문화유산답사기』를 즐겨 읽었다. 한반도를 박물관이라 과찬했다. 마드리드 구시가지 전체가 15~16세기 건물이다. 3면으로 배치된 3층 벽돌 건물은 크기도 대단하지만, 균형과 조화 또한 대단하다. 스페인제국의 황금기는 15세기부터 17세기까지 200년간이다. 도시를 건설할 돈이 많았다. 도시는 제국의 황금기 황제 펠리페 2세1556~1598와 펠리페 3세1598~1621가 통치할 때다. 광장의 주요 건물은 그때 만들어졌다. 말 탄 조각상이 있다. 금속으로 어떻게 저렇게 정교하게 잘 만들었을까?

지금도 마드리드는 세계적인 도시면서 남부 유럽의 중심이다. 크기는 런던, 파리, 프랑크푸르트, 암스테르담 다음이다. 유럽에서 제5위의 도시다. 문화도시고 역사 도시다. 상공업 도시가 아니다. 세계의 도시를 세계적인 영향력과 살기 좋은 도시로 구분한 평가에서 마드리드는 11등을 했다. 일본의 모리재단과 도시전략연구소에서 발표한 내용이다. 뉴욕330점, 런던320점, 도쿄305점, 파리317점, 싱가포르274점, 베를린259점, 빈255점, 암스테르담250점, 취리히242점, 홍콩242점, 마드리드242점, 서울241점, 로스앤젤레스240점 순이다.

마드리드는 세계사적인 도시다. 수없이 전쟁을 겪었고, 많은 사람이 죽어갔다. 또 하나의 예술 작품이 있다. 나폴레옹 시대다. 스페인은 오스트리아 합스부르크 왕가와 한편이다. 프랑스와 사이가 좋지 않았다. 나폴레옹은 대륙 봉쇄령을 내렸다. 영국을 고립시키기 위한 정책이다. 스페인은 영국과 내통하고 무역을 했다. 나폴레옹이 스페인을 침략했다. 마드리드를 함락했다. 나폴레옹은 동생을 스페인 왕으로 봉했다. 저항하는 마드리드 시민 수천 명을 학살했다. 스페인 화가 고야는 그 참상을 그림으로 고발했다. 「1808년 5월의 둘째 날The Second of May, 1808」은 프란시스코 고야Francisco Goya의 작품이다. 나폴레옹 군대가 마드리드 시내에 들어와 무고한 시민을 학살하는 장면을 그렸다.

09 | 안달루시아, 기독교 국가에 이슬람 궁전

스페인의 행정구역은 자치주 17개다. 지방분권 국가다. 우리도 지방자치를 하고 있다. 자치Autonomy의 정도가 크게 다르다. 우리는 무늬만 지방자치다. 지방자치를 제대로 하려면 행정, 입법, 사법의 자치를 해야 한다. 국방과 외교만 중앙정부가 담당한다. 스페인 안달루시아의 인구는 800만이다. 경상남도부산과 울산 포함의 인구 크기다. 안달루시아의 대통령을 뽑고, 109명의 하원과 상원을 가진 의회가 있다. 헌법은 연방 정부와 공유한다. 독립된 법원이 있다. 주지사도 뽑는다. 스페인 지방자치의 정도는 주마다 다르다. 바스크, 카탈루냐와 나바레Navares 자치 정부는 독립 경찰을 갖고 있다. 외교와 국방이 없는 독립 국가 수준이다. 다음은 안달루시아, 베스캄, 마드리드에는 제한된 권한을 가진 경찰만 자치를 인정한다. 유럽을 앞으로 공부를 하면 더 많이 알겠지만, 지방자치가 매우 강하다. 역사적인 이유가 있다. 유럽의 근대화는 국가에서 시작된 것이 아니라 지방 도시, 제후국에서 시작되었다. 통합되어 민족국가로 발전하였다. 지방이 국가보다 먼저다.

안달루시아Andalusia는 경상남도와 지세가 비슷하다. 동서로 달리는 산맥 시에라네바다가 있다. 경남은 남해안과 동해안을 끼고 있다. 안달루시아는 지중해와 대서양을 접하고 있다. 스페인에서 유일한 곳이다. 서쪽은 포르투갈과 면하고 있고, 남쪽 끝에는 영국령 지브롤터를 지나 북아프리카와 마주 보고 있다. 안달루시아는 그 지정학적 위치 때문에 아프리카와 전쟁과 평화를 공유한 역사가 많다. 이슬람 왕국의 거점이었다. 이베리아반도를 정복한 이슬람의 무어족은 이베리아 전체를 안달루시아라고 불렀다.

유명한 알람브라Alhambra 궁전은 그라나다Granada에 있다. 그라나다는 안달루시아의 도읍지였다. 지금은 인구 26만 명의 작은 도시다. 이슬람의 문화와 전통이 깊게 남아 있다. 그라나다는 시에라네바다산의 산록에 있다. 4개 강의 합류점이다. 이슬람제국이 있었다. 1492년까지 이슬람이 지배했고, 이슬람 문화가 많이 남아 있다. 북아프리카와 가깝다. 북아프리카 불법 이민이 많이 들어온다. 북쪽 카탈루냐 지방보다 가난하다. 유럽 전체도 남쪽이 북쪽보다 못 산다. 남유럽도 자세히 들여다보면 남쪽이 북쪽보다 못 산다. 스페인 안달루시아는 북쪽 카탈루냐보다 가난하다. 이탈리아 나폴리는 북쪽 밀라노보다 못 산다. 프랑스 마르세유는 파리보다 가난하다. 남쪽은 농업이고 북쪽은 제조업이다. 빈부의 격차를 만든 것은 자연환경이 아니다. 산업화 정도와 정치에 있다.

이스탄불에 있는 소피아 성당은 원래 동로마제국 비잔티움이 건설한 성당Cathedral이었다. 메메트 2세가 비잔티움제국을 함락했다. 소피아 성당을 덧칠하여 이슬람 사원으로 쓰고 있다. 그보다 앞서 스페인 안달루시아의 코르도바 모스크Mosque of Cordoba는 이슬람 사원이었다. 기독교 왕국은 빼앗고 덧칠하여 기독교의 성당으로 쓰고 있다. 모스크가 성당으로, 성당이 모스크로 바뀐 사례는 많이 있다.

건축물이 아름답고 웅장하다. 철거하기에는 너무 아깝다. 지금도 스페인에 거주하는 이슬람교도가 많다. 코르도바 모스크에서 예배를 볼 수 있도록 해 달라고 가톨릭 주교에게 탄원하고 있다. 소피아 성당과 코르도바 모스크는 둘 다 유네스코 문화유산에 등재되어 있다. 튀르키예는 이슬람 국가에서 기독교 문화유산을 볼 수 있고, 스페인은 기독교 국가에서 이슬람 문화유산을 볼 수 있는 유일한 곳이다. 물가가 싸고 이색적인 문화 유적이 많아 관광객이 많다. 코르도바 모스크는 유럽에 있는 모스크 중 가장 크고 아름다운 이슬람 모스크다. 외부도 웅장하지만, 내부도 이슬람 건축의 걸작품으로 알려져 있다. 매일같이 수많은 관광객과 참배객이 찾아온다.

안달루시아에 사는 외국인은 모로코인 9만 2천 명18%, 그다음 영국인 7만 8천 명15.2%이다. 라틴아메리카에서 들어오는 이주민도 많다. 아직도 이슬람교도가 남아 있다. 이슬람의 전통이 많이 남아 있는 곳이다. 안달루시아는 스페인에서 소득이 두 번째로 낮다. 농업 지역이다. 과달키비르Guadalquivir강이 흐르는 계곡에는 비도 많고 비옥한 토양이다. 올리브, 해바라기, 포도, 쌀을 재배한다. 유럽에서 쌀을 많이 재배하는 곳은 이탈리아의 포강 유역과 스페인의 과달키비르강 유역이다. 안달루시아의 파에야Paella와 이탈리아의 리소토Risotto는 쌀 요리다. 쌀밥을 먹기 때문에 우리의 식성과도 맞다.

10 | 카탈루냐, 독립해야 할 지방

카탈루냐Catalonia는 스페인에서 가장 잘사는 지역이다. 스페인을 여행하려면 카탈루냐와 안달루시아, 두 지방은 기억해 두는 게 좋다. 앞서 이야기한 안달루시아는 가장 못사는 곳이라고 했다. 카탈루냐는 프랑스와 국경을 맞대고 있다. 스페인에서는 가장 산업화를 먼저 이룩한 지역이다. 피레네산맥을 중심으로 북쪽에는 프랑스와 스페인의 경계가 되고 있다. 피레네산맥과 같은 방향으로 흘러 지중해로 들어가는 에브로Ebro강이 있다. 유역에는 넓은 삼각주가 있고 농업이 발달해 있다.

지방자치는 세계적인 추세다. 자치의 단위는 작을수록 좋다. 요즘은 결혼하면 자연스럽게 분가를 한다. 50년 전만 하더라도 큰아들은 부모를 모시고 함께 사는 것이 관행이었다. 그래서 큰아들은 결혼 상대로 인기가 없었다. 시가의 간섭을 받지 않고 독립하는 자유가 없었다. 국가도 마찬가지다. 지방은 해당 지역의 자연과 문화 환경에 맞게 자치를 원한다. 선진국에서는 예외 없이 지방자치를 한다. 후진국일수록 중앙집권을 하고 있다. 그래서 지방자치 여부는 민주주의를 가늠하는 척도가 된다.

2016년 단군 이래 최대의 시위가 대한민국에서 일어났다. 시위 과정을 보고 있던 여당 대표는 "이게 나라냐."라고 했다. 230만 명이 시위하고도 폭력사태가 없는 대한민국을 보고 "진정한 민주국가"라고 외신은 보도했다. 국가란 무엇일까? 국가를 위해 국민이 존재하는 것이 아니라, 국민을 위해 국가가 존재하는 것이다. 국가가 마음에 안 들면 다른 나라로 이민 가는 시대다. 현대 국가의 개념이다. 나를 위해, 내 가족을 위해, 나의 지방을 위해 국가가 존재하는 것이다. 외교와 국방만 되면 자치를 할 수 있으므로 국가도 단위가 작을수록 좋다. 스페인에는 17개의 자치주가 있다. 자치의 정도가 가장 강한 주는 카탈루냐다. 분리 독립을 원하고 있다.

역사적 이유가 있다. 유럽의 중세는 봉건국가였다. 왕이 있었지만, 왕은 봉건 제후 공작 중의 한 사람이다. 영국, 프랑스, 독일, 이탈리아, 스페인은 어떠했을까? 로마교황이 자리를 잡고 있었지만, 통치력이 다 미치지 못했다. 각 지역은 토지를 중심으로 봉건국가의 형태로 남아 있었다. 봉건제도는 왕이 있고, 왕 아래에 농토를 중심으로 영주공작가 있다. 공작은 지역을 다스리며 세금을 거두고, 왕에게 충성하는 제도였다. 사실상 가톨릭 교황이 다스리는 형태였다.

이베리아반도도 여러 개의 제후국으로 나누어져 있었다. 카탈루냐 지방도 근대국가, 스페인이 통일되기 전에 아라곤왕국이었다. 300년1714 전만 하더라도 스페인이 아니었다. 스페인 왕위 계승 문제로 전쟁을 했다. 프랑스의 반대편 합스부르크가의 편을 들었다. 전쟁에 패했다. 카탈루냐 지방은 위트레흐트 조약으로 스페인 왕국으로 합병되었다. 합스부르크 왕가가 된 것은 왕가의 결혼 때문이다.

언어도 스페인어가 아니고 프랑스와 닮은 칼탄Caltan어를 쓰고 있다. 프랑스와 가깝다. 경상도 사투리와 일본어가 닮은 것과 같다. 스페인 중에서 가장 잘사는 지방이다. 프랑스와 이탈리아의 영향이다. 수도권 마드리드보다 소득이 더 높다. 1930년대부터 자치를 하고 있다. 독립을 위하여 2006년에 주민 투표를 했고, 절대다수로 독립을 원했다. 카탈루냐 의회는 독립국을 선언했지만, 스페인 대법원은 위헌으로 판결했다2010. 역사적으로 문화적으로 국가민족국가로 인정된다. 평화적인 독립운동은 지금도 계속되고 있다. 카탈루냐의 자치는 역사적·문화적 차이가 있다. 자치의 정도가 독립국 수준이다. 군대에 버금가는 독립 경찰이 있다. 사법권도 독립성이 강하다. 형법은 중앙정부와 같지만, 민법은 다르다. 총을 들지 않는 독립운동은 지금도 계속되고 있다.

카탈루냐의 면적은 3만 2천km²이고 인구는 7백50만 명이다. 바르셀로나Barcelona가 주 도시다. 인구의 절반 이상인 5백20만 명이 바르셀로나와 그 주변에 모여 있다. 스페인을 찾는 관광객은 누구나 바르셀로나를 찾는다. 물가가 비교적 싸고, 지중해 연안 기후와 문화유산이 있기 때문이다. 가우디 건축물 보기 위하여 바르셀로나를 찾아갔을 때, 주민들은 카탈루냐 국기를 치켜들고 대단한 시위를 하고 있었다. 무슨 시위냐고 안내자에게 물었더니 카탈루냐 독립을 위한 시위라고 했다.

11 | 발레아레스 제도

발레아레스 제도는 스페인 자치령이다. 하나의 주Province다. 스페인 본토 바르셀로나와 발렌시아에서 가깝다. 비행기로 40분 거리에 있다. 부산에서 제주도 거리보다 더 가깝다. 스페인, 프랑스, 이탈리아가 주변에 있다. 동쪽에는 지중해의 큰 섬 프랑스의 코르시카, 이탈리아의 사르데냐가 있고, 남쪽에는 알제리의 수도 알제가 있다. 최대 관광지다.

발레아레스는 4개의 섬으로 구성되어 있다. 전체 면적은 5,040km²이다. 면적은 제주도의 3배가 넘고, 인구는 118만 명으로 거의 2배다. 섬 이야기를 할 때 나의 지리서에서는 제주도가 기준이다. 제주도와 비교한다. 가장 큰 섬이 마요르카Mallorca다. 동쪽에 있다. 서쪽은 작은 섬 이비사Ibiza와 포르멘테라Fromentera다. 큰 섬 마요르카가 인구 92만 명, 대부분 큰 섬인 마요르카에 산다. 마요르카는 발레아레스의 대명사다. 발레아레스는 몰라도 마요르카는 안다. 항공권이나 페리도 모두 마요르카라고 해야 알아듣는다.

지중해에 있는 발레아레스 제도의 위치를 보면 역사를 가늠할 수 있다. 이웃에는 스페인, 프랑스, 이탈리아가 있다. 지중해는 역사적으로 패권자의 바다였다. 지중해를 잡아야 패권 국가가 된다. 발레아레스도 예외는 아니다. 스페인, 프랑스, 이탈리아, 오스만, 모로코, 영국의 지배를 받았다.

국립공원이 있다. 무인도다. 식생이 다양하다고 하지만 특별한 것이 없다. 마요르카섬 남쪽의 작은 섬 카브레라Cabrera다. 오스만제국이 1390년부터 침략하여 1571년까지 군사기지로 삼고 지배를 했다. 허술한 성채가 있다. 레판토해전에 지고 난 후 스페인령이 되었다.

마요르카는 관광지다. 찾아오는 사람들은 영국인과 독일인이 많다. 북유럽 사람들이다. 이주하여 거주하고 있는 주민도 많다. 2017년 통계에 의하면 발레아레스에 거주하는 외국인이 전체 인구의 16.7%나 된다. 외국인 중 모로코인 2만 3천 명, 독일인 1만 9천 명, 이탈리아인 1만 6천 명, 영국인이 1만 4천 명이다. 바로 남쪽에 알제리가 있지만 정치적 상황이 좋지 않아 이주할 형편이 안 된다. 발레아레스는 섬이므로 긴 해안선을 갖고 있다. 기후가 따뜻하고 아름다운 비치가 많다. 관광객을 유인하는 자원이다.

해변을 즐기는 스타일이 우리와는 다르다. 우리나라의 해운대와 대천 해수욕장 바다는 목욕탕처럼 많은 사람들로 바글바글하다. 마요르카 해안에는 많은 사람이 있지만, 모두가 일광욕을 하고 바다에 들어가서 해수욕을 하는 사람은 거의 볼 수 없다. 우리의 해수욕장도 지금은 지중해를 닮아 가는 듯하다. 관광지이므로 호텔과 음식이 좋다. 호텔도 500유로 이상 하는 비싼 것도 있지만, 50유로 하는 값싼 호텔도 있다. 한국인의 유럽 관광은 보는 데 주안점이 있다. 마요르카를 오는 관광객은 다르다. 다닐 곳도 역사적

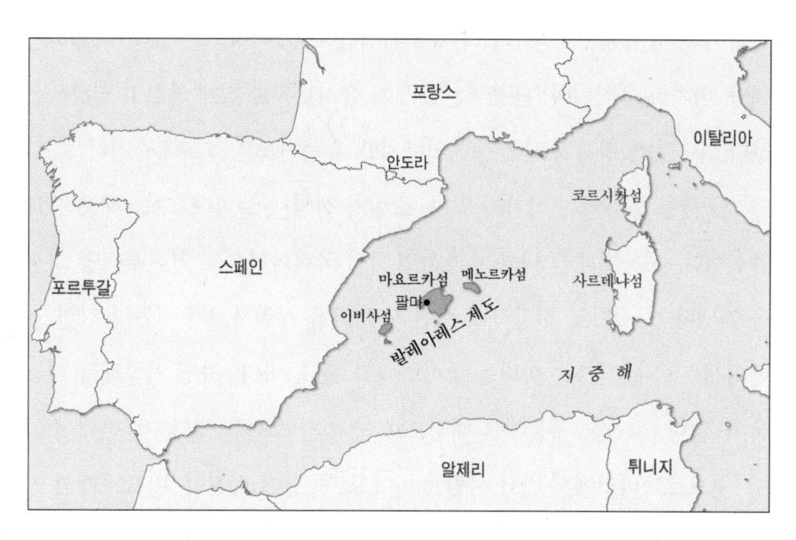

발레아레스 제도

유적도 없다. 그냥 호텔과 비치를 오가는 정도다. 잠자리와 음식에 더 신경을 쓰는 듯하다. 지중해 음식은 파스타, 스페인의 유명한 돼지 소시지, 와인, 치즈, 랍스터 스튜, 홍합 등이다. 달걀과 올리브유로 만드는 마요네즈 Mayonese는 유래가 마요르카다.

마요르카 다음으로 사람이 많이 찾는 섬이 이비사Ibiza섬이다. 소나무 섬으로 알려져 있다. 소나무도 몇 그루 보이지 않는다. 이브자는 스페인 발렌시아에서 150km, 마요르카에서 80km 서남쪽에 떨어져 있다. 인구가 10만 명 정도다. 로마 시대부터 지중해에 일어난 모든 전쟁을 몸소 체험한 작은 섬이다. 반달족 비잔티움, 오스만제국의 침략을 받았다. 산업혁명 후 지중해를 지배한 열강들의 침략을 받았다. 전쟁의 흔적, 지배의 흔적이 곳곳에 남아 있다. 중세 르네상스의 벽Renaissance Wall과 해양식물Posidonia Oceanica이 유네스코 세계유산으로 지정되었다.

관광객이 많이 모인다. 밤의 파티가 이름났다. 낮에 일광욕하고 밤에는 술과 춤이다. 술집은 아침 7시에 문을 닫는다. 밤을 지새는 유흥이다. 청춘의 상징이다. 유럽에서도 이름난 관광지이지만, 볼 것이라고는 없다. 작열하는 태양, 비치와 음식이다. 관광객은 모두가 올리브유를 짙게 바르고 일광욕을 한다. 우리는 일광욕을 하기 두려워하지만, 유럽인들은 너무나 즐긴다.

지중해를 좋아하는 작가가 있다. 소설가 신영신기남이다. 그는 해군 장교 출신이다. 서울법대를 나와 변호사고, 4선 국회의원으로 열린우리당 의장을 지냈다. 소설가로 전향하여 소년 시절 꿈을 실현하고자 하는 용감한 로맨티시스트다. 작가는 바다를 좋아한다고 했다. 바다 하면 지중해를 빼놓을 수 없다. 작가는 지중해를 배경으로 두 편의 소설을 썼다. 첫 번째 소설이 『두브로브니크에서 만난 사람2019』이고, 두 번째 소설이 『마요르카의 연인2021』이다. 그 덕분에 두브로브니크와 마요르카를 찾는 한국인 관광객이 많아졌다고 한다. 소설의 힘이다.

12 | 안도라

지금 우리는 스페인의 북부 지방을 답사하고 있다. 스페인의 북부는 피레네산맥이 있다. 높고 긴 피레네산맥은 프랑스와 이베리아반도 간의 소통을 어렵게 했고, 프랑스와 스페인의 다른 제국을 건설하게 했고, 다른 문화를 갖게 했다. 스페인의 중심 마드리드와 북부 문화권과는 다르다. 바스크와 카탈루냐 지방은 스페인의 중심 마드리드와는 전혀 다른 문화권이다. 독립을 주장할 만큼 강한 지방색을 드러내고 있다. 바스크는 바스크어를 쓰고, 카탈루냐의 바르셀로나는 칼탄어를 쓴다. 독립에 가까운 자치권을 행사하고 있다.

피레네산맥 한가운데 안도라Andorra 왕국이 있다. 바스크와 카탈루냐가 독립을 주장하는 모델이 안도라 왕국이다. 안도라는 산악 국가이자 독립 왕국이다. 안도라로 들어가는 기차도 없고 비행기도 없다. 오직 자동차로 접근할 수밖에 없다. 프랑스 툴루즈Toulouse에서, 스페인 바르셀로나에서 각각 자동차로 3시간 걸린다. 이런 국가도 있는가 싶다. 면적 468km^2, 인구 8만 5천 명이다. 작은 나라다. EU에도 가입했고, UN에도 가입하고 있다. 한국대사관도 있다. 주스페인 한국대사관이 겸임하고 있다. 스페인과 프랑스 국경의 한가운데 있으므로 정치도 양쪽에서 간섭한다. 프랑스 대통령이 임명하는 안도라 왕과 스페인 쪽에서는 가톨릭 카탈루냐 우르겔Urguell 교구의 주교가 안도라 왕을 겸임한다. 그러니까 통치자가 2명이다. 국회의원이 28명이고, 그중에서 총리를 뽑는다. 행정은 총리가 담당한다.

작은 나라가 이상하게 독립국을 유지하게 된 것은 피레네산맥의 지리적 이유 때문이다. 산악 지형이므로 이웃하는 스페인, 프랑스 같은 거대 제국에 무관심했다. 언어도 칼탄어, 프랑스어, 스페인어, 포르투갈어를 쓴다. 공식 언어는 칼탄어카탈루나어다. 중학교까지 무상교육이다. 프랑스어 학교, 스페인어 학교, 칼탄어 학교가 따로 있다. 부모의 선호에 따라 아이를 보낸다. 50% 정도가 프랑스 학교에, 나머지 50%가 칼탄어 학교, 스페인어 학교에 보낸다고 했다. 군대는 없다. 경찰이 240명, 소방대원이 120명 있다. 비상시에는 총동원령이 내려지고 20세부터 60세까지 동원되고, 집마다 총을 갖고 나온다. 아직 총동원령이 내려진 바 없다. 산악 지역이므로 경지 면적이 2%에 불과하다. 좁은 경지에는 담배를 생산하고, 가공 판매한다. 산악 지역이므로 수력발전을 하여 전력이 풍부하다. 식량은 전부 프랑스와 스페인에서 수입한다. 작은 나라이므로 관세 장벽이 없고, 모든 상품은 면세다. 법인세가 없는 국가다. 유럽의 부동산 회사, 금융회사, 보험회사들이 많이 설립되어 있다. 주 수입은 관광업이다. 평균 고도 1400m인 산악 국가여서 스키 천국이다. 연간 관광객이 1천만 명이 넘게 찾아온다. 잘산다. 소득은 EU 평균보다 높고, 개인소득이 5만 3천 달러다.

지정학적 위치 때문에, 또 역사적 이유로 전쟁이나 분쟁이 꼭 일어나는 것은 아니다. 분단되었다고 전쟁을 하는 것도 아니다. 독일은 소련과 미국이 동서 독일로 갈라놓았다. 평화적으로 통일을 이룩했다. 6·25전쟁이 38선을 그은 미국과 소련 때문에 전쟁해야 했던 것처럼 몰아가는 데는 문제가 있다. 결국, 우리 민족을 탓해야 한다. 안도라는 지정학적 위치나 역사적으로 보면 항상 전쟁이나 분쟁이 그치지 않을 것 같은 형국이다. 전쟁 없이 평화롭게 잘 살고 있다. 의미 있다. 세계의 분쟁 지역을 평화적으로 해결하는 모델이 될 수가 있다. 중국과 인도 간의 분쟁 지역 카슈미르 지방도, 이스라엘과 시리아 간의 골란 고원, 이스라엘과 요르단 간의 웨스트뱅크서안지구도 안도라 국가처럼 해결할 수가 있다. "전쟁을 생각하면 전쟁할 일이 많고, 평화를 생각하면 평화롭게 해결해야 할 일이 많다."는 노무현 전 대통령의 어록이 생각난다. 전쟁과 갈등의 원인을 역사적 이유나 강대국의 식민지에만 귀착시켜 필연적으로 몰아가면 잘못이다. 국민이 깨어 있어야 전쟁을 막을 수 있다. 전쟁으로만 한반도의 문제를 해결하려는 이웃 국가들의 저의를 잘 살펴야 한다.

나라의 덩치가 크다고 잘 사는 것이 아니다. 안도라는 이웃 국가 스페인면적 50만km^2, 인구 4천600만 명과 프랑스면적 64만km^2, 인구 6천600만 명와는 비교가 안 될 만큼 작은 나라다. 하지만 전쟁 걱정하지 않고 평화롭게 잘 산다. 국민 개인소득은 프랑스가 4만 1천 달러, 스페인이 3만 6천 달러고, 안도라는 5만 3천 달러다. 큰 나라의 고민은 작은 나라에 비하여 더 많고 문제도 많다. 21세기는 작은 나라가 대세인 듯하다. 동맹을 맺고 전쟁을 준비하는 나라가 불쌍하게 보인다.

01 | 포르투갈, 세계의 표준을 서양으로 만든 나라

세계 문명의 발상지 지중해 문명은 유럽으로 넘어갔다. 그 주역은 포르투갈이다. 세계의 표준이 서양으로 되게 한 국가다. 동양과 서양을 가르는 기준도 유럽이고, 서양의 음악은 보통 음악이고 한국의 음악은 국악으로 부른다. 두루마기보다 양복이 평상복이다. 모든 스포츠는 서양의 것이 세계적으로 통용된다. 축구와 골프는 유럽이 본산이다. 세계적인 스포츠가 되었다. 세계 인구의 4분의 1을 차지하는 찬란했던 고대 문명을 가진 중국의 어떤 것도 세계의 표준은 되지 못하고 있다. 15세기의 포르투갈은 지금의 미국이다. 미국 대통령과 같이 언제나 TV에 비치는 인간이 있는가 하면, 죽어도 신문에 한 자도 나지 않는 인간도 있다. 영향력의 차이는 있다. 국가도 마찬가지다. 미국의 영향력과 아프리카 대륙의 적도 기니Equatorial Guinea의 영향력은 다르다.

포르투갈은 인구가 1천만 명이다. 한국의 5분의 1이다. 그러나 국토 면적 9만 2천km^2는 대한민국의 면적 10만km^2와 비슷하다. 한국인들은 포르투갈이 훨씬 더 잘 산다고 생각한다. 왜 그럴까? 포르투갈이 유럽에 있기 때문이다. 사실은 1인당 국민소득구매력평가(ppp) 기준은 한국 5만 6천 달러이고, 포르투갈은 4만 5천 달러다2023. 한국이 훨씬 더 잘산다. 포르투갈은 유라시아Eurasia 대륙의 서쪽 끝에 있고, 한국은 동쪽 끝에 있다. 그 작은 나라가 세계사에 어떠한 족흔을 남겼는가는 중요한 의미를 지닌다. 포르투갈은 근대 유럽의 시작이다. 감히 이렇게 이야기할 수 있는 이유가 있다.

서양사 500년은 기독교 동로마제국비잔티움제국이 멸망하면서 시작되었다. 이슬람제국이 지중해를 장악했고, 유럽의 기독교 왕국은 아시아로 가는 실크로드를 차단당했다. 지리적 이유다. 마르코 폴로의 과장된 말 잔치로 서양의 귀족은 동양의 황금, 비단, 도자기, 차, 후추에 대한 동경심이 치솟았다. 중국과 인도만 다녀오면 부자가 된다고 믿었다. 지중해 해로를 차단당한 유럽의 기독교인은 동양으로 갈 길이 막혔다. 대서양을 통하여 가는 바닷길밖에 없었다.

유럽과 아시아의 교역로가 막혔다. 당시 후추와 비단, 가죽은 유럽 귀족들에게는 필수품이었다. 그 길을 이슬람이 점령하고 있었기 때문이다. 생필품 교역의 길을 포르투갈 사람, 콜럼버스가 1492년 대서양을 건너 서인도 제도를 발견했다. 서양 근대사는 지중해의 무대에서 대서양의 무대로 옮겨가는 시대를 말한다. 포르투갈은 대서양을 경략하기 시작했다. 대서양은 유럽과 아프리카와 아메리카에 있는 바다다.

레콩키스타Reconquista, 즉 이슬람 세력을 물리친 결과로 포르투갈은 독립했다. 아프리카 대륙 연안을 따라 인도로 가는 길을 찾아 나섰다. 당시 포르투갈은 아프리카의 서해안을 다니면서 해적질도 하고, 노예무역도 했다. 해적질 덕택에 항해술이 발달하였다. 길을 잘 아는 자가 도둑질을 잘한다. 포르투갈은 대서양 연안에 있으면서 아프리카 대륙과 아메리카 대륙에 가장 가까이 있는 왕국이다. 이웃은 큰 나라 스페인이다. 스페인과 국경을 1,214km 접하고 있다.

어떻게 최초로 대제국을 건설할 수 있었을까? 포르투갈의 위치가 중요한 역할을 했다. 포르투갈이 대서양에 면하고 지중해와 인접한 유럽 대륙에 있다. 처음부터 대선단을 꾸려 인도로 간 것이 아니다. 포르투갈은 일찍부터 아프리카 대륙과 해적질과 노예무역으로 항해술을 익혔다. 지리상의 발견 시대를 주도한 자는 엔히크Henrique 치적으로 돌리고 있다. 캐러벨Caravel이라는 배가 등장했다. 삼각돛을 달고 바람을 이용해서 먼 거리를 갈 수 있는 배다. 항해 시대의 주역이다. 바다로 나가기 위하여 지금 모로코에 있는 세우타Ceuta를 점령했다. 차례로 서아프리카 케이프 부즈도Cape Bojador를 점령했다. 아프리카로 나가는 교두보를 확보했다. 포르투갈의 잠재력을 파악한 엔히크 왕자는 바다 항로 개발에 국력을 쏟았다.

바스쿠 다가마Vasco da Gama를 기용하여 선단을 꾸리고 인도로 가는 길을 찾게 했다. 가마는 디아스Diaz의 조언대로 희망봉을 돌았다. 모잠비크 해안을 지나 몸바사를 통과하여 지금의 케냐 몸바사 북쪽 100km 지점, 마린디Malindi에 도착했다. 그의 함대는 인도양을 가로질러 1498년 5월 20일에 인도 캘리컷Calicut, 지금 케랄라Kerala주의 코지코드Kozhicode에 도착했다. 9,600km 거리다. 대서양-인도양 시대가 열렸다. 동양으로 가는 고속도로가 뚫리자 지방 국도실크로드는 생명력을 잃었다. 말과 낙타 등으로 운반하는 화물과 배로 운반하는 화물은 상대가 안 된다. 낙타 만 마리의 화물을 한 척의 배로 가능하다. 아프리카 연안과 인도양 항로를 장악한 포르투갈은 아프리카 대륙의 맹주가 되었다. 지금도 아프리카 연안에는 포르투갈인이 살지 않는 국가가 없다. 포르투갈 말이 통하지 않는 나라도 없다. 중세는 끝이 나고 근대사회로 전환되었다. 식민지 시대가 전개되었다. 포르투갈은 세계 각지에 식민지를 둔, 처음으로 세계 제국Global Empire을 건설하였다.

02 | 다가마와 디아스, 세계사를 바꾼 후추

향신료계피, 생강, 카다몬, 바닐라, 샤프론, 고추, 후추는 유럽 귀족의 생활필수품이 되었다. 로마 시대는 향신료를 광범위하게 사용했다. 황실의 화폐라고까지 했다. 음식의 살균과 향을 위해 사용하였다. 유럽에서는 목초가 풍부할 때 가축, 특히 돼지의 숫자가 많이 늘어난다. 겨울이 되면 목초와 사료가 부족해진다. 가축을 도살하여 소금과 후추를 넣어 햄, 소시지, 베이컨으로 저장했다. 겨울 준비다. 냉장고가 없을 때다. 육류 저장에 후추는 필수품이었다. 육류 저장법은 로마 초기에도 등장한다. 예수의 제자 도마Thomas가 서기 52년 지금 인도 케랄라Kerala주에 다녀갔다는 기록이 있다. 로마 때도 멀리 바다를 따라 인도까지 갔다. 인도 케랄라주는 후추 최대 생산지다.

어떻게 후추가 있는 줄 알게 되었을까? 장사는 가까운 곳에서 한다. 이웃과 연안무역을 거쳐서 먼 곳까지 전달되었다. 특히, 농산물이 풍부했던 아열대 지방의 인도 향신료는 지금도 유명하지만, 그때도 상인을 통하여 로마까지 교역했다. 로마제국의 자리를 오스만제국이 1453년 차지하면서 중동과 베니스를 통해 유럽으로 들어오던 길이 차단되었다. 교역은 필요하면 일어난다. 길을 막으면 우회 도로가 생겨난다. 항해술의 발달로 먼 곳까지 안전하게 제국의 경비 보호 아래 무역을 할 수 있었다.

향신료의 수요는 여전한데 구할 길이 없었다. 후추 값이 금값이 되었다. 49년간이다. 지중해를 통한 후추의 공급은 불가능해졌다. 포르투갈이 나타났다. 일찍부터 대서양 연안을 따라 아프리카와 교역을 했다. 이베리아 반도에서 이슬람 세력을 몰아냈다. 포르투갈에 있던 기독교 왕국이 일조했다. 포르투갈은 독립 왕국으로 등장했다. 1492년이다. 포르투갈은 지리적으로 아프리카에 가깝다. 자연스럽게 대서양을 무대로 하여 아프리카 서해안에서 해적질했다. 항해술을 익혔던 포르투갈은 신항로를 찾아 나섰다. 지중해를 다니는 배는 다르다. 지중해는 좁은 바다다. 많은 선원이 노를 저어 운항하는 갤리선Galley이 주류였다. 갤리선은 많은 노예가 먹고 마셔야 할 식량과 물을 선원의 수에 비례하여 많이 실어야 했다. 많은 화물을 적재할 수 있는 공간이 없다.

범선Sailing Ship이 등장했다. 노예의 근육 대신 돛Sail으로 바람을 받아 가는 배다. 인력 대신 풍력으로 가는 배다. 연안에도 돛단배Sailing Boat가 있었다. 그러나 원양을 다니는 범선은 돛의 수가 3개 이상이고, 중국에서 들어온 나침판을 이용했다. 대단한 항해술이었다. 지도의 제작 기술이 발달하였다. 해풍과 해류의 방향을 읽는 법을 알아냈다. 눈으로 보고 연안으로 다니던 배와 달리 대양 범선의 선장은 천문지리 지식이 필수적이다. 밤에는 별을 보고 낮에는 태양의 고도를 재어서 현재 배의 위치를 알아야 한다. 우리나라는 삼 면이 바다로 둘러싸여 있다. 필요를 느끼지 않았다. 20세기 전반까지 해양 활동이 없었던 나라다. 범선에 관한 지식이 없다.

나는 원고를 쓸 때 영어로 쓰인 서적을 참고한다. 가장 어려운 영어는 범선에 관련된 용어다. 범선은 사라지고 문헌만 남아 있는 고어古語다. Schooner돛대가 2개 이상인 배, Bark돛대가 3개 이상인 배, Brig쌍돛대 배, Barkentine돛대가 3개인 배, Foremast앞 돛대, Mainmast중앙 주 돛대, Mizzen후

미의 작은 돛대, Starboard우현, Portside좌현, Watermaker담수 제조기, Bow선수, Stern선미, Displacement배수량, First Mate일등항해사, Junior Mate이등항해사, Navigator항법사, Hand선원, Dogging불침번, Sail돛 등 수없이 많다. 지금 생활의 자동차 부분에 대한 언어처럼 보통명사였다. 범선의 시대가 사라지면서 단어는 사어死語가 되었다.

인도 항해의 경우, 누가 이 일을 주도했는가? 주앙 2세와 엔히크 왕자였다. 그는 각본을 썼고, 주연은 바르톨로뮤 디아스Bartolomeu Diaz와 바스쿠 다가마Vasco da Gama였다. 디아스는 인도를 가려고 했다. 아프리카 남단에서 30일간 육지를 보지 못한 채 항해했다. 1488년 폭풍곶Cape of Storm에 도착했다. 훗날 주앙 2세는 희망봉Cape of Good Hope으로 개명했다. 지금 남아공 케이프타운 모슬만Mossel Bay까지 16개월을 항해하고 돌아왔다.

10년 뒤 다가마는 4척의 배에 170명의 선원을 데리고 리스본Lisbon에서 출항했다. 대서양을 북에서 남쪽으로 내려왔다. 적도를 지나 희망봉을 거쳐, 케냐에 도착했다. 직선 항로로 인도의 캘리컷현재, 코지코드에 도착했다. 2척의 배가 파선되고, 비타민 C 결핍으로 괴혈병에 걸렸다. 100여 명의 선원이 죽고 55명만 돌아왔다. 다가마의 '산가브리엘호'는 178톤, 길이 27m, 폭 8.5m다. 귀국할 때, 인도양을 직선으로 건너 소말리아를 거쳐 케냐에 1499년 1월 7일 도착했다. 그리고 8월 29일 리스본에 도착했다. 케냐에서 인도까지 인도양을 건너는 데 23일 걸렸고, 포르투갈로 귀국하는 데 132일이 걸렸다. 계절풍을 이용했다. 포르투갈 왕실은 다가마의 원정에 엄청난 비용을 지불했음에도 불구하고, 2척의 배에 가져온 후추는 모든 비용을 보상하고도 남았다고 한다.

03 | 포르투갈의 식민지, 최초로 해가 지지 않는 제국

20세기 후진국 대학생들에게 가장 적개심을 일으키게 한 개념이 있다. '식민지와 제국주의'였다. 식민지주의Colonialism는 15세기부터 시작했다. 식민지와 제국주의의 개념을 로마 시대부터 소급하는 학자도 있다. 우리 시대의 식민지는 지리상의 발견Age of Discovery 때부터다. 더 구체적으로 말하면 포르투갈이 대서양을 거쳐서 인도양으로, 아메리카 대륙으로 진출한 때부터다.

식민지주의는 대형 범선이 아이콘이다. 엄청난 물량을 싣고 나를 수 있었다. 인도에 도착했고, 향신료를 계속해서 무역하기 위하여 인도 해안에 포르투갈 선원을 남겨두었다. 무역에 재미를 본 포르투갈인은 더 많이 이민식민 갔다. 포르투갈인이 사는 곳이 식민지Colony다. 포르투갈인이 살면 보호해야 한다. 브라질에 포르투갈인이 상주한 무역 항구가 대도시로 발달하였다. 나무를 심듯, 식민植民이다. 영국 식민지 정책은 이민 간 영국인이 사는 땅이다. 장보고가 산둥반도에 설치한 신라방도 같다. 포르투갈인을 보호하고, 장사를 할 수 있게 대포로 무장한 군대가 주둔해야 한다. 이주민은 대포와 총으로 원주민을 위협하여 약탈적 무역을 했다. 원주민의 문화와 종교는 무시되고 포르투갈의 언어와 기독교를 강요했다. 백인과 유색 인종은 다르다. 선교사가 현지에 들어가서 원주민을 선무하고 모든 인간은 하나님 앞에서 같다고 선교했다. 식민지에는 상인, 종교, 군대가 있어야 한다.

국가는 조직 깡패를 동원한 장사꾼이었다. 약탈적 식민지가 끝이 나고, 원주민을 낮은 임금을 주어 고용하여 플랜테이션 농업을 했다. 모국이 필요한 사탕수수, 커피, 코코아, 후추, 면화를 재배하였다. 광산에서 금과 은을 채굴하였다. 아메리카 원주민은 유럽이 옮겨간 전염병으로 90%가 죽었다. 노동자가 필요했다. 아프리카에서 원주민을 잡아 노예로 부렸다. 노예무역이 시작되었다. 식민지 모국은 부자가 되었고, 식민지는 수탈과 착취를 당하여 가난하게 되었다. 식민지 모국과 식민지의 관계다. 한반도에도 일어났다. 일제 식민지 당시 한반도에는 일본인이 71만 명2.8% 살았다. 총독부 경찰과 군인을 배경으로 쌀을 재배하고 광산물을 가져갔다.

유럽의 왕국들은 포르투갈이 부자가 되는 길을 보았다. 스페인, 네덜란드, 영국, 프랑스가 뛰어들었다. 식민지를 두고 포식자들 간에 갈등이 일어났다. 싸움은 그치지 않았다. 싸움 뒤에는 땅의 소유권 등기를 위하여 수많은 협정이 맺어졌다. 지금도 외교 관계의 언어가 영어와 프랑스어로 된 것은 당시 등기 서류에 영어와 프랑스어가 쓰였기 때문이다.

포르투갈 범선은 항해하다가 낯선 지역이 보인다고 하면 포르투갈 땅으로 등기했다. 그런 시절이다. 전 세계에 포르투갈 영토 수십 배가 되는 식민지를 갖게 되었다. 아프리카 대륙에 대서양 쪽에 카보베르데Cape Verde, 면적 4천km^2 인구 54만 명, 아프리카 서부 세네갈 앞 대서양에 있는 7개의 섬, 1975년 독립, 상투메프린시페SaoTome & Principe, 면적 964km^2, 인구 15만 명, 1975년 독립, 아프리카 기니 앞바다에 있는 섬, 기니비사우Guinea Bissau, 인구 170만 명, 3만6천km^2, 1974년 독립, 세네갈과 기니 사이에 있는 국가, 앙골라Angola, 면적 124만 6천km^2, 인구 2천400만, 1484년 포르투갈 식민지로 선언, 1975년 독립, 수도 루안다에는 포르투갈인 20만이 거주, 모잠비크Mozambique, 인구 2천500만 명, 면적 80.1만km^2, 1975년 독립, 아프리카 대륙 인도양 연안 맞은편에 마다가스카르섬 위치, 다가마의 1차 항로 때 정착지가 있다.

아프리카 연안 탐험가는 디오고 고메Diogo Gomes다. 1456년 포르투갈 엔히크 황태자 시절이다. 콜럼버스가 서인도 제도를 발견하기 46년 전이다. 리스본에서 3,000km 떨어진 곳이다. 고메는 3척의 배로 기니비사우에 있는 게바Geba강에 도착했다. 이제까지 포르투갈이 알았던 세계보다 훨씬 먼 길을 탐험했다. 감비아강을 거쳐 칸토르Cantor까지 올라갔다. 1460년에 2차 항해를 떠나 세네갈과 감비아를 탐험했다. 캐러벨Caravel 범선의 등장이다. 20톤, 5명의 선원, 나중에 캐럭Carrack으로 대체했다. 콜럼버스 산타마리아호는 100톤, 길이 20m, 폭 6m의 캐러벨이다.

아메리카 대륙에서는 브라질Brazil을 포르투갈제국의 영토라고 선언했다. 1500년 4월 22일이다. 1532년 포르투갈인이 정착했다. 브라질은 면적 851만km^2, 인구 2억 명, GDP가 세계 9위인 나라다. 공식 언어는 포르투갈어다. '브라질'이라는 말은 브라질의 해안에서 자라는 나무, 포르투갈어로 '브라질우드Brazilwood'에서 유래했다. 1808년까지 포르투갈의 식민지였다. 1822년 독립하여, 브라질제국이 되었다.

아시아에는 동티모르East Timor가 있다. 포르투갈어를 쓰고, 포르투갈인이 2%다. 인구 116만, 면적 1만 5천km^{2}이다. 1769년 동티모르 딜리Dili시를 포르투갈의 식민지로 선언했다. 1999년 독립했고 UN에 가입했다. 마카오Macau, 면적 30km^2, 인구 65만 명는 1557년 명나라 때 조차하여 포르투갈의 무역항으로 쓰다가 1999년 중국으로 반환했다.

아프리카, 아시아, 남아메리카에 방대한 식민지를 갖고 있었다. 포르투갈제국의 식민지는 무역과 1차 산업 대상이다. 불평등한 상행위 노예시장과 강제 노동에 의한 약탈적 식민지였다. 원료 수입과 제품의 판매 같은 산업혁명을 기초로 한 영국과 프랑스의 식민지 형태와는 달랐다. 부동산 장사를 하다가 포르투갈은 산업혁명과 민주화는 한발 늦었다. 1975년 포르투갈에는 민주화 운동이 일어났고, 이를 기하여 해외 식민지는 일제히 독립했다. 지금 유럽에서 가장 가난한 나라가 되었다. 식민지에는 기독교와 포르투갈어가 문화유산으로 남아 있다.

04 | 리스본, 과거를 먹고 사는 도시

도시와 시골Rural은 어떻게 정의할까? 서구화西歐化의 별칭이 도시화都市化다. 도시는 어떤 개념인가? 도시는 1차 산업농업이 아닌 2차, 3차, 4차 산업 인구가 많은 인구 밀집 지역이다. 아무리 인구가 많아도 농업인구가 다수이면 도시라 부르지 않는다. 상인이나 제조업 인구가 다수일 때 도시가 된다. 16세기 도시란 주로 장사를 하는 사람들과 수공업자들이 모여 살던 곳이다. 산업혁명 후 제조업 중심의 도시가 생겨났다. 공업 도시, 군사도시, 광산 도시가 있지만, 주 기능은 3차 산업상업과 서비스업이다. 리스본이 세계 속에 등장한 것은 포르투갈의 지리상 발견 때다. 유럽에서 최대의 무역 중심 도시가 되었다. 리스본이 무역항으로 등장하자 농민들은 농사를 버리고 리스본으로 들어왔다.

무역을 통하여 인도 코친Cochin의 후추, 스리랑카Ceylon의 계피, 인도네시아 몰루카Moluccas의 정향, 인도네시아 반다Banda의 육두구Nutmeg, 페르시아의 양탄자, 아라비아Arabia의 말, 중국과 일본의 비단과 도자기가 물밀듯이 리스본으로 들어왔다. 리스본 시내에는 기니비사우의 '기니Guinea 무역관', 오만의 '미나Mina 무역관', '인도 무역관' 등이 있었다. 도시 내에는 서점과 외국어로 된 간판이 즐비하게 있었다. 16세기 초 리스본의 인구는 10만, 노예와 외국인 7천 명이 살았다. 유럽 전역의 부자들은 리스본의 무역품을 소장해야 귀족 행세를 할 수 있었다. 상인들이 리스본으로 몰려들었다. 조선 시대 한반도에는 행정중심 도시는 있었다. 리스본 같은 도시 개념은 없었다. 세계 최초의 국제도시는 포르투갈의 리스본이었다. 서양의 도시는 상업을 하는 도시로 시작했다.

노예무역이 성행했다. 리스본에는 '노예의 집Casa dos Escravos'에서 거래되었다. 노예무역의 번성은 식민지에 사탕수수 재배가 성공하면서부터다. 아메리카 원주민은 천연두와 홍역으로 90%가 사망했다. 노동력이 부족했다. 아프리카 앙골라Angola와 모잠비크Mozambique에서 원주민을 잡아가 노예로 팔았다. 노동력이 부족한 브라질의 사탕수수 농장에 노예의 주 공급지는 아프리카였다. 노예 상인은 포르투갈인이었다. 노예제도는 인류 역사와 함께 시작되었고, 법적으로는 미국의 1850년 남북전쟁 때까지 계속되었다. 지금도 불법으로 존재하고 있다. 인간의 가장 큰 권력은 사람을 부리는 권한이다.

이베리아의 마지막 이슬람의 거점인 그라나다Granada가 함락되면서 이슬람은 북아프리카로 밀려났다. 1492년은 콜럼버스가 아메리카 대륙을 발견한 같은 해다. 스페인은 아메리카 대륙에 정성을 쏟았다. 포르투갈은 인도양과 아시아의 식민지 개척에 노력을 기울였다. 다가마와 디아스 뒤를 이어 아퐁수 데 알부케르케Afonso de Albuquerque, 1453~1515는 포르투갈제국 건설의 공로자다. 그는 안전한 항해를 위하여 동부 아프리카와 인도양 연안에 많은 요새를 건설했다. 항해 중에 해적들을 막고 물과 식량을 보급받기 위한 기지다. 홍해를 장악하기 위하여 아덴Aden에, 페르시아만을 장악하기 위하여 호르무즈Hormuz에, 인도양 연안 고아Goa에, 극동의 교역 중심지로 인도네시아 말라카Malaca에 기지를 설치하였다. 그는 포르투갈제국의 동양 총독을 지냈다.

포르투갈의 경쟁자가 나타났다. 스페인, 네덜란드, 영국, 프랑스다. 포르투갈은 밀리기 시작했다. 리스본에서 느낌은 언제 그런 황금시대가 있었던가 싶다. 세계 속의 리스본은 현재가 아니라 과거다. 포르투갈의 현재는 화려했던 식민지 시대 제국의 잔영이다. 지금의 포르투갈은 유럽 속에서 변방이고 가난한 나라가 되어있다.

많은 관광객이 리스본을 찾는다. 리스본은 100km^2 면적에 인구 56만의 작은 도시다. 유럽의 중심이 아니라, 유럽 끝자락의 작은 도시로 취급된다. 타구스Tagus강 하구에 있다. 수입 산물에 의존했다. 포르투갈은 포도주와 올리브를 제외하면 수출할 것이 없었다. 산업혁명을 한 경쟁국들은 공산품으로 차원 높은 무역을 했다. 식민지에서 원료를 수입, 모국에서 가공하여 제품을 수출했다. 식민지에서 사탕수수, 면화를 비롯한 원료를 생산하고 제품을 팔았다. 산업 기반이 없는 리스본은 쇠퇴의 길을 걸었다. 리스본 시내에는 약탈적으로 식민지 시대의 번영을 이끌어 온 아이콘으로 벨렘 탑Belem Tower과 제로니모스 사원Jeronimos Monastery만 덩그렇게 서 있다. 중심가 알파마Alfama의 카페에서 흘러나오는 파도Fado 멜로디는 과거의 영광을 회상케 한다.

05 | 포르투갈의 선택, 지구 반을 나누어 먹는 조약

"화무는 십일홍이요, 달도 차면 기우나니…" 하는 노래가 있다. 자연의 섭리를 인간사에 비유한 것이다. 권력 무상을 그린 노래다. 지구인의 눈에서 보면 달은 지구의 둘레를 공전한다. 달은 지구 그림자에 가려 15일간 점점 커져 만월이 되었다가, 서서히 줄어들어 다시 시야에 초승달로 나타난다. 국화가 싹이 트고 자라서 화려하게 꽃이 피고 나면 죽는다. 중국을 통일하고 13억 인구를 지배한 마오쩌둥은 혁명하고 통일을 하고 죽었다. 살아 있는 것은 모두 죽는다. 생자필멸生者必滅이다. 국가는 어떨까? 국가도 생물에 비유하는 국가유기체설이 있다. 한 그루의 나무처럼 생겨나고, 성장하고,

쇠퇴하고, 망한다. 역사 속에 모든 제국은 탄생, 성장, 쇠퇴, 패망의 과정을 겪었다.

식민지 경략이 본격화되자 기독교 국가인 스페인과 포르투갈 간에 갈등이 일어났다. 당시 로마교황, 알렉산더 6세가 중재했다. 대서양에 있는 섬, 케이프 베르데Cape of Verde, 포르투갈령에서 동쪽으로 2,193km 떨어진 경선 W43°37′을 기준으로 했다. 지구의 동쪽은 포르투갈, 서쪽은 스페인이 나눠 먹기로 했다. 참으로 대단한 조약이다. 포르투갈제국과 스페인제국 간의 토르데시야스 조약Treaty of Tordesillas, 1494이다. 남미의 브라질과 아프리카는 포르투갈이 먹고, 스페인은 아메리카 대륙 대부분과 태평양을 취한다는 내용이다.

지구가 구형이므로 태평양 쪽 경계가 불분명했다. 말라카해Malaka Sea 향신료 무역으로 스페인과 포르투갈이 갈등이 일어났다. 또, 포르투갈과 스페인 간에 사라고사 조약Treaty of Zaragoza, 1520이 체결되었다. 경도 E144°는 파푸아 뉴기니섬의 중앙이다. 동쪽은 스페인, 서쪽은 포르투갈 땅이라 했다. 스페인의 후원을 받아 콜럼버스가 아메리카로 나갔다. 다 가마가 아프리카를 거쳐 인도로 간 것 때문이다. 피 한 방울 흘리지 않고 지구의 반반을 나눠 먹는 조약으로 세계사는 달라졌다. 아프리카 대륙에는 스페인 식민지가 거의 없다. 남북 아메리카 대륙에는 브라질을 제외하고는 포르투갈어가 통하는 나라가 없다.

포르투갈에 1926년 왕정을 뒤엎고 쿠데타가 일어났다. 쿠데타의 열매는 안토니우 살라자르Antonio Salazar가 가져갔다. 쿠데타에 가담하지 않았고, 경제학 교수로서 정권을 잡았다. 재무부 장관을 거쳐서 총리가 되었다. 정치 수단이 능수능란했다. 그는 '신국가론Estado Novo'을 주장했다. 요체는 식민지 재건과 기독교 부활이다. 1932년부터 1968년 뇌출혈로 쓰러질 때까지

36년간 독재를 했다. 즉, 16세기의 포르투갈제국총면적 216.8만km²의 재건을 꿈꾸었다. 아프리카와 아시아에 걸친 전성시대의 제국을 재건하고자 했다. 자치권을 부여했던 앙골라, 모잠비크 식민지를 포르투갈의 한 개의 주로 편입시켰다. 엄청난 크기의 예수 동상을 건립하고, 가톨릭을 장려했다.

500년간 포르투갈 식민지에서는 포르투갈인과 현지인 사이에 혼혈아가 태어났다. 포르투갈 언어가 일반화되고 혼합된 고유한 문화가 탄생했다. 식민지에 거주하는 현지인은 자치 정부를 원했다. 포르투갈의 직접 통치에 불만을 지니게 되었다. 1960년대부터 각 식민지, 앙골라, 모잠비크, 기니비사우, 케이프 베르데에서 독립운동이 일어났다. 포르투갈은 광범위한 식민지를 직접 통치하기 위하여 군대를 파견하여 탄압하였다. 전쟁으로 엄청난 재정적 부담을 안게 되었다. 국내는 불만을 잠재우기 위하여 강력한 비밀경찰을 가동하였다. 벽에 귀가 있다고 할 정도였다. 살라자르의 독재는 지독했다.

오랜 언론의 탄압과 식민지 전쟁에 나가서 많은 젊은이가 죽어 갔다. 국민의 불만이 높아 갔다. 1970년 살라자르는 뇌출혈로 죽었다. 카테노Caeteno가 대행하였다. 그는 살라자르의 신국가주의를 이어갔다. 정권은 인심을 잃었다. 1974년 4월 25일 젊은 장교들이 쿠데타를 일으켰다. 무혈혁명이었다. 시민들이 곧 시내로 나와서 합류했고, 총구에 카네이션을 달아 주었다. '카네이션 혁명'이라고 한다. 혁명은 3Ds를 추구했다. 민주주의Democracy, 탈식민지Decolonization, 경제발전Development을 내세웠다.

아프리카 포르투갈 식민지는 1974년과 1975년 사이에 모두 독립하였다. 영광과 부를 가져다주던 식민지는 관리 비용이 너무 많이 들어갔다. 포르투갈은 16세기에 지구의 반을 차지하는 대제국이었다. 21세기 들어와서 유럽에서 가장 골칫덩어리 나라가 되었다. 과거의 역사를 파는 관광을 주업으로 겨우 살아가는 나라로 전락했다. 대한민국의 인구와 비교하여 영토가 좁다. 우리도 태평양에 섬 하나를, 식민지 하나쯤 있으면 좋겠다,라는 낭만적인 생각을 한 적이 있다. 현대 국가는 영토 크기가 국민 행복 변수가 아니다. 국민을 행복하게 하는 것은 어떻게 국내 정치를 잘하느냐에 달려 있다.

01 | 바다의 면적이 더 넓은 국가

이 책에는 프랑스 전부를 다루지 않았다. 일부만 소개한다. 프랑스는 유럽의 중심으로 지중해와 대서양을 면하고 있는 나라다. 지중해의 영향도 큰 나라지만, 대서양이 더 크다. 대서양을 지향하고 있는 나라다. 따로 프랑스, 영국, 독일을 다루려고 한다. 프랑스 지중해 지방을 제외하기에는 너무 크다. 적당한 선에서 타협했다.

권력의 측근은 지리적으로 얼마나 가깝게 있느냐에 달려 있다. 독재자와 얼마나 자주 만나고, 자주 밥을 먹고 이야기하느냐에 따라서 권력의 서열이 매겨진다. 박근혜 정권 시절 청와대의 문고리 3인방이 있었다. 직위는 행정관에 불과하나, 대통령의 가까운 거리에서 말을 전하고 문서를 전하기 때문에 권력자로 등장했다. '권력과 너무 가까우면 타서 죽고, 너무 멀면 얼어 죽는다.'라는 속설이 있다. 문고리 3인방은 너무 가까워서 철창 신세를 졌다.

국가도 마찬가지다. 18세기에 일어난 산업혁명, 계몽주의, 프랑스혁명으로 세속주의, 민주주의, 자유주의가 유럽 사회에서 일어났다. 먼저 전파되었다. 지리적으로 가깝기 때문이다. 산업혁명을 영국이 주도했다. 베네룩스 3국, 프랑스, 독일로 빠르게 전파되었다. 영국과 가깝다. 트럼프가 '아메리카 퍼스트America First'를 내세워 보호무역주의로 난리를 피우고 있다. 피해가 큰 것은 당연히 멕시코나 캐나다다. 이웃하고 있기 때문이다.

프랑스는 지리적으로 서부 유럽 한가운데 있다. 러시아도 지형적으로 유럽 평야에 속해있어 유럽 대륙이다. 서쪽으로 피레네산맥을 경계로 이베리아반도, 스페인과 국경을 접하고 있다. 동쪽으로는 알프스산맥과 주라산맥을 경계로 하여 이탈리아, 스위스와 접경하고 있고, 독일과는 라인강이 경계다. 북쪽으로 벨기에, 룩셈부르크와 면하고 있다. 그리고 작은 나라 안도라가 프랑스와 스페인 국경 사이에 있고, 모나코 왕국이 지중해에 면한 프랑스 영토에 있다.

프랑스는 루이 14세, 절대왕권 시대에는 식민지 시대였다. 포르투갈과 스페인이 저물고 난 다음 전 세계의 식민지는 영국과 프랑스가 그 자리를 차지했다. 지중해와 대서양을 면하고 있는 나라는 스페인과 프랑스뿐이다. 프랑스의 식민지 대부분은 1960년을 기하여 독립을 했다. 베트남에서 디엔비엔푸 전쟁으로 물러났고, 알제리에서도 물러났다. 프랑스 영토로 남겠다는 섬들이 아직도 태평양과 인도양에 수십 개 있다. 프랑스에 속하는 바다 면적은 미국 다음으로 크다. 남아메리카의 기아나French Guiana, 대서양의 생 피에르 앤드 미클롱Saint Pierre and Miquelon, 카리브해 앤틸리스 제도에 있는 과들루프Guadeloupe, 마르티니크Martinique, 생마르탱Saint Martin과 생바르텔미Saint Barthelemy, 태평양의 프랑스령 폴리네시아France Polynesia, 뉴칼레도니아New Caledonia, 윌리스 푸투나Wallis and Futuna, 클리퍼턴Clipperton이 있다. 인도양에 레위니옹Reunion, 마요트Mayotte, 생폴Saint Paul, 암스테르담Amsterdam섬, 남극의 아델리Adelie가 있다. 적도 이남 태평양에 프랑스만큼 많은 영해를 가진 국가는 없다. 프랑스를 해양국이라고 하는 이유다.

유럽 내의 영토는 55만km²로 EU 중에서 가장 큰 나라고, 해외 영토를 합하면 프랑스의 영토는 64만km²이다. 프랑스의 자연은 평야, 산지, 바다 등 다양하다. 프랑스의 바다 전용 수역Exclusive Economic Zone은 미국 1천135만km² 다음으로 프랑스는 814만km²이다. 프랑스 내에 가장 높은 산은 프랑스와 이탈리아를 경계하는 알프스의 몽블랑Mount Blanc이다. 해발 4천810m로 서부 유럽에서 가장 높은 산이다. 프랑스 내에는 여러 개의 강이 흐른다. 센Seine강, 가론Garonne강, 론Rhone강, 손Saone강이다. 모두 큰 배가 다니는 가항 하천이다.

프랑스의 기후는 좋은 편이다. 전 국토가 비옥한 농토다. 절대왕권으로 프랑스가 유럽의 맹주가 된 것은 풍부한 농업생산, 즉 경제적인 이유 때문이다. 프랑스의 농업으로 EU 회원국을 다 먹여 살린다 해도 과언이 아니다. 프랑스의 어업이 발달한 이유도 넓은 영해를 갖고 있기 때문이다. 프랑스는 핵실험을 자국에서 하지 않고, 프랑스령 폴리네시아 무인도에서 그리고 식민지 알제리에서 수소폭탄 핵실험을 했다. 우리가 선진국이라고 부러워하는 나라가 이렇다. 세계적으로 비난을 받았다.

프랑스가 유럽의 지리적 중심에서 중요한 것이 아니다. 프랑스가 유럽과 전 세계에 미친 영향이다. 프랑스, 독일, 영국과 함께 유럽 평야에 속한다. 평야는 경제적 교류가 쉽고 문화 전파가 쉬웠다. 평야에 흐르는 강은 모두 가항 하천이다. 교류에 장애가 없다. 유럽에 전쟁이 났다고 하면 유럽 전체가 전쟁에 휘말려들었고, 프랑스혁명이 일어났을 때는 유럽 전체가 영향을 받았다. 인구가 밀집된 지형 구분이 분명한 아시아는 달랐다.

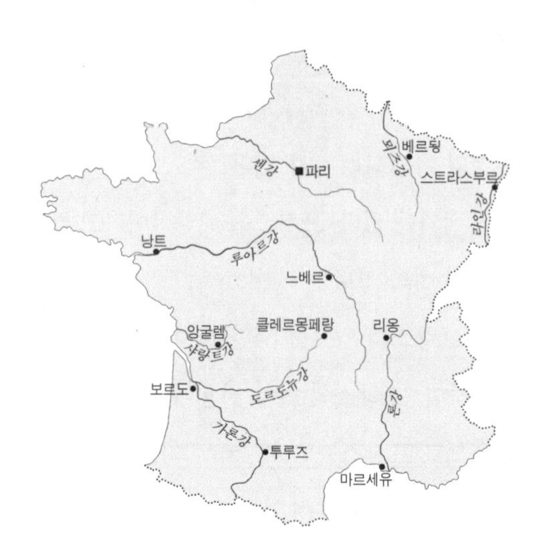

프랑스의 강

한국, 일본, 중국은 같은 문화권에 있었지만, 중국과 일본에 큰 전쟁이 있어도 이웃국가에 미친 영향은 적었다. 중국, 한국, 일본이 한문 문화권에 속해 있다. 언어는 크게 다르다. 영어, 프랑스어, 독일어는 정말 비슷하다. 유럽의 학자들은 보통 네다섯 개 언어를 자유롭게 구사한다. 교류가 많기 때문이다. 중국, 일본, 한국의 학자와는 다르다. 유럽은 산업혁명이든, 전쟁이든, 사상종교 또는 사회주의이든 한곳에서 발생하면 다른 나라로 쉽게 파급되었다. 유럽 평야 때문이다. 서부 유럽 내에는 큰 하천이 발달하여 강을 통하여 수송이 쉬웠다. 유럽을 하나의 EU로 묶을 수 있었던 것은 유럽 지리 때문이다.

02 | 마르세유, 한국의 부산

마르세유는 프랑스의 제1 항구다. 파리 다음으로 큰 도시다. 좋은 항구도시로 성장하기 위해서는 자연적 위치와 교통적 위치가 중요하다. 지중해와 접하고 있다. 내륙으로 연결하는 론Rhone강의 하구다. 지중해는 유럽 문명의 발상지다. 서구 문명은 지금 불구덩이가 되어 있는 시리아, 이라크 레반트 지방에서 시작하여 그리스, 로마를 거처 서부 유럽으로 전파되었다. 지중해 연안의 모든 도시는 역사적 소용돌이를 피해 간 도시가 없었다. 갈등이 있을 때는 전쟁에 휩싸였고, 평화 때는 문명도 문화도 공유했다.

프랑스의 행정구역은 5단계다. 1단계 18개 레지옹Region, 2단계 101개의 데파르트망Department, 3단계 335개의 아롱디스망Arrondissement, 4단계 2,054개의 칸톤Canton, 5단계 36,658개의 코뮌Commune으로 구성되어 있다. 한국은 광역시, 도, 군(시), 면(읍), 리(동)로 구성되었다. 프랑스의 영토 면적은 64.3만km², 인구 6천700만 명이다. 통치를 위한 행정구역은 토지와 인구에 세금과 노역을 부과하고, 반란을 진압하기 편리하도록 지역을 구분해 놓았다. 마르세유Marseille는 프로방스 알프 코트다쥐르Provence Alpes Cote d'Azur 레지옹의 수도다.

프로방스 레지옹 동쪽은 이탈리아와 국경을 맞대고 있다. 북쪽에는 론-알프스Rhone-Alpes 레지옹, 중심 도시는 리옹Lyon, 동쪽은 랑그도크루시용Languedoc-Roussillon 레지옹, 중심 도시는 몽펠리에Montpellier다. 동쪽에 론강이 흘러 지중해로 들어간다. 론강 운하로 마르세유와 연결되어 있다. 론강 상류는 손강과 운하로 연결되어 라인강과 연결되고, 북쪽 발트해까지 수로가 열려 있다. 남쪽은 지중해를 면하고 있다. 지중해 연안에는 마르세유, 툴롱Toulon, 칸Cannes, 니스Nice 같은 항구가 있지만, 마르세유에 비견할 만한 항구도시는 없다. 동쪽으로는 리옹만과 론강의 삼각주가 있다. 큰 도시로 성장하기 위해서는 가까이 경쟁하는 큰 도시가 없어야 하고, 도시의 밥이 되는 많은 인구와 자원이 배후에 있어야 했다. 마르세유는 프랑스 역사상 항상 중요한 도시였다. 1869년 수에즈운하가 개통되면서 더 활기를 띠기 시작한다.

마르세유 외항에는 4개 섬이 있다. 디프D'if섬, 라토뉴Ratonneau섬, 포메거스Pomegues섬, 듀 프리울du Frioul섬이다. 디프섬에는 성채Chateau D'If가 있다. 지하는 감옥이었다. 샌프란시스코만의 알카트라즈섬Alcatraz Island 감옥과 비슷하다. 소설과 영화의 배경으로 자주 등장하는 이름이다. 디프 성채를 배경으로 한 인기 소설은 알렉산드로 뒤마의 『몬테크리스토 백작1844』이다. 영화로도 제작되었다.

나폴레옹 황제 유배 때다. 주인공 에드몽 단테스는 곧 선장이 되고 아름다운 여인과 결혼 약속을 받은 미래가 있다. 연적의 모함으로 누명을 쓰고 14년간 디프섬 성채 감옥에 유폐된다. 감옥에서 파리아 신부를 만나 다양한 지식과 지혜를 얻고 탈옥한다. 파리아가 죽으면서 이탈리아 몬테크리스토섬에 묻혀 있는 보물 지도를 단테스에게 건네준다. 몬테크리스토섬은 이탈리아의 엘바섬, 나폴레옹의 첫 유배지에서 남쪽으로 30km 남쪽에 있는 면적 10km²의 작은 섬이다. 탈옥 후 단테스를 무고하여 감옥에 처넣고 연인을 가로챈 가해자들을 하나씩 복수를 해 간다는 이야기다. 인간사에 억울한 일을 당하고 복수하는 것처럼 통쾌한 일은 없다. 이야기는 허구지만, 이야기의 배경은 왕정복고 시대의 사회상을 보여 준다. 프랑스 왕정 귀족들의 이야기다. 재미있다. 영화, 뮤지컬, 만화로도 제작되었다.

마르세유는 시민보다 이민자가 많은 도시다. 이민은 난민으로부터 시작했다. 난민은 주변 지역에서 들어온다. 정치적 불안 또는 경제적 불안으로 삶의 터전을 옮기는 현상이다. 마르세유 인구는 85만이다. 1999년 통계에 의하면 프랑스인이 21.1%이고, 78.9%가 외국 출생 프랑스인이다. 가톨릭 40만, 모슬렘 20만, 유대 교도가 8만 명이다. 유럽에서 유대인 인구가 세 번째로 많은 도시다. 북아프리카의 알제리, 튀니지, 모로코로부터 난민이 들어오고, 중동 시리아와 레바논의 난민이 들어오고, 동유럽에서도 들어온다.

이슬람교도, 유대 교도의 비율이 프랑스 내에서 가장 많은 도시다.

이민자가 많으면 도둑도 많고 사기꾼, 건달, 창녀도 많다. 치안이 조금 불안하지만 다이내믹하다고 한다. 노트르담 성당은 랜드마크가 되고 있다. 노트르담 사원은 프랑스 여러 곳에 있다. 파리에만 있는 것이 아니다. 노트르담Notre-Dame은 귀부인이란 뜻이고, 기독교 성모마리아를 의미한다. '라마르세에즈La Marseillaise'는 프랑스 국가다. 프랑스혁명 때 마르세유 시민들이 혁명군에 동참했다. 그때 부른 노래다. "가자, 조국의 아들이여. 영광의 날이 왔네. 압제가 앞에 있지만, 피의 깃발을 올렸다. … 우리 군대와 시민의 승리를." 프랑스에는 아직도 구석구석 프랑스 대혁명의 정신이 녹아 있다. 마르세유의 항구 기능은 한국의 부산, 일본의 오사카, 중국의 상하이와 비슷하다.

03 | 프랑스 지방 요리

기후학자 쾨펜은 기후를 식물을 기준으로 구분했다. 한 지역의 기후를 대변해 주는 데는 식물만큼 정직한 생물은 없다. 식물은 기후변화에 정확하게 반응한다. 비가 오지 않으면 말라 죽는다. 건조기후에 자랄 수 있는 나무는 어떤 식물이고, 비가 많은 지역에 사는 식물이 어떤 종류인지를 알 수 있다. 거꾸로 침엽수가 있는 곳은 한대 지방이고, 낙엽수가 있는 지방은 사계절 변화가 있는 곳이고, 맹그로브가 자라는 곳은 열대우림 지방이다. 지금 비가 오고 있다 하더라도 선인장이 듬성듬성 자라고 있다면 사막기후임에 틀림이 없다.

음식을 보면 어느 문화권에 속한 민족인지를 쉽게 구분할 수 있다. 바다

생선을 좋아하면 해안에 살았던 사람이고, 절임 음식을 좋아하면 내륙 지방 사람이다. 양고기를 좋아하면 건조한 지방에 산 사람이다. 몽골인은 물고기를 먹지 않거나 싫어한다. 쌀밥을 먹는 민족은 벼를 재배하는 계절풍 기후대에 살았던 사람이라는 것을 알 수 있다. 음식은 문화를 가장 정직하게 나타낸다. 영어로 'Culture'는 경작하다 혹은 농산물Cult을 의미한다. 문화는 먹는 양식이다. 옷으로는 모르지만, 먹는 자료를 보면 어느 문화권인지 쉽게 판단할 수 있다.

프랑스도 마찬가지다. 프랑스의 요리가 서양 요리로 대표적이다. 세계적인 요리로 등장했지만, 프랑스 내에서는 지방마다 음식이 다르다. 올리브유를 즐겨 쓰면 남부 사람이고, 바게트에 버터를 발라 먹으면 북부 사람이고, 절인 청어를 좋아하면 북해 지방 사람이다. 브르타뉴 사람들은 사과를 좋아하고 해산물을 즐긴다. 지방에서 생산되는 식재료를 찾으면 파리 사람이다. 북서쪽 대서양 지방 요리의 특징이 있다. 칼레, 노르망디, 브르타뉴 지방이다. 해안 지방은 해산물, 갑각류, 가리비, 청어, 대구, 브르타뉴 지방은 바닷가재, 왕새우, 홍합, 서대 요리가 유명하다. 노르망디는 사과 산지다. 사이다, 사과 주스(칼바도스)가 유명하다. 서북부 지방은 대서양 해산물과 사과가 대표적이다.

프랑스에는 7개의 하천이 있다. 라인강이나 다뉴브강 같은 대하천이 아니고 작다. 프랑스의 강들은 평야를 가로지르고 있으므로 강을 따라 농업이 발달하였다. 강을 따라 도시가 발달하였다. 평야 지역의 강은 유속이 느리고 지류와 지류 간에 운하로 연결되어 있다. 큰 선박은 다니지 못하지만, 지역 간의 농산물, 축산물, 수산물을 운반하는데 매우 편리한 교통로 역할을 했다. 프랑스의 지형은 동쪽이 산지 지형이고 서쪽이 평야 지대다. 센강은 쥐라Jura산맥에서 발원하여 대서양으로 유입된다.

파리의 한가운데를 센강이 통과한다. 센강의 지류인 뫼즈Meuse강과 루아르Loire강은 운하로 연결되어 있다. 전국적인 수로 네트워크를 갖고 있다. 파리는 세계 요리의 중심이다. 레스토랑만 9천 개 넘게 있다. 파리는 중세 때부터 수도였기 때문에 전국 각지에서 모든 종류의 식재료를 가져왔다. 파리 시민은 식재료가 없어 요리를 못 하는 법은 없다. 쉽게 구할 수 있다. 가격이 문제일 뿐이다. 뫼즈강, 센강, 루아르강 상류는 동쪽이 그리 높지 않은 산지다. 쥐라 산지와 알프스 산지의 산록이다.

내륙 고원에 양질의 포도를 재배한다. 샹파뉴Champagne에서는 샴페인을 빚고, 양고기와 치즈를 많이 생산한다. 포도주의 안주는 치즈만큼 좋은 게 없다. 남서부 도르도뉴Dordogne강은 중앙에서, 가론Garonne강은 피레네산맥에서 발원하여 비스케이Biscay만으로 유입된다. 상류는 루아르강과 운하로 연결돼 있다. 대서양으로부터 대구, 청어, 서대가 많이 잡힌다. 그 배후 지역인 푸아투샤랑트Poitou Charentes 지방은 가금류와 소, 양을 사육해 양질의 치즈와 버터를 얻는다. 보르도Bordeaux 지방은 세계적인 포도주 생산지고, 이웃 코냐크Cognac 지방은 코냑을 생산한다.

자연산으로 '주방의 다이아몬드'라고 하는 송로 버섯Truffle은 페리고드Perigord가 주산지다. 리옹Lyon강 유역은 프로방스 지방이고 지중해 연안이다. 감귤류와 향신료를 재배하고, 하류에는 지중해식 해산물이 이름 높다. 프랑스 사람 중에 어느 지방 사람인가를 구별하는 데는 선호하는 음식이 무엇인가를 물으면 된다. 청어를 좋아하면 북부 사람, 홍합을 좋아하면 프로방스 사람, 탄산 포도주를 즐기면 샹파뉴Champagne 지방 사람으로 여긴다. 우리도 마찬가지다. 교통이 발달하기 전, 안동에 간고등어가 발생한 것은 신선한 고등어 배달이 힘든 내륙이었기 때문이고, 경상도가 매운 김치를 선호하고 함경도가 백김치를 선호한 것은 함경도에서는 고추 생산이 안 되기 때문이었다. 실크로드를 통해 중국의 비단을 수입하여 로마 귀족들은 즐겨 입었다. 한국인도 양옥집을 짓고 넥타이를 매고 양복을 입는다. 한국도 다르지 않다. 입는 옷과 사는 집 모양으로는 어느 지방 사람인가를 구별하지 못한다. 음식이 지방의 특색이다.

04 | 툴루즈, 관용의 대명사가 된 도시

프랑스 대통령선거가 진행 중이다. 2017년이다. 세계는 흔들리고 있다. 강대국들은 우파 쪽으로 기울고 있다. 영국이 EU를 탈퇴하고, 미국의 트럼프, 일본의 아베, 러시아의 푸틴이 그렇다. 우파는 자국의 이익이 우선이다. 세계가 긴장하고 있다. 프랑스 예비 대통령선거가 관심 있는 것은 극우파 르펜과 중도파 마크롱의 대결이었다. 프랑스 제일주의, 반이민과 EU 탈퇴를 주장한 르펜21.4%을 누르고 유럽연합을 강조한 마크롱23.8%이 1위를 차지했다. 결선투표는 5월 7일이다. 감성과 이성의 대결이라고 평했다. 마크롱이 68%를 얻어 낙승할 것이라는 여론조사다. 마크롱은 재선되었다.

툴루즈Toulouse는 프랑스 동남부에 자리한 인구 26만 명인 프랑스 제4의 내륙 도시다. 스페인으로 가는 육로의 중심 도시다. 가론Garonne강 중앙에 자리를 잡고 있다. 툴루즈의 명물은 미디 운하Canal du Midi다. 툴루즈 때문에 미디 운하가 생겼다. 미디 운하 때문에 툴루즈가 큰 도시로 발전했다. 지금까지 운행한다. 유럽에서 가장 오래된 운하다. 피레네산맥에서 발원한다. 우주항공 산업이 발달해 있다.

툴루즈는 지중해와 대서양 간의 무역 중심 도시였다. 서쪽으로 피레네산맥이 있다. 미디 운하는 대서양 연안 도시 보르도Bordeaux-툴루즈Toulouse와

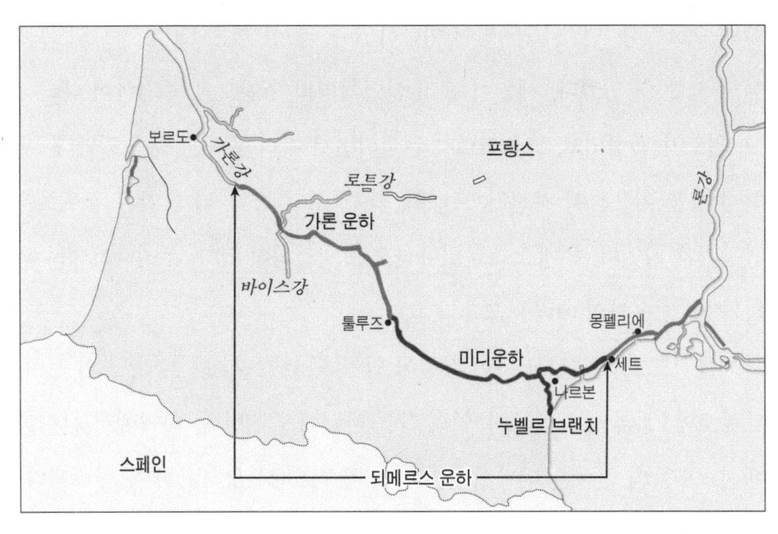

툴루즈의 미디 운하

지중해 연안 도시 세트Sete와 통한다. 프랑스를 지배했던 황제들, 누구를 막론하고 가론강에서 지중해로 통하는 운하를 건설하고 싶어 했다. 지중해에서 이베리아반도를 우회하여 대서양의 보르도까지 가는 데 범선으로 한 달이 걸렸다. 항해 도중 많은 해적에게 약탈당했다.

운하를 파는 일은 간단한 일이 아니었다. 200km의 거리다. 기론 지방과 랑구도Langudoe 지방 사이에 산을 넘어 물길을 만들어야 했다. 난공사였다. 피에르 폴 리케Pierre-Paul Riquet는 루이 14세를 설득하여 재정보증을 받았다. 189m 높이까지 갑문식으로 물을 끌어올려 수로를 만들었다. 27년 동안 공사를 하여 1694년에 완공했다수에즈운하는 1869년, 파나마운하는 1914년에 완공했다. 당시로는 세계 최대의 토목공사였다. 10일이면 지중해 세트에서 대서양 연안 보르도까지 안전하게 인력과 화물을 운반할 수 있었다.

에너지는 사람과 말의 근육이었다. 시속 10km 정도였다. 당시 가장 번창

했던 수로였다. 연간 10만 명이 이용하였다. 배 한 척은 120톤 정도의 화물을 운반할 수 있었다. 세월이 흘러 산업혁명의 영향으로 증기선이 나타나고, 철도가 건설되고, 고속도로가 완성되면서 미디 운하는 빛을 잃었다. 운하 갓길을 이용하여 자전거, 트래킹, 카누, 조정 경기, 낚시 같은 스포츠와 관광지가 되었다. 유네스코 문화유산으로 지정되어 있다. 우리나라에는 운하가 없다. 운하의 매력을 모른다.

가톨릭교도와 개신교 사이 갈등이 있었다. 1572년 8월 24일, 소위 성 바르톨로메오Saint Bartholomew 축일의 학살 사건이 일어났다. 파리에서 시작한 개신교도들의 학살은 지방까지 확산해 툴루즈에서도 4천 명을 살해했다. 로마교황, 그레고리오 13세는 그날을 축하해 3일간 성가Te Deum를 부르도록 했다. 광신자 학살 행위의 극치다. 200년이 지난 1762년에 또 한 번의 잔학 행위가 툴루즈에서 일어났다. 장 칼라스는 가톨릭으로 개종하려는 아들을 살해했다는 죄목이었다. 사지가 찢어지는 고문 끝에 거형車刑에 처하여 십자가의 이름으로 처형했다. 장 칼라스는 위그노 교도다. 덮어씌운 사건이다. 진실은 아들이 자기 집 뜰에서 목매어 자살했다. 여러 종교 중에서 가톨릭과 개신교는 구약과 신약을 믿는 형제 종교다. 보통 사람들은 개신교와 가톨릭의 차이를 모른다. 합리주의 철학자 볼테르와 지식인들이 나섰다. '자살한 사건을 가톨릭 광신 교도들이 위증한 사건이다. 개신교인 아버지가 개종하려는 아들을 살해한 사건'이라고 증언하여 당시 황제에게 탄원했다.

진실이 밝혀져 칼라스는 무죄로 판명되었고, 칼라스의 가족에게 3만 8천 프랑의 보상금을 지불했다. 툴루즈 시장은 파면되었다. 이 사건을 통하여 프랑스 지식인의 현실 정치 참여, 즉 '앙가주망Engagement'이 실현되었다. 뒤프레스 사건에 에밀 졸라의 참여도 앙가주망이다. 볼테르는 「관용의 테제Treatise of Tolerance」를 발표하였다. 이데올로기에 사로잡힌 광신도들의 편견과 행위를 비판했다. 자기의 신만이 유일의 신이라고 생각하면 광신도가 된다. 다른 종교도 우리와 다르지 않다고 인정하는 것이 관용이다. 그것이 하나님의 뜻이다. "나는 당신의 주장에 동의하지는 않지만, 당신이 주장할 권리를 위하여 나는 평생을 싸우겠다." 볼테르의 말이다. 논어에 "기소불욕 물시어인己所不慾 勿施於人"이란 말이 있다. '자기가 싫어하는 일이면 남에게 하게 하지 말라.' 나의 사상만이 진실이고 다른 주장은 친북 좌파라고 블랙리스트를 만들어 박해하는 것은 안 된다. 한국 근대사에서 빨갱이는 감금, 투옥, 처형의 대명사였다. 한국 정치가들이 경청해야 할 볼테르의 '관용의 명제'다.

05 | 코트다쥐르, 세계에서 부자들의 별장이 가장 많은 곳

2017년 프랑스 대선에서 중도파인 마크롱이 승리했다. 결선투표에서 65.17%를 얻어 극우파 르펜34.83%을 누르고 당선됐다. 한국은 진보 성향 문재인 후보가 41%를 얻어 보수 성향의 홍준표24.2% 후보를 누르고 당선됐다. 프랑스 대통령선거는 과반을 얻지 못할 때는 결선투표를 한다. 대통령선거에 결선투표제는 합리적이다. 우리나라 대통령선거는 문제다. 투표자의 절반을 넘긴 대통령이 없었다. 대통령 선거법은 고쳐야 할 일이다.

프랑스 대선이 관심을 끄는 것은 우파인 르펜이 EU 탈퇴, 이민 반대, 보호무역이고, 마크롱은 그 대척점에 섰다. 르펜은 이슬람 난민과 함께 섞여 들어온 테러리스트를 막기 위하여 난민 수용 불가를 주장했다. 르펜의 주장에도 일리는 있다. 2016년 8월에 니스 해변에서 테러가 일어났다. 대형 트럭으로 관광객을 밀고 들어가 84명이 죽고 200명이 부상하는 사건이 발생했다. 한국은 북쪽에 남아 있는 위협이 존재한다. 프랑스는 테러가 상존한다. 선거기간에도 모슬렘에 의한 테러가 일어나 경찰관 1명이 살해되었다. 외국 언론은 프랑스 대선을 '이성과 감성'의 대결이라고 했다. 마크롱은 테러에도 불구하고 난민을 포용하고, 한국의 문재인은 북한을 주적이 아닌 협상의 대상으로 포용한 공통점이 있다.

본연으로 돌아가자. 세계에서 관광객이 가장 많은 나라는 프랑스다. 1위의 관광국이다. 연간 평균 8천300만 명이 찾는다. 다음은 미국6천7백만 명, 중국5천8백만 명 순이다. 프랑스를 통과한 관광객은 제외한 통계다. 관광자원은 문화유산과 자연이다. 문화유산도 자연 안에 있다. 프랑스 중에서 관광객이 가장 많이 찾는 곳은 파리고, 다음이 지중해 연안 코트다쥐르Cote d'Azur 해안이고 영어로 프랑스 리비에라French Riviera다. 마르세유의 동쪽, 툴롱에서 이탈리아 국경까지다. 코트다쥐르에는 툴롱Toulon, 16만 명, 이에르Hyeres, 6만 명, 생트 로페Saint Tropez, 3만 명, 칸Cannes, 7만 명, 니스Nice, 34만 명, 모나코Monaco, 3.8만 명, 망통Menton, 3만 명이 포함된다. 기후가 좋고 경치가 아름답다.

고물고물 일상을 살아가는 소시민들은 재벌의 회장, 유명 연예인이 식사 때 무엇을 먹고, 어떤 술을 마시고, 어떤 옷을 입고, 누구와 데이트하고 어떤 집에 사는지를 알고 싶어 한다. 대통령이 잠자고 갔다는 호텔의 방값이 올라가고, ㅇㅇ곰탕집에 누가 다녀가서 대박이 나는 경우가 있다. 프랑스 코트다쥐르는 유럽 최고 별장 지대, 아니 전 세계의 최대 별장 지대다. 북쪽에는 알프스산맥의 자락에 해당하고, 앞에는 옥색 바다인 지중해다.

1864년 파리에서 코트다쥐르까지 철도가 개통되었다. 영국의 귀족과 부자들이 밀려들어 왔다. 러시아 황제 알렉산더 2세가 자가용 열차로 휴가를 보냈다. 나폴레옹 3세, 벨기에 왕 레오폴드도 코트다쥐르에 별장을 갖고 있었다. 영국 빅토리아 여왕은 너무 좋아해 재위 기간 내 휴가는 늘 코트다쥐르에서 보냈다. 전용 열차로 100여 명의 수행원을 대동했다. 요리사, 시녀, 치과의사, 하인과 자신의 침대와 식사를 가져왔다 한다.

오락의 극치는 도박이다. 모나코는 도박을 합법화했다. 모나코는 작은 왕국이다. 모나코는 면적 2.2km^2, 인구 3만 8천 명이다. 도박의 천국이고, 세금이 없다. 중심가는 몬티 칼로 거리다. 모나코의 왕 레니에 3세와 미국의 영화배우 그레이스 켈리의 결혼은 우리 시대 화제가 되었다. 코트다쥐르의 작은 도시, 칸Cannes에서는 매년 '칸 영화제'가 열린다. 베를린 영화제, 베니스 영화제와 함께 세계 3대 영화제 중의 하나다. 2002년 임권택의 <취하선>이 감독상, 2007년 이창동 감독의 <밀양>에 출연한 전도연이 여우 주연상을 받았다.

지위가 높고 돈이 많은 부자라고 하더라도 사람이 사는 자연환경을 인위적으로 만드는 데는 한계가 있다. 추운 겨울날 아무리 난방을 잘해도 지중해 연안의 따뜻한 햇볕과 옥색 바다, 맑은 공기를 대체할 수 없다. 방 안에 근사한 풍경화를 걸어 두어도 옥색 바다에 떠 있는 요트 생활과는 비교가 안 된다. 안개 짙은 스산한 대서양 연안의 날씨에 살던 북유럽인들은 프랑스 코트다쥐르에 와 보면 할 말을 잃는다.

유럽 사람들은 지금도 휴가철이면 지중해를 찾는다. 부자의 최고 사치품은 요트다. 일본의 골프 인구가 줄어드는 것은 요트가 보급되었기 때문이라 한다. 슈퍼 요트의 50%가 코트다쥐르에 등록되어 있다. 비운의 공주가 된 다이애나비妃도 찰스와 이혼 후 새 애인, 억만장자 도티와 함께 코트다쥐르에서 4천만 달러짜리 슈퍼 요트를 타며 사랑을 했다. 파파라치를 피하려다 파리에서 교통사고로 죽었다. 같은 사건이라 하더라도 땅을 중심으로 기록하는 것이 지리학이고, 사람을 중심으로 기록하면 역사가 된다. 역사도 땅이 필수고 지리도 사람이 없으면 의미가 없다. 사람은 좋은 환경에 살고 싶어 한다. 좋은 환경은 경쟁이 되고 돈이 많이 들어간다. 코트다쥐르가 그런 곳이다.

06 | 코르시카, 나폴레옹이 유배 간 섬

코르시카Corse의 과거사를 보면 지중해에 떠 있는 힘없는 먹잇감이었다. 주변의 포식자가 항상 약탈했다. 기원전부터 카르타고, 로마, 제노아, 피사, 무어, 오스만, 이탈리아, 영국, 스페인, 프랑스가 공격하였고, 코르시카는 자원이 없고 인구가 적고 힘이 없어 당했다. 지정학적 위치가 코르시카의 운명이었다.

코르시카는 지중해에 있는 시칠리아, 사르데냐, 사이프러스 다음의 네 번째로 큰 섬이다. 인구는 33만 명, 면적은 8,650km²로 제주도의 4배쯤 된다. 이탈리아 사르데냐섬 북쪽에 있다. 사르데냐섬에서 수영을 해도 건널 수 있는 거리에 있다. 코르시카와 이탈리아 사이에는 뒤마의 소설에 나오는 몬테크리스토Montecristo섬과 엘바Elba섬이 50km 안에 있다. 프랑스보다 이탈리아에 더 가깝다. 이탈리아 토스카니까지 70km, 프랑스의 니스와는 170km 떨어져 있다. 제노아 공국에 속했던 땅이지만, 반란이 자주 일어나고 치안이 어려워 귀찮아서 프랑스에 팔았다고 한다.

이탈리아와 교류가 많아서 이탈리아 성과 이름을 가진 주민이 많다. 프랑스의 18개 레지옹Region 중의 하나다. 해외 영토Territorial Collectivity다. 본토의 레지옹보다 더 많은 자치권이 허용된다. 코르시카는 화산섬이고, 몬테 친토Monte Cinto는 제일 높은 산이다. 2,706m, 백두산 높이와 비슷하다. 주변에 2천m 이상의 봉우리가 120개나 있다. 한반도와 비교해봐도 산이 얼마나 많은지를 헤아릴 수 있다. 온통 산으로 된 섬은 땅이 척박하다. 양을 사육하고, 지중해식 농작물, 포도, 올리브, 꿀, 왁스를 생산한다. 옛날부터 물산이 없어 교통적 위치를 이용하여 해적질했고, 노예무역, 아편 무역을 했다.

유니언코스Union Corse라는 코르시카 마피아가 있다. 시칠리아 마피아와 같다. 악명이 높은 조직범죄 집단이다. 오랫동안 외부의 지배를 받아온 코르시카인이 자체 방어를 위해 만든 조직이다. 1940년 2차 세계대전 개전 초에 파리가 독일에 함락되었다. 코르시카는 프랑스 레지스탕스의 거점이 되었다. 코르시카의 마피아는 드골 장군에게 독일군의 정보를 주고 레지스탕스에 동참하여 프랑스 해방에 이바지했다. 독일이 항복하고 드골이 집권했다. 드골 권력을 등에 업고 정치 깡패 노릇을 자행했다. 마르세유 항만 노조 파업을 방해했다. 건달들은 항상 정권파다. 드골 정권과 결탁하여 노조 간부를 린치하고 스트라이크를 방해했다.

악명 높은 '프렌치 커넥션French Connection'의 주역을 담당했다. 프렌치 커넥션은 범죄 조직이다. 라오스, 베트남의 아편을 안전지대인 프랑스로 밀수입하여 미국으로 밀수출했다. 범죄 조직과 운영에서 시칠리아 마피아와 같다. 성매매, 살인, 돈세탁, 탈세했다. 1961년 이승만 정권을 등에 업은 정치 깡패가 있었다. 시위하는 고려대 학생을 각목으로 폭행하여 4·19혁명을 자초하였다. 이승만 정권은 붕괴하고 깡패 두목들은 처형되었다. 정치권력과 폭력집단이 결탁하면 정치는 부패하고 자멸의 길을 걷는다.

코르시카는 프랑스 본토와 비교하여 자원이 부족해서 가난하게 살았다. 따뜻한 지중해 날씨가 관광자원이 되었다. 200개 넘는 아름다운 비치는 때를 맞았다. 코르시카는 나폴레옹의 출생지다. 날씨, 옥색 바다, 나폴레옹 스토리텔링이 관광자원이 되고 있다. 러시아 원정에 실패한 나폴레옹은 코르시카의 이웃 섬인 이탈리아 섬 엘바로 유배를 갔다. 400명의 병사를 데려가도록 허락했다. 엘바에서 총독으로 살도록 배려를 했다.

그는 다시 엘바섬을 탈출하여 황제가 되었다. 워털루Waterloo에서 패했다. 나폴레옹은 1815년 다시 돌아오지 못할 아득히 먼 섬, 세인트 헬레나Saint Helena섬으로 유배되었다. 세인트헬레나는 영국의 해외 영토다. 아프리카 앙골라와 남아메리카 브라질 사이에 있다. 적도 이남이다. 같은 섬이지만, 엘바는 관광지고 세인트헬레나는 지옥이다. 영국이 나폴레옹을 살려 둔 것은 지금 생각하면 이해가 안 간다. 당시는 전범 재판이 없었다. 수만 명의 사람을 죽이고 패전한 나폴레옹을 처형하거나 감옥에 가두지 않았다. 세인트헬레나에서 연인 알바인Albine과 함께 살게 했다. 죽을 때까지 패전한 황제 예우를 했다.

07 | 인상주의 배경, 벽지 수준의 그림

철학은 독일, 성악은 이탈리아, 정치학은 영국으로, 미술과 패션을 전공하려면 프랑스로 유학을 갔다. 선진 문물을 배우기 위하여, 지금도 그 나침판의 방향은 크게 바뀌지 않았다. 예술은 왜 프랑스일까? 프랑스는 오래된 부자의 나라다. 예술은 부자 나라에서 꽃을 피운다. 먹을 게 있어야 노래도 하고 그림도 그린다.

비전공자가 미술을 논하는 것이 사뭇 몸이 사려진다. 「해돋이1874」는 보불전쟁을 피해 망명을 갔던 모네가 그렸다. 르아브르Le Havre 항구의 경관이다. 센강 하구, 대서양 연안에 있는 최대 항구다. 프랑스에서 두 번째로 큰 항구다. 항구에는 거대한 기중기가 여기저기 서 있고, 공장 굴뚝에는 검은 연기를 뿜고 있다. 변하고 있는 항구의 경관이다. 공장, 기차, 기선의 검은 연기는 산업혁명의 상징이다. 자랑이고 자부심이었다. 지금은 공해의 상징이다. 그때는 달랐다. 공장의 검은 연기는 부의 상징이었다. 경관은 자연환경 위의 사회적 변화를 말한다.

어떤 예술도 그 시대의 경관을 넘어서지는 못한다. 도시인구가 늘어났고, 도시의 경관도 하루가 다르게 변해갔다. 나폴레옹 3세는 파리의 도시계획을 지시했다. 1851년이다. 오늘의 파리에는 7층짜리 고층 건물이 들어섰고, 도로가 확장되고, 가로등이 설치되었다. 도시에는 엄청나게 인구가 늘어났고 카페와 술집에는 몸을 팔고 하루를 살아가는 노동자와 창녀가 득실거렸다. 부르주아와 프롤레타리아 계급이 등장했다. 19세기 프랑스는 전 유럽의 표준이었고, 유럽의 상류사회, 왕족이나 귀족은 물론 국가 간 외교 언어는 프랑스어였다.

17세기, 18세기 유럽에서 프랑스만큼 잘 사는 나라는 없었다. 절대왕권을 배경으로 일어난 웅장하고 화려한 바로크 예술이 꽃을 피웠다. 절대왕권의 귀족과 성직자는 산업혁명으로 기업을 하고 무역을 하는 부르주아 계급으로 대체했다. 왕궁에서나 거대한 성에 걸었던 화려하고 거대한 그림은 사라졌다. 개인 저택에 소장할 수 있는 그림을 신흥계급 부르주아는 좋아하게 되었다. 부자의 숫자가 빠르게 늘어났다.

산업혁명 이전 중세의 장인은 길드에 속했다. 그림쟁이도 길드에 속해야 했다. 구두 만들어 파는 장인과 마찬가지였다. 길드는 장인들의 조합이다. 그림쟁이 밑에 가서 드로잉 연습을 하고 채색을 배우고, 성당에 가서 열심히 성화를 모사하는 연습을 해야 했다. 선택받은 자는 왕실이나 귀족의 취향으로 그림을 그려주고 후원을 받고 살았다. 직업으로서 화가다. 18세기 프랑스 미술의 권위 있는 기관은 파리 국립미술학원Academie des Beaux Art이다.

화가의 등용문은 파리 살롱Salon de Paris에 출품하여 입선하는 길이다. 국립미술관이 주관하는 1년에 한 번 열리는 미술 대전이다. 정부가 재정을 지원했다. 입선하면 상금도 받고, 권위를 인정받아 전문 화가로 명성을 얻게 된다. 저절로 화가의 그림 값이 올라간다. 경쟁이 치열했다. 살롱은 루브르 박물관에서 열렸다. 출품하는 작품이 너무 많았다. 자기 작품이 눈에 잘 띄는 곳에 전시하려고 직원에게 뇌물을 바치기도 했다. 인상주의 작품은 심사위원의 화풍에 맞지 않는다고 출품 자체가 거절되었다.

국립미술학원 외 파리에는 기존 화가들이 개설하는 개인 미술 학원이 많이 있었다. 습작 시절을 거쳐서 살롱에 출품하는 게 꿈이었다. 당시 그림은 역사화, 종교적 내용, 그리스 로마 신화, 귀족의 초상화였다. 정교하게 그려야 했다. 샤를 글레이르Charles Gleyre 사설 학원에서 배운 인상파 화가들은 전통 화법이 아니었다. 살롱에 출품이 거절되었다. 따로 미술전을 열었다. 냉소적인 비판을 받았다. 인상파의 대표작으로 불리는 모네의 「인상, 해돋이」는 미완성된 습작 수준이고, 벽지만도 못하다고 비판을 받았다.

인상파 그림의 대상은 도시경관이나 자연경관과 일상생활이었다. 상상화가 아니었다. 내용도 다르고, 기법도 달랐다. 그림은 스튜디오에서 그리는 그림이 아니다. 이젤을 들고 야외En Plein Air로 가서, 현장의 인상을 캔버스에 옮겼다. 산업혁명은 왕궁과 성곽을 허물고 귀족과 성직자를 서민으로 끌어내렸다. 파리 살롱에서 거절되었지만 독립 전시회를 열었다. 대중의 환영을 받았다. 인상파 화가는 변화를 주도한 그림이 아니라 사회경제적 변화에 적응한 그림이다. 변방이 중심이 된 것이다. 산업혁명으로 사회의 변화, 식민지 경략으로 동양 문화가 전래하였다. 도시의 팽창과 부르주아 계급의 등장이 배경이다. 그림의 생산과 소비는 신흥계급의 취향에 맞춘 인상주의 화풍이 서양화의 주류를 이루게 됐다. 당대에 100달러 하던 그림이 경매시장에서 엄청난 값으로 팔리고 있다. 모네의 「런던 국회의사당1904」은 2천

10만 달러에 팔렸다. 파리 근교 센강에 걸쳐 있는 「아르장퇴유 철교Railway, 1873」는 2008년 크리스티 경매에서 4천140만 달러에 팔렸다. 지금도 수집가들이 가장 선호하는 그림이다.

08 | 파리 살롱, 계몽주의가 꽃핀 살롱

한국 사회에는 각종 모임이 있다. 고등학교 동창 모임, 취미 활동 모임, 테니스 운동 모임, 직장 모임, 퇴직자 모임, 군대 동기 모임 등등 수없이 많다. 모임이 없는 한국인은 없지 싶다. 운동마저도 운동만 하고 헤어지는 것이 아니라 식사하고 이야기를 한다. 일주일에 한 번 모이는 탁구 모임, 한 달에 한 번 하는 골프 모임, 점심을 주로 먹는 명예교수 모임, 가족 모임, 모임은 식사가 있고, 술이 있고, 수다가 있다. 특정한 주제는 없지만, 생활 이야기부터 정치까지 다양하다. 소통이고 여론이고 교제다.

인간은 군집해서 살아가는 동물이고, 이를 사회생활이라 한다. 사회생활을 하는 인간은 대화할 수 있는 장소가 필요했다. 아고라Agora에서 철학자, 정치가, 지식인이 모여서 토론했다. 초기 국가로 존재했던 그리스의 폴리스에 있었다. 로마에서는 고급 대화의 모임은 목욕탕이었다. 귀족의 사저에서 정치와 철학을 논하고 낭만을 향유했다. 16세기 르네상스 시대에는 살로네Salone라는 지식인, 예술가들이 모이는 장소가 있었다. 당시 문화 수준이 가장 높은 곳은 로마였다.

카트린은 로마 메디치가에서 프랑스 왕가로 시집을 왔다. 시집 온 카트린은 메디치가의 고급문화를 프랑스 궁중에 전파했다. 그녀는 문학과 예술에 관심이 많은 예술가를 후원했다. 흑사병으로 유럽 인구의 3분의 1이 죽었다. 그리스도를 열심히 믿는 죄 없는 수도원의 수사와 수녀원 수녀들이 몰죽음을 당했다. 하나님의 섭리로는 설명할 수 없었다. 합리적으로 생각을 하게 되었다. 계몽주의 시대라고 한다. 신을 비판하는 소리가 자연스럽게 일어났다. 지구가 평평한 것이 아니라 둥글고, 지중해 연안만 세계가 아니었다. 지구에는 새로운 대륙이 있다는 것을 알았다. 아메리카에서 커피와 설탕이 들어왔다. 이야기할 장소가 필요했다. 프랑스에서 권세를 누리던 귀족들은 사랑방이 필요했다. '살롱'이다.

장소가 있지만, 왕궁이나 교회가 아니다. 왕궁에서 자유주의와 민주주의를 논할 수 없고, 교회에서 과학을 논할 수 없었다. 살롱은 개인 집에서 일어났다. 사랑방이 동네에서 잘사는 집이듯이, 살롱은 귀족이나 부르주아 집안의 거실이었다. 살롱의 주인은 여자였다. 왜 하필 여자였느냐에 대해서는 분위기 때문일 것이라 짐작을 하지만 정확하지는 않다.

살롱의 분위기는 기본이 예절이다. 매너다. 겸손, 예절, 정직이다. 살롱 주인Saloniere이 후견인이다. 차와 술을 대접하고, 대화할 재치와 미모가 있는 여성을 초청했다. 대부분이 남자다. 철학자, 과학자, 정치가, 사상가, 예술가, 성직자, 귀족, 부르주아가 참석했다. 살롱에서 남녀가 자유롭게 교제할 수 있었고 자유로운 주제로 토론했다. 클로드 뒤롱은 "글쓰기 전에 말하기가 있고, 창작이기 전에 대화가 있다."라고 말했다. 살롱의 분위기에 맞는 좋은 그림을 벽에 걸었고, 동양에서 수집한 벽화와 도자기가 전시되어 있었고, 아프리카에서 가져온 큰 상아가 양쪽에 세워져 있었다. 커피와 홍차와 설탕이 있었다. 살롱은 밤에 주로 열렸다.

거실은 규방, 작은방, 내실로 구성하여 남녀의 교제가 가능하도록 했다. 살롱에 어떤 인물이 출입하느냐에 따라서 살롱의 명성이 올라갔고, 어떤 살롱에 출입하느냐에 따라 명사가 되었다. 프랑스의 살롱을 본받아 유럽 대도시에 확산하였다. 당시 프랑스어는 상류사회 사교계의 언어였다. 프랑스풍이 대세였다. 카라치 울리는 세기의 조락Au Decline du Siecle에서 "과거는 로마, 지금은 프랑스"라고 했다. 영국은 커피하우스Coffee House, 독일에서는 무젠호프Musenhof라고 하는 지식인 모임이 있었다. 프랑스 살롱을 모방했다. 18세기부터 시작한 프랑스 살롱은 20세기 중반까지도 계속되었다. 이름 '살롱'은 가고 없지만, 그 문화는 계속되고 있다. 한국에서는 아름다운 여성 접대부가 있는 고급 술집이 살롱이었다.

지금도 변한 것은 수단이지 내용은 아니다. 여전히 인간의 사회생활은 소통이 있고 커뮤니케이션이 필요하다. 그때는 살롱이지만 지금은 온라인이다. 목적은 생각의 공유와 소통이다. 전자게시판, 싸이월드, 미니홈피, 블로그를 거쳐 지금은 트위터와 페이스북이 대세인 SNS로 넘어오고 있다. 돌바크d'Holbach "살롱이 프랑스혁명의 전투 사령부"라고 했다. 지금은 카톡이나 인스타그램이 대신하고 있다.

근대화 이전의 우리나라는 시골에서는 '사랑방'이었다. 식사를 마치고 저녁이 되면 동네 남자들이 사랑방에 모여 농사일, 동네 이야기, 나라 걱정을 했다. 사랑방은 마을에서 잘사는 집의 본가와 분리된 사랑채에 있었다. 사랑방이 없는 동네는 없었다. 20세기 후반에 도시에서는 사랑방을 대신해서 다방이 있었다. 지금은 카페다. 지금 대한민국 사회는 카페 공화국이라 해도 과언이 아니다. 정말 많다. 세계 최고의 수준이다. 21세기 한국의 살롱이다.

01 | 무솔리니, 역사상 가장 위대한 이탈리아 지도자

무솔리니Mussolini는 지금도 이탈리아 국민에게 인기 있는 정치 지도자다. 왜 그럴까? 위대한 정치가는 경관을 바꾼다. 20세기의 전환기에 전 세계는 혼란기에 빠졌다. 강대국들은 식민지 쟁탈을 위하여 방대한 군대를 양성했다. 국민을 수탈했고, 약소국들은 강대국에 이중으로 시달려야 했다. 당시 정치 이데올로기는 자본주의, 사회주의, 파시즘으로 대변된다. 미국·영국의 자본주의, 스탈린의 사회주의, 파시즘독일 히틀러의 국가사회주의, 이탈리아 무솔리니의 파쇼주의, 일본의 군국주의이다. 새로운 정치사상 사회주의가 일어나고 있을 때다.

무솔리니가 정권을 잡은 후 1924년 시칠리아 팔레르모Palermo에 갔다. 당시 마피아의 두목은 프란체스코 쿠치아였다. 무솔리니에게 귓속말로 "팔레르모에서는 저와 함께 있으면 안전합니다."라고 했다. 이탈리아 도시, 팔레르모에서조차 수상의 안전이 마피아의 손에 의하여 보장될 정도로 치안이 엉망인 나라였다. 한편, 북쪽 밀라노를 중심으로 한 공업 도시들은 매일 같이 노동자 파업이 일어났다. 무솔리니는 로마에 돌아와 경찰청장 모리를 보내 어떤 대가를 치를지라도 마피아를 소탕하라고 했다. 모리는 검거와 고문을 하여 1만 1천 명의 마피아를 잡아들이고 투옥하고 처형하였다. 마피아의 두목 쿠치아가 무솔리니를 잘못 본 것이다. 이탈리아 국민은 환호했다.

무솔리니는 박정희와 비슷한 경력을 갖고 있다. 1981년 학생 데모가 한창일 때, 학생의 데모 구호는 '파쇼 정권 타도'였다. 그냥 군사 독재 정권 타도가 아니었다. 파쇼 정권 타도였다. 파시즘은 무솔리니가 주장했던 정치철학이다. 한국의 군사독재 정치와 무솔리니의 파시즘은 차이가 있다. 당시 이탈리아는 산업혁명의 영향으로 노동자의 문제, 농업 농민의 문제로 인하여 사회주의가 팽배했다. 무솔리니도 마르크스를 존경했고, 열렬한 사회주의자였다.

무솔리니는 독실한 가톨릭 신자인 어머니와 대장장이 아버지의 큰아들로 태어났다. 아버지는 사회주의자였다. 학교 성적은 매우 우수했다. 병역을 피하려 이웃 나라 스위스로 갔다가 세계적인 사상가들과도 만났다. 니체의 영향을 크게 받았다. 블라디미르 레닌도 만났다. 사회주의 운동을 전개했다. 사회주의의 언론, 《노동자의 미래》, 《계급투쟁》, 《전진》 등의 사회주의 잡지 편집장이 되었고 인기가 높았다. 그를 진정한 사회주의자로 평가했다. 열렬한 사회주의자였던 그가 어떻게 정반대의 파시스트가 되었을까?

1차 세계대전에 참전하였다. 국가 간 진영 전쟁은 이데올로기와는 관계가 없다. 조국 이탈리아가 요구하는 것은 계급투쟁으로 분열될 것이 아니라, 하나로 뭉쳐 강대국이 되는 것으로 생각했다. '계급투쟁'보다는 '국가주의'를 주장하였다. 1차 세계대전에 참전한 퇴역 군인을 중심으로 극우파 국가주의, 파시스트당을 창당하였다. 국민의 절대적 지지를 받았다. 파시스트 당원들은 검은 셔츠Black Shirts를 입었다. 검은 셔츠 당원들은 대거 로마로 행군했다.

국왕은 대세를 간파했다. 41살의 무솔리니를 1922년 총통Duce으로 임명했다. 파시즘은 반공산주의이고 국가주의다. 총선에서 대승했다. 헌법을 개정하고 독재의 길로 나갔다. 히틀러의 길을 따랐다. 노동조합을 해산하고, 공산주의를 불법화하였고, 야당을 해산하였다. 자신이 '두체'가 되었다. 두체는 이탈리아어로 두목이란 말이다. 지지 세력은 군부, 자본가, 가톨릭, 보수주의자들이다. 비밀경찰을 조직하고 파시스트를 반대하는 조직을 체계적으로 탄압했다. 체포, 고문, 구금, 처형했다.

대대적인 토목사업을 했다. 관개 사업과 댐을 건설하였다. 농업 기반을 확충하여 농업생산을 증가시켰다. 공기업을 국유화하고, 가격을 통제하였다. 도로와 철도를 건설하는 등 인프라를 확충하고, 사회의 고질적인 범죄 조직인 마피아를 소탕하는 데 성공하였다. 경기가 후퇴하자 '금 모으기 운동'을 전개하여 금고를 채웠다.

평화주의를 주장하던 초기와는 달리 제국주의 쪽으로 방향을 전환했다. 이탈리아반도 구두 뒷굽 곁에 있는 그리스 섬, 케르키라Kerkira를 점령했다. 알바니아를 침공했다. 지중해를 건너 아프리카에 진출하였다. 리비아 지배를 강화했다. 에티오피아를 점령하였고, 나아가서 수단, 케냐, 소말리아를 침공하여 이탈리아 영토로 만들었다. 영웅이 되었다.

2차 세계대전의 초기 전황은 추축국樞軸國에 유리하게 돌아갔다. 이탈리아는 독일 편에 서서 영국과 프랑스에 선전포고했다. 이탈리아가 참전한 지 11일 만에 파리가 함락되었다. 1942년부터 2차 세계대전의 전황은 추축국에 불리하게 돌아갔다. 전쟁에 패색이 짙어졌다. 연인 크라라와 함께 스위스를 거쳐 스페인으로 탈출을 시도했다. 그들은 코모호Como Lake 근처 마을에서 이탈리아 빨치산에게 체포되어 연인과 함께 총살됐다. 그들의 시신은 고깃간 쇠고리에 발을 끼워 주유소 창고에 거꾸로 매달렸다. 그가 죽은 지 60년이 되었다. 이탈리아인들의 무솔리니 평가는 양분된다. 2006년 네오파시즘당이 창당되기도 했다. 아직도 그 파시즘의 흔적이 곳곳에 남아 있다. 이탈리아 근대화의 공은 인정된다.

02 | 베네치아의 유대인, 유대인의 거주지는 쓰레기장

12세기에서 17세기까지 잘 나가던 베네치아가 시들기 시작했다. 개인이나 국가는 그 시대에 주류로 하는 기술과 철학에 적응하지 못하면 쇠퇴한다. 포강 유역 평야를 유목민이 지배했다. 베네치아는 포강 하류의 삼각주 늪지에 있다. 늪지는 유목민이 가장 어려워하는 지형이다. 살기 위하여 늪지로 이주했다. 유목민의 침략을 피하기도 좋고, 아드리아해Adria Sea를 통해 해양 활동을 하기도 좋았다. 배를 만들어 아드리아해를 지나 지중해의 제해권을 장악하였다. 베네치아는 그렇게 발전했다. 지중해의 무역을 독점하여 최강의 도시국가가 되었다. 시대는 변했다. 갤리선이 아니라 범선이 주류가 되었다. 지리상의 발견으로 새로운 대륙이 발견되었다. 지중해에서 대서양, 태평양으로 무대가 바뀌었다. 베네치아는 쇠퇴의 길을 걸었다.

베네치아는 관광 이외의 산업은 극히 제한되어 있다. 지방 산업과 생활용수로 지하수를 뽑았으므로 지반이 내려앉았다. 또, 해일이나 파도에 수상 가옥은 피해를 피할 수 없다. 해일의 홍수를 막기 위하여 MOSE 프로젝트를 실시하고 있다. 해저에는 공기부양 제방을 두었다가 해일경보, 해일이 1.1m 이상이면 인공 튜브에 바람을 넣어 바다 위 2m 높이로 솟아오르도록 하는 인공제방이다. 현대의 토목건축 기술은 기상천외한 것들이 많다. 역사를 모르면 어떻게 이런 늪지에 집을 짓고 살았나 싶다. 지금도 반쯤 침수된 도시가 베네치아다.

베네치아는 한때 지금의 뉴욕이었다. 세계의 중심지였다. 지금은 인구 30만 명이 채 안 되는 작은 항구 도시다. 취업의 기회가 없어 인구는 매년 줄어가고 있다. 그 작은 도시 베네치아만큼 세계인의 가슴 속에 각인된 도시도 없을 듯하다. 난민은 도시로 모여든다. 도시는 익명성이 높아서 난민도 숨어 살기 쉽다. 난민이 된 유대인은 베네치아로 들어왔다. 지금 도시 빈민 지역을 '게토Ghetto'라 한다. 베네치아어로 유대인 거주 지역이란 뜻이다. 유럽 사회에서 게토는 유대인 거주 특별구다. 베네치아에서 1516년에 시작했다. 당시 베네치아 인구는 16만 명이었고, 유대인은 923명이었다. 유대인 모두 상인이었다. 1797년 나폴레옹이 점령하면서 게토 제도를 폐지했다. 그때 유대인은 5천 명이었다.

게토는 '쓰레기 하치장'이란 말이다. 베네치아에도 유대인들이 들어와서 살았다. 주류 사회는 기독교인들이었다. 유대인에 대하여서는 차별을 하여 따로 거주지를 설정해 주었다. 게토다. 유대인을 낮에는 기독교인이 사는 도심에서 장사를 하도록 허락했다. 해가 지면 다리를 건너 쓰레기 하치장으로 가야 했다. 유럽의 도시마다 유대인 거주 지역 게토는 있었다. 그 차별과 학대가 결국 2차 세계대전 때 히틀러의 유대인 학살로 이어진 것이다.

유대인에게는 토지를 소유하며 농사를 짓지 못하게 했다. 길드를 하지 못하게 했다. 유일하게 할 수 있는 일은 생선 가게, 채소 가게, 전당포만 허락했다. 베니스를 배경으로 한 소설, 영화, 연극이 많이 있다. 셰익스피어의 『베니스의 상인The Merchant of Venice, 1596』과 『오셀로Othello』는 베니스를 무대로 한 극작이다. 그 외 베니스를 배경으로 한 소설, 볼테르의 『캉디드Candide』, 카사노바의 자전적 소설 『나의 인생 이야기Historie de Ma Vie』 등 많이 있다.

셰익스피어 작품 중에서 『베니스의 상인』은 대표작이다. 샤일록은 베네치아의 전당포 주인이다. 샤일록은 실존의 인물이 아니면서 샤일록처럼 많이 인용되는 인물은 없다. 여주인공 포샤도 마찬가지다. 현명하고, 아름답고, 지성을 겸비한 여성으로 대변된다. 베니스에서 선박 회사를 운영하던 안토니오는 샤일록에게 돈 3천 더컷을 빌린다. 만약 갚지 못하면 안토니오의 심장 가까운 곳 살을 1파운드를 떼어내는 차용증이다. 살인 보증서다. 다 아는 이야기다. 돈의 단위 '더컷Ducat'은 순금 3.5g금 1돈=3.75g=180,950원, 3천 더컷은 10.5kg이다. 순금 1kg의 가격이 4천800만 원2022년 기준이니 3천 더컷은 약 5억 원 정도다. 더컷은 베네치아가 1284년에 시작한 화폐다. 1차 세계대전 전까지 전 유럽에서 통용된 화폐다. 달러가 세계의 기축통화가 된 것은 미국의 국력이 뒷받침해야 하듯, 당시 더컷이 유럽의 기축통화가 된 것은 베네치아의 경제력이 배경이다. 지금도 미국의 월가는 유대인이 잡고 있다. 셰익스피어는 베네치아를 가 본 일도 없다. 영국인이 베네치아를 배경으로 1596년 작품을 쓴 것으로 보아 16세기 유럽에서 베네치아의 위상을 알 수 있다. 유대인은 자신들을 혐오한 셰익스피어를 싫어한다.

베니스 이름의 문화 행사는 끝이 없다. 베니스 영화제1934, 베니스 건축 비엔날레1980, 아트 비엔날레1895, 음악 비엔날레1930, 연극 비엔날레1934, 베니스 댄스 비엔날레 등이 있다. 작은 도시인데도 세계적인 행사가 많다. 돈으로 유치하는 우리나라의 국제 행사와는 다르다. 베네치아에서 하는 행사는 세계적인 행사가 된다. 오랜 역사를 갖고 있다. 과거를 먹고 산다. 관광이 주업이다.

03 | 롬바르디아평원, 동양의 용과 서양의 용은 같은 용?

밀라노의 배후 지역에 큰 평야가 있다. 일명 포강 평야, 또는 파단 평야Padan Plain라고도 한다. 북쪽은 알프스산맥이 가로 놓여 있다. 남쪽에 포강이 흐른다. 4만 6천km^2 면적이다. 한국의 1/2 정도 되는 평야다. 동서의 길이가 650km다. 롬바르디아Lombardia 평야다. 포강 유역 중앙을 차지하는 평야다. 밀라노Milan는 롬바르디아의 주도다. 2차 세계대전 후 1950년대, 1960년대 이탈리아의 경제발전을 '이탈리아의 기적'이라고 한다. 중심이 롬바르디아 지역이다. '롬바르디아의 기적'이라 해야 맞다. 롬바르디아 행정구역 안에는 여러 개의 도시가 있다. 주도 밀라노, 바레세, 베네치아, 코모, 레코, 몬자, 베르가모가 있다. 도시마다 특색이 있고 잘산다. 이탈리아의 평균 개인소득이 5만 4천 달러2024년 기준인 데 비하여, 롬바르디아의 개인소득은 이탈리아 평균보다 25%나 더 높다. 전체 인구의 3분의 1인 1,700만 명이 산다. 이탈리아에서 가장 중요한 지역이다. 한국의 수도권 같은 지역이다.

이탈리아 국민소득의 22%를 차지한다. 유럽 중에서도 가장 잘사는 지역으로 분류된다. 나폴리를 중심으로 못사는 남부와는 갈등이 있다. 롬바르디아인들은 이탈리아의 낙후 지역 때문에 높은 세금을 더 내야 한다고 불평한다. 분리 독립을 해야 한다고까지 주장한다. 잘사는 지역이다 보니 남부 이탈리아에서 이주민이 많고 외국인도 많이 들어온다. 이탈리아 통계청에 따르면 81만 명이 외국인이다. 인구의 8.1%를 차지한다.

1870년 이탈리아는 하나의 통일국가로 되었다. 이탈리아 북부, 아펜닌산맥Apennines의 북쪽, 포강 유역의 롬바르디아 평야는 다르다. 이탈리아가 통일국가로 통합된 것이 이상할 정도다. 북부와 남부는 지형도 기후도 민족도 다르다. 산업화 이전에는 농업으로 남부가 잘살았다. 산업화 이후 경제의 중심은 롬바르디아 지역으로 옮겨 갔다. 제조업만 발전한 것이 아니다. 다양하고 풍부한 농산물이 생산된다. 특히, 포강 유역의 쌀과 낙농업이 유명하다. 음식도 다르다. 쌀 요리, 밀라노는 리소토Rizzoto고, 남쪽은 밀가루 음식, 나폴리는 피자리아Pizzaria다.

이탈리아 북부는 같은 로마제국에 속해 있었다. 롬바르디아 지방은 기원전 4세기경 철기 문화를 지닌 켈트족이 침략하였다. 켈트족 지배를 받았다. 포강 유역에 정주하였다. 켈트족은 지금 독일의 남동부, 라인강, 엘베강, 도나우다뉴브강 유역에 살던 북부 민족이다. 이탈리아 남부는 그리스의 지배를 받았고, 주로 라틴족이다. 이탈리아는 남북 간에 언어도 다르고, 문화도 다르고, 산업 수준도 다르다. 또, 4세기경 훈족의 지배를 받았다. 훈족은 볼가강, 도나우강 유역에 살았던 유목 민족이다. 롬바르디아를 중심으로 잦은 침략을 했고 약탈을 했다. 5세기경 로마제국을 가장 많이 괴롭힌 민족이다.

훈족에 대하여 좀 알아보자. 역사적 사건이 많았다. 유목 민족이었으므로 역사적 기록도 없고 유물과 유적도 없다. 훈족은 4세기 볼가강 동쪽에서 모습을 나타냈다. 돈강과 드네프르강 유역에서 유목 생활을 했다. 로마제국의 중심지인 도나우강까지 세력을 확대했다. 말을 타고 쫓아오는 적을 뒤로 보고 활을 쏘는 그림이 있다. 고구려 쌍영총의 벽화를 보는 것과 같다. 그들 앞에는 농사를 짓는 경작 농민들은 약탈의 대상이었다. 정착 민족에게는 조직적인 군대가 있었지만, 신출귀몰하는 유목 민족의 상대가 되지는 않았다.

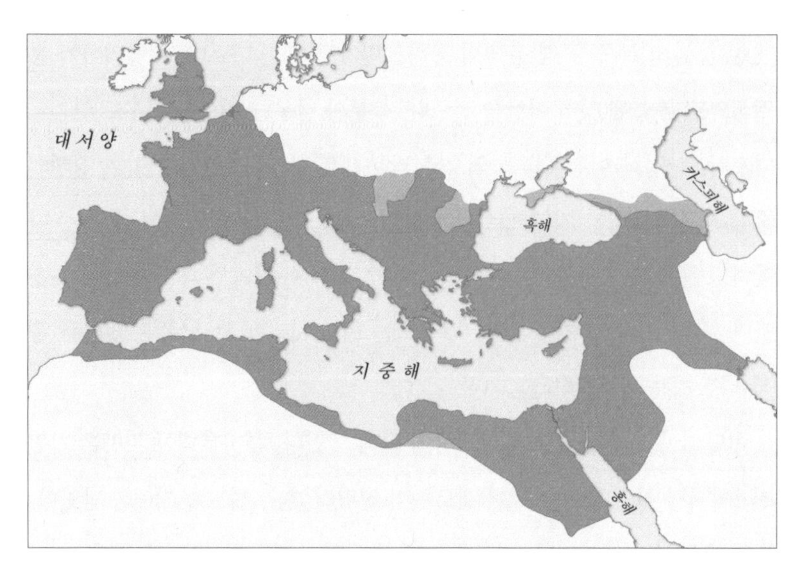

서기 117년 전성시대 로마제국의 영토

동로마제국이 얼마나 훈족에게 시달림을 당했는지는 로마 역사에 기록되어 있다. 같은 시대에 정주 농업을 하고 살았던 중국 한족에게 위협적인 존재가 있었다. 북방의 흉노족, 유목 민족이었다. 여러 번의 침략을 당했다. 한족은 화친을 위하여 훈족에게 일정한 조공을 바쳤다. 중국이 만리장성을 축성하기 시작한 것도 흉노족의 침입을 막기 위한 것이었다. 흉노족 = 훈족이라는 이야기는 있다. 발음도 비슷하고 같은 시대고 같은 유목 민족이었다. 같을 것이라는 가정을 하고 있다. 고증된 자료는 없다.

피렌체는 메디치가, 토리노는 사보이가, 밀라노는 15세기까지 비스콘티가가 지배했다. 비스콘디가House of Visconti의 문장紋章이 흥미롭다. 사람을 잡아먹는 뱀의 모양이다. 밀라노 중앙 기차역에 가면 볼 수 있다. 벽돌담에 양각으로 조각되어 있다. 그 뱀의 모양이 중국 용龍을 닮았다. 사슴 뿔, 염소 수염, 그리고 사자의 눈이다. 중국의 용은 하늘을 움직여 많은 사람을 죽이기도 살리기도 한다. 사람을 잡아먹고 사는 동물로 표현한 적은 없었다. 용과 같은 모습을 한 비스콘티 가문의 용은 뒷날 밀라노의 문장이 되었다. 비스콘티가의 문장을 보면서 나는 중국의 용을 생각했다. 당시 동서가 교류하고, 실크로드가 열렸을 때다. 중국 용의 영험에 대하여 많이 들었을 터다. 관계가 있는 것이 아닐까? 가설이다. 동양의 용은 좋은 동물의 상징이다. 서양의 용Dragon은 악의 상징이다. 차이가 있다.

04 | 베네치아. 입지는 가변, 위치는 불변

베네치아는 서쪽으로는 긴 이탈리아반도가 있고, 동쪽에는 발칸반도, 즉 달마티아Dalmatia 해안을 끼고 있다. 반도의 깊숙한 곳, 아드리아해 가장 안쪽에 베네치아가 위치한다. 베네치아 북쪽에는 넓은 포강 평야가 있고, 그 뒤에는 알프스산맥이 가로놓여 있다. 주어진 자연환경에 적응하기 위하여서는 베네치아인들은 배를 삶의 수단으로 삼았다. 배 없이는 살아갈 수 없다. 몽골인은 말 없이 살 수 없다. 항해술과 조선술은 당대 최고 수준에 이르렀다. 늪지에 살아야 했으므로 늪지보다는 높은 집을 지어야 했다.

늪지에 파일 목을 박고 그 위에 집을 지었다. 파일 목은 인근 슬로베니아Slovenia 지역에 많이 생산되는 오리목Alder이다. 오리목은 물에 들어가면 물을 머금고 썩지 않는다. 수백 년이 지난 지금도 오리목으로 파일을 박아 세운 집이 건재한다. 지중해는 아시아, 아프리카, 유럽의 중앙을 차지하는 넓은 바다다. 베네치아인들의 배는 갤리선Galley이다. 갤리선은 좁고 긴 배다. 양쪽 뱃전에 노예들이 앉아서 노를 저었다. 빠르고 방향이 정확한 장점이 있다. 노 젓는 사람이 많아야 한다. 노는 노예들이 담당했다. 노예라도 먹어야 하므로 많은 식량과 물을 실어야 한다. 화물을 실을 공간이 부족했다. 원양은 할 수 없다. 갤리선은 지중해를 다니기에는 안성맞춤이다.

베네치아의 전성시대에는 배가 3천300척, 선원이 3만 6천 명이나 되었다. 지중해의 제해권Thalassocracy을 거머쥐고 있었다. 배의 선원은 전쟁 때는 군인이다. 상선과 군함이 따로 구분이 없다. 노 대신 칼만 쥐면 해군이다. 십자군 원정의 거점이 되었다. 1150년 제4차 십자군 전쟁은 재미있다. 예루살렘을 수복하러 간 것이 아니라, 십자군은 같은 기독교 제국인 콘스탄티노플을 침략하고 약탈했다. 전리품은 모두 베네치아로 들어왔다. 부자가 되었다.

오스만제국이 비잔티움제국을 1453년 함락했다. 돈 많은 기독교 귀족들이 베네치아로 들어왔다. 베네치아는 피난민으로 부자가 된 나라다. 갤리선으로 멀리 흑해를 거처 볼가강으로 올라갔다. 지중해 나일강을 거쳐 홍해로 나가 아라비아반도와 교역하였다. 서쪽으로는 스페인까지 들어갔다. 지중해의 제해권을 장악한 베네치아는 종횡무진하였다. 입지가 변했다. 대서양 항로가 열리면서 시들어 갔다. 범선이 나타나고, 증기선이 나타나면서 과거의 영광은 사라졌다.

2016년 8월, 서울 강남구에 있는 한국전력 본사 부지가 팔렸다. 2만 4천 평의 땅이다. 현대자동차가 10조 5천500억 원에 입찰했다. 평당 4억3천만 원이다. 지금은 금싸라기 땅이지만, 1960년대만 하더라도 그 땅은 배추밭이었다. 평당 7천 원 했다. 그때는 농토였다. 어떻게 천문학적인 가격으로 팔렸을까? 입지 조건이 변했다. 같은 땅이지만 배추밭이었을 때와 지금의 땅의 주변에 어떤 조건이 변했는가를 보면 알 수가 있다. 현대자동차는 개발을 통해 더 많은 수익을 얻을 것으로 판단했다. 위치의 가치도 시대에 따라 기술에 따라 변한다. 상가의 위치만 그런 것이 아니다. 도시도 그렇고 국가도 그렇다. 좋은 위치에 있으면 번성하고 나쁜 위치에 있으면 쇠퇴한다. 유럽의 베네룩스 3국은 프랑스, 독일, 영국 등 강대국 사이에 끼어 있는 작은 땅이지만, 잘산다. 몽골은 중국과 러시아 사이에 있는 땅이다. 잘살지 못한다. 입지 때문이다.

베네치아는 늪지이므로 도망자가 은신하기 좋은 곳이었다. 100개가 넘는 섬으로 구성되어 있다. 서로마의 귀족들이 베네치아로 들어왔다. 유목민들의 전투에서 제일 취약한 지형이 물이다. 병자호란 때 유목민의 침략을 피하여 강화도로 피난 갔다. 강화도에는 넓은 늪지가 발달해 있다. 고려 때 몽골 침입을 피하여 강화도로 피난 간 것도 같은 이유다. 늪지 지형을 아는 베네치아인에게는 늪지는 해산물이 많이 생산되고, 뱃길을 알아 불편하지 않은 삶의 터전이다. 유목민에게는 늪지는 지옥이다. 아무리 신출귀몰하는 유목민이라 하더라도 늪지에서는 말이 달리지 못한다. 무용지물이다. 베네치아는 쳐들어갈 수가 없다. 배후지를 포위해도 소용이 없다. 배를 이용해서 풍부한 농산물을 아드리아해를 통하여 수입할 수 있다.

위치Site와 입지Location는 다르다. 위치는 자연적 위치다. 도시의 경위도다. 세월이 흘러도 변하지 않는다. 입지는 사회적·교통적 위치 조건이다. 시대에 따라 조건에 따라 입지는 변한다. 큰 건물이 들어서도 큰길이 생겨도 입지는 달라진다. 인디언의 낚시터였던 맨해튼섬은 옛날이나 지금이나 위치는 그대로다. 입지는 변했다. 세계에서 가장 비싼 땅이다. 국가도 도시도 시대에 따라서 입지 조건이 변한다. 베네치아는 포강 하구에 위치한다. 하구의 석호潟湖, 늪지다. 위치는 변하지 않았다. 입지가 변했다. 중세 때에 비해 땅값이 내려간 이유다. 지리학은 입지를 연구하는 학문이다.

05 | 로마, 외적의 방어와 세금 거두기 좋은 도시

로마는 유럽에서, 아니 전 세계에서도 가장 오래된 도시 중의 하나다. 로마는 서구 문명의 발생지, 세계의 수도Caput Mundi, 영원한 도시Eternal City라는 별명이 있다. 서울, 평양, 경주도 오래된 도읍지다. 경주가 1천 년 동안 신라의 도읍지, 서울은 조선의 498년 + 조선총독부 36년 + 군정 3년 + 대한민국 66년= 603년이다. 로마는 2천700년 동안 도읍지로 있었다. 로마 왕국 + 로마 공화국 + 로마제국 + 이탈리아 왕국 + 파쇼 정권 + 이탈리아공화국의 수도였다. 한 번도 도읍지를 옮긴 일이 없다. 오랜 역사를 통하여 수많은 왕조가 바뀌어도 도읍지가 변하지 않는 도시는 로마뿐이다. 이유가 있다.

우선 로마는 이탈리아반도의 중앙이다. 그뿐만 아니라 로마제국, 즉 지중해의 중앙이기도 하다. 로마 중앙을 흐르는 큰 강 티베르Tiber가 있다. 406km 길이다. 이탈리아반도의 척추가 되는 아펜니노Apennino산맥에서 발원한다. 한반도의 태백산맥에서 발원하는 한강 같다. 유럽의 대도시를 흐르는 파리의 센강, 런던의 템스강, 베를린 슈프레강, 암스테르담의 라인강과는 다르다. 큰 강이 아니다.

이탈리아는 폭이 좁은 반도 지형이다. 중앙에 산맥이 있다. 긴 강이 없다. 긴 강은 포강이 유일하다. 로마는 항구 도시가 아니다. 바다에서 10km 내륙에 있다. 강을 통하여 로마까지 배가 들어간다. 중량 화물은 배를 이용해서 로마로 들어왔다. 넓은 충적평야를 만든다. 충적평야는 도시 로마의 식량 창고다. 바다로 돌출한 삼각주는 없다.

아시아와 유럽의 도시는 행정의 중심지에서 출발했다. 원래 사람이 많이 모이는 곳은 시장이었다. 시장은 교통이 편리한 곳에서 일어난다. 걸어서

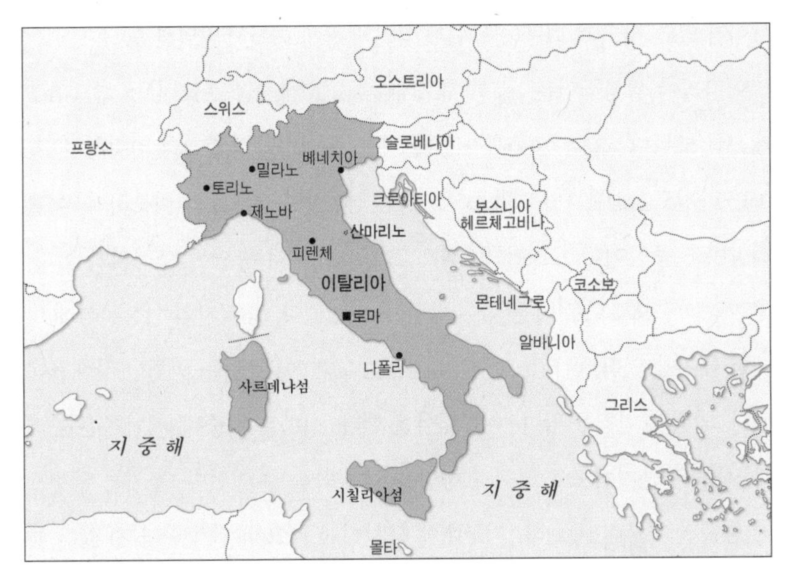

이탈리아와 이웃 국가

다닐 때는 지역의 중심, 배가 다닐 때는 항구가 시장이 되었다. 최단 거리의 원칙Least Distance Principle이다. 모든 사람이 이동하는 거리의 총합이 최소가 되는 장소에 시장이 발생한다. 시장이 커져서 도시가 되었다. 로마가 그런 곳이다.

로마 인구는 280만 명, 서부 유럽에서 런던830만 명, 베를린340만 명, 마드리드320만 명 다음이다. 이탈리아의 정치, 경제, 문화의 중심 도시다. 유럽의 도시는 신대륙의 도시 발생 원인과는 다르다. 신대륙의 도시는 항구다. 식민지 경략을 위하여 범선이 드나들 수 있는 항구가 도시의 조건이다. 해안에서 내륙으로 들어갔다. 식민지의 중심 도시는 인구와 상공업의 중심 도시, 항구가 되었다. 미국의 상공업 중심 도시 뉴욕과 정치 도시 워싱턴과는 다르다. 브라질의 수도인 내륙의 브라질리아와 항구 도시 리우데자네이루와는 차이가 있다. 뉴욕과 리우는 유럽과 식민지 관계 속에서 발달한 도시다.

이탈리아 행정구역은 1급 레지오네Regione 20개, 2급 프로빈차Provincia 107개, 3급 코무니Comuni 7,960개가 있다. 주는 우리나라의 도道와 비슷하다. 로마는 라지오Lazio주, 1만 7천km^2에 있다. 경상북도1.9만km^2와 비슷하다. 이탈리아반도 중앙이다. 로마를 중심으로 2,100km^2의 광활한 충적지가 있다. 주변의 식량으로도 로마를 먹여 살릴 수가 있었다. 충적지의 연장선상에 방대한 늪지가 있다. 폰티노 늪지Pontine Marshes다. 이 늪지는 엄청난 장애물이었다. 외적의 침입을 막아 주는 역할을 했다. 서쪽은 지중해, 서남쪽은 늪지다. 동쪽은 산지이므로 외적의 침입을 쉽게 막을 수 있었다. 늪지는 단층으로 함몰된 지구대地溝帶다. 지구대에 하천이 흐르고 배수가 잘 되지 않아 늪지가 되었다. 로마제국 시대부터 폰티노 늪지 개간 문제를 놓고 고민을 했던 특수 지형이다. 그러나 로마인들은 늪지를 모기가 득실거리는 '말라리아 지역'이라 부르고 기피했다.

폰티노Pontine 개발은 무솔리니가 했다. 그의 업적은 마피아를 척결했고, 내분을 잠재워 통일을 주도했고, 경제발전을 하여 실업을 없앴다. 그중에서 가장 큰 공로로 인정되는 것이 '폰티노 늪지 개발'이었다. 로마에 인접하면서도 모기 때문에 로마의 암적인 존재였다. 그는 폰티노 늪지법을 제정하고 개간을 하였다. 12만 명이 동원되었다. 잡목을 제거하고 배수를 위한 1만 6천500km나 되는 수로를 건설하였다. '무솔리니 운하'라고 불렀다. 자신도 한 달에 몇 번씩 폰티노 늪지에 들어가서 직접 삽질을 하는 연출을 했다. 배수로를 정비했다. 폰티노 늪지를 옥토로 만들었고, 도시를 건설하였다. 인구 4만 5천 명의 테라치나Terracina 같은 작은 도시들이 여러 개 들어섰다. 55만 명의 인구가 살고 있다. 폰티노 늪지Pontine Marshes는 로마를 세계의 수도로 만든 지형이다.

정도전과 무학은 조선의 도읍지로 한양을 천거했다. 한반도의 중앙이고, 한강이 있어 수운이 좋고, 고려 세력 왕씨의 거점인 개성과 멀리할 수 있고, 한강 유역에 넓은 충적평야가 있어 왕실 재정을 확보할 수 있다는 이유였다. 매우 합리적인 설명이다. 북한산, 남산, 한강을 들어 좌청룡 우백호를 풍수지리설로 설명했다. 합리적 이유를 스토리텔링했을 뿐이다.

06 | 토리노, 이탈리아의 기적

토리노에서 2006년 동계올림픽이 개최되었다. 한국은 주최 측 이탈리아를 제치고 금메달 7개를 획득했다. 따뜻한 지방으로 알려진 이탈리아에서 어찌 동계올림픽이 개최되었을까? 이탈리아반도는 지형이 한반도와 비슷하다. 남북으로 길게 늘어진 반도 지형이다. 한반도 장백산맥은 알프스산맥이고, 척추에 해당되는 태백산맥은 아펜니노산맥이다. 장백산맥 곁으로 압록강이 흐르듯, 알프스산맥 곁으로 포강이 흐른다. 한반도가 남북의 기후 차가 크듯, 이탈리아도 남북 간의 기후 차가 크다. 남쪽은 전형적인 지중해 기후이고, 북쪽은 대륙성기후다. 북쪽 국경 지대 알프스산맥에는 만년설을 볼 수 있다. 토리노는 알프스산 산록에 발달한 도시다. 프랑스와 접경 지역이다. 포도주와 초콜릿 생산지로 이름이 높다. 알프스 산록에는 눈이 많다.

알프스산맥으로 이탈리아는 프랑스, 스위스, 오스트리아, 슬로베니아와 국경을 이룬다. 북이탈리아에 이탈리아 최대 평야가 있다. 포Po강 유역이다. 백두산에서 발원하여 동으로 흐르는 두만강처럼, 포강은 알프스의 서쪽 프레쥐스Freju산에서 발원하여 N45°와 평행하게 동쪽으로 흘러 아드리아해로 들어간다. 남쪽 아펜니노산맥과 북쪽 알프스산맥 중간이다. 여러 개의 강이 하나의 강으로 합류하여 포강이 된다. 포강은 온전히 이탈리아 강이다. 유역 면적이 7만km^2다. 한국의 3분의 2 크기다. 기후가 좋고 토양이 비옥해 옛날부터 많은 사람이 살았다. 이탈리아는 1차 행정구역이 지역이다. 20개 레지오네가 있다. 토리노는 피에몬테Piemonte Regione의 중심 도시다. 피에몬테는 알프스 산록이란 의미다.

이탈리아 북부와 남부는 지형과 기후만이 아니라 문화도 삶의 질이 다르다. 로마를 중심으로 북쪽은 산업 지대고, 남쪽은 농업 지대다. 북쪽은 잘살고 남쪽은 가난하다. 남쪽에서 북쪽으로 많은 사람이 이주한다. 경제적 이유 때문이다. 북쪽은 프랑스, 독일, 스위스의 영향을 받아 일찍이 산업화되었다. 생활수준도 매우 높다. 프랑스와 교류가 많다. 서부 유럽과 가깝다. 북쪽 이탈리아는 유럽이고, 남쪽 이탈리아는 아프리카라고까지 한다.

피에몬테 레지오네는 역사적으로 알프스 산악 지방을 통하여 프랑스와 통하는 회랑Corridor이다. 전쟁은 피에몬테 회랑을 통하여 일어났다. 기원전 218년 카르타고의 한니발이 코끼리 부대를 이끌고 알프스산을 넘어왔던 길이다. 로마제국의 카이사르가 서쪽의 산맥을 넘어 지금의 프랑스와 갈리아 지방, 지금의 라인강 지방으로 원정 갔던 길이다. 프랑스혁명 후에 프랑스에 편입되기도 했다. 2차 세계대전 때 독일 편을 들었다. 연합군 폭격으로 큰 피해를 입었다. 산업혁명 후 이탈리아반도에서 가장 중요한 지역이 되었다.

이탈리아의 산업화와 근대화는 북쪽에서 남쪽으로 전파되었다. 우리나라는 서북쪽에서 남쪽으로, 일본은 서남쪽에서 북쪽으로 전파되었다. 어느 나라든지 지역 간 격차는 있다. 선진국치고 이탈리아만큼 지역 차가 큰 나라는 없다. 토리노에서는 남쪽에서 이주하는 이탈리아인을 차별한다. 주민들 간에 자주 싸움을 한다. 우리도 영남과 호남 간에 정치적 지역 차이가 있다. 감정이 나쁘다. 이탈리아에 비하면 양반이다. 사보이가House of Savoy가 1416년부터 1860년까지 유럽의 정치 중심이었다. 중심 도시가 토리노다. 프랑스혁명 후 나폴레옹은 토리노를 지배했다. 그다음으로 사보이왕국은 1831년 사르데냐 왕국을 이어받았다. 1861년에는 이탈리아 왕국이 된다. 이탈리아 왕국은 이탈리아반도를 통일하고 2차 세계대전이 끝날 때까지 존속했다.

2차 세계대전 후 이탈리아의 기적Italian Economic Miracle은 포강의 기적이다. 이탈리아 북부 지방이 주였다. 전쟁으로 폐허가 된 이탈리아의 경제를 일으켜 세계 중심 국가로 만들었다. 북부 지방은 알프스산에 내려오는 물로 수력발전을 하였다. 세계적으로 명성이 있는 피아트 자동차 공장이 토리노에 있다. '자동차 수도Automobile Capital'라고도 한다. 프랑스와 이탈리아의 장애가 되는 알프스를 뚫어 터널 공사를 했다. '프레쥐스 터널', 전장 13.7km이다. 알프스의 프레쥐스Freju산을 통과한다. 1871년에 개통했다. 알프스산맥 중에 가장 오래된 터널이다. 터널의 개통으로 프랑스와 이탈리아 간의 교류가 더욱 활발해졌다. 토리노는 이탈리아에서 로마, 밀라노 다음으로 인구가 많은 산업화된 도시다.

지금은 이탈리아의 산업 중심지다. 포강 상류에서 하류까지 토리노, 노바라Novara, 밀라노Milano, 베르가모Bergamo, 브레시아Brecia, 베로나Verona, 베네치아Venezia 같은 큰 도시들이 유역에 분포한다. 토리노, 제노아, 밀라노 삼각 지역은 이탈리아 첨단산업의 중심지다. 이탈리아를 끌고 가는 이탈리아의 심장이다.

07 | 라스칼라 극장, 1년 전에 예약해야 표를 살 수 있는 극장

라스칼라La Scala 극장을 보았다. 영화관이 아니다. 우리 나이는 극장과 영화관을 혼동한다. 극장은 Teatro이고 영화관은 Cine다. 극장도 연극만 하는 극장이 있는가 하면 오페라를 주로 하는 극장도 있다. 라스칼라 극장은 오페라만을 하는 극장이다. 세계에서 가장 유명한 오페라 극장이다. 이탈리아 밀라노에 있다.

생활이 풍요해지면 인간은 아름다움을 추구한다. 미의 추구가 즉 예술이다. 재산의 탐욕이 끝이 없듯 미를 갈구하는 인간의 욕망도 끝이 없다. 밀라노는 유럽에서 가장 잘사는 도시다. 잘사는 사람들이 많았으므로 자연히 미를 추구하는 숫자도 경지도 높다. 많은 걸작품을 유산으로 남겼고, 지금도 세계 음악과 미술의 중심이 되고 있다. 이탈리아에 유학 가는 한국 학생은 대개 두 부류다. 하나는 패션이고 또 하나는 음악이다.

푸치니의 〈나비부인Madame Butterfly〉은 라스칼라 극장에서 1904년 막을 올렸다. 우리나라 국립극단은 1950년 4월에 창단하였다. 〈나비부인〉 공연 100주년을 맞아, 2004년 12월에 한국 국립극장 해오름에서 공연했다. VIP석 20만 원, R석 15만 원, S석 10만 원이었다. 영국은 로열 오페라 하우스Royal Opera House에서 1905년에, 뉴욕은 메트로폴리탄 오페라 하우스Metropolitan Opera House에서 1907년에 공연했다.

플롯은 미국 군인과 일본 여인의 사랑 이야기다. "유리를 붙여서 만든 것 같은 그 가냘픈 몸, 나비와 같이 자유롭게 날아가 쉬는 여린 자태로"라고 했던 동양 여인의 애절한 사랑을 그리고 있다. 〈나비부인〉은 푸치니의 작품으로 오페라 중에 가장 인기가 높고 공연을 많이 한 작품이다. 해마다 세계 유명 극장에서 공연한다.

미국 해군 장교가 나가사키 기지에 들어와 일본 여성, 기생 게이샤 '초초蝶蝶, 나비'와 결혼을 하고 떠난다. 미국 해군 중위, 핀크톤에게는 그 사랑은 여행자에게 스쳐 가는 하룻밤의 풋사랑이었다. 핀크톤 중위는 미국에 돌아가서 미국 여자 '게티이트'와 정식 결혼한다. 3년 후 핀크톤은 군함을 타고 나가사키로 돌아온다. 초초는 핀크톤이 온다는 소식을 접한다. 핀크톤은 한때 근무하던 추억의 여행길이다. 가볍다. 나비부인은 온갖 유혹을 물리치고 남편, 핀크톤만을 기다린다. 그 남편이 돌아온다. 나비부인은 돌아오는 남편을 위하여 집 안 정원에서 길까지 벚꽃잎과 물을 뿌린다. 돌아오는 남편을 위하여 정성을 다하여 준비한다. 돌아온 남편은 3년 전의 남편이 아니다. 부인을 데리고 온 관광객이었다. 절망한 나비부인은 '영예롭게 살지 못했다면 죽음으로 영예롭게 한다'는 유서를 남기고 자살한다. 핀크톤은 그제야 뉘우치고 나비부인의 시신 위에서 통곡한다. 막이 내려진다. 근사한 서양 남자, 가녀린 동양 여자, 남존여비 사상, 식민지 사상이 깔려 있다.

아시아의 근대화는 아편전쟁1842과 메이지유신1868으로 시작된다. 근대화는 곧 서구화다. 서양에서 들어온 근대화는 가치의 기준도 서양이었다. 서양은 가치의 척도다. 서양의 것은 힘 있고, 강하고, 아름답고, 착한 것이다. 일본은 개화기로 접어든다. 일본은 서양에서 온 것이면 모든 것이 좋았다. 소위 '하쿠라이舶來' 가치관이었을 때다. 동양의 근대화는 서양화를 의미한다. 일본은 전통적으로 쓰던 음력도 한의학도 모두 폐기했다.

푸치니1854~1924는 20세기 전환기의 사람이다. 푸치니는 이탈리아 전통음악의 마지막 세대고, 대표작 〈나비부인1904〉, 〈투란도트Turandot, 1924〉, 〈라 보엠La Boheme, 1896〉, 〈토스카Tosca, 1900〉 등이 있다. 푸치니는 대대로 음악가의 집안, 가업을 잇기 위하여 음악을 공부했다. 라스칼라 극장은 당일 가서 표를 살 수 있는 수준의 극장이 아니다.

내가 갔을 때는 2014년이다. 표를 사기 위해 인터넷을 검색해 보았다. 1년 후, 2015년 좌석을 벌써 예매를 하고 있었다. 좋은 자리, 팔코 센트랄Palco Central은 일 년 예매 값이 2천만 원 정도다. 주로 오페라고 발레 공연도 있다. 좋은 자리는 밀라노에 있는 외국 상사들이 사 둔다. 고객들에게 서비스로 제공한다. 라스칼라 극장은 하도 유명하여 좋은 작품이 아니면 공연이 안 되지만, 라스칼라 극장에서 공연만 했다고 하면 유명한 작품이 된다. 밀라노의 라스칼라 극장은 국립극장이다. 경영이 어렵다. 국가에서 재정 지원을 한다. 서양의 종합예술이라던 오페라의 인기는 옛날 같지 않다. 오페라 가수가 취직이 안 되기 때문에 공부하는 학생이 없다고 한다. 그래서 밀라노의 유명한 베르디 음악학교는 한국을 비롯한 아시아 학생이 없으면 문을 닫을 형편이라는 이상한 이야기도 함께 들었다.

문희갑 씨가 대구 시장일 때다. 밀라노프로젝트의 일환으로 밀라노에 갔다. 동행한 나는 경북대학교와 밀라노 대학 간에 자매결연했다. 라스칼라 극장에서 공연하는 바그너 작 오페라 〈신들의 황혼〉을 봤다. 길고 지루했다. 말하기가 부끄럽다.

08 | 밀라노 프로젝트, 디자인의 값?

김대중 대통령 시절이다. 1999년 대구의 주종 산업인 섬유산업은 사양길에 접어들었다. 노동집약적 대량생산을 하고 있었다. 섬유산업을 고부가가치 산업으로 바꾸지 않고서는 대구 섬유의 미래는 없었다. 대구의 미래도 암담한 실정이었다. 값싼 섬유산업은 중국, 베트남 등 아시안 국가들이 추격하고 있었다. 김대중 대통령은 대구를 살리고 싶었다. 정치적 이유도 있었다. 경상도에 정치 기반이 약한 김 대통령은 대구를 지원하고 민심을 얻고자 했다. 소위 '동진정책'이다. 섬유산업을 고부가가치 산업으로 바꾸는 구조 전환을 '밀라노 프로젝트'라 했다. 문희갑 시절이다. 나는 대학에서 책임을 맡고 있었다. 대학은 어느 나라를 막론하고 과학기술의 산실이다. 대학이 섬유산업의 고도화에 역할을 해야 했다. 대구 섬유산업 사장들은 암담한 섬유산업의 미래를 먼저 알고, 부동산에 투자했다.

밀라노는 이탈리아의 제2의 도시다. 이탈리아 정치의 중심은 로마, 경제는 밀라노다. 1950년대 '이탈리아의 기적'을 이끌어 낸 도시가 밀라노다. 원래 섬유 도시였다. 패션 도시가 아니었다. 패션 도시 파리의 하청을 수주받는, 유럽에서는 2류 도시였다. 섬유산업을 패션 산업으로 전환했다. 지금은 세계 패션의 중심 도시 뉴욕, 런던, 파리와 어깨를 나란히 하는, 아니 오히려 선도하는 도시가 되었다. 세계에서 가장 소득이 높은 도시 중의 하나다.

대구도 못할 게 없다. 인구는 밀라노의 2배나 된다. 섬유 도시다. 한때 대구 합성섬유는 물량으로 세계시장을 지배한 적도 있었다. 화학섬유 중심의 대량생산의 섬유 공장에서 소량의 부가가치가 높은 상품으로 전환을 시도했다. 우리는 단기간에 서양 기술을 도입하여 값싼 섬유를 만들었다. 세계시장을 석권하였다. 30년 만에 서양의 산업화를 따라잡았다. 경주의 고도, 안동의 유교, 해인사의 불교 같은 고도의 문화권에 인접해 있다. 문화는 가치창조의 기본이다. 대구·경북은 '쉬메릭'이라는 공동 브랜드를 지역 상표로 내걸었다.

패션 산업도 할 수 있다고 생각했다. 패션은 창조적 가치고 상상력이 기본이다. 상상력은 모방할 수가 없었다. 대구는 공원의 정비, 신천의 정비, 도로의 확충 등으로 깨끗해졌다. 덕택으로 월드컵, 세계육상경기대회까지 치렀다. 그러나 대구의 주종 산업인 섬유산업의 변신은 보이지 않았다. 왜, 대구는 밀라노 같은 패션 산업이 일어나지 못하는 것일까?

해외 출장을 갈 때 면세점 스카프 점포에 들렀다. 가로, 세로 1m 정도 되는 실크 스카프가 마음에 들었다. 가격은 10만 원이었다. 카운터에 갔더니 100만 원이라 했다. 가격표를 잘못 본 것이다. 망신당했다. 에르메스Hermes라는 브랜드다. 원가는 만 원도 채 안 된다. 그 높은 부가가치는 어디에서 오는 것일까? 아름다움의 창조에서 왔다. 어떻게 밀라노는 가능했을까? 밀라노의 조건은 첫 번째 다양한 문화의 접촉이다. 창조는 다른 문화와의 접점에서 일어난다. 이탈리아 북부가 150년 전만 하더라도 이탈리아 영토가 될 것이라고 아무도 생각하지 못했다. 스페인, 프랑스, 오스트리아, 아프리카의 침략으로 지배를 받았다.

이탈리아 북부에서는 독일어, 프랑스어, 이탈리아어가 같이 통용된다. 밀라노는 밀라노 고유의 음식이 없고 퓨전 음식이다. 독일, 프랑스, 이탈리아 요리가 혼재한다. 그리스, 로마의 문화유산을 한 자리에서 보고 체험할 수 있다. 다양한 문화가 패션으로 접목된다. 중세의 길드, 장인 기술이 바탕이 되었다. 명품은 수제품이다. 대량생산을 하지 않는다. 기계가 아니라 손으로 만든다. 심지어는 자동차도 수제품이 인기가 높다. 명품 스포츠카 페라리는 이탈리아 자동차고, 수제품이다. 고가다.

명품 브랜드는 고가이므로 짝퉁이 많다. 짝퉁이라도 디자인은 같았기 때문에 외관으로 보아서는 진위를 구별하기 쉽지 않다. 감정은 눈에 보이지 않는 부분의 봉제 솜씨로 판별한다고 한다. 누적된 손기술이다. 그리고 근대화는 서구화의 가치다. 세계의 근대화가 서양의 산업화, 도시화를 통하여 전 세계를 휩쓸었다. 기준이 서양 가치다. 패션의 모델도 서양 미인이다. 서양의 중심은 로마에서 시작되었다. 우리가 그동안 많이도 서양화되었으나,

서양의 미를 모방할 수는 있어도 가치를 창출하는 데는 더 많은 시간과 투자가 따라야 할 듯하다.

밀라노에는 5개의 패션 거리가 있다. 세계적인 명품 회사 발렌티노, 구찌, 베르사체, 아르마니, 돌체앤가바나, 프라다 본사가 있다. 밀라노 출신 명품 디자이너 조르지오 아르마니1934는 개인 재산이 98억 달러고 세계적인 남성복 디자이너다. 백화점 양복 전시장에서 일하다 창업하였다. 정식으로 디자인 공부를 해 본 경력이 없었다. 그러나 세계 최고의 디자이너가 되었다. 쟈니 베르사체의 어머니는 봉제업에 종사하였다. 어릴 때부터 어머니를 도와 봉제를 배웠다. 따로 디자이너 공부를 한 적이 없다. 한국의 유명 디자이너는 무조건 서양에서 유학해야 한다. 밀라노와 짝퉁 대구 밀라노 프로젝트와 차이다.

09 | 피렌체의 메디치가, 유럽 문명을 바꾼 가문

피렌체Firenze는 인구 35만의 작은 도시다. 르네상스의 고향이다. 수백만의 관광객이 찾는다. 현재의 피렌체를 찾는 것이 아니다. 500년 전 중세의 피렌체를 보기 위함이다. 로마에서 북쪽으로 250km 떨어진 내륙에 있다. 아르노Arno강이 도시 한복판을 지난다. 내륙에 위치하지만, 아르노강을 따라 갤리선으로 지중해를 자유롭게 드나들었다. 중세 때는 대단한 도시였다. 유럽의 중심은 지중해 연안이고 그 중심은 이탈리아반도였다. 이탈리아는 여러 개의 도시국가가 경쟁하고 있었다. 베네치아, 밀라노, 제노아, 피렌체, 피사, 나폴리 등이다. 도시국가들의 경쟁은 이탈리아반도의 영토를 차지하는 일이 아니고 해외 무역로를 확보하기 위한 경쟁이었다. 삼국 시대고구려, 신라, 백제의 한반도 영토 분할 경쟁과는 다르다.

15세기에 들어서면서 중세 사회는 변하고 있었다. 7차에 걸친 십자군의 원정은 성지를 회복하기 위한 전쟁이었다. 군인은 전쟁보다는 장사꾼이 되었다. 이슬람 문화권에서 과학기술과 상품이 로마로 들어왔다. 십자군 원정길은 무역로가 되었다. 카스피해 연안의 유목민으로부터 전래된 페스트로 인하여 도시 인구의 1/3이 죽었다. 교황도 죽었다. 하나님을 가장 신봉하는 수녀원의 수녀도 수도원의 수사들도 떼죽음을 당했다. 하나님의 저주로 병이 나는 것이 아니었다. 페스트 앞에 기독교 신앙은 무기력했다. 인도항로의 발견과 콜럼버스의 아메리카 대륙 발견은 새로운 세계를 열었다. 지중해가 전부가 아니었다.

좁은 땅 지중해 위에서 해가 뜨고 지는 세계가 아니었다. 지구는 엄청나게 크고 평면이 아니었다. 지구가 돈다고 주장한 학자를 화형해도 지구는 둥글고 지구가 태양의 주위를 공전했다. 기독교를 중심으로 세상이 돌아가는 것이 아니었다. 중세 때 책은 손으로 쓰는 필사본이었다. 구텐베르크는 1448년 인쇄술을 발명했다. 누구나 서적을 접하게 되었다. 세상이 변했다. 21세기 스마트폰의 등장과 같았다. 하나의 가치에 의존하고 살기에는 너무나 다양한 지식의 세상을 알게 되었다. 옛날 그리스 시대의 자유분방한 지식사회를 동경하게 되었다.

서양의 부자와 우리나라의 부자는 다르다. 사실 조선 시대 부자는 관직을 한 관리 정도였다. 농민에게 조세를 징수하고 살았던 그때는 인구의 크기는 경지 면적과 비례했다. 수탈하는 대지주가 나타날 수 없는 상황이었다. 수탈은 반란의 동기가 된다. 왕조가 가장 두려워하는 것이 농민반란이다. 농민반란의 원인이 되는 조세와 소작료 징수를 엄격하게 통제하였다.

상공업을 하면 달라진다. 조선말에 부자였던 임상옥과 최창학이 있다.

임상옥은 상인이었고, 최창학은 광산업자였다. 조선 시대는 국제무역을 금지했다. 중국과 일본을 오가는 사신을 따라다니는 통역관에게만 무역을 허용하였다. 임상옥은 청나라와 인삼 무역을 해 부자가 되었다. <거상>이라는 TV드라마로 방영되기도 했다. 일제 식민지 시절, 우리나라에도 골드러시 바람이 불 때, 최창학은 금광을 하여 거부가 되었다. 식민지의 권력에 아부하고, 해방되자 김구 선생한테 자기 집 경교장을 헌납하기도 했다. 그 정도다.

피렌체에 큰 부자가 탄생하였다. 메디치가다. 중세 때는 상공인들의 조합, 길드가 있었다. 메디치는 양모를 수입, 가공하는 양모 길드 회원이었다. 양모의 섬유를 펴는 기술을 개발하고 수출하여 부자가 되었다. 은행을 설립해 전 유럽의 도시에 메디치 은행을 설립하였다. 피렌체는 물론 유럽에서 제일 큰 부자가 되었다. 중세 유럽의 도시는 자치 국가였다. 돈 있는 조합원이 귀족이고 귀족만이 정치를 했다. 조선의 지주 부자와 상공업을 하는 중세의 부자는 차이가 있다. 유럽 도시의 부자들은 길드를 경영하는 귀족들이었다. 도시의 산업은 상공업이었다.

상공인들의 조합인 길드는 조직된 대단한 힘을 가졌다. 수장은 귀족이고 정치인이다. 귀족들의 모임으로 도시 정치를 했다. 부를 바탕으로 메디치가에서 두 명의 교황, 레오 10세와 클레멘스 7세를 선출했다. 프랑스의 왕비를 두 명이나 배출했고, 피렌체 도시국가의 권력을 장악하였다. 그때나 지금이나 돈이 말한다. 메디치가는 변화하는 시대에 적응했다. 중세에서 하나의 가치인 기독교에서 벗어나 다양한 지식과 과학, 예술에 눈을 돌렸다. 마키아벨리, 단테 같은 사상가, 브루넬레스키, 미켈란젤로 같은 예술가, 갈릴레오 갈릴레이 같은 과학자, 아메리고 베스푸치 같은 지리학자를 후원했다. 메디치가는 300여 년에 걸쳐 많은 학자와 예술가를 지원했다. 피렌체의 르네상스는 유럽을 세계의 중심이 되게 하는 원동력이었다.

10 | 로마제국의 교통로, 모든 길은 로마로

지금 이탈리아의 수도 로마는 로마제국의 수도 로마다. 소위 로마 문명 하면 로마 도시의 문명이 아니라 로마제국의 문명을 뜻한다. 차이가 있다. 도시 로마는 로마 왕국, 로마제국, 이탈리아왕국, 이탈리아공화국의 2500년간의 수도다. 유럽에서 가장 오래된 도시다. 서양 문명의 산실이다. 어떻게 1000년이 넘는 세월 동안 대제국을 건설했고 유지·발전할 수 있었을까? 로마는 작은 도시국가에서 시작하여 세계 최대의 제국으로 발전하였다. 전성시대인 서기 117년은 관할 면적이 650만km², 인구는 5천680만 명이나 되었다. 지중해와 대서양 연안 지역까지 모두 로마의 영토였다. 지중해의 크기는 250만km²다. 로마제국의 통치하에 있던 육지와 바다를 합하면 900만km², 현재 미국의 크기와 같다. 지금의 스페인, 포르투갈, 프랑스, 독일, 영국, 이탈리아와 발칸반도, 튀르키예와 흑해 연안, 이라크, 시리아, 요르단, 이스라엘, 레바논, 이집트, 리비아, 알제리, 튀니지를 합한 영토였다.

지중해를 로마 시대는 '우리의 바다Mare Nostrum'라고 했다. 지중해의 해상권을 장악하는 국가가 지중해 연안 땅을 장악하는 제국을 건설할 수 있었다. 갤리선Galley은 지중해를 휘젓고 다니던 배다. 배 길이는 35m 정도고, 양쪽 뱃전에는 30개 정도 노를 젓는 자리가 있다. 노예들이 노를 잡았다. 방향도 좋고 대단히 빨랐다. 갤리선의 단점은 많은 숫자의 노예가 배를 타야 하므로 많은 식량과 식수를 준비해야 했다. 그러므로 갤리선으로는 큰 바다인 인도양이나 대서양으로 항해할 수는 없었다. 지중해에는 갤리선이 적격이었다. 항해 거리가 짧다. 물론 갤리선이 많은 해상 전쟁을 치르고 나서 더 기능이 좋은 배가 건조되고 발전하였다.

지중해의 바다 교통에 편리한 갤리선이 베네치아, 제노아 등지에서 개발되고 발전하였다. 당시 누가 지중해 제해권을 장악하느냐에 따라서 제국의 판도가 변했다. 동아시아의 중국, 일본, 한국은 수없는 외적 침입으로 전쟁을 치른 나라였다. 모두 육지의 전쟁이지 바다의 전쟁은 없었다. 임진왜란 때 이순신 장군의 해전이 전부다. 바다 전쟁의 기록이 거의 없다. 삼면이 바다라고 해양 활동이 활발한 것은 아니다. 그리스와 로마의 역사는 다르다. 수없이 바다에서 전쟁이 일어났다. 살라미스Salaminia, BC 480 해전, 포에니Poeni 전쟁, 십자군 전쟁, 레판토Lepanto 해전이 모두 다 해전이다. 해전의 승패가 전쟁의 승패를 결정하고, 제국의 운명을 갈랐다. 바다 전쟁을 자주 할수록 항해술과 조선술이 발달하기 마련이다. 대양선의 발달로 신대륙을 발견하는 계기가 되었다.

로마제국의 육상 교통은 말과 수레였다. 로마를 중심해 방사선으로 29개의 도로가 건설되어 고속도로 역할을 했다. 제국에는 113개의 주가 있었다. 각각을 372개의 도로로 연결했고, 중심 도로를 연결하는 지방 도로를 합하면 전체 40만km에 달했다. 8만km가 포장도로였다. 프랑스 갈리아 지방의 2만 1천km, 영국의 4천km 도로를 정비하였다. 17세기 프랑스의 시인 라퐁텐은 "모든 길은 로마로 통한다All Road Leads to Rome."라고 했다. 지중해 연안은 물론이고 스페인, 발칸반도, 지금의 영국까지 도로망이 정비되었다.

로마에서 카푸아Capua까지의 도로인 '아피아 가도Via Appia' 218km는 지금도 큰 손질 없이 자동차가 달리고 있다. 20km 지점마다 역참을 설치하여 말을 교환하고 숙박할 수 있도록 했다. 로마제국의 교통 시설을 연구하는 학자에 따르면 도로 건설의 공법이 현대의 고속도로 공법과 크게 다르지 않았다고 한다. 교량 건설, 늪지의 간척으로 직선 도로를 만들어 최대한 빠르게 대량 수송을 할 수 있도록 도로를 정비했다. 도로의 보호와 수송의 안전을 위하여 사람은 하루에 최대 120km, 화물은 24km, 마차당 화물은 330kg이 넘지 않도록 했다. 교통법규도 엄격했다. 통행자들은 주로 속지의 관리, 군인 외 장사꾼이 대부분이었다. 도로는 하루에 70km, 긴급을 요할 경우에는 하루에 200km까지 달릴 수 있을 만큼 잘 정비되어 있었다. 기원전 1세기 율리우스 카이사르는 하루에 160km를 달렸고, 그 후 100년이 지난 후 티베리우스 황제는 하루에 300km를 달렸다고 한다. 네로 황제의 죽음을 알리기 위하여 스페인으로 갔던 전령은 500km를 36시간 만에 주파하였다.

고속도로는 점점 개선되었다. 상인들은 로마에 가죽, 금속, 양털, 돼지, 술과 곡식을 주로 운반하였다. 로마는 교통이 혼잡하여 문제가 되었다. 따라서 화물 수레는 낮에는 성문 앞에 대기했다가 밤에만 이용토록 했다. 이 도로의 목적은 광대한 제국 내에서 언제라도 일어날지 모르는 반란을 신속하게 진압하고 제국이 필요한 물자를 운반하는 것이었다. 광대한 영토를 하나의 통치권하에 두기 위해서는 무엇보다도 도로와 교통수단의 정비가 필요했다. 과거나 현재도 교통로를 지배하는 자는 세계를 지배한다. 미국이 전 세계의 패자가 되는 것은 교통수단의 장악 때문이다. 지금도 다르지 않다. 미국은 전 세계 어디든지 24시간 내 완전무장한 1개 군단 3만 명을 파병할 수 있는 교통수단을 갖고 있다. 미국이 유일한 나라다.

11 | 바티칸 시티, 825명 인구를 가진 국가

유럽을 여행하면 이탈리아를 필수적으로 들린다. 이탈리아는 G7 국가 중 하나다. 서부 유럽의 4대 강국은 독일, 프랑스, 영국, 이탈리아다. 고대, 중세, 현대의 문화유산을 많이 갖고 있다. 여행자는 도시를 관광하지만, 막상 그 문화를 만들어 낸 국가에 대해서는 크게 관심을 갖지 않는다. 지중해에서 가장 중요한 나라는 이탈리아다. 이탈리아반도는 한반도와 같이 삼면이 바다로 둘러싸여 있다. 북쪽에는 알프스산맥을 물고 있다. 프랑스, 스위스, 오스트리아, 슬로베니아와 국경을 맞대고 있다. 북쪽에는 포Po강이 흘러 아드리아해로 들어간다. 넓은 베네치아 평야를 만든다. 장화 같은 반도 남쪽으로 내려가면, 두 개의 큰 섬 시실리와 사르데냐가 이탈리아의 남쪽 끝에서 아프리카 튀니지까지 60km에 불과하다. 이탈리아의 시칠리섬에서 남서쪽 튀니지 사이 작은 섬 판텔렐리아Pantelleria를 비롯하여 작은 섬들이 산재해 있다. 이탈리아의 면적은 30만km², 대한민국의 3배, 인구는 6천만, 구매력 소득ppp은 5만 4천 달러2023년 기준다.

이탈리아 영토 안에는 바티칸Vatican과 산마리노San Marino, 엔클레이브Enclave, 즉 자국 영토 내 남의 국가 영토가 있다. 또, 이탈리아 영토 캄피오네Campione는 스위스 안에 있다. 역외 영토Exclave이다. 캄피오네는 루가노 호수Lugano Lake 건너에 있다. 면적은 1.6km², 인구는 2천200명이다. 이렇게 남의 나라 안에 자국의 영토가 있고, 자국의 영토 안에 다른 나라 영토가 존재한다. 봉건 제후국에서 민족국가로 독립하는 과정에서 생겼다. 역사적인 이유가 있다. 유럽에는 이런 나라들이 여럿 있다. 이상하게 생각하지 않는다. 캄피오네는 이탈리아의 영토지만, 스위스 영토 내에 있다. 루가노 호수

서안에 위치한다. 경제는 스위스의 영향을 받는다. 자동차 번호판은 스위스 것을 달고 다닌다. 전화도 스위스 체계를 따르고 있고, 화폐도 스위스 프랑을 쓴다. 그러나 그 지역이 면세 지역이다. 카지노가 있다. 도시의 경찰은 이탈리아 법을 따르지만, 자체 경찰이 있다. 응급차와 소방서는 스위스의 지원을 받는다. 재미있다. 사는 사람이 먼저다. 사는 사람이 편리하도록 국경이 만들어져야 한다.

바티칸은 교황국이다. 로마 시내를 흐르는 티베르Tiber강의 서쪽에 있다. 가톨릭의 성지로 독립적인 영토와 권한을 갖고 있다. 이탈리아 로마시 안에 있다. 1929년 라테란조약Lateran Treaty이다. 무솔리니와 교황 11세가 합의했다. 총 인구는 825명2019이다. 신부는 70명이다. 경찰 104명, 외교관 319명, 나머지가 바티칸 시민이다. 직업이 없으면 바티칸 시민이 아니다. 재정은 관람 입장료가 주 수입원이다. 그 외 출판물과 우표 판매 수익이 있다. 2007년에는 6백70만 유로가 남았지만, 2008년에는 1천500만 유로의 적자가 났다. 2012년에 미국 마약 검사소는 바티칸을 마약 거래와 돈세탁하는 장소로 지정했다. 경찰의 단속이 없으니 그럴 만도 한 곳이다. 바티칸은 세계 가톨릭 신자 12억 명을 지휘한다. 교황이 산다. 교황이 프랑스 아비뇽에서 돌아온 1377년부터 바티칸에 거주한다. 베드로 성당, 시스티나 성당, 바티칸 궁전이 있다.

로마에서도 가장 관광객이 많이 찾는 곳이다. 로마 시내에는 많은 성당이 있다. 소유권은 바티칸 교황에 있다. 바티칸 박물관을 방문하는 관광객만 일 년에 450만 명에 이른다. 1년 예산은 3억5천만 달러다. 화폐는 유로를 쓴다. 외국 대사관과 같은 치외법권을 갖는다. 바티칸 시의 입법, 사법, 행정의 모든 권한은 교황이 행사한다. UN 회원국이다. 바티칸에는 군대가 없다. 스위스의 용병대가 교황을 경호하고 치안을 담당한다.

스위스 용병은 전원이 가톨릭 신자여야 하고, 미혼에 19~30세, 키는 174cm 이상의 남자로서 스위스 시민권이 있어야 한다. 바티칸의 경찰은 바티칸 시티 시민권을 얻으려면 속인주의, 속지주의도 아닌 고용주의다. 바티칸에서 왕국에 고용되면 바티칸 시민이 된다. 그렇지 않으면 시민이 아니다. 바티칸 시민권이 박탈되면 자동으로 이탈리아 시민이 되는 것도 아니다. 이탈리아 시민이 되기 위하여 다른 법적 절차를 밟아야 한다. 바티칸에서는 소매치기가 가장 큰 범죄다. 주로 베드로 성당 광장에서 일어난다. 바티칸에는 형무소가 없다. 이탈리아에서 소매치기 범죄가 가장 많이 일어나는 곳이다. 모든 범죄자는 모두 이탈리아 경찰로 인도한다. 유치장에서 형무소의 비용은 바티칸 정부가 부담한다. 이런 나라도 있다. 재미있다. 바티칸을 보면, 국가가 무엇인가를 생각하게 한다. 배양일 장군공군 중장은 바티칸 대사를 지냈다. 대사 시절 이야기를 들었다. 전 세계 가톨릭 12억 교도를 대변한다. 작은 나라가 아니다.

12 | 나폴리, 베수비오 화산

초등학교 사회 시간에 세계 3대 미항아름다운 항구으로 나폴리, 시드니, 리우데자네이루라고 배웠다. 지중해 여행길에 나폴리에 갔다. 남부 이탈리아다. 경치는 아름답다. 북부 지방에 비하여 가난하다. 실업자도 많고, 소득도 낮고, 범죄도 많다. 나폴리는 이탈리아 남부 지방 중심 도시다. 주변에 폼페이Pompeii, 소렌토Sorrento, 살레르노Salerno 같은 도시들이 있다. 역사적으로 로마제국, 나폴리왕국, 아라곤왕국, 부르봉왕가의 지배를 받았다. 나폴리와 식민지 도시, 시드니나 리우와는 비교를 해서는 안 된다. 나폴리를 신대륙

나폴리

의 항구들과 같은 반열에 놓는다면 나폴리를 과소평가한 것이다. 관광자원은 자연만이 아니라 역사도 함께 보아야 한다. 같은 반열에 놓는다면 나폴리는 자존심이 상할 일이다.

나폴리는 역사 시대 이후 지금까지 좋은 기후와 아름다운 해안 경치 때문에 로마 시대부터 귀족들의 휴양지로 널리 알려졌다. 지금은 EU 부자들의 휴양지가 되어 있다. 나폴리는 이탈리아에서 밀라노, 로마 다음으로 큰 도시다. 도시인구 100만 명, 주변 도시지역을 합한 광역도시는 400만이다. 지금보다도 과거가 더 화려했다. 중세 때 전성기를 맞았고, 쇠퇴하기 시작했다. 시오노 나나미의 『십자군 이야기』에서 나폴리는 십자군의 거점이었다. 유럽 각지에서 나폴리에 와서 배를 건조하고 무기를 제조하고 식량을 비축하여 원정을 준비했다. 따라서 나폴리를 비롯한 피렌체와 피사는 당시 지중해 무역을 배경으로 번성했던 도시국가였다.

17세기와 18세기는 이탈리아가 아프리카의 에티오피아Ethiopia를 비롯하여 리비아Libya, 소말리아Somalia를 식민지로 지배했다. 17세기까지 나폴리는 파리 다음으로 큰, 인구 27만 5천 명의 대도시였다. 세계사의 축은 다른 쪽으로 기울어졌다. 2차 세계대전이 끝나고 이탈리아 식민지는 독립했다. 유럽 정치경제의 중심이 지중해에서 대서양으로 또 태평양으로 옮겨갔다. 나폴리의 항구 기능이 뚝 떨어졌다. 유럽의 중심이 지중해에서부터 대서양으로 옮겨 가면서 나폴리는 내리막길을 걸었다.

이탈리아에는 "나폴리를 가보지 않고서는 사랑을 말하지 말고, 인생을 이야기하지 말고, 예술도, 죽음조차도 논하지 말라."라는 말이 있다. 나폴리는 낭만의 도시다. 최고의 휴양지고 관광지다. 〈돌아오라 소렌토로〉는 떠나는 연인에게 "내가 사는 아름다운 소렌토로 돌아와요." 하고 애절하게 호소하는 노랫말이다. '산타 루치아Santa Lucia'는 나폴리의 해안 도로다. 가사는 아름답고 낭만이 숨겨져 있다. 사랑이 주제다. 〈돌아오라 소렌토로〉, 〈산타 루치아〉는 나폴리를 대표하는 가곡이다. 바로크 예술의 정수가 나폴리에 있다. 이탈리아에서 2차 세계대전 중 미군에 의하여 가장 포격을 많이 받은 곳이다. 유럽의 큰 항구 중에 나폴리만한 역사와 자연을 겸비한 항구가 없다. 19세기경에는 아름다운 항구라기보다는 중요한 항구에 더 무게가 실린다.

베수비오Vesuvio 화산은 나폴리 동쪽 9km 지점에 있다. 폭발로 수만 명의 생명을 앗아갔다. 나폴리만을 건너면 폼페이Pompeii가 있다. 폼페이는 서기 79년에 뒷산 격인 베수비오 화산이 폭발하여 화산재가 도시 전체를 매몰시켰다. 화산재가 6m 높이까지 쌓였다. 당시 인구는 2만 명 정도로 추산한다. 플리니는 먼 거리에서 베스비오 화산이 폭발하여 화산재에 의하여 시민들이 묻히는 현장을 목격하고 기록으로 남겼다. 화산재에 묻힌 채로 있다가 1748년에 발굴되었다. 로마 시대에 번성했던 폼페이 도시의 도로, 주택, 상하수도, 원형 광장은 석조로 만들어진 모습 그대로 남아 있었다. 화산재가 공기를 차단하여 당시 사람과 개의 형체마저 온전한 상태로 보전되어 있었다. 매년 250만의 관광객이 찾는다고 했다.

베수비오 화산은 지금도 깊은숨을 쉬고 있다. 활화산이다. 주변 땅이 비옥하여 많은 사람이 살았다. 당시 화산 폭발로 반경 8km 내에 사는 인구의 1/2, 1만 1천 명이 화산재에 질식해 사망했다. 처음에는 도시가 화산재 25m 아래에 묻혀 있었다.

나폴리 만의 최대 절경으로 카프리Capri섬이 있다. 만의 입구, 남쪽 끝에 유명한 카프리섬이 있다. 면적이 10km^{2}밖에 되지 않는 작은 섬이다. 해안은 석회암 절벽과 푸른 바다와 바다 위의 석회암 동굴, '블루그로토Blue Grotto'가 절경을 만든다. 섬의 도시 카프리섬에는 유럽 부자들의 별장이 있다. 로마의 황제, 네로의 아들, 티베리우스 황제는 말년에 정권을 놓고 카프리섬에서 살았다는 기록이 있다. 러시아혁명가 레닌도 한때 여기에 머물렀다. 막심 고리키Maxim Gorky의 별장이었다.

13 | 시칠리아섬, 마피아의 고향

시칠리아Sicily는 지중해에서 가장 큰 섬이다. 그리고 지중해 한 중앙에 위치한다. 이탈리아반도의 남쪽 끝에 위치한 이탈리아 땅이다. 2만 5천km^{2}의 경상북도 크기고, 인구는 500만이다. 대구광역시와 경상북도 인구를 합한 것과 같다. 화산섬이다. 해발고도가 3,350m인 최고봉 에트나Etna산은 유럽에서 가장 큰 활화산이다. 화산재가 퇴적되어 토양은 비옥한 전형적인 지중해식 기후 지역이다. 여러 개의 작은 강이 흐른다. 자연도 아름답고 농산물이 풍부하다. 이탈리아의 4대 인구 밀집 지역 중 하나다.

시칠리아섬은 이탈리아의 자치주다. 독립국으로 있다가 이탈리아공화국으로 편입되었다. 독립적인 행정부와 입법부를 갖고 있다. 이탈리아부터 분리 독립을 원하여 국민투표를 했다. 낮은 지지율로 성공하지 못했다. 아직도 선거 때만 되면 시칠리아 독립 이야기가 나온다. 역사적으로 수없이 타민족의 침략을 받았다. 그리스 시대에는 그리스가 식민지화했고, 그 후에 카르타고Carthage 식민지, 로마의 식민지가 되었다. 중세 때는 반달족의 지배를 받았고, 고트족이 지배했다. 그 후 비잔틴제국의 지배하에 들어갔고, 사라센과 아랍827~1091이 지배했다. 노르만1030~1198이 시칠리아를 지배했고, 신성로마제국의 지배, 스페인 아라곤왕국의 지배, 이탈리아의 지배를 받았다. 지중해의 강자는 언제나 지중해의 보석, 시칠리아섬을 노략질했다.

마피아는 세계적인 범죄 집단으로 악명이 높다. 마피아의 고향은 시칠리아다. 왜 시칠리아가 범죄 집단의 본산이 되었을까? 마피아 같은 세계를 주름잡는 범죄 조직의 탄생은 지리적 이유가 있다. 인간에게 범죄의 본질을 가진 공동체는 없다. 어떠한 환경이냐에 따라서 착한 사람도 되고 나쁜 사람도 된다. 마피아를 연구하는 학자들은 마피아는 시칠리아의 역사와 문화에 연유되어 있다고 했다. 상부상조하는 우리나라의 두레와 같다. 동네의 재앙이 닥치면 그냥 개인의 문제로 넘기지 않고 공동으로 해결해 주고 도와주는 공동체 조직이다. 최고의 미덕이고 자부심이다. 살기 위한 수단이다.

지중해의 연안에는 지금도 22개의 국가들이 있고, 전쟁과 갈등이 공존하고 있다. 왜 그럴까? 사람이 살기 좋은 곳이고, 다양한 전통과 문화를 가진 다양한 민족이 오랜 역사를 통하여 살고 있기 때문이다. 지중해의 레반트 지역이스라엘, 요르단, 시리아과 발칸반도를 세계의 화약고라고 부른다. 수세기 동안 전쟁을 해 왔다. 좋은 땅을 차지하기 위한 민족 간, 종교 간의 갈등이었다. 지중해의 강대국 등장은 항상 시칠리아섬을 괴롭혔다. 그뿐 아니라 인접 국가의 도둑들도 가까운 시칠리아를 수시로 약탈했다. 침략하고 나면 약탈을 하고 아이들과 부녀자를 잡아갔다.

시칠리아인들은 자구책을 찾아야 했다. 대군을 물리칠 힘은 없었지만, 개인적으로 복수는 할 수 있었다. 국가의 보호를 믿지 않았다. 강력한 공동체가 형성되었다. 동네 청년들은 작은 단위로 결사대를 조직하였다. 약탈해 간 도적을 쫓아 찾아가서 복수했다. 이탈리아, 이집트, 알제리, 그리스, 프랑스까지 갔다. 이유 없이 총 맞아 죽으면 시칠리아인이 왔다 갔나 했다. 복수 행위는 시칠리아에서는 살기 위한 자위 수단이었다. 효과가 컸다. 마피아의 첫째 규범은 정부나 법 집행 단체에 의존하지 않는 것이었다. 섬이라 제대로 보호를 받을 수 없었다. 스스로 자위대를 결성하여 목숨과 재산을 지켰다. 항상 비밀을 지킨다. 처벌받은 범죄자들에게 복수하거나, 그들의 친구들에게 복수를 부탁한다. 마피아 조직은 보스가 있고, 보스를 도와주는 자문관이 있고, 전문 분야를 담당하는 중간 보스가 있고, 그 하부에는 총을 잡는 자객이 있다.

마피아의 조직을 가족이라 한다. 가족 간에는 정직해야 하고, 가족을 해치면 복수를 해야 하고, 보스 명령에 절대로 복종해야 하고, 배신을 하면 죽이고, 가족의 여자는 건드리지 않고, 이익이 생기면 기여도에 따라 같이 나눈다. 마피아가 악명을 떨친 것은 미국 이민에서 시작되었다. 뉴욕은 유럽 이민의 통로였다. 영국, 독일을 비롯한 북유럽인에 비하여 이탈리아인은 늦게 미국으로 들어갔다. 같은 유럽인이지만, 좀 다르다. 이탈리아인은 머리도 검고, 키도 작고, 영어도 잘하지 못했고, 개신교가 아닌 가톨릭의 전통이 있다. 따돌림을 당했다. 시칠리아의 마피아가 미국에서 부활했다. 공동체가 살아난 것이다. 박해와 따돌림이 원인이었다. 범죄 집단으로 발전했다.

14 | 아말피 해안, 아말피에 별장이 있어야 셀럽?

미국과 유럽 대륙의 크기가 비슷하다. 미국은 960만km^2, 유럽은 1,000만km^2이다. 유럽이 40만km^2 정도 더 크다. 사람들은 여유가 생기면 기후와 경치가 좋은 곳으로 여행을 한다. 인간이 사는데 날씨만큼 큰 자연조건은 없다. 날씨가 좋으면 기분도 좋고, 병도 나지 않고, 농사도 잘된다. 인간은 결국 기후와 지형에 적응하여 진화했다. 인간이 좋은 날씨를 찾는 것은 더 나은 삶을 위해서다. 너무 춥거나 더우면 삶의 질이 떨어진다. 우리나라도 남해안이 여행지로 인기가 높아가고 있다. 미국에서는 햇볕이 많고 따뜻한 선벨트Sun Belt 지방, 텍사스, 뉴멕시코, 캘리포니아가 인기가 높다. 유럽 대륙은 지중해 연안이다.

남부 이탈리아, 특히 아말피 해안Amalfi Coast이 일조량이 많다. 소득이 높고 연금을 받는 노인들은 따뜻한 지방을 찾는다. 그중에서도 아말피 해안은 석회암 지대로 경치가 매우 아름답다. 기후가 좋다. 유럽인들에게는 대단한 인기다. 북부 이탈리아인은 물론이고, 영국, 독일을 비롯한 북유럽인들도 아말피 해안에서 휴가를 즐기고 별장을 갖고 싶어 한다. 유네스코 자연유산으로 지정되었다. 해안은 넓은 평야가 적고 농사짓기에는 부적당하다. 날씨와 경치가 좋아 관광지로 인기가 높다.

태풍이 지나간 지역은 엉망이 되지만 태풍 피해를 입지 않는 곳은 오히려 많은 비가 혜택이 되는 경우도 있다. '어디에 있는가'는 '언제인가'만큼 중요하다. 2차 세계대전 때 유럽에 3개의 전선이 형성되어 있었다. 러시아와 동부전선, 영국과 서부전선, 그리고 이탈리아의 남부와 아프리카 전선이다. 2차 세계대전의 전반전은 독일과 이탈리아가 전 유럽을 휩쓸고 북아프리카와 동아프리카를 석권했다. 후반전에서는 자원이 부족한 추축국은 밀리기 시작했다.

전선이 불리해지자 반파시즘이 고개를 들었다. 결국, 무솔리니도 실각했고, 전격 구속되었다. 독일 공수부대에 의하여 구출되었으나 이미 전세는 기울어졌다. 무솔리니는 망명을 시도했다가 빨치산에 체포되어 사살되었다. 연합군은 상륙 지점을 물색했다. 이탈리아반도에 상륙하여 독일을 압박하려 했다. 연합군은 상륙 지점을 아말피 해안 살레르노Salerno를 택하였다. 미국 크라크 장군이 이끄는 미군 5군과 몽고메리 장군이 이끄는 영국군 8군의 연합작전이었다. 독일의 문 앞으로 다가오는 상륙군을 막기 위하여 이탈리아 전역을 독일군이 방어했다. 상륙작전명은 '눈사태Avalanche'였다. 연합군은 15만 병력으로 시칠리아를 거쳐 살레르노에 상륙했다.

살레르노는 엄청난 포격을 받았다. 전쟁의 태풍이 지나갔다. 많은 문화재가 파괴되고 시민들이 죽었다. 이탈리아 무솔리니는 제대로 저항하지도 못했다. 2차 세계대전사에 살레르노 상륙작전은 유럽에서는 노르망디 상륙작전만큼이나 중요했다. 이탈리아는 자체 방어력을 상실하고 독일군에 의존하게 되었다. 이탈리아가 먼저 항복했다. 1943년 9월이다. 잔여 병력은 독일군에 편입되었다. 독일군마저도 1945년 4월 25일 이탈리아에서 후퇴했다. 전세는 기울어졌다. 베를린을 압박했다. 히틀러는 자살했다. 1945년 4월 30일이다.

살레르노는 '히포크라테스Hippocrates의 도시'라는 별명이 있다. 현대 의학의 발상지다. 최초의 의과대학 설립은 13세기 초였다. 인류 역사 이래 의술이 없는 나라가 없다. 살레르노 의과대학Schola Medica Salernitana은 의학을 체계적으로 연구하고 집대성하여 현대 의학의 기초를 만들었다. 서양의학은 그리스 의학, 이슬람 의학, 비잔티움 의학 서적을 라틴어로 번역하였다. 지금은 한국의 의사들이 처방전을 쓸 때 병명과 약명을 한국어로 적고 있다. 1960년대만 해도 의과대학 학생들은 라틴어를 공부했다. 의사 처방전은 라틴어로 적었다. 환자는 무슨 말인지 알 수가 없었다. 나는 그때 환자의 병명이나 처방전은 환자가 알아서는 안 되는 줄 알았다. 그게 아니라 병명이나 약명이 한국어로 번역된 것이 없었기 때문이었다.

지금도 의학 용어는 라틴어에서 유래된 외국어가 대부분이다. 처방전이 라틴어인 것은 살레르노 의과대학의 것이다. 르네상스는 이탈리아에서 일어났다. 세계 최초의 대학도 이탈리아 볼로냐Bologna다. 서양의학은 분석적이고 해부학적이다. 칼을 들고 시술했고, 동양의학은 전체를 본다. 기로 치료한다. 칼과 침은 다르다. 그리스의 히포크라테스와 글렌의 의학서를 번역하였다. 결국 살레르노에는 세계 최초의 의학 도서관이 있었고, 의학을 체계적으로 강의를 하였다. 지중해 연안 국가의 귀족 환자들은 살레르노에 모여들었다. 다양하고 많은 환자를 진료했다. 지금도 이탈리아는 다른 학문에 비하여 의학이 매우 발달했다는 평가를 듣는다.

15 | 사르데냐, 리소토 먹어 봤어?

사르데냐Sardegna는 지중해에서 두 번째로 큰 섬이다. 시칠리아 다음이다. 면적 2만 4천km², 인구는 160만 명이다. 이탈리아 20개 행정구역 중 하나다. 프랑스 남쪽 섬 코르시카와 이탈리아 시칠리아섬 사이에 있다. 시칠리아섬과 크기가 비슷하다. 남쪽 시칠리아보다 환경이 더 좋다. 잘산다. 사르데냐는 이탈리아 중에서 잘사는 지역이다. 이탈리아도 북부 지방은 남부 지방에 비하여 잘산다. 남북에 따라 소득의 격차가 심하다. 남쪽은 농업이 중심이고 가난하다. 범죄도 더 많이 일어난다.

섬 사르데냐는 잘사는 북쪽 이탈리아 지방으로 분류된다. 지중해식 기후 지역이고 지중해식 농업을 한다. 포도주, 올리브, 치즈가 많이 생산된다. 사르데냐는 참나무가 많고 그 껍질을 벗겨서 코르크Cork를 만든다. 포도주가 고급인지 아닌지를 구별하는 데 병마개가 기준이 된다. 코르크 병마개를 쓰면 포도주를 입병한 상태에서도 미세하게 공기가 통해서 숙성에 도움이 된다. 코르크 참나무는 지중해 연안에 서식한다. 우리나라 참나무 껍질과는 다르다. 세계 60%를 포르투갈이 생산한다. 사르데냐섬이 그 다음이다. 이탈리아 코르크의 80%를 사르데냐에서 생산하다. 130개 코르크 공장이 있다.

쌀은 아시아의 전유물이 아니다. 스페인과 프랑스에서도 쌀을 생산한다. 유럽에서 가장 쌀을 많이 생산하는 나라는 이탈리아다. 포강 유역과 사르데냐의 남서 해안 알보레아Arborea 지방이다. 재배 방식은 다르다. 이앙을 하지 않고 직파를 한다. 이탈리아 쌀은 찰기가 없는 안남미Indica가 아니고 우리가 즐겨먹는 쌀, 자포니카Japonica종이다. 이탈리아 요리, 리소토는 북부 이탈리아인이 즐겨 먹는 쌀 요리다. 서양 음식 중에 한국인 입맛에 맞는 음식은 이탈리아 음식이다. 우리나라 사람들이 선호하는 이탈리아 음식 순위를 보니 1위 피자, 2위 스파게티, 3위 리소토, 4위 비스테카비프스테이크, 5위 주파 디 코제홍합, 6위 차주치즈, 7위 젤라토아이스크림다. 서양 음식 중에 정체성이 확실한 음식이 프랑스 음식과 이탈리아 음식이다. 귀족 음식으로는 프랑스, 서민 음식으로는 이탈리아가 통한다. 미국에도 그렇게 알려져 있다. 우리나라는 지금 짜장면 전성시대가 가고 이탈리아 스파게티 음식점이 그 자리를 대체하고 있다는 것을 실감한다.

참치 중에는 지중해 참치가 최고급이다. 맛있는 참치는 참다랑어Blue Fin

Tuna다. 지중해 이탈리아와 그리스에서 양식한다. 양식한 참다랑어혼마구로는 보통 250kg 내외, 대형은 500kg이다. 암소 한 마리 무게가 보통 600kg 정도인 것을 감안하면 참치 크기를 가늠할 수 있다. 북해에서는 괴물Monster Fish이라고도 한다. 잡아 올릴 때 기중기를 이용한다. 참치 어장은 태평양, 대서양, 지중해, 일본 근해다. 지중해 대형 참치는 대서양에서 치어를 잡아와 사르데냐 남서해안에서 가두리 양식을 한다. 수심 500m에서 양식한다. 지중해는 다른 바다 3.5%에 비하여 염도가 5%로 많이 높다.

미국 친구가 있다. 일본에 산다. 알래스카, 한국, 페루, 노르웨이, 지중해를 다니면서 생선을 사다가 일본 시장에 판다. 생선 브로커다. 친구는 어느 나라에서 어떤 생선이 나고, 어디에서 소비하는지를 잘 안다. 참치는 일본인들이 좋아하는 생선회Sashimi감으로 최고급이다. 참다랑어는 지중해산이 최고라고 했다. 사르데냐 남서 해안 포토스쿠소Portoscuso가 참치 양식업으로 유명하다. 현지에서 비행기로 수송하여 도쿄 중앙 어시장에 출하한다. 신선도를 유지하기 위하여 냉장 상태에서 당일 나리타 공항으로 보낸다. 참치 값은 클수록 비싸다. 200kg를 넘어가면 1kg당 200달러2020년 기준 정도라고 했다. 큰 놈은 한 마리에 1억 엔을 능가하는 것도 있다고 한다.

동경 축지어시장築地魚市場에서 친구가 대접하는 참치 초밥을 먹어 본 일이 있다. 새벽부터 줄을 서서 기다렸다. 1인분에 3만 원 정도 했다2009년 기준). 비싼 편이었지만 맛은 좋았다. 참치는 일본 사람이 가장 좋아하는 횟감이다. 한국인도 즐기는 횟감이다. 우리는 주로 원양에서 잡아 온 냉동 참치를 녹여서 먹는다. 최근에는 우리나라 남해안 통영시 욕지도에서도 참다랑어를 양식하는 것을 유튜브로 보았다. 양식장에서 100kg 크기를 잡아 서울 식당으로 보낸다. 1kg당 5만 원2023에 출하한다 했다. 나도 참치회를 좋아한다. 시중의 참치회는 값에 비하여 맛은 별로다. 냉동한 참치라서 그렇다고 한다. 거제에서 맛본 갓 잡은 다랑어 맛은 좋았다고 댓글이 올라왔다.

16 | 로마가톨릭, 파문은 무슨 뜻?

로마 하면 '가톨릭'을 연상한다. 예수의 출생은 이스라엘 예루살렘이지만, 기독교의 본산은 로마다. 모든 기독교가 로마교회로부터 분화되었다. 기독교의 큰집이다. 큰집 로마의 가톨릭 교황은 세계 12억의 신자를 거느리고 있다. 로마제국은 초기 기독교도를 박해했다. 로마에 대화재가 발생했다. 네로 황제 때다. 화재로 민심이 흉흉해지자, 황제는 기독교도들에게 누명을 씌워 추방하고 고문하고 처형하였다. 유아 살해, 도둑질, 근친상간, 살인하는 범죄 집단으로 몰았다. 그들은 로마의 법과 질서 아래 핍박을 받았다. 300년간 박해했다. 당시 로마인들은 그리스 올림푸스 신들을 경배하였다. 그리스신화 속의 신들을 믿었다.

서기 200~300년, 로마제국은 내란과 외환으로 시달리고 있었다. 신하가 황제를 살해하고, 수시로 쿠데타가 일어나 황제를 폐위했다. 한편으로는 사라센제국과 북부 게르만족의 침략이 잦았다. 로마제국이 흔들리고 있을 때다. 박해에도 불구하고 지하에서 기독교도들은 늘어 갔다. 기독교 탄압이 한계에 이르렀다. 분열되었던 권력을 전쟁으로 한손에 쥐게 된 콘스탄티누스Constantinus 황제는 기독교와 손을 잡았다. 서기 312년이다. 정치적 후원을 받으려고 기독교를 허용했다. 사제들에게 재산을 돌려주었다. 황제 자신도 기독교 세례를 받았다. 아시아와 유럽을 끼고 있는 새로운 도시, 비잔티움에 수도를 정했다. 황제의 사후 콘스탄티노플이라 불렀다. 동로마제국, 지금의 이스탄불이다.

올림푸스산

콘스탄티노플 동로마는 기독교 세력의 거점이 되었다. 방대한 로마제국의 영토 내에서는 황제를 비롯한 제후들은 모두 기독교를 믿어야 했다. 기독교의 세력은 단순히 개인의 신앙이 아니라 제국의 종교가 되었고 권력이 되었다. 교권이 왕권을 능가하는 힘을 갖게 되었다. 중세 때다. 심지어는 왕을 파문하는 일까지 일어났다.

가톨릭에서는 '파문Excommunication'이라 한다. 교리에 반하는 행위를 한 교인에게 교황이 내리는 벌이다. 세속화된 교황은 파문을 무기로 삼았다. 교황의 눈 밖에 나면 파문을 명했다. 파문당하면 누구와도 이야기를 할 수 없다. 친구와 가족도 파문당한 자를 저주해야 한다. 소위 '왕따'를 시키는 제도다.

이런 일도 있었다. 1076년 독일의 왕, 하인리히 4세는 로마교황에게 대들다가 파문을 당했다. 파문은 곧 왕을 권좌에서 쫓아내는 일이었다. 파문당한 왕은 교황 그레고리 7세를 찾아갔다. 이탈리아의 북부 카노사Canosa는 교황이 사는 성이다. 성문 밖에서 눈 내리는 밤에 맨발로 서서, 천민의 옷을 입고, 3일간 단식 농성을 했다. 교황에게 파문을 철회해 줄 것을 간청했다. 파문을 면제받았다. '카노사의 굴욕Humiliation at Canossa, 1077'이라 한다. 교황의 권한이 하늘을 찔렀다. 파문을 면하고 앙심을 품고 돌아온 하인리히 4세는 내전을 평정했다. 왕권을 확립했다. 로마로 쳐들어가 교황 그레고리 7세를 쫓아냈다. 클레멘스 3세를 교황으로 세웠다. 복수를 단행한 셈이다.

세계적인 종교는 어느 종교를 막론하고 정치권력과 결탁하여, 세계적인 종교로 발전시켰다. 이슬람은 아랍제국, 기독교는 로마제국, 힌두교는 인도의 마우리아왕조와 굽타왕조의 후원으로, 불교는 당나라와 타이왕조의 후원으로 세계적인 종교가 되었다. 어느 민족도 종교의식이 없는 사회는 없다. 그러나 세계적인 종교로 발전하기 위하여서는 보편성을 지닌 교리와 국가권력과 결탁이 필요하다. 기독교가 한국에 큰 자리를 잡은 것도 해방 공간에서 승전국인 미국의 힘과 무관하지 않다. 로마의 가톨릭은 제국주의와 산업혁명을 등에 업고 세계적인 종교로 교세를 확장했다.

지금 세계는 종교와 국가권력과의 분리, 정교분리를 기본으로 하고 있다. 로마교황 프란체스코는 2016년 8월 15일 한국에 왔다. 이제까지의 유럽 출신의 교황과는 달리 혁신적인 면모를 보여 주었다. 그는 아르헨티나 부에노스아이레스에서 태어났다. 아르헨티나 주교였을 때부터 존경을 받았다. 버스를 타고 출근했다. 자본주의 빈부의 격차를 맹렬히 비난했다. 가난한 사람과 어려운 사람, 그리고 병자의 편이었다. 역대 로마교황은 항상 무늬만 취해 왔다. 그러나 프란체스코 교황은 다르다고 한다. 진정성 때문이다. 바티칸은 아주 작은 나라다. 가톨릭 신자의 수가 바티칸의 정치력이다. 한국에는 500만 명의 가톨릭 신자가 있다. 한국은 종교의 자유가 보장되는 나라다. 한국의 종교도 정치 결탁은 예외가 아니다. 나는 경험했다. 각 종단을 찾아갔다. 엄청난 정치력을 과시했다. 더럽게 물들고 있다고 생각했다.

17 | 낭만주의, 돈 안 되는 곳에 목숨을 거는 행위

낭만주의Romanticism라는 말은 외래어다. 낭만浪漫은 로망Roman의 발음이다. 사실 우리나라에도 낭만주의 문학이 있었지만, 한국 근대사에 합리주의, 고전주의, 계몽주의 시대가 존재하지는 않았다. 우리의 낭만주의는 사회경제의 배경으로 나타난 것이 아니고 일본 유학생들이 1920년대 수입한 문화의 풍류였다. 초기 문인이 김소월, 후기 문인은 서정주와 유치환이었다. 당시 유행하던 서양풍의 문학사조를 따랐다.

'낭만주의'라는 의제를 설정한 것은 낭만이란 말이 '로마Roma제국'과 관련이 있는 개념인 줄 알았기 때문이다. 낭만이 Roman이므로 로마, 즉 로마네스크Romanesque로 생각했다. 로마네스크는 중세 로마 시대의 미술양식이다. 지금 이탈리아 로마Roma를 공부하고 있는 단계에 적절하다고 판단했다. 오판이었다. 낭만주의의 낭만은 이탈리아 로마와 관련이 있는 개념이 아니었다. 로망Roman은 정통 라틴어가 아니라 프랑스어로 '소설'을 말한다. 그러니까 초기 낭만주의는 13세기의 십자군 시대의 기사 이야기다. 모험, 사랑, 정의, 충성이 주제였다. 중세 때 가장 존경받는 직업이 기사와 성직자였다.

기사도, 슈발리에Chivalry는 대단한 직업이었다. 기사도는 용감해야 하고, 정의를 지켜야 하고, 하느님을 성실하게 믿어야 하고, 약자를 보호해야 하고, 주군에게 충성해야 하고, 의리가 있어야 하고, 여자에게 예의를 다하고 보호해야 한다. 기사의 도를 지키기 위하여 목숨을 기꺼이 바칠 수 있는 정신이다. 절대로 비굴해서는 안 된다. 일본의 무사 계급인 사무라이와 매우 흡사하다고 생각된다. 기사는 하느님을 믿어야 하는 항목을 빼면 조폭의 의리와 비슷하다. 실제로 중세의 기사는 로망, 소설 속의 기사와는 달리 그렇게 화려하지는 않았던 모양이다. 영주로부터 채용되지 못한 기사는 가난하고 도둑질 하고 비굴한 짓을 하며 살았다. 가난하면 예의를 지키지 못한다.

17세기, 18세기는 유럽이 식민지 경략으로 세계의 중심 무대에 서게 되었다. 세계사가 바로 서양사가 되었다. 국가의 권력은 하늘에서 내려오는 것이 아니고, 계약에 의해 국가가 성립된다는 합리주의 사상이 프랑스혁명을 뒷받침했다. 과학과 기술의 발달은 산업혁명을 가져왔다. 국가와 개인은 돈을 벌었다. 사회는 합리적 사고가 지배했다. 그러나 개인의 삶은 행복하지는 않았다. 과학적이고 합리적인 사고가 인간을 더 비인간화하고 더 비정하게 만들었다. 18세기에 복고적인 낭만주의가 생겨났다. 대포가 있는 시절에 투구를 쓰고, 칼을 쓰고, 말을 타고, 만용을 부리는 돈키호테 시절이 그리웠다. 상업주의, 현실주의, 합리주의는 돈을 벌게 했지만, 행복하지는 않았다. 낭만을 추구하게 된 것이다. 반계몽주의, 반합리주의, 반고전주의가 낭만주의를 태동한 한 동기다.

낭만이라는 말은 청춘의 감성에 와닿는 개념이다. 나의 낭만은 대학을 다닐 때 막걸리집에서 친구들과 함께 여학생의 이야기로 꽃을 피웠던 때가 생각이 난다. 낭만이 과연 무엇일까? 상업주의, 현실주의를 떠난 지순한 인간의 사랑 이야기가 아닐까? 중매는 신랑과 신부 값이 시장경제의 법칙을 따른다. 결혼이란 인생 중대사다. 명목상으로는 사람만 좋으면 그만이라고 한다. 속으로는 어느 대학을 무슨 학과를 졸업했는지, 직업은 무엇이고, 연봉은 얼마를 받는가, 시누이가 몇인가, 성씨는 무엇인가, 어느 지방 사람인가, 부모는 얼마나 부자인가, 아파트가 있는가, 어디에 있는지 등을 따진다.

자녀 결혼을 시켜본 우리 중에서 그런 속된 계산을 해 보지 아니한 사람은 없지 싶다. 명문 대학을 졸업하고 의사, 변호사와 같이 돈 많이 벌고, 사회적으로 존경받는 직업을 가진 총각은 열쇠 3개를 줄 수 있다고 했다. 매우 합리적이고 상업적 계산을 했다. 뚜쟁이는 저울질한다. 합리적이긴 해도 낭만적인 것은 아니다. 후배 중에 이런 사람이 있다.

명문 대학을 나오고 일본에 유학하여 동경 대학에서 학위를 취득하고 교수가 되었다. 열쇠 3개짜리 신랑감이었다. 마산 결핵요양원에 친구 병문안을 갔다. 한 여인에게 필(?)이 꽂혔다. 그녀는 결핵 3기에 요양을 하던 중이었다. 환자로 창백했고, 가난했고, 아기도 낳을 수 없는 환자였다. 숲속에서 책을 읽고 있었다. 장래가 촉망되는 열쇠 3개짜리 청년 교수는 그녀를 사랑했다. 그녀는 청혼을 거절했다. 여러 번의 구혼 끝에 결혼했다. 자기 경호원을 사랑한 모 재벌의 딸은 반대한 부모에 저항하여 자살했다. 낭만적인 청춘 남녀의 사랑은 부모가 반대한다. 합리의 반대가 낭만이다. 합리는 돈으로 잴 수 있다. 낭만은 돈으로 잴 수 없다. 돈이 안 되는 것에 정력을 바치는 일이 낭만이다. 낭만적인 사랑은 짧고, 인생은 길다는 것을 알고 있다. 그러나 청춘은 낭만을 그리워한다. 합리적인 시대에 낭만주의가 나오게 된 배경이 아닐까?

18 | 바로크 시대, '하느님!' 소리가 저절로 나는 건물

유행하는 문화의 양식은 그 시대의 사회경제적 배경 위에 일어난다. 14~16세기를 르네상스 시대, 16~18세기까지를 바로크 시대라고 한다. 서양 문화사에 뚜렷한 양대 시대 구분이다. 로마를 중심으로 유럽을 휩쓸었던 바로크의 문화양식은 어떠한 것인가? 바로크Baroque란 말은 포르투갈어로 '변칙, 울퉁불퉁한, 퇴폐적인' 예술의 양식을 의미하였다.

로마 시내 중앙을 흐르는 티베르강 주변에 나보나 광장Piazza Navona이 있다. 그 주변의 건축물이 전형적인 '바로크'식 건물이다. 넵튠 분수, 모로 분수, 피우미 분수다. 피우미 분수에 조각된 거인 4명은 갠지스강, 나일강, 도나우강, 라플라타강을 나타낸다. 벌써 로마가 세계의 중심이 아니라 세계의 일부라는 것을 말해준다. 로마는 작은 티베르 강변의 도시고 유럽의 중심도시지만, 아시아의 갠지스강의 거인, 아프리카의 나일강의 거인, 아메리카 대륙에는 라플라타강의 거인도 지구상에 공존했던 시대가 '바로크 시대'다. 로마의 거인만 존재했던 시대가 아니었다.

교황의 상징적인 건물이 바티칸의 성 베드로 성당이다. 성 베드로 성당이 얼마나 웅장하고, 화려하고, 장엄한지는 설명할 필요가 없다. 세계에서 제일 화려하고 가장 큰 교회다. 교회 중의 교회다. 로마교황의 궁전이다. 바티칸 대성당은 1506년에 시작하여 1626년까지 120년에 걸쳐 완성했다. 건축이 완성될 때까지 20명의 교황이 직접 후원하였다. 당대 최고의 건축가가 설계하고 감독했다. 설계 때부터 세계에서 가장 화려하고 웅장하고 장엄한 성당을 지으려고 했다. 바로크 시대는 페스트로 많은 사람이 죽었다. 세상은 불확실하고 믿음이 땅에 떨어졌고, 따라서 교황의 권위도 실추되었다. 로마가 중요한 도시이긴 했지만, 유일한 도시는 아니었다. 교황도 알았고 시민도 알았다. 로마가 아닌 도시도 있고, 가톨릭 아닌 종교가 세상에 있다는 것을 알았다.

신의 힘으로도 흑사병에 무기력했다. 로마가톨릭에 반기를 든 프로테스탄트의 저항으로 북부 유럽이 떨어져 나갔다. 실추된 로마교황의 권위를 회복하고 싶었다. 왕권을 드높이기 위하여 대원군이 경복궁을 중수하듯, 바티칸의 대성당을 세우기로 작정하였다. 성당의 입구에 들어서면 건물이 주는 무게감으로 저절로 '하느님' 소리가 나오도록 장엄하게 설계했다. 당대의 내로라하는 건축가가 총동원되었다. 교황 율리오 2세가 공모했다. 당선작은 브라만테의 작품이었고, 1506년에 착공하였다. 라파엘로로 이어졌고, 설계를 변경하였다.

그 뒤 페루치를 거쳐서 미켈란젤로에게 감독권이 넘어갔다. 거장 미켈란젤로는 설계를 원형에 가깝도록 복원하였다. 120년 동안 수많은 명장의 손을 거쳤지만, 미켈란젤로의 공헌이 가장 크다고 한다. 미켈란젤로의 설계도면이 2009년에 바티칸의 문서 보관소에서 발견되었다. 바티칸의 성 베드로 성당을 르네상스와 바로크의 혼합 건축양식이라 한다. 다만, 바티칸 성당 안의 제단인 발다키노 천개天蓋는 화려함의 극치로 꼽힌다. 30미터의 4개 청동 기둥에 황금 옷이 입혀져 있다. 전체 무게가 37톤의 청동이다. 소용돌이로 비틀고 하늘로 올라가는 형상을 만들었다. 영혼이 승천하는 모습이다. 베르니니가 설계했다. 이 작품만은 바로크식 조각이다.

바로크 시대의 건축가로 베르니니Giovanni Bernini와 보로미니Francesko Boromini를 꼽는다. 나보나 광장의 건축물과 조각이 두 사람의 손에 의하여 이루어졌다. 베르니니는 일을 따냈지만, 실제로 창작적인 조각은 보로미니의 손으로 이루어졌다. 두 사람을 보면, 가우디와 피카소를 생각하게 한다. 둘 다 천재적인 예술가다. 피카소는 죽을 때 부와 영광을 누리다가 죽었고, 가우디는 '성 가족 성당'을 완성하기 위하여 혼신의 힘을 다하다가 교통사고로 죽었다. 베르니니는 피카소처럼 돈과 영예를 누리다가 죽었고, 보로미니는 석공으로 가난하게 살았다. 돈과 명예는 따르지 않았다. 후세의 사학자들만이 그들의 삶과 업적을 평가할 뿐이다.

19 | 단테의 신곡, 사랑의 힘으로 천당에 가 본 남자

피렌체에는 중세 때 건축물이 많이 남아 있다. 유명한 두오모Duomo 성당, 베키오 궁Palazzo Vecchio, 우피치 미술관Uffizi Gallery이다. 가이드는 우리에게 피렌체가 내려다보이는 언덕에서 아르노Arno강을 손가락으로 가리킨다. 1265년 피렌체에서 단테가 태어났다. 강 위에 베키오Vecchio 다리가 놓여 있다. 다리 위에서 단테가 9살 동갑내기 베아트리체Beatrice를 처음 만났다. 한눈에 반했다. 『신곡』은 단테가 평생을 사랑한 한 여인의 이야기다. 베아트리체는 부자고 귀족이다. 단테는 가난한 평민이다. 연애는 꿈에도 생각 못했다. 단테는 다른 여자와 결혼했고, 베아트리체는 다른 남자와 결혼했다. 아이를 낳았다. 그녀는 24살에 죽었다. 죽을 때까지, 죽고 난 후에도 베아트리체를 사랑했다. 손 한 번 잡아 본 사이가 아니었다. 플라토닉 사랑, 궁정사랑Courtly Love 또는 기사도 사랑Chivalry Love이라고도 한다. 정신적으로 마음속으로 사랑을 했다.

단테는 그 사랑의 힘으로 『신곡Divine Comedy』을 썼다. 그가 죽기 전 1321년경 작품이다. 코미디라는 말은 정치 풍자를 말한다. 우리가 통용하는 개그 코미디가 아니다. 단테는 피렌체 총리까지 올랐다. 그가 로마에 갔을 때 피렌체서 정변이 일어났고 쫓겨났다. 죽을 때까지 치욕과 박해를 받았다. 비참한 방랑 생활을 했다. 작은 도시국가를 돌아다니다가 거지처럼 얻어먹기도 하고 천대받았다. 결국 그는 이탈리아 동북부의 작은 도시 라벤나Ravenna에서 죽었다.

단테의 『신곡』 원본은 존재하지 않는다. 필사본만 남아있다. 14세기, 15세기에 쓰인 필사본의 종류는 825개나 된다. 처음으로 1492년에 이탈리아에서 출판되었다. 우리나라는 신곡神曲으로 번역하였다. 왜 '코미디냐'는 질문을 받는다. 당시 신학서나 철학서는 모두 라틴어Latin로 쓰였다. 그러나 가벼운 글은 토스카나Tuscany어, 즉 이탈리아어로 쓰였다. 신곡이 르네상스의 대표작으로 꼽히는 이유 중의 하나는 이탈리아어로 쓰였기 때문이다. 조선 시대 문자는 한문이 대세였다. 한글은 천한 글이고 언문諺文이었다. 한글로 쓰여진 책은 지금은 귀한 책이다. 귀족과 사제만이 아니라 서민, 심지어는 노예까지도 글을 읽을 수 있었다. 조선 시대 한글과 같다. 어려운 라틴어가 아니라 쉬운 모국어로 쓰였으므로 지식을 넓게 보급할 수 있었다.

『신곡』은 3부로 구성되어 있다. 1부 지옥Inferno, 2부 연옥Prugatorio, 3부 천국Paradiso이다. 당시의 정신적 세계뿐만 아니라 당시의 세계관에 대하여 적어두었다. 연세대 신학대학 김상근 교수의 해설을 들었다. 스토리는 단테가 35살 때 숲속에서 길을 잃는다. 뒤에서 사자와 표범이 쫓아오고 있다. 도망을 치다가 산 아래 떨어진다. 태양이 없는 지하 세계다. 그는 지옥을 시로 쓴 실존 인물이었던 시인 베르길리우스에 구제되어 지하 세계를 구경한다. 지옥이다. 살아있는 인간이 가장 혐오하고 먹기 싫은 음식과 생활환경을 설정해 놓았다. 단테가 평소에 싫어했던 정적들 그리고 존경받지 못한 교황들도 등장시켜 극 중 복수를 한다. 앞으로 걸어가기를 희망하는 지옥의 죄인은 목이 등 뒤에 붙어 있다. 앞으로 가려면 뒤로 가는 것이다. 영원한 형벌이다. 단테와 베르길리우스는 지옥을 구경하고 연옥으로 들어갔다.

연옥은 산으로 된 섬이다. 북반구가 아니라 남반구다. 단테는 예루살렘을 지구의 남반구로 상정하고 있다. 산에는 7개의 계단이 있다. 죄의 계단이다. 연옥의 특징은 회개하고 착한 일을 하면 더 좋은 단계로 승진할 수 있다는 점이다. 연옥에서 천국으로 들어갔다. 단테의 연인 베아트리체가 천국을 안내한다. 지옥과 연옥은 죄질의 차이로 인하여 지옥에 가기도 하고 연옥에 가기도 한다. 천국은 7개가 있다. 인간은 누구나 사후의 세계에 대하여 알고자 한다. 사후에 영혼이 있다는 사람도 있고 없다는 사람도 있다. 사후의 세계는 어느 종교에서나 있다. 사후의 세계를 구체적으로 적어 놓은 기록은 단테의 『신곡』이다. 단테의 『신곡』은 수많은 예술품으로 각색되고 연출되었다. 인간은 사후의 세계를 두려워한다. 죽음의 공포는 종교를 만들었다. 죽은 후 환생을 이야기하고, 우리가 상상하는 지옥과 천국은 『신곡』에서 출발했다. 단테의 『신곡』은 처음으로 지옥, 연옥, 천당을 설명했다. 그것도 사실은 거짓말이다. 지옥과 천당을 갔다 온 사람은 단테 말고는 없다. 물론 기독교 사상의 프레임이다. 희망을 버려야 한다. 희망이 없는 곳은 지옥, 지옥은 별 없는 하늘이다. 처참할 때 행복했던 시절을 회상하는 것처럼 더 고통스러운 일은 없다. 『신곡』이 널리 읽혀지는 이유다.

YUGOSLAVIA
GREECE · TÜRKIYE

제2장

발칸반도와 아나톨리아반도

01 | 발칸반도, 유고슬라비아

유고슬라비아 지역이다. 유고 연방은 해체되어 7개 국가로 나뉘어 독립했다. 공산주의 국가였다. 한때 종교 간, 민족 간 분쟁이 그치지 않아 세계의 화약고라고 했다. 시련을 겪었다. 전쟁의 결과가 무엇인가를 깨달았다. 산악 지형이다. 유럽이다. 서부 유럽처럼 잘살지는 못한다. EU에 가입했고, 나토NATO에도 가입했다. 민족 단위로 독립했다. 애국심이 문제를 일으켰다. 전쟁을 하려는 캐치프레이즈는 우리 민족, 우리 영토 사랑이다. 자국의 문제는 이웃 국가, 타민족 탓으로 돌렸다. 전쟁이 일어났다. UN이 파병하고 나토가 파병하였다. 문제는 똑같다. 전쟁을 하지 않을 뿐이다. 휴전도 오래하면 평화다.

그리스는 산악 지형이다. 육지보다 바다가 먼저다. 문명의 중심은 섬이다. 그리스 문명은 섬에서 일어났다. 우리나라에서 섬은 변방이고 오지지만, 그리스 바다는 세계 문명의 발상지다. 문명의 중심으로 이어가지 못했다. 레반트가 발생한 문명을 로마로 전달하는 중개 역할을 했다. 많은 신화가 있다. 신화를 분석하면 문명의 전달 과정이 나온다. 메소포타미아 문명과 나일 문명이 그리스에서 집대성됐다. 기독교 국가다. 그리스정교다. 로마가톨릭과는 다르다. 이웃은 튀르키예다. 국경을 맞대고 있고, 바다를 공유하고 있다. 옛날도 지금도 튀르키예와는 사이가 좋지 않다.

튀르키예는 오스만제국의 후계자다. 세계 근대사는 오스만제국사다. 이슬람 국가다. 자원도 많고, 인구도 큰 나라다. 아시아와 유럽 대륙에 걸쳐 있다. 소아시아Minor Asia라고도 한다. 잘살지 못한다. 정치가 문제다. 문제는 튀르키예 군부다. 군부가 정치에 간섭한다. 군이 정치에 간섭하면 잘살지는 못한다. 지중해와 흑해를 면하고 있는 유일한 나라다. 미국과 러시아의 중간자 역할을 한다. 지정학적으로 대단히 중요한 입지다. 미국은 전쟁의 개연성이 있는 곳에 파병한다. 미국의 군사기지가 여러 곳에 있다. 미국 6함대가 주둔하고 있는 곳이다.

유고슬라비아Yugoslavia는 1918년에 나타났다가 1990년에 사라진 이름이다. 72년간이다. 소련의 운명과 같다. 소비에트연방은 1917년에 혁명으로 탄생하여 1991년에 해체되었다. 유고슬라비아는 발칸반도의 서쪽, 아드리아해에 면해 있는, 면적 25만km^2, 인구 2천300만 명으로 한반도만 한 크기에 인구는 3분의 1 정도의 작은 나라였다. 현대사에서 유고슬라비아만큼 사건이 많았던 나라도 없다. 유고슬라비아는 지도상에 없는 역사 속의 이름이다. 냉전 시대를 살았던 나는 유고슬라비아 이야기를 수없이 들었다.

유고슬라비아의 영토는 19세기 말에는 오스만제국과 오스트리아·헝가리 제국 간의 뺏고 빼앗긴 전쟁터였다. 1914년 오스트리아 황태자가 보스니

유고슬라비아 연방

아 사라예보Sarajevo를 방문했다. 오스트리아군의 검열이 방문 목적이었다. 세르비아의 청년이 황태자를 사살했다. 이 사건으로 1차 세계대전이 촉발했다. 전 유럽은 불바다가 되었다. 21년이 지난 후, 2차 세계대전은 나치의 유고슬라비아 침략으로 시작하였다. 세르비아·불가리아 전쟁1885~1886, 발칸전쟁1912~1913이 있었고, 유고슬라비아가 해체되었다1990. 그 후에 구유고 영토 내 민족 간에 전쟁이 일어났다. 보스니아Bosnia 전쟁1992~1995, 크로아티아Croatia 전쟁1991~1995, 코소보Kosovo 전쟁1998~1999이다. 말하자면, 20세기 앞뒤로 유고슬라비아는 티토Tito 시대를 제외하고는 전쟁이 그친 날이 없었다.

3개의 왕국세르비아, 크로아티아, 슬로베니아이 합하여 하나의 유고슬라비아 왕국이 되었다. 2차 세계대전 후 공산당 정권 때 유고슬라비아는 6개의 민족 연방 공화국이었다. 보스니아-헤르체고비나, 크로아티아, 마케도니아, 몬테네그로, 세르비아, 슬로베니아와 2개의 자치지구세르비아 공화국 영토 내 보보디나와 코소보다. 유고슬라비아 사회주의 연방 인민공화국이 되었다. 1991년 유고 연방이 해체되었다. 유고는 코소보를 합하여 7개 독립국이 되었다. 유고 지역을 이해하려면 발음하기도 기록하기도 힘든 국가 이름을 알아야 한다. 유고슬라비아가 어떻게 탄생하고 어떻게 분할되었는지, 우리에게 주는 시사점도 있다. 2차 세계대전이 시작되면서 추축국독일, 이탈리아, 헝가리, 불가리아의 침략으로 유고 왕국은 망한다. 독일은 세르비아를, 이탈리아는 몬테네그로를, 불가리아는 마케도니아를, 헝가리는 바치카Backa를 점령했다. 크로아티아와 보스니아는 독일의 괴뢰정부가 되었다. 유린당한 유고는 이리떼가 뜯어먹는 한 마리의 사슴 꼴이 되었다. 다양한 민족, 다양한 언어, 다양한 종교, 다양한 식민지 문화가 접목되었다.

2차 세계대전 중 공산주의 지도자 필리포비치Filipovic와 티토는 빨치산으로 항전했다. 독일군을 몰아내고 1946년 독립을 쟁취했다. 티토는 1946년 유고 사회주의 인민공화국의 대통령으로 취임하여 죽을 때1980까지 35년간 독재했다. 사회주의 국가원수는 독재한다. 스탈린, 마오쩌둥, 카스트로, 김일성이 다 그랬다. 그러나 유고슬라비아의 티토 대통령만큼 죽고 난 후에도 칭송받는 공산주의 지도자는 없다. 스탈린은 혁명을 하고 소련의 산업혁명을 일으키고 2차 세계대전을 승리했는데도 그의 동상은 모조리 파괴되었다. 너무 많은 사람을 죽였다. 티토는 다민족, 다중 언어, 다양한 종교가 혼재되어 있는 민족국가를 연방국에 묶어놓고 탕평책을 하였다. 경제발전을 성취하였다. 지금도 동상이 있고, 그의 이름으로 새겨진 거리가 곳곳에 남아 있다.

발칸반도를 세계의 화약고라고 한다. 언제든지 어디서든지 전쟁이 일어날 가능성이 높다는 말이다. 왜 그럴까? 발칸반도를 지도상에서 펴 놓고 보

라. 강대국들이 탐낼 만한 땅이다. 지중해로 통할 수 있는 좋은 항구가 발달해 있다. 다양한 민족이 산다. 종교는 가톨릭교, 개신교, 이슬람교, 유대교, 동방정교, 러시아정교가 섞여 있다. 다민족이고 다양한 언어가 있다. 희랍어, 마케도니아어, 라틴어, 이탈리아어, 러시아어, 독일어가 혼재한다. 종교가 다르면 다른 민족으로 분류하고 배타적인 태도를 갖는다. 발칸반도의 유고슬라비아에는 40개 민족의 40개 언어와 종교가 있다. 민족마다 정체성을 가지려 한다.

강력한 지도력이 있고, 연방 정부의 통제가 있을 때는 평화가 유지되었다. 1980년에 티토가 죽고, 공화국의 대표로 구성된 집단지도체제로 연방정부를 구성하였다. 공화국들은 더 많은 자치를 요구했다. 각 공화국의 정치가들은 자기의 공화국의 번영을 위하여 다른 민족과 종교를 가진 공화국을 비난했다. 남의 나라를 비난해야 애국자다. 그것이 애국인 것처럼 보였다. '우리의 빈곤은 이웃 공화국 때문이다.' 적개심을 불러일으키고 애국심을 고취했다. 갈등은 전쟁으로 이어졌다. 모든 민족 간에, 종교 간에 전쟁이 일어났다. 한때 공산주의 국가 중에서 가장 잘 살았던 유고슬라비아는 해체되고 공화국들은 더욱 가난하고 반목하고 적개심만 남았다. 발칸의 화약고가 되었다.

02 | 슬로베니아, 이웃에 불이 나면 우리 집도?

슬로베니아는 유고 연방의 제일 북쪽 N45°~N47°에 자리 잡고 있다. 중국의 헤이룽장성에 해당되는 위도다. 해안 지역을 제외하고는 대륙성기후다. 작은 나라다. 면적 2만km², 인구 200만이다. 경상북도면적 1만 9천km², 인

슬로베니아

구 270만 명) 정도다. 북쪽에는 알프스산맥이 있고, 서쪽에는 디나르Dinarsko산맥이 있다. 중앙에 판노니아 평야Pannonia Plain는 넓은 흑해 분지의 일부다. 헝가리와 공유하고 있다. 서남쪽 좁은 해안이 지중해와 면하고 있다. 산악 지형이다. 평균 해발고도 450m다. 큰 강줄기는 다뉴브Danube강의 지류에 해당된다. 산악 지형이라 수자원이 풍부하다. 강 전체는 서쪽에서 동쪽으로 흐른다. 연 강수량이 3,400mm나 되는 곳도 있다.

1991년에 독립을 했다. 슬로베니아Slovenia의 위치가 서쪽에는 이탈리아, 오스트리아, 동쪽에는 헝가리에 둘러싸여 있다. 남쪽에는 크로아티아가 있다. 발칸반도 국가들은 비슷한 운명을 지니고 있다. 인구 200만의 작은 나라다. 하나의 민족국가로 살아가기에 힘들었다. 주변에는 강대국들이 포진하고 있다. 역사적으로 살기 좋고 작은 나라는 잦은 침략을 받았다. 슬라브족, 라틴족, 게르만족, 이슬람족의 싸움터였다. 이웃 베네치아의 침략을 피하기 위해 오스트리아 황제를 모셔오기도 했다. 이웃 나라 간에 힘의 균형이 깨어질 때는 언제든지 침략당했다.

슬로베니아의 문화는 이탈리아, 독일, 오스트리아, 헝가리 기독교문화와 이슬람문화가 혼재되어있다. 민족이란 이름이 붙어 있지만, 수천 년 동안 혼혈이 되었다. 외형으로 다른 민족과 구별이 안 된다. 언어가 조금 다를 뿐이다. 슬로베니아어를 상용하면 '슬로베이어족'이다. 지금도 이탈리아와 국경 지대의 도시에는 이탈리아어, 오스트리아 국경도시에서는 독일어를 쓴다. 헝가리와 국경 지대는 헝가리어를 공용어로 쓴다. 슬로베니아어보다 더 많이 쓴다. 국경 지대는 인접 국가 언어를 같이 쓰고 있다. 공식 언어로 '슬로베니아어'가 있다. 인구의 반 이상이 제2 외국어를 한다. 가장 많이 쓰는 외국어는 영어 56%, 독일어 42%, 그리고 이탈리아어다. 슬로베니아는 사회주의 국가였지만, 서구화하는 데 시간이 걸리지 않았다.

복거일 작가의『비명을 찾아서1987』라는 소설이 있다. 줄거리는 일본이 2차 세계대전을 승리하고 조선인은 일본인과 동화된다. 완벽하게 일본어를 사용하고 이등 국민으로 자부심을 갖고 살아간다는 역사를 가정했다. 소설이지만 진실을 말한다. 세계 속에 그런 역사를 가진 민족이 세계 도처에 있다. 만주족이 한족에 동화되어 만주어는 화석 언어가 되었다. 만주어를 쓰는 사람이 없어 유전자는 살아 있지만, 언어는 사라졌다. 언어가 사라지면 민족은 없다.

슬로베니아를 합방한 이탈리아 무솔리니는 학교에서 슬로베니아어 사용을 금지했다1929. 이탈리아어로 공부하고 말하도록 했다. 슬로베니아 땅에서 슬로베니아인을 강제로 추방하고 이탈리아인을 살도록 했다. 나치 때1941에는 아이들을 부모에서 떼어내어 독일 가정으로 보냈다. 독일어와 문화를 배우게 하는 민족말살정책을 썼다.

슬로베니아는 해체된 유고 연방 중에서 가장 잘사는 공화국이다. 입지 때문이다. 국경을 맞대고 있는 선진국 이탈리아, 오스트리아와 교류 덕택이다. 국경도시에는 길에 흰 줄을 그어놓고 이쪽은 이탈리아, 저쪽은 슬로베니아라고 적어 두고 있다. 1인당 소득이 5만 1천 달러2023년 기준다. 유사시를 제외하고는 국경 경비는 없다. 물가가 싸고, 자연이 아름답고, 통행이 자유롭다. 만년설의 알프스, 오염되지 않은 하천, 석회암 지역의 동굴, 융합된 문화가 관광의 매력이다.

지중해 연안은 카르스트 지형이다. 만년설이 있는 알프스산맥을 등지고 있는 트리글라브Triglave 국립공원은 1급 관광지로 꼽힌다. 수도는 류블랴나Ljubljana, 인구는 30만 명이다. 사회주의를 버리고 서구의 시장경제로 들어갔다. 슬로베니아 화폐 '톨랄'을 버리고 유로를 쓰고 있다. 작은 나라이므로 민족과 국가를 보호해 줄 우산이 필요했다. EU에 가입하고, 나토에도 가입했다. 국방비를 쓸 필요가 없다. 슬로베니아 같은 작은 나라에게는 매우 좋은 국제기구인 듯하다.

03 | 크로아티아, 한국의 한려수도

<꽃보다 누나>는 TV 프로그램이다. 한국 탤런트 4명이 크로아티아를 여행했다. 2013년 11월부터 2달 동안 TV에 방영되었다. 잘 만든 다큐는 여행객들의 입맛을 돋운다. 지난주에 크로아티아를 다녀온 '지리산책' 회원은 대다수 관광객이 '한국인'이었다고 했다. <꽃보다 누나>의 효과가 대단했다. 오리엔탈 익스프레스Oriental Express, 특급열차가 있었다2009년 폐쇄. 런던에서 출발하여 이스탄불로 가는 유럽횡단 열차다. 호화 기차 여행의 대명사였다. 중간 귀착점이 자그레브Zagreb, 80만 명, 2023다. 크로아티아는 자연 경치도 아름답지만, 문화도 다양한 민족과 언어, 종교가 융합된 나라다. 유럽

크로아티아

과 아시아, 아프리카뿐만 아니라 유럽의 남과 북의 교차로가 크로아티아다.

디나르 알프스Dinaric Alps산맥은 유럽의 중부와 남부를 가른다. 유고의 7개국 중에서도 아드리아해, 달마티아Dalmatia 해안을 끼고 있는 나라는 크로아티아뿐이다. 발칸반도 중에서도 아드리아 해안을 접한 곳은 지중해 기후 지역이다. 내륙은 대륙성기후다. 지중해 기후는 건조기후고 반은 사막기후다. 산에는 큰 나무가 없고 키 작은 관목이 자랄 뿐이다. 그런데도 내륙, 디나르 알프스 쪽은 비가 많고 산이 높아 수량이 풍부하다. 높은 산과 호수가 많아 아름다운 경치를 만든다. 전체가 석회암 지역으로 다양한 카르스트지형을 만든다.

아드리아Adria 바다에 면한 달마티아 해안은 유럽 최고의 관광지다. 맑은 물과 화창한 날씨, 그리고 굴곡이 많은 해안선과 500개의 섬이 산재해 있다. 전장 1,400km의 리아스Rias식 해안이다. 리아스식 해안은 지형학에서 침강해안이다. 해안의 굴곡이 심하고 섬이 많은 해안이다. 우리나라 한려

수도는 전형적인 리아스식 해안이다. 소문만큼 달마티아 해안은 아름답다. 그러나 내가 보기에는 우리나라의 한려수도만은 못하다. 한국의 남해안 한려해상국립공원만큼 아름다운 해안을 보지 못했다. 우리의 것이라고 높은 점수를 주는 건 결코 아니다. 그런데 왜 그만큼 소문이 나지 않았을까?

달마티아는 원래 독립 왕국이었다. 지정학적으로 중요한 지역이었다. 1차 세계대전 전까지 프랑스가 지배했다. 나폴레옹이 물러가고, 오스트리아·헝가리제국이 지배했다. 그 후 이탈리아와 독일이 지배했다. 전후 유고연방으로 편입되었다. 지금은 크로아티아 독립국이다. 달마티아는 크로아티아인 71%, 세르비아인 20%, 이탈리아인 5%의 인구구성이다. 중심 도시는 자다르Zadar, 스프리트Split, 시베니크Sibenik, 드브로니크Dubrovnik 등 작은 도시들이 해안에 있다. 작지만 아름답다. 무역항이었다. 지금은 모두가 관광지다. 부자 유럽인들의 휴양지가 되고 있고, 요트의 정박장이다. 관광객은 옛 식민지 모국이었던 독일, 슬로베니아, 오스트리아인들이 많고, 별장을 갖고 있고 휴가를 즐긴다.

우크라이나 사태가 발생했다2022. 종주국인 러시아에서 옛날 소련에 있는 나라들이 독립했다. 러시아의 영향 아래로 두고자 했다. 따르지 않았다. 우크라이나 주민은 EU 쪽으로 방향을 전환했다. 서구의 민주주의와 서구의 시장경제를 따라갔다. 친러시아 우크라이나 대통령, 야누코비치는 EU와 자유무역 협정을 파기하고 러시아와 유대를 강화했다. 우크라이나인들은 폭동을 일으켜 대통령을 쫓아냈다. 러시아는 자국민을 보호한다는 명목 아래 군대를 파견했다. 크리미아반도는 주민 투표를 통하여 러시아의 비호 아래 러시아와 합병했다. 우크라이나 사태는 우크라이나계와 러시아계의 민족 갈등처럼 보인다. 그 배경에는 EU와 미국, 러시아가 있다.

소련의 영향 아래 있던 동유럽의 모든 나라가 비슷한 상황이었다. 슬로베니아, 크로아티아가 서둘러 EU와 나토에 가입했다. UN의 평화유지군에 군대를 파견하고 있다. 러시아의 위협에서 벗어나고, EU의 우산 아래 비를 피하고자 한 자구책이다. 솅겐 조약Schengen Treaty에 가입했다. 여행이 자유롭다. 가맹국들은 국경 검문소의 철폐, 여권 심사와 검문 없이 국경을 넘나들 수 있다. 2013년 기준 현재 26개국이 가입했다. 유럽을 여행해 보면 한 나라 같다고 생각하게 된다. 솅겐 조약 때문이다. 나라마다 문화가 있고, 언어가 다르고 경제 사정이 다르지만, 여행만은 자유롭게 한다. 크로아티아는 2015년에 가입을 약정해 놓고 있다. 한반도의 남북을 솅겐 지역Schengen Area으로 하면 어떨까? 많이 왕래하면 두 지역 간의 갈등은 사라진다. 크로아티아는 인구 430만, 면적 5만 6천km^2로 유고 국가 중 가장 크다. EU를 따라가고 있다. 1인당 국민소득이 4만 2천 달러2023년 기준다.

04 | 보스니아, 드리나강의 다리

옛 유고 연방은 민족 중심으로 7개 국가가 각각 독립했다. 보스니아는 그 중에서도 큰 나라고, 대표적인 분쟁국이다. 보스니아의 정식 명칭은 '보스니아 헤르체고비나Bosnia Hercegovina 공화국'이다. 국가 이름은 그 영토 내에 많이 거주하는 민족의 이름을 따랐다. 적지 않은 다른 민족이 살고 있다. 결국, 민족분쟁이다. 민족 간 삶의 터전 싸움이다.

발칸의 분쟁은 역사적으로 로마제국의 지배, 비잔티움제국, 이슬람제국, 오스트리아·헝가리제국의 지배를 받았기 때문이다. 1차 세계대전의 진원지가 되고, 2차 세계대전의 전쟁터였다. 발칸반도는 첫째, 전체가 기후도 좋고, 땅도 비옥하고, 사람이 살기 좋은 곳이다. 둘째, 기후는 비슷하지만 산

보스니아

악 지형이다. 다양한 지형은 민족 간 교류를 저해했고, 다양한 민족으로 분화되었다. 셋째, 길고 복잡한 해안을 끼고 있다. 아시아, 아프리카 대륙을 아우르는 전략적 요충지다. 넷째, 민족은 언어와 종교로 구분한다.

한 국가 안에서도 다른 말을 쓰고 다른 종교를 믿는 민족이 공존한다. 이슬람교, 비잔티움 정교, 로마가톨릭교가 그렇다. 다른 언어를 쓰고 다른 종교를 믿는다고 전쟁을 하는 것은 아니다. 민족국가 정치인들은 애국심을 조장하여 갈등을 조장한다. 나는 애국심이 강한 사람이나 애향심이 강한 사람을 싫어한다. 애국심이 강한 사람은 배타적이다. 갈등을 조장한다. 갈등이 심해지면 전쟁으로 간다. 애국심과 애향심에 호소하는 정치가는 경계해야 한다. "우리가 남이가?" 하는 말은 지역감정을 조장하는 매우 나쁜 정치 구호다.

잔인한 도살자라는 별명을 가진 밀로셰비치Milosevic도 세르비아 국민에게는 존경받는 애국자였다. 애국자는 자기 민족의 언어와 종교만이 최고기 때문에 타민족을 혐오하고 살해했다. 분쟁의 모델이 보스니아·헤르체고비나다. 면적 5만 1천km^2, 한국의 1/2 정도 되는 작은 땅이다. 인구는 400만이 채 안 된다. 그러나 민족은 보스니아인 48%, 세르비아인 37.1%, 크로아티아인 14.9%로 구성되어 있다. 이슬람교 45%, 그리스정교 36%, 로마가톨릭교 15%이다.

유고가 해체되고 난 후에 애족, 애향심으로 전쟁을 했다. 보스니아 내의 세르브족이 촉발을 했다. 이웃 세르비아가 적극적으로 지원했다. 서로가 죽고 죽이는 살육전이 벌어졌다. 1992년에서 1995년 3년 사이 30만 명의 군인과 민간인이 희생되었다. '보스니아 전쟁', '코소보 전쟁'이라고 한다. 유럽과 미국이 관여했다. 한 손에는 채찍, 한 손에는 빵을 들고 화해를 시켰다. 클린턴 대통령의 소위 '데이턴 협약Dayton Treaty, 1995'이다. 강대국이 감독한 셈이다. 당사국인 세르비아 대통령 밀로셰비치, 보스니아·헤르체고비나 대통령 이스체고비치, 크로아티아 대통령 투드만을 불렀다. 유럽의 강대국인 영국 수상 메이어, 독일 수상 콜, 프랑스 대통령 시라크, 러시아 대표를 후견인으로 내세웠다. 미국 오하이오Ohio주 데이턴Dayton시 근처 미 공군기지에서 파티를 열고, 평화를 위한 서명을 하도록 했다.

보스니아·헤르체고비나 내의 세 민족이 각각의 대통령을 뽑고, 3인의 대통령이 돌아가면서 8개월간만 임기를 한다. 중앙은행장과 헌법재판소장도 같은 기간으로 임기가 제한된다. 권력 분립의 제도다. 한 민족이 독점적 권력을 갖지 못하게 하는 제도다. 각 민족이 사는 곳을 중심으로 지방자치를 하도록 한다. 이 제도의 감시는 미국, 독일, 프랑스, 영국, 러시아가 한다는 조건이다.

이보 안드리치의 『드리나강의 다리』는 노벨 문학상1961을 받은 소설이다. 숙명과도 같다. 오스만제국이슬람과 오스트리아제국기독교 간은 400년간 전쟁 속에 살았다. 보스니아인들의 이야기다. 드리나Drina강은 보스니아와 세르비아의 국경을 따라 흐른다. 도나우다뉴브강의 지류다. 안드리치는 보스니아 비셰그라드Visegrad시에서 태어났고 자랐다. 어머니로부터 드리나강 다리 전설에 대하여 들었다. 다리의 이름은 '메흐메드 파샤 소콜로비치'다. 긴 이름이다. 오토만제국의 총리 이름이다.

오토만제국은 보스니아를 침략했다. 보스니아 아이들을 잡아가 노예로 삼았다. 잡혀가는 아이를 보러 어머니가 드리나강까지 따라왔다. 드리나강은 이슬람과 기독교도 간의 국경이었다. 어머니는 배를 타고 건너가는 아이를 보고 목메어 울었다. 잡혀간 아이 중 한 아이가 이스탄불에서 악전고투 끝에 출세했다. 오스만제국의 장군이 되고 총사령관이 되었다. 60세가 되어 고향으로 돌아와 드리나 다리를 건설했다. 이슬람과 기독교를 잇는, 이스탄불과 로마를 잇는, 동양과 서양을 잇는, 평화를 상징하는 다리가 되었다. 다른 문화라도 소통하면 평화가 온다고 했다. 400년에 걸친 이 지역의 전쟁과 평화를 다룬 보스니아의 서정적인 소설이다. 이 다리는 세계 문화유산으로 등재되었다. 그러나 1992년 악명 높은 코소보 전쟁은 아이러니하게도 이 다리에서 시작되었다.

05 | 세르비아와 코소보, 친구가 죽었다!

오래전의 이야기다. 유엔개발계획UNDP 자금으로 네덜란드 사회과학원Institute of Social Studies에 유학했다. 1970년이다. UN의 기금으로 마련된 후진국 개발을 위한 인재 육성 교육 프로그램이다. 유학생 중에 필리핀에서 온 카이고, 네팔의 타파, 유고에서 온 루키지, 에티오피아에서 온 친구들도 있었다. 한국은 1인당 소득이 200달러, 북한보다도 못살 때다. 주말이면 가난했던 후진국 유학생들끼리 모여 공부도 하고 식사도 했다. 가난한 후진국 유학생들의 파티다. 재미있게 놀았다.

30년의 세월이 흐른 후, 내가 경북대학교 대학 총장일 때다. 1998년에 세르비아에서 편지 한 장이 날아왔다. 친구 루키지가 보냈다. 유고는 해체되고 세르비아 공화국일 때다. 루키치는 남자보다 더 건장한 체구의 여성이었다. 육상 선수로 800m 단거리 선수로 올림픽에 출전하기도 했다. 한눈에도 운동선수임을 알아볼 수 있을 만큼 건장했다. 영어를 가장 잘했다. "지금 유고는 내전 상태다. 쫓기고 있다. 탈출해야 한다. 친구(나)가 있는 한국으로 가고 싶다. 초청장을 보내 달라."는 내용이었다. 그녀는 유고 국적의 알바니아인이었다.

루키치는 내전 상태에서 살기 위하여 나에게 SOS를 친 것이다. 낡은 항공우편을 받고, 수소문하다가 나는 개인 초청장만을 보냈다. 회답은 없었다. 슬픈 소식을 들었다. 그녀는 KLAKosovo Liberation Army에서 활동하다가 체포되어 살해되었다 한다. 급할 때 적극적으로 도와주지 못한 아픔이 있다. 초청장과 동시에 비행기 표를 넣어 주었더라면 어땠을까. KLA 소탕 작전을 지시한 자는 세르비아 대통령 밀로셰비치다. 살인 혐의로 체포되어, 우리가 공부했던 네덜란드의 수도, 헤이그Hague 국제사법재판소에서 재판을 받았다. 감방에서 심장마비로 죽었다. 그녀를 죽인 범인도 헤이그에서 죽었다.

세르비아는 내륙국이다. 유고슬라비아 연방의 종주국이었다. 세르비아의 수도 베오그라드Belgrade가 곧 유고 연방의 수도였다. 유고가 해체되자 세르비아만 남았다. 자칭 유고 연방이라 했다. 세르비아의 대통령, 밀로셰비치는 코소보의 자치를 인정하지 않고 탄압했다. 코소보는 알바니아계 민족이다. 알바니아 민족에게는 학교를 다니지 못하게 하고, 알바니아계 공무원을 전원 해고했다. 코소보는 국민투표를 거쳐 독립을 선언했다. 세르비

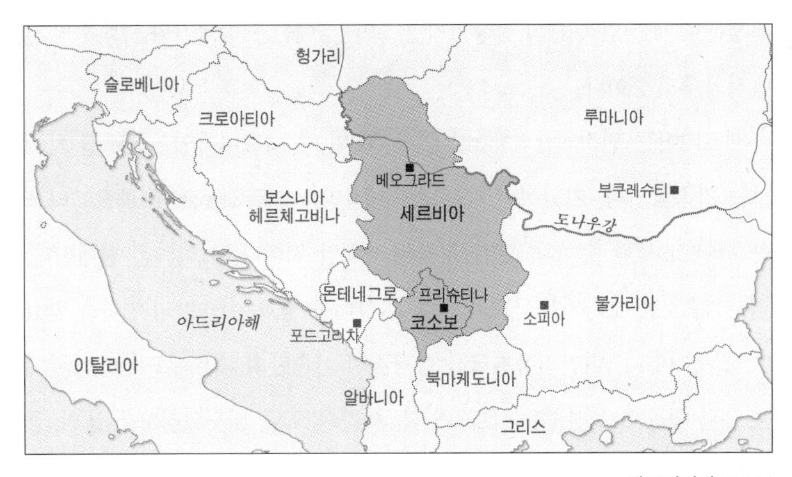

세르비아와 코소보

아 남부에 코소보 지역이 있다. 인구 180만, 면적 1만km^2, 경상북도의 2분의 1 정도 되는 작은 땅이다. 코소보는 80%가 알바니아 민족이다. 국가 알바니아Albania와 접하고 있다.

세르비아군이 쳐들어오고 코소보 민병대 간에 전쟁이 일어났다. 세르비아 정부군은 레사크Leshak에서 세르비아에 저항하는 민간인을 학살했다. EU는 세르비아의 비인도적인 처사를 비난했다. 나토군을 파견했다. 세르비아의 수도 베오그라드를 포격했다. 세르비아는 손을 들고 휴전했다. 나토는 세르비아 대통령 밀로셰비치를 살인 혐의로 국제재판소에 넘겼다. 코소보는 의회를 통하여 독립을 선언했다. 세르비아는 독립을 인정하지 않고 있다. 국제적으로 코소보를 승인하는 나라도 있고, 인정하지 않는 나라도 있다. 러시아와 중국은 코소보의 독립을 인정하지 않고 있다. 미국을 비롯한 서방국가는 분리 독립을 인정한다. 한국도 독립을 인정했다. 남쪽이 알바니아다. 알바니아는 독립한 코소보를 적극적으로 후원하고 나섰다. 코소보 전쟁은 작게는 민족 간의 전쟁이지만, 그 배경에는 서방국가와 사회주의 간 냉전의 후유증이다.

세르비아는 면적 8만 8천km², 인구 700만 중 세르비아인이 83%를 차지하는 민족국가다. 가난하다. 실질소득이 1만 1천 달러2023다. 베오그라드는 '하얀 도시'란 뜻이다. 발칸 지역은 석회암 지대다. 석회암은 흰색이다. 역사적으로는 로마가톨릭교회, 동쪽 비잔티움 정교, 이슬람의 영향을 받았고, 전쟁터였다. 비잔티움제국을 함락시킨 이슬람의 메흐메드Mehmed 황제는 유럽 내륙으로 진출을 시도하였다. 서쪽의 요새, 베오그라드를 포위, 공격했다1456. 성공적으로 방어하여 이슬람을 물리쳤다.

오토만제국의 공격을 물리친 것을 기념하여 행사를 열었다. 유럽의 모든 교회에서 정오에 종을 치도록 가톨릭 교황은 명령했다. 지금도 정오에 종을 치는 것은 그 전통이다. 세르비아를 흐르는 강은 다뉴브도나우강이다. 다뉴브는 유럽에서 두 번째로 긴 강2,850km이다. 볼가강3,700km 다음이다. 유럽의 큰 강들은 평야 지역을 흐르므로 하운河運이 좋다. 다뉴브강은 흑해로 흘러 들어간다. 내륙국 세르비아도 다뉴브를 통해 흑해로 배를 이용해 나갈 수 있다.

06 | 메주고레의 기적, 기적 아닌 기적

후배가 나에게 묵주를 선물했다. 그는 2004년 달마티아 해안을 자동차로 여행했다. 가톨릭 신자다. 메주고레Medjugorje의 가톨릭 성당을 찾았다. 크로아티아 남쪽 헤르체고비나와 경계 지점에 있다. 나무 묵주였고 대수롭지 않게 받았다. 최근 '세계지리 산책'을 수강하고 있는 숙녀로부터 『Dalmatia』

라는 책을 선물로 받았다. 그녀는 발칸반도를 여행하고 돌아왔다. 그 책을 읽다가 또 메주고레 교회를 사진으로 만났다.

메주고레 이야기를 처음 알았다. 인구 4천 명 남짓한 작은 도시다. 1981년 6월 24일 동네 아이들이 교회 뒷산에 놀러 갔다가 내려오는 길이었다. '성모마리아'를 보았다. 하얀 드레스를 입고 성스러운 모습으로 아이들 앞에 나타났다. 아이들은 즉시 내려가서 성당 신부에게 이야기했고, 신부는 주교에게 보고했다.

당시는 유고슬라비아가 공산주의 연방일 때다. 경찰은 마리아의 발현 장소를 봉쇄해 버렸다. 교구의 주교 신부를 헛소리하고 민족 분열을 조장한다고 체포하여 3년 형을 선고했다. 유고 연방 때는 크로아티아의 관할지였다. 지금은 보스니아·헤르체고비나의 영토다. 유고가 해체되고 종교의 자유가 보장되었다. 1991년 성모마리아의 발현이 다시 문제가 되었다.

기적 같았던 사건이 떠올랐다. 순례자가 세계 각지에서 모이기 시작했다. 처음에는 관할 교구인 모스타르 교구에서는 근거 없다고 무시했다. 계속해서 세계 각지에서 순례자가 늘어났다. 교구의 주장이 강해지자 로마교황청은 2013년 추기경, 루이니Ruini 신부를 보내 조사를 하도록 했다. 현장과 목격자를 조사해 증거를 모았다. 조사위원회의 보고를 받은 교황청의 입장은 "기적의 증거가 없다Non Constat."였다. 그러나 여전히 사람들은 모인다. 지금까지 매년 100만 명, 지금까지 3천만 명이 다녀간 것으로 추정한다.

교황청에 기적 심사위원회가 있다. 교황청이 공식적으로 비준한 '성모 발현'은 멕시코의 멕시코시티Mexico City 근교 테페안Tepexpan 언덕에서 1531년 12월 12일에 나타났다. 인디언 원주민이 미사에 참석하고 테페안 언덕을 넘고 있을 때 성모마리아가 현란한 광채를 안고 나타났다. 프랑스 그레노블의 라살레트La Salette의 기적. 1846년 인근 작은 마을에서 두 명의 목동에게

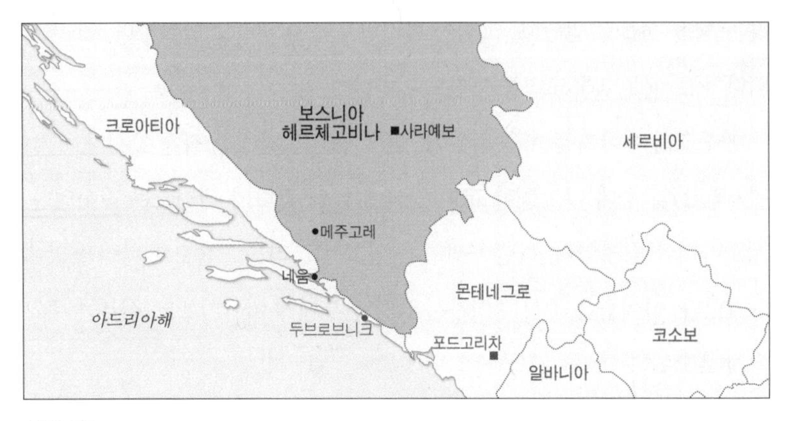

메주고레

성모마리아가 발현했다. 사실 여부를 조사하기 위하여 16명의 전문가를 동원하여 진상을 조사케 했다. 충분한 조사 후 투표를 하여 그 사실을 믿어도 된다고 교황청은 발표했다. 메주고레의 기적은 교황청 조사위원회가 가짜라고 확인했다. 가짜를 믿는다. 첫째, 아이들이 보았다는 성모마리아는 사실이다. 둘째, 성모님의 말은 발현한 자리에 성당을 세우라는 것이다. 셋째, 발현한 자리에서 기도하거나 샘물을 먹으면 병이 낫는다는 기적이 있다.

믿거나 말거나 기적 이야기는 있다. 재미있는 것은 종교적 사건을 과학적으로 증명하려 한다는 점이다. 말이 안 된다. 종교와 과학은 서로 대척점에 서 있다. 과학적 사실을 종교로 설명해도 안 되고, 종교적 사실을 과학으로 증명하려 해서도 안 된다. 사람이 문제다. 사람은 과학도 믿고 신의 섭리도 믿는다. 부조리다. 성모마리아의 출현이 헛것을 보고 한 행위라는 것을 교황청에서 명시했다.

중요한 것은 매년 세계 각지에서 100만 명의 참배객이 찾아온다는 사실이다. 말이 100만 명이지, 메주고레시 인구가 4천 명이다. 매일 도시 전체

인구와 같은 4천여 명의 관광객이 방문한다. 유럽에서 성모상이 발현한 곳을 교황청에서 인정한 곳이 많다. 그러나 인정받지 못한 메주고레가 세 번째로 많이 찾아오는 곳이다. 거짓말이라 했다. 이 거짓말이 기적을 만들었다. 메주고레 교회는 현장을 찾아오는 참배객의 헌금으로 번듯한 성당도 짓고, 도시는 관광사업으로 풍요한 도시가 되었다.

우리 가까이도 그런 기적이 있다. 대구 팔공산 동화사와 은해사 사이에 '갓바위'라는 돌부처가 있다. "돌부처에게 절을 하면 한 가지 소원은 들어준다." 스님이 한 이야기는 아니다. 그런 소문이 있다. 입시 철이 되면 기도하는 사람들 때문에 설 자리가 없다. 영험이 있는지 없는지 사실 여부보다는 대구의 명소가 되어 있다. 많은 관광객이 시주하여 사찰의 재정에 적지 않은 도움을 주고 있는 것은 사실이다. 또한, 사찰로 가는 길옆에 상가가 들어서서 관광산업에 이바지하고 있다. 같은 논리가 아닐까 하는 생각이 든다. 세상 사람들이 합리적으로 생각하고 논리적으로 행동하는 것처럼 보이고, 인간은 기적이 없는 줄 알지만 기적을 기대한다.

〈기적The Miracle〉이라는 영화가 있었다. 대학 시절에 보았던 영화다. 나폴레옹전쟁을 배경으로 수녀와 청년 장교의 사랑 이야기다. 수녀의 기도는 기적을 만들어 냈다. 소설이고 영화 이야기일 뿐이다. 인간은 기적을 믿으려 한다. 기적 같은 일은 있어도 기적은 없다. 나는 그렇게 믿는다.

07 | 마케도니아, 전쟁과 애국자

2개의 마케도니아Macedonia란 지명이 있다. 하나는 공화국 마케도니아Republic of Macedonia, 면적 2만 5천km^2, 인구 200만 명이다. 다른 하나는 그리스의 행정 지방, 마케도니아면적 3만 4천km², 인구 240만 명다. 공화국 마케도니아는 구유고슬라비아 연방이 해체되면서 독립한 신생국가다. 그리스의 마케도니아는 그리스 지방 이름이다. 중심 도시는 테살로니키Thessaloniki다. '마케도니아'는 기원전 360년 고대 마케도니아왕국의 알렉산드로스 왕이 지배했다. 그는 세계사에 유명한 대왕이다. 양국이 마케도니아 이름을 고집하는 것은 알렉산드로스의 유명세 때문이다. 동명이지역同名二地域이므로 그 지역에서도 말이 많지만, 외국인도 혼란스럽다. '마케도니아'라고 하면 그리스의 지명인지, 공화국 마케도니아를 지칭하는 것인지 모른다. 인구도 면적도 비슷하다. 편의상 북마케도니아와 남마케도니아로 부른다. 마케도니아는 1991년 독립했다.

신생 공화국 마케도니아는 독립 후, 알렉산드로스 대왕의 출생지가 마케도니아이므로 이름을 따랐다. 그리스의 마케도니아 지방까지도 자기의 영토라고 주장했다. 그 정치인은 애국자처럼 보였다. 그리스는 공화국이 같은 이름 '마케도니아'를 쓰지 말라고 했다. 공화국 마케도니아와 그리스의 마케도니아는 국경을 맞대고 있다. 공화국 마케도니아는 가난하고 그리스를 통해야만 바다에 접할 수 있는 내륙국가다. 원조 '마케도니아'가 누구의 것인지를 두고 갈등이 높아지고 있다. '마케도니아' 지역 이름 때문에 그리스는 공화국과 단교를 선언했다. 공화국 마케도니아의 바다와 통로인 바르다르Vardar강 수로를 폐쇄했다. 그리스 항구 테살로니키를 거쳐 에게해로 나가지 못하게 됐다. EU의 중재로 다시 외교 관계가 재개됐다. 강을 거쳐 테살로니키 항구로 가는 길을 열었다. 어리석은 짓이었다. 두 나라는 잘 지내면 '윈윈' 할 수 있는 나라다. 언어도 비슷하고 문자도 같다. 문화를 공유하고 있다.

국가의 공권력은 국민을 편안하게 살도록 하고 생명과 재산을 지켜주는

마케도니아 공화국

것이 기본이다. 그런데 '애국' 하면 이웃 나라에 대하여 배타적이고 적개심을 불러일으킨다. 편치 않다. 세계지리를 보면 애국심이 강한 나라는 가장 호전적인 나라다. 코카서스Caucasus 3국, 조지아, 아르메니아Armenia를 갔을 때다. 아르메니아 가이드는 우리를 튀르키예 군대가 아르메니아인을 학살한 장소로 안내했다. 가이드는 가이드의 본분을 잊고 애국심에 북받쳐 설명을 못 하고 울고 있었다. 애국심이 강한 것을 보니 아르메니아와 튀르키예의 평화적인 교류는 힘들겠다는 생각을 했다.

테살로니키Thessaloniki는 마케도니아인구 100만 명의 주도다. 아테네 다음으로 큰 도시다. 『론리플래닛』은 세계 5위의 관광도시로 꼽았다. 그리스신화, 유대인 교회, 비잔티움제국의 기독교, 오토만제국의 사원 등, 유네스코 세계 문화유산이 아테네보다 많은 도시다. 사도 바울이 유대인이 사는 테살로니키에 가서 선교했고, 「테살로니키 전서와 후서」를 남겼다. 지금도 유럽에서 유대인이 가장 많이 사는 도시다. 유대인 종족이 따로 있는 것이 아니다. 유대교를 믿으면 유대인이 된다. 기독교와는 조금 다르다. 작은 차이가 많은 사람을 죽였다. 내가 믿는 것은 신God이고, 네가 믿는 것은 우상Idiot이라 하면서 싸울 수밖에 없다. 테살로니키 유대인의 역사는 테살로니키의 역사라고 해도 과언이 아니다.

독도는 한국 땅이다. 일본은 일본 땅이라 한다. 그러나 어느 나라도 영토로서 실질적으로 이용을 하지 못하고 적개심만 키운다. 독도 연구소, 독도 지도, 독도 노래, 독도 주민, 독도 선착장, 독도 방문, 독도 홍보 등 온갖 기념 행사를 만들어 수백억을 투자했다. 독도가 한국 땅임을 분명히 하는 행사가 많다. 일본의 시마네현은 독도를 자기의 것이라고 주장한다. 다케시마의 날을 정해 놓고, 교과서를 개편했다. 한국이 불법점유하고 있다고 학생들을 부추긴다. 쉽게 해결될 것 같지 않다. 누구도 말리지를 못한다. 독도 행사에 이의를 달면 한국에서는 살지는 못할 것이다. 애국 행사이기 때문이다.

이명박 대통령이 가서 독도에 '韓國領'이라는 글자를 쓰다듬었다. 그런다고 우리 땅이 되는 것도 아니다. 우리의 것이라고 강하게 주장할수록 일본도 더 강하게 일본 땅이라고 주장한다. 이런 사례를 세계지리 속에서 수없이 보았다. 애국심 때문에 전쟁한다. 역설적이지만 국경을 잘 모르는 나라가 잘산다. 네덜란드, 룩셈부르크, 벨기에를 여행해 보면 여기가 벨기에 땅인지 네덜란드 땅인지 모른다. 말은 다르다. 분명히 다른 나라다. 그런데 같은 화폐를 쓰고 통행료도 없다. 국경을 넘나들며 쇼핑을 한다. '애국', '애국' 하지 않는다. 잘 지내는 이웃은 지적도를 두고 측량을 하지 않는다. 한 치의 땅도 양보하지 않는 이웃치고 사이좋은 이웃은 없다.

08 | 알바니아, 잠재력 있는 국가

알바니아는 이탈리아반도 남쪽 아드리아해 건너편에 있다. N42° 중앙을 지난다. 북쪽은 몬테네그로와 코소보, 동쪽은 북마케도니아, 남쪽에는 그리스와 국경을 마주하고 있다. 동쪽은 산지고 서쪽 해안은 평야다. 서쪽은 아드리아해와 면하고 있고, 동부는 해발고도가 2,764m인 코랍산과 해발고도가 2,653m인 드라비다산을 위시하여 높은 산들이 있다. 면적은 28,748km^{2}로 한국의 3분의 1도 안 되고, 인구는 279만 명으로 18분의 1도 안 되는 작은 나라다.

발칸반도에 있는 국가다. 발칸반도는 역사적으로 기독교과 이슬람 세력 간의 각축장이었다. 이슬람이 동로마제국을 멸망시키고 유럽 대륙으로 진출했다. 이슬람교와 기독교가 섞여 있다. 기독교는 그리스정교와 로마가톨릭교가 혼재한다. 역사적 이유다. 중세의 분쟁은 이슬람과 기독교 간의 갈등이었다. 20세기에 들어와서는 공산주의와 민주주의 간의 이념 갈등이었다. 20세기 초반은 공산주의 바람에 휩쓸렸다. 그리스를 빼고 발칸의 모든 국가가 공산화되었다. 알바니아도 예외는 아니었다. 중세 때는 기독교에서 이슬람으로 갔다. 20세기 이후 공산주의 국가가 되었다.

알바니아 역사 속에 두 사람의 민족 영웅이 있다. 한 사람은 스칸데르베그Skanderbeg이고 또 한 사람은 호자Hoxha다. 스칸데르베그는 이슬람제국의 알바니아 침략을 막아낸 영웅이다. 1353년, 동로마제국을 멸망시킨 이슬람제국은 발칸반도로 쳐들어왔다. 용감하고 슬기로운 스칸데르베그 장군은 이슬람제국의 대군을 막아냈다. 그의 활동으로 이슬람제국이 유럽에 진출하는 것을 길목에서 막았다. 지금도 알바니아 공항은 물론 광장의 이름, 동

알바니아

상이 서 있다. 그러나 대세를 거스르지는 못했다. 그가 죽고 난 후 알바니아도 발칸반도도 모두 이슬람제국의 손으로 넘어갔다.

엔베르 호자Enver Hoxha가 1944년 집권을 하여 1985년 죽을 때까지 41년간 독재를 했다. 정권 유지를 위해 소련의 악명 높은 KGB 같은 비밀경찰 시구리미Sigurimi를 운영했다. 반체제 인사를 체포, 구금, 처형했다. 재임 동안 2만 5천 명을 처형했다. 종교의 자유를 허용하지 않았다. 헌법에 종교를 인정하지 않는다고 명문화했다. 어느 나라를 막론하고 공산주의는 종교 활동을 억제한다. 그러나 종교 금지를 헌법에 명시한 국가는 없다. 세계에서 처음으로 무신론 국가Atheist State가 되었다. 뿌리 깊은 이슬람교와 기독교를 폐지했다. "종교는 아편이다."라는 마르크스의 말을 실천한 인물이다. 유물론의 입장에서 보면 인간의 행위 중에 참으로 이상한 행위가 종교다. 한 번도 본 일도 없는 신이 있다고 믿고 경배한다. 외국과 통상 수교를 거부했다. 해외 교류를 단절하고 무역을 하지 않았다. 자급자족 경제를 운영했다. 국경은 문을 닫았다. 작고 힘이 없는 국가이면서도 외국과 동맹을 맺지 않았다. 소련이 1968년 체코를 침략하는 것을 보고 침략을 방어하기 위하여 173,371개의 철근 콘크리트 지하 벙커를 구축했다. 핵전쟁도 대비했다. 지금도 벙커가 남아 남아 있고 관광 상품이 되고 있다.

호자는 천명을 다하고 1985년 병사했다. 호사가 죽고, 알바니아에서 공산주의는 붕괴하고 민주주의와 시장경제로 돌아갔다. 다당제 민주주의 국가다. 나토에 가입했다. 지독한 독재자에게는 반동이 엄청나게 따르기 마련이다. 아니다. 2016년에 알바니아에서 가장 존경하는 지도자를 꼽으면 독재자 호자가 등장한다. 호자가 창당한 알바니아 노동당은 지금은 이름을 바꾸어 사회민주당으로 건재한다. 독재자의 아들과 딸들도 존경받고 정치를 한다. 어떤 마음으로 정치를 하느냐가 독재보다 더 중요한 모양이다.

호자의 업적도 있다. 알바니아는 오랫동안 이슬람 문화권이었으므로 여성의 인권은 무시되었다. 공산주의자 호자가 집권하면서 여권은 크게 향상되었다. 남성과 마찬가지로 교육을 받게 하고 차별을 없앴다. 정부 기관에 남성과 같은 비율로 채용하였다. 알바니아 왕국 시절에는 상상하지 못했던 일이다. 정부 공무원 40.3%, 국가의 최고 의결기관인 국회People's Assembly에 여성의 비율이 30.4%에 이르도록 했다. 호자의 어록 중에 "여성의 인권을 짓밟는 자는 목을 비틀겠다."는 말도 있다. 지금도 이웃 나라 몬테네그로와 세르비아에 비하면 여성의 인권은 존중되고 사회 참여율도 매우 높다. 또, 문맹을 퇴치했다. 1914년 독립 당시 문맹률이 90%에 이르렀다. 지금은 문맹률이 10%도 안 된다. 공산주의 국가가 자랑하는 무상교육, 무상 의료, 무상 주택을 실시했다. 아직도 "호자, 호자" 하는 이유다.

세르비아와 갈등 관계에 있는 코소보 인구의 82.6%는 알바니아인이다. 코소보는 알바니아와 합병을 원한다. 코소보에서 민병대 활동을 하다가 죽은 친구, 루키치도 알바니아인이다. 세르비아는 코소보와 알바니아의 합병을 반대한다. 알바니아는 아직도 농업인구가 41%다. 동쪽은 산지고 서쪽 해안 지역은 평야다. 지중해식 농업을 하고 있다. 귤, 올리브, 포도, 무화과 같은 지중해 농산물을 생산하고, 지중해성 향신료인 바질, 라벤더, 올레가나, 민트, 로즈마리, 타임 등을 생산한다. 에너지가 풍부하다. 동부 산지에서 내려오는 수력과 풍력, 태양광이 풍부하고, 석유가 산출되는 국가다. 중심 도시는 수도 티라나Tirana다. IMF와 세계은행은 알바니아를 현재 중위소득 국가로, 잠재력이 있는 국가로 평가한다.

그리스

01 | 한국의 육지, 그리스의 바다

그리스는 인구 1천만 명, 면적 13만km^2, 개인소득 3만 9천 달러2023다. 유럽 국가치고 소득이 낮다. 그리스신화, 올림픽, 소크라테스, 알렉산더대왕 이야기는 세계 지식인의 입에 회자하는 단어들이다. 그리스의 과거는 유럽 문명의 요람이고, 그리스의 학문은 세계 지성의 요람이다. 어떤 나라길래 이렇게 된 것일까?

그리스는 한국과 같이 삼면이 바다인 반도 국가다. 수도 아테네의 위도는 N37°, 서울과 같다. 기후는 매우 다르다. 서울 1월의 평균기온이 영하 2.5C°, 아테네는 7C°다. 서울의 겨울은 춥고, 아테네는 따뜻한 지중해성기후다. 발칸반도는 유럽 대륙의 남쪽이다. 동쪽은 에게Aegean해, 서쪽은 이오니아Ionian해, 남쪽은 지중해다. 지중해로 뻗어 나온 반도다. 산악 국가다.

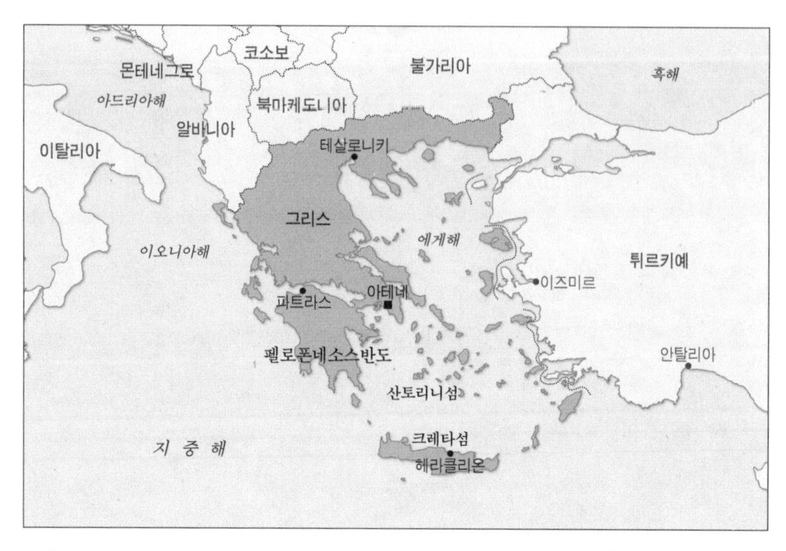

그리스

우리나라는 78%가 산지고, 그리스는 80%가 산지다. 한국의 섬은 3,358개, 그리스는 6,000개가 넘는 섬들로 구성되어 있다. 한국의 유인도는 591개, 그리스는 271개다. 한반도에서 가장 높은 산은 해발고도가 2,774m인 백두산이고, 그리스의 최고봉인 올림포스Olympus산은 해발고도가 2,917m다. 우리나라의 남해안 섬들도 아름답지만, 그리스 남해안 섬들은 세계 최고의 경치라고 한다. 관광 명소인 그리스의 크레타Crete섬, 산토리니Santorini섬, 미코노스Mikonos섬, 케르키라Kerkira섬은 여행서에서 아름다운 경치로 꼽고 있다. 크레타섬은 크레타 문명의 발상지다. 한반도와 그리스 반도는 삼면이 바다다. 바다에 적응하는 태도는 달랐다. 그리스 바다는 우리의 육지만큼 중요했다. 그리스는 해양 국가다. 선박왕 오나시스도 그리스 사람이다.

그리스는 동쪽으로 튀르키예, 서쪽은 이탈리아, 북쪽은 알바니아, 마케도니아, 불가리아와 면하고 있다. 지중해 건너는 이집트와 마주하고 있다.

지중해의 중심 국가는 자타가 공인하듯 그리스다. 지중해와 면한 해안선이 가장 긴 나라13,676km다. 과거나 현재에서 지중해의 중심 국가라고 해도 이의를 제기할 사람은 없다. 그리스 문명은 섬에서 시작되었다. 크레타 문명이다. 그리스의 제일 큰 크레타섬8,335km²은 제주도1,849km²의 4.5배다. 그리스의 지정학적 위치는 일찍 문명을 일으킨, 남쪽의 이집트, 동쪽의 메소포타미아 문명과 맥을 같이 한다. 그리스는 문화와 역사가 대륙으로부터 해양으로 진출한 것이 아니라, 섬으로부터 육지로 상륙하는 형식이다. 해양 문화가 대륙으로 진출했다.

흑해 연안의 국가에서 보스포루스Bosporus 해협을 통과하는 모든 선박은 그리스의 에게해를 지나야 한다. 수에즈운하를 통과하는 모든 선박은 그리스의 앞바다 지중해를 지나야 한다. 또, 대서양에서 지브롤터 해협을 통해 흑해로 들어가는 모든 선박은 그리스의 섬들을 지나지 않고서는 갈 수가 없다. 에게해, 이오니아해, 지중해에 떠 있는 수천 개의 섬은 평상시에는 삶의 터전으로, 전쟁 때에는 성채가 되었다. 지금도 해양 활동은 대단하다. 세계 해양 상선의 등록이 가장 많은 국가다.

한때 세계적 화제가 되었던 이야기가 있다. 미국 케네디 대통령의 미망인 재클린 여사는 오나시스와 결혼했다. 오나시스는 그리스의 선박왕이다. 그리스에서 선박왕이면 세계의 선박왕이다. 그리스에 국적을 등록한 상선은 세계에서 가장 많다. 1위다. 상선 4,901척을 보유하고 있다. 그리스에 상선 등록을 많이 하는 이유는 오랜 전통이 있어 서비스가 좋고, 세제 혜택이 있고, 수에즈운하가 인접하기 때문이다. 전 세계 상선의 19.42%를 점유하고 있다Hellenic Shipping News, 2021. 예전과 다르지 않다. 에게해는 발칸반도의 그리스와 동쪽과 튀르키예의 아나톨리아반도에 둘러싸인 지중해를 말한다. 위성사진으로 내려다보면 그 바다 위에 콩을 뿌려 놓은 듯 섬들이 많다.

모두 그리스 국적이다. 튀르키예 연안의 섬들도 모두 그리스 국적이다. 역사적 이유가 있다. 백령도, 연평도가 북한과 지리적으로 더 가깝다. 한국 땅이다. 강한 미국 해군 덕이다. 6·25전쟁 때 제해권은 미국 해군이 갖고 있었다. 튀르키예 연안 그리스의 섬은 영국 해군 덕으로 그리스 땅이 되었다. 영국과 그리스는 동맹으로 튀르키예와 싸웠다.

바다는 그리스인의 삶의 터전이었다. 에게해의 섬들은 땅도 비옥하고, 기후도 좋고, 경치가 아름답다. 인접한 대륙 국가들이 힘이 강해지면 먼저 에게해를 지배했다. 이오니아해는 그리스와 이탈리아 사이의 바다다. 아드리아해의 남쪽과 지중해의 북쪽이 경계다. 남쪽은 지중해와 연결되고 북쪽은 아드리아해와 연결된다. 플라톤은 그리스인들에게, 에게해는 '개구리의 삶터 웅덩이'에 비유했다. 그리스의 역사는 해전사다. 『펠로폰네소스전쟁사History of The Peloponnesian War, BC 431~404』는 유명한 역사서다. 투퀴디데스Thukydides가 스파르타와 아테네 간의 전쟁을 기록했다. 전쟁을 통하여 인간 본성을 간파한 역사서로 많이 인용한다. 대작을 남겼다. 16세기 오스만제국과 가톨릭 국가 간의 전쟁이다. 16세기 레판토해전Battle of Lepanto, 1571이다. 그리스 앞바다를 두고 싸운 전쟁이다. 우리나라 역사에서 바다의 역할은 없다. 그러나 그리스의 역사와 문화를 말할 때는 바다를 빼놓고 설명할 수 없다.

02 | 헤라클레스, 세계문화사에 남긴 발자취는 신화

제우스 신은 올림푸스산에 산다. 신의 제왕은 알크메네를 좋아했다. 알크메네 남편이 출장을 간 사이 남편으로 변신하여 그녀와 3일간 동침을 하고 헤라클레스를 낳았다. 헤라클레스는 사생아다. 제우스는 헤라클레스를 자기의 후계자로 만들기를 원했다. 질투 많은 제우스의 부인, 헤라는 헤라클레스를 죽이려고 독사 두 마리를 침실에 넣었다. 물려 죽을 줄 알고 문을 열어 보니, 죽기는커녕 8개월짜리 아이는 한 손에 한 마리씩 독사를 목 졸라 죽여 들고 있었다. 헤라클레스는 지구상에 가장 힘이 센 사나이다. 그리스 남자의 우상이다. 용기와 힘과 능력이 있다. 하룻밤에 50인의 여인이 수태할 만큼 정력이 강한 남자다.

천하장사인 그에게도 시련은 있었다. 전쟁에 승리하고 공주, 메가라와 결혼했다. 3명의 아이를 두었다. 행복했다. 제우스의 부인, 헤라는 헤라클레스를 술에 취하도록 하고 광기를 불어넣었다. 자기 부인과 아이들을 살해하도록 했다. 술에서 깨어난 헤라클레스는 스스로 아이들과 사랑하는 부인을 자기 손으로 죽인 것을 알고 참회한다.

부인과 자식을 죽인 죗값을 치르기 위하여서는 12번의 시련을 겪게 된다. 힘과 지혜로 시련과 난관을 극복했다. 부인과 아이들을 죽인 죄의식은 사라지지 않는다. 마지막으로 장작더미를 만들고 그 위에 올라가 스스로 불을 질러 불태워 자살하려 한다. 제우스는 소식을 듣고 헤라클레스를 살려 올림푸스산에 영원히 살도록 했다. 헤라클레스는 원죄를 안고 태어났다. 자신이 저지른 죄가 아니다. 원죄에 대한 시련은 운명이다. 시련과 속죄의 헤라클레스 신화는 뒷날 기독교 신앙으로 승화되었다.

신화는 어느 나라에든 있다. 구전되어 온 인간의 본성이고, 양심이고, 도덕이고, 희망의 이야기다. 발칸반도에 정착하여 살아온 그리스인들의 상상 의 세계다. 집단 무의식이라고도 한다. 신화의 이야기를 그 후에 그림으로 음악으로 이야기로 만들어 냈다. 그리스신화 속의 신은 사람의 형상을 하고 있다. 당시 그리스인들의 욕망이고, 윤리고, 도덕이고, 가치의 기준이었다. 옛날도 지금과 같은 자연이다. 인간의 능력에 비하여 자연은 더 크고 무서웠다.

같은 바다지만 지금에 비하면 만만치 않았다. 자연의 엄청난 힘을 당시 인간의 지식으로 설명하기도 어려웠다. 난해한 문제는 신의 힘을 빌려 해석했다. 억울한 죽음도 신의 힘을 빌려 해결했다. 지진이 일어나는 이유도, 태풍이 불어오는 이유도, 비가 오지 않는 이유도 알 수가 없었다. 미지의 세계를 모두 신의 힘으로 설명했고, 신의 노여움으로 인간의 재앙이 있는 것으로 생각했다. 신의 섭리는 인간은 모른다. 인간은 신을 원망할 수 없었다.

그리스의 신화를 집대성한 사람은 호메로스와 헤시오도스다. 기원전 7세기경이다. 호머의『일리아스』와『오디세이아』다. 일리아스 이야기의 그리스의 왕비 헬레네는 트로이의 왕자 파리스를 따라 트로이Troy로 갔다. 왕비를 뺏긴 왕은 왕비를 찾기 위하여 트로이와 10년간 전쟁을 했다. 목마를 이용하여 트로이를 함락하고 전쟁을 승리로 이끄는 영웅들의 이야기다. 역사 속에 실재했던 전쟁은 아니다. 트로이는 에게해 연안 지금 튀르키예 영토다. 호머의『오디세이아』는 트로이 전쟁에 참전했던 영웅 오디세우스 이야기다. 10년간 집을 비운 사이 그의 아내에게 구혼자들이 몰려든다. 집으로 돌아오는 뱃길에서 바다의 신들과 싸우는 시련의 과정을 그리고 있다. 귀향하는 과정에서 역경을 만나고 괴물의 신들과 싸우면서 구사일생으로 집으로 돌아온다.

동시대의 헤시오도스는 그의『신통기神統記』에서 그리스신화의 족보를 밝히고 있다. 우주는 '혼돈Chaos' 공간이다. 혼돈이 아니라 공간이 있었다. 땅의, 바다의 신을 비롯한 12개의 신이 태어났다. 신들 간의 싸움으로 제우스가 신들의 왕이 되었다. 천둥, 번개, 벼락, 자연의 무기를 갖고 있다. 올림푸스산에 살고 있고, 신들의 세계뿐만 아니라 인간의 세계도 지배한다. 신들은 도덕적이지도 않고 윤리적이지도 않다. 간통, 살인, 거짓말을 했다. 인간의 욕망에 관한 이야기다. 신을 대입했을 따름이다. 신은 죄가 없다. 구전되어 오는 신화는 시대에 따라 다듬어지고 첨삭되었다. 어느 나라에나 신화는 있다. 차이가 없다. 인간의 욕망을 신의 힘을 빌려 말하고 있다. 그리스의 신화가 유명한 것은 기독교 문화와 접합하여 지금도 서양의 미술, 조각, 문학과 비즈니스에 깊은 영향을 미치고 있기 때문이다. 그리스의 신화는 그리스만의 신화로 남은 것이 아니라 소아시아, 이탈리아, 이집트의 신화와 융합되어 로마의 신화로 진화하고, 서양 신화가 되고, 세계적인 신화가 되었다.

03 | 아프로디테, 미인은 무죄

인류는 600만 년 전에 침팬지와 갈라섰다. 진화하여 현재에 이르렀다. 그러니까 그리스신화가 2천700년 전의 이야기라 하더라도 인류의 진화 역사에 비하면 한순간이다. 600만 년 동안 변하지 않는 생물의 진화는 개체 보존과 자손 번식이다. 그리스신화도 그 범주에 벗어나지 못한다. 남녀 사랑은 자손의 번식을 위한 유전자의 기제다. 남자는 성적 매력이 있는 여자를 찾는다. 어떤 여자? 대표가 아프로디테Aphrodite다. 아프로디테는 아름다운 여자를 대표하는 여신이다.

신화 사전이 있을 만큼 그리스신화는 많다. 신은 각각의 역할이 있다. 아프로디테는 신이기 때문에 인간은 아무도 본 일이 없다. 그러나 수많은 이야기, 그림, 조각, 음악, 영화로 소개되었다. 보지도 못한, 존재하지 않는 여신을 상상으로 아름다움을 작품화하였다. 중세 때는 화가나 조각가가 신상神像 이외 인간을 나체로 그리지는 못하게 했다. 그래서 화가들은 여신을 그린다는 명목으로 아름다운 여체를 춘화도처럼 그렸다. 그 대표적인 신이 아프로디테다. 예쁘게 아름답게 그렸다. 수많은 화가와 조각가들이 창작했다. 존재하지 않는 신을 그렸지만, 사실은 실재하는 이상적인 여인을 아프로디테라는 미명하에 그린 것이다. 메타버스다.

그리스신화는 신들의 이야기지만 이야기를 만든 주체는 사람이고, 그리스 사람들의 이야기다. 자연환경, 하늘, 땅, 산, 바다, 바람, 비, 별들의 현상을 의인화해서 사람들의 이야기를 만들어 냈다. 아프로디테는 출생부터 야하게 태어났다. 땅의 신 가이아와 하늘의 신 우라노스 사이를 떼어 놓기 위한 수단이다. 크로노스가 남근을 잘라 바다에 던졌다. 거품이 되어 아프로디테가 탄생했다헤시오도스. 제우스가 뇌물을 받고 아프로디테를 대장장이 헤파이스토스와 결혼시켰다. 못생겼고, 절름발이 남편에 만족하지 못했다. 다른 신들의 유혹을 받았다. 아프로디테는 그중에 잘생긴, 전쟁의 신 아레스와 몰래 사랑을 했다.

남편 헤파이스토스는 아프로디테와 아레스의 불륜 현장을 잡아야 했다. 보이지 않는 그물을 침대 위에 쳤다. 남편이 출타한 틈을 타서 아레스를 침대로 불렀다. 사랑의 불꽃을 태울 찰나, 그물이 정부와 아프로디테를 들어올렸다. 헤파이스토스는 모든 신들을 불러 모았다. 제우스도 왔다. 나체로 그물에 걸려 있는 모습을 보고 한마디씩 했다. 아폴론은 같이 온 헤르메스에게 말했다. "당신은 참으로 다행이야, 저런 꼴을 당하지 않으니." 헤르메스는 "아프로디테라면 저 그물보다 더 무서운 그물에 묶여도 좋겠다."고 대답했다.

구경을 온 바다의 신, 포세이돈은 아레스에게 벌금을 내게 하라고 주장했다. 아레스가 벌금 내는 것을 거절하면 자신이 벌금을 대신 내고 아프로디테를 데리고 가겠다고 했다. 가관이다. '내로남불'이다. 남이 하면 스캔들이고, 자기가 하면 로맨스다. 신의 세계는 부끄러움이 없다. 많은 신들은 구경을 재미있어 했다. 헤파이스토스도 아프로디테를 놓치기 싫어서 창피를 주고 그물을 풀어 주었다. 이 사건이 과연 누구에게 더 부끄러운 일이냐를 두고 논란이 있었다. 제우스는 지극히 사적인 사랑의 이야기를 공적으로 떠드는 것은 창피한 일이라고 했다. 아프로디테의 남편은 능력도 없는 데다가 다리도 장애가 있어서 아프로디테가 바람 피울 만하다고 했다.

창피를 당한 것은 오히려 헤파이스토스였다. 제우스는 수많은 연인을 거느리며 동침하고 많은 아이를 낳았지만, 아무도 이의를 제기하지 않았다. 의자왕이 3천 궁녀를 거느렸다고 해도 욕하지 않았다. 남자 없는 간통죄가 성립되지 않음에도 불구하고 여성에게만 간통죄를 적용하는 것은 남성 중심 사회의 신화이기 때문이다. 사람의 근육의 힘으로 경제활동을 하던 농업 사회였고, 국가 간에는 활, 칼, 창으로 전쟁을 하던 시절이다. 남자만이 전쟁을 할 수 있고, 사람으로 대접받았다. 세계적으로 간통죄가 인정되는 국가는 한국과 스위스, 멕시코와 회교 국가뿐이라고 한다. 대한민국은 2008년 간통죄의 위헌 시비에서 합헌으로 판결났다. 위헌이 되려면 9명의 재판관이 6 대 3이 되어야 한다. 5 대 4의 합헌으로 눌러앉았다. 그러나 사실상 위헌이란 말이다. 다수의 위헌 의견은 다음과 같다. "개인의 성적 자기결정권과 사생활의 비밀과 자유를 국가권력으로 제한하는 것으로 위헌이다." 대한민국에서도 2015년 2월 26일 헌법재판소는 간통죄를 위헌으로 판결했다.

04 | 판도라 상자 안에 있는 문명

그리스신화 중에서 '판도라 상자Pandora's Box'만큼 사랑을 받아온 신화는 없는 듯하다. 제우스신은 먼저 남자를 만들고 다음으로 여자를 만들었다.

제우스의 명에 따라 대장장이 신, 헤파이스토스가 흙으로 꽃조차 부러워하는 여자의 모습을 만들게 했다. 지혜와 기술의 여신 아테네는 그녀에게 여성이 할 수 있는 모든 일에 관한 재능을 가져와 옷을 선물했다. 아프로디테는 여자에게 사랑을 주었다. 헤르메스가 그녀의 가슴에 거짓, 아첨, 교활함, 호기심을 채워주었다. 그리고 마지막으로 제우스는 여자에게 신들로부터의 받은 선물 꾸러미 '판도라 상자'를 주었다. 그리스어로 '판'은 모든 것, '도라'는 선물이란 말이다. 다른 판본에는 제우스가 인간을 만들었는데 지혜의 신 프로메테우스는 불을 훔쳐 인간에게 주었다. 화가 난 제우스는 불을 도둑질한 프로메테우스를 결박한 채 독수리가 심장을 파먹도록 벌했고, 인간에게는 '판도라 상자'를 주었고, '판도라 상자'를 주고 열어 보지 말라고 했다.

그러나 인간 여자는 열지 말라는 '판도라 상자'를 호기심 때문에 견딜 수가 없었다. 상자를 두려움 속에 조심스럽게 열어 보았다. 뚜껑을 열자마자 상자 안에 있던 재앙, 질병, 죽음, 굶주림, 고통, 질투, 고민이 상자 밖으로 튀어나왔다. 급하게 닫았더니 그 안에 희망만을 잡아 둘 수 있었다. 판도라 상자를 열었으므로 인간은 늙고 병들어 죽어야 하고, 살아있는 동안 굶주림에 시달려야 하고, 질병과 고통의 질곡 속에 살아야 하고, 인간관계로 인하여 온갖 고민을 하고 살아가야 하는 업보를 안게 되었다. 인간이 왜 이렇게 고통을 받아 가면서 죽음의 길을 가야 하는가 하는 철학적인 원죄는 '판도라 상자'를 열었기 때문이다. 원인 신화다. 판도라 상자 이야기는 긴 역사를 통하여 세계인들에게 사랑받아 왔다. 그러면서도 각각 시대에 맞도록 조금씩 내용이 변천되었다. 다시 말하자면 아직도 살아남아 보완되어 가는 신화다. 판도라 상자 안에 희망이 남아 있다. 인간은 희망을 안고 살아간다.

생각하게 한다. 제우스는 신의 황제고, 못할 것이 없는 전지전능한 신이다. 어리석은 인간에게 열어서는 안 될 상자라면 아예 주지도 말았어야 했다. 줘도 큰 자물통을 채워 인간이 열지 못하도록 해야 하고, 사람의 손이 닿지 않는 포세이돈 신에게 맡겨 바다 밑에 저장하거나, 티폰 신에게 주어 화산 아래 묻어 두었어야 할 것이다. 예쁜 판도라 상자를 여인 가까이 두면서 열지 말라고만 했지, 상자 안에 무엇이 들어 있는지, 왜 열어서는 안 되는지는 설명하지 않았다. 살아있는 인간이라면 판도라 상자를 호기심 때문에 열어 보지 않을 수가 없었다. 제우스신도 인간이 호기심 때문에 열어 볼 것이라고 예상했을 터다.

아담과 이브가 에덴동산에 있는 열매를 따 먹은 것이 배가 고파 그런 것이 아니고, 최초의 여인이 판도라 상자를 연 것이 신의 명령을 거역하려고 한 것이 아니라 인간의 '호기심' 때문이다. 장대인 교수는 영재를 만드는 것은 '선행 학습'이 아니라 '호기심'을 갖게 하는 것이라 했다. 만약 인간이 하나님이 시키는 대로 하고, 제우스신의 명령대로 판도라 상자를 열지 않았더라면, 인간은 있는 대로 먹고 춤추고 노래하고 행복하게 살 수는 있었다. 그러나 인간의 호기심이 없었더라면 오늘의 문명사회를 기대할 수는 없었을 것이다. 과학기술의 발달만이 인간의 행복을 증진시키는 것은 아니다. 판도라 상자에 마지막으로 남아 있던 희망, 바람, 욕심이 인간에게 고통을 안길 수 있다. 그러나 열어 보고자 하는 것이 인간이다. 욕망과 희망이 싸움과 전쟁을 가져오고 또한 문명사회를 만들기도 했다.

고리 원전 1호기의 폐쇄를 할 것인가 연장 가동할 것인가를 두고 갈등을 빚고 있다. 한수원 쪽은 원자력은 값싼 에너지를 공급하므로 10년은 더 수명을 연장하자고 하고, 시민 단체는 수명을 다한 원자로를 계속 가동하는 것은 위험하니 폐쇄하자는 쪽이다. 인간의 호기심은 보이지 않는 핵 안에 엄청난 에너지$E=mc^2$가 들어 있는 것을 알았다. 처음 원자력 에너지를 발견했을 때 과학자들은 값싼 에너지를 무한정 공급할 수 있다고 했다. 그러나 그 에너지 속에 아직 해결하지 못하는 방사능도 같이 있었다. 무한 에너지의 대가로 스리마일아일랜드 사고Three Mile Island Accident, 1979, 체르노빌 사고Chernobyl Disaster, 1986와 후쿠시마 원전 사고Fukushima Nuclear Accident, 2011가 일어났다. 인간의 호기심이 판도라 상자를 열었다.

05 | 시시포스의 바위, 자살하지 않는 이유

왜 살아야 하는가? 인간에게는 삶의 목적이 무엇인가가 늘 번민하는 과제다. 삶의 이유에 관하여 연구하는 학문이 철학이다. 인간이 태어나서 살아간다. 살아간다는 자체가 생각을 해 보면 고통이다. 태어나면서 죽을 때까지 끝없는 고통을 겪고 결국에는 죽는다. 살아가면서 기쁜 일, 슬픈 일, 고된 일을 겪으면서 인간은 결국 죽는다. 목적을 갖고 태어난 인간이라고 생각하면 모순이다. 알베르 카뮈는, 철학은 왜 사람은 자살하지 않는가를 연구하는 학문이라 했다.

좋은 비유가 있다. 시시포스 신화The Myths of Sisyphus다. 코린트Corinth는 그리스의 펠로폰네소스Peloponnesus반도와 그리스 대륙을 잇는 좁은 지협地峽의 지명이다. 지금은 운하를 만들어 펠로폰네소스는 섬이 되었다. 운하는 에게해와 이오니아해를 연결, 그리스의 동서를 연결한다. 지협에는 코린트인구 58만 명가 있다. 옛 왕국 자리다. 고대 아테네와 같은 그리스의 코린트 도시국가였다. 시시포스는 코린트 국가의 왕이었다. 왕국을 건설했는데 물이 부족했다. 시시포스는 꾀가 많고 신들과 싸움을 두려워하지 않았다. 그는 올림푸스산에서 물을 끌어올 궁리를 했다. 그러던 어느 날 강물의 신, 아소포스와 제우스 간에 싸움이 일어났다는 것을 알았다. 제우스가 몸을 숨겼다. 시시포스는 제우스가 숨을 곳을 강물의 신에게 알려주었다. 모욕을 당한 제우스는 복수를 결심했다. 죽음의 신, 타나토스에게 명하여 시시포스왕을 지옥에 데려가 벌을 주게 했다. 큰 바위를 산꼭대기까지 밀어 올리도록 했다. 죽을힘을 다하여 산꼭대기에 밀어 올려 놓은 순간 그 바위는 다시 산 아래로 굴러떨어졌다. 시시포스는 다시 그 바위를 산 정상까지 올려 놓아야 하고, 또 굴러떨어지고, 또 밀어 올려야 하는 영원한 고역을 할 운명에 처하였다. 소위 '시시포스의 바위'다. 희망 없는 노역만큼 인간에게 고통스러운 형벌은 없다.

여러 가지 해석이 있다. 태양에 비유했다. 동쪽에서 해가 뜨고, 서쪽으로 해가 진다. 내일이면 해는 또다시 뜨고 진다. 자연의 주기적인 변화다. 바다에 비유하기도 했다. 파도가 높았다가 내려갔다가 하는 자연을 비유하는 것이라고도 했다. 1세기경 철학자 루크레티우스는 정치가들이 권력을 추구하다가 결국 죽어가는 정치가를 비유했다. 권력을 취하려고 온갖 노력을 다한다. 권력을 성취했다고 해서 영원히 유지되는 것도 아니다. 누군가에 의하여 빼앗기고 죽임을 당한다. 뺏은 자는 또 누구에겐가 당한다.

알베르 카뮈는 철학 에세이 『시시포스의 신화1942』와 소설 『이방인1942』으로 노벨 문학상1957을 받았다. 카뮈는 인간의 부조리를 지적한 실존 철학자다. 『시시포스의 신화』에서 시시포스는 부조리의 영웅이라 칭찬했다. 신을 저주하고 자기 성실을 즐거움으로 삼고, 운명에 도전하는 거인으로 다루고 있다. 아무리 힘들여 밀어 올려도 또다시 굴러 내려오는 바위를 또 밀어 올려야 하는 시시포스의 처지를 인간에 투영하였다. 인생을 통찰해 보면 쓸데없는 일에 정력을 쏟아 일한다. 남는 것이 아무것도 없다. 삶의 자체는 부조리고 모순이다. 인간은 산꼭대기까지 무거운 바위를 밀어 올리는 노력만이 인간 행복의 전부라고 한다. 밀어 올린다고 해서 인생의 목적이 달성되는 것은 아니다. 다시 굴러떨어진 바위를 다시 밀어 올려야 하는 부조리다.

이명박 대통령을 생각한다. 정상에 오르려고 온갖 노력을 다했다. 대통령이 됐다. 5년 임기를 마쳤다. 사기죄로 교도소에 갔다. 박근혜가 대통령이 됐다. 비슷한 길을 걸었다. 정상 다음은 내리막길이다. 모를 사람이 있을까? 밀어 올리는 그 자체가 삶의 수단이고 목적이다. 그 외의 보상은 없다. 인생의 의미를 찾으려고 하는 것은 모순이다. 삶의 의미는 없다. 시시포스가 산 아래로 굴러떨어진 바위를 밀어 올리려고 내려가는 시시포스를 생각해 본다. 지금은 무거운 돌을 밀고 올라가는 거지 메고 가는 것은 아니지만, 무슨 희망이 있겠는가.

바위를 밀어 올리는 그 속에서 삶의 의미를 찾아야 한다. 시시포스가 그 끝없는 노역을 면하는 길은 죽는 길밖에 없다. 죽음만이 그를 해방할 수 있다. 카뮈는 시시포스가 하는 일이 무의미하다는 것을 알고 있다. 그러나 해야 한다. 인간도 마찬가지다. 매일같이 반복되는 고통과 질곡을 벗어나는 것은 죽음이다. 죽음만이 인간을 해방할 수 있다. 동양의 속담에도 생자필멸生者必滅이요 회자정리會者定離란 말이 있다. 살아있는 것은 반드시 죽는 것이요, 만나는 사람은 반드시 헤어지는 게 인간의 운명이다. 굴러떨어질 줄 알면서 왜 바위를 밀어 올리느냐. 태어난 모든 인간은 죽는다는 것은 피할 수 없는 진리다. 죽을 줄 알면서 왜 사느냐. 같은 질문이다. 만나면 헤어질 것을 알면서 왜 만나느냐.

06 | 나르키소스, 패가망신한 자기 사랑

신화는 어느 나라에나 있는 전설이다. 그리스신화만을 지리 시간에 들여

다보는 이유는 그리스신화가 세계문화사에 미친 영향 때문이다. 도시국가로 구성되어 있던 작은 섬나라들에서 방대하고 정교한 신화가 탄생했다. 멀리 인더스 문명, 메소포타미아 문명, 나일 문명에서 나타난 신화들이 전쟁과 교역을 통해 지중해 그리스에서 만났다. 각 문명권의 신화는 결국 그리스신화로 집대성되고, 로마신화로 이름을 바꾸어 근대 문명의 중심인 서구 문명으로 흡수되었다. 신화는 인간이 만들어 낸 인간의 이야기다. 그리스에만 있는 이야기가 아니다. 그리스를 답사하다가 그리스신화를 잠깐 들여다보았다. 헤라클레스, 아프로디테, 판도라 상자, 시시포스 그리고 나르키소스 등이다. 나르키소스 신화도 교육, 예술, 문화, 정치에 많이도 인용되는 신화다. 신화가 많다는 이야기는 인간이 많고, 인간관계가 복잡했다는 의미다.

나르키소스Narcissus는 수선화다. 나르키소스와 에코Echo의 신화는 오비디우스 나소Ovidius Naso가 쓴 『변신 이야기Metamorphoses』에 나오는 판본이다. 미소년으로 태어난 나르키소스는 많은 여신으로부터 구애를 받았다. 사냥하러 갔다가 돌아오는 길에 친구를 놓쳤다. 친구를 불렀다. 친구 목소리가 메아리로 들렸다. "여기에서 만나자."라고 했다. 동굴에 숨어 살던 에코가 듣고 흉내를 낸 것이다. 에코는 메아리 여신이다. 에코는 나르키소스를 짝사랑하는 여신이다. 에코는 뛰어나가 나르키소스를 끌어안고 사랑을 고백했다. 나르키소스는 매정하게 뿌리쳤다. 실연한 에코는 다시 동굴로 들어가 상사병에 걸렸다. 네메시스 여신에게 찾아가 "나르키소스도 나처럼 짝사랑하다가 사랑을 얻지 못하고 죽게 해 달라." 하고 신탁하고 죽었다.

나르키소스는 잘생긴 미소년이다. 나 자신보다 잘생긴 남자도 여자도 지구상에 없다고 생각했다. 사냥하다가 목이 말라 물을 마시려는데 맑은 연못에 비친 자신의 모습이 너무나 근사하고 아름다웠다. 이렇게 아름다운 인간이 물속에 있다는 말인가? 웅덩이 속의 자기를 사랑하게 되었다. 그는 눈을 뗄 수가 없었다. 손을 내밀면 같이 내밀고, 얼굴을 가까이 대면 더 가까이 오곤 했다. 물에 비친 자신이 너무나 아름다워서 좋아하는 사냥도 하지 않고, 식음을 전폐하고 물에 비친 자기 얼굴만 바라보았다. 거울만 바라보고 있었다는 말이다. 몸은 쇠약해져 갔지만 이룰 수 없는 사랑이다. 물에 비친 자신과 키스를 하다가 물에 빠져 죽었다. 그 자리에 한 송이 꽃이 피었다. 수선화다. 신화다.

세상을 살다가 보면 잘난 사람들이 있다. 너무 잘난 체해서 스스로 왕따하는 경우를 본다. 공주병이라 한다. 사람들은 잘난 친구를 부러워한다. 이성이라면 관계를 갖고 싶어 한다. 자신이 너무나 잘났기 때문에 상대를 해주지 않는다. 병이다. 독일의 정신과 의사, 네케Nache는 '자기애성 인격장애Narcissistic Personality Disorder'라고 한다. 자신의 재능과 능력을 과대평가하여 공동체 생활에 지장을 준다.

나르시스적인 지도자는 조직의 정보 흐름을 막는다. 독창적이지 않은 자신의 아이디어를 구성원들에 수용토록 강요한다. 조직 성과에 악영향을 미친다. 또, 나르시시스트들은 부정Dishonesty을 저지를 동기가 강하다. 나르시스 성향이 강할수록 목적 달성을 위하여 부정할 수단을 동원할 가능성이 크다. 오클라호마 대학의 브라운 교수는 부정은 나르시시스트의 성향과 깊은 관계가 있음을 밝혔다.

어느 심리학 교수가 학생들에게 자기의 '미적 수준'이 전체 학생 중에 어느 정도인지를 물었다. 응답자의 50% 학생이 상위 10% 안에 들어간다고 자기평가를 했다. 정상적인 인간도 어느 정도는 나르시시스트인 셈이다. '자기가 잘났다'라고 느끼는 생각은 자존심이다. 그러나 너무 잘났다고 생각하면 공동체를 살아가는 데 문제가 생긴다. 독재자들은 모두가 나르시시스트들이다. 자기가 최고고, 자기만이 나라를 구할 수 있다고 생각한다. 거울에 비친 자기가 최고라고 생각할 때 어울려서 함께 살아가는 데 문제가 생긴다.

07 | 크레타섬, 섬에서 꽃을 피운 바다 문명

그리스와 한국은 다 같이 삼면은 바다고 근해에는 많은 섬이 있다. 한국의 섬들은 외딴 섬이고 문명의 중심에서 먼 오지다. 그리스의 섬들은 문명의 중심에 있다. 크레타섬8,450km²은 그리스에서 가장 큰 섬이고, 지중해에서는 다섯 번째다. 동지중해의 한가운데 있는 석회암 섬이다. 기후 좋고, 토양이 비옥하다. 지중해성 농작물, 올리브, 포도, 귤, 무화과가 재배된다. 사람 살기에 좋다. 그리스에서 90km, 이집트에서 428km, 튀르키예에서 248km, 이스라엘에서 835km 떨어진 곳에 자리한다. 아시아, 아프리카, 유럽 세 대륙에서 가장 가까운 섬이다.

크레타섬은 미노아Minoan 문명과 크레타 문명, 에게 문명의 발상지다. 인접한 나일 문명, 메소포타미아 문명과 교류하면서 미노아 문명이 일어났다. 전쟁으로 파괴되었다. 크노소스Knossos의 허물어진 궁전 벽화와 기둥 색이 너무나 선명하게 남아 있다. 4천 년 전의 것으로 믿어지지 않는다. 미노아 문명은 신화로 있다가 발굴되었다. 아시아, 유럽, 아프리카 대륙과 인접하여 지중해를 중심으로 상권을 장악하고 일어난 문명이다.

크레타는 대구와 같은 위도에 있다. 기후는 매우 다르다. 크레타섬은 지중해성기후다. 제주도 한라산은 1,947m다. 섬의 중앙에는 해발고도 2,452m인 레프카오리Lefka Ori산이 있다. 하얀 산白山이란 의미다. 석회암 지대이므로 석회암 동굴들이 있다. 동굴은 제우스 신화를 만들었다. 사람이

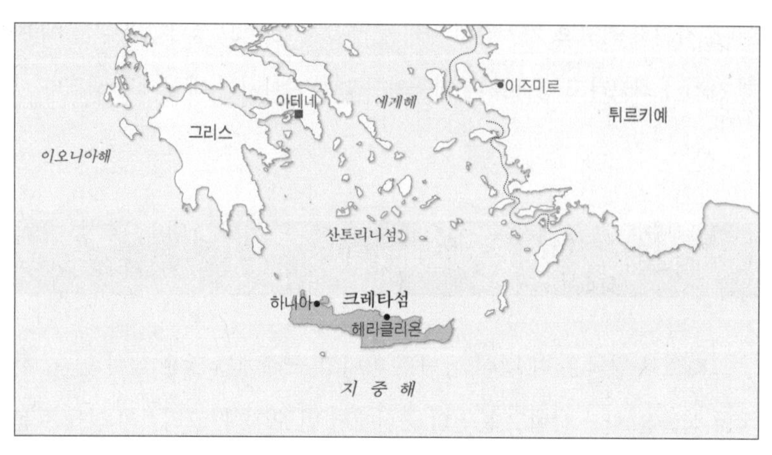

크레타섬

살기 좋은 곳이므로 아시아, 유럽, 아프리카 대륙에서 강대국이 나타나면 언제나 크레타섬을 공격했다. 기원전 67년에 로마의 지배, 서기 395년에 비잔티움제국의 지배, 1204년 4차 십자군 원정 때 지배권은 베네치아로 넘어갔다. 1645년 오스만제국이 1830년까지 지배했다.

그리스와 오스만의 전쟁이 끝날 때까지 섬의 실질적인 지배는 400년간 오스만제국의 손에 있었다. 영국과 프랑스가 간섭하여 1913년 오스만은 크레타섬을 그리스에게 넘겼다. 1941년 2차 세계대전 때 독일의 공수부대가 섬을 점령했다. 영국군이 1945년 탈환하여 그리스에 돌려주었다. 크레타의 역사는 바로 유럽의 중세사고, 근대 서양사다. 400년간 이슬람이 지배했다. 그러나 섬 주민 90%가 그리스정교를 믿는다.

『그리스인 조르바』를 쓴 작가 카잔차키스의 고향이다. 그는 1883년에 크레타섬에서 태어났다. 아시아 여행기 『천산의 두 나라』도 있다. 중국과 일본을 여행한 기행문이다. 자유로운 정신이 배어 있다. 그 자유 때문에 그리스정교로부터 파문을 당하고 죽어서 교회의 장지에 가지 못했다. 크레타섬 중심 도시, 헤라클리온Heraklion에 그의 무덤이 있다. 지중해가 내려다보이는 작은 동산에 있고, 비문이 있다. "나는 아무것도 기다리지 않으며, 나는 무엇에서도 도망치지 않는, 나는 자유로운 사람이다." 안소니 퀸이 배역을 맡은 영화 〈그리스인 조르바〉가 있다. 광산업에 실패하고 지중해를 바라보고 춤을 추는 마지막 장면이 카잔차키스 삶의 전체를 말해 준다. 그리스인이 자랑하는 작가다. 나도 그 작품을 좋아한다.

크레타섬은 농산물도 자급할 만큼 생산한다. 지금은 관광이 주업이다. 북유럽의 부자들은 그리스의 크레타섬에 별장을 갖고자 한다. 안개가 많고 을씨년스러운 날씨에 살아온 서북 유럽 사람들은 햇빛이 쨍쨍 나는 남부 유럽의 해변을 미치도록 좋아한다. 영국인과 독일인의 별장과 관광이 많은 이유다. 유서 깊은 문화유산, 아름다운 경치, 산업 시설이 없는 무공해 해변과 태양이 자원이다. EU 회원국들의 국민은 부동산 소유가 자유롭다. 회원국 간에는 투자는 자유롭다. 환영한다. 크레타섬은 반은 외국인이 소유하고 있다. 요즘은 중국 부자들이 주택도 사고 호텔도 많이 산다고 했다.

한국의 제주도에는 중국인의 투자가 너무 많다고 걱정이다. 푸이다이富一代, 중국인 부자 부동산 투자가 여의도 면적의 2배, 5.9km^{2}이다. '외국인이 제주도 부동산에 5억 원 이상 투자하면 F-2 비자를 주고, 그 뒤 5년간 부동산을 갖고 있으면 영주권까지 주는 제도'다. 352명이 제주도에 투자하여 F-2 비자를 얻었다 한다. 우리 정서는 단일민족으로 다문화를 수용하지 못한다. 속이 좁다. 중국인이 제주도를 찾는 것은 공해 없는 자연과 자녀 교육 때문이다. 중국보다는 대한민국이 더 자유롭고 문화 수준이 조금 더 높다고 생각한다. 돈만 안겨주고 가는 외국인은 없다. 약간의 부작용은 있다.

08 | 아테네의 민주주의, 작은 단위 공동체 의사결정

그리스 수도는 아테네Athene고 인구는 300만 명이다. N38°, 서울은 거의 같은 비슷한 위도상에 있다. 서울은 대륙성기후고, 아테네는 전형적인 지중해식 기후다. 아테네의 여름은 건조한 사막기후고 10월부터 4월까지 온난하고 비가 온다. 현재 서울의 1천만 명은 아테네보다 월등한 시세市勢를 갖고 있다. 세계사에 미친 영향은 정반대다. 아테네는 고대, 중세, 근대, 현대에 걸쳐 세계사의 중심에 있었다. 서울은 21세기에 와서야 세계 속에 알려졌다. 서울이 세계사에 미친 영향은 아테네에 비하면 매우 빈약하다.

아테네가 세계문화사에 이름을 남긴 것은 철학, 고고학, 민주주의, 올림픽 등 많다. 세계의 한 귀퉁이에서 이러한 위대한 철학과 과학, 정치형태와 문화가 발생한 것일까? 중국의 황허 유역에서 기원전 3세기경 제자백가諸子百家가 나타났다. 고대 문명은 동서양이 비슷한 시기에 일어났다. 교류가 있었던 것일까? 어떻게 비슷한 시기에 같이 문명이 일어났을까? 철기 사용이다. 재레드 다이아몬드는 그의 저서『총, 균, 쇠』에서 주장하고 있다. 철기의 사용은 농산물의 증가, 인구의 증가, 전쟁으로 이어져 세계사는 발전했다. 4대 문명이 같은 시대에 일어났다. 불교, 힌두교, 기독교도 같은 시기에 나타났다. 세상이 거의 동시대에 변한 것이다.

기원전 4세기경, 지중해와 흑해 연안에 1,500개의 도시국가가 있었다. '도시'란 말은 적당치 않다. 도시는 산업화 이후의 취락聚落 형태다. 당시 마을의 형태는 도시라기보다 집촌集村이다. 그 촌락에는 농사를 짓지 않고 사는 계급이 있었다. 지중해 연안에 있던 마을은 국가에 소속된 것이 아니다. 모두 독립적 자치를 하고 있었다. 그러니까 '도시국가'란 말을 쓴다. 플라톤은 바다를 보고 발달한 마을을 '우물가의 개구리Like Frogs around a Pond'로 비유했다. 1,500개의 마을이 지중해를 마주한다. 필요한 산물을 육지와 바다에서 얻어 살아가고 있는 그리스인을 물과 육지를 오가며 사는 양서류인 개구리에 비유한 것이다. 교통수단이 발달한 지금은 더 큰 범위의 국가로 발전하였다.

신화 속에서도 같은 비유를 찾을 수 있다. 지혜의 여신 아테나와 바다의 신 포세이돈과 사이에 아티카아테네의 패권을 두고 싸움을 했다. 아테네가 중심 마을이다. 지혜의 여신이 아테네 사람들에게 올리브를 권했고, 바다의 신 포세이돈은 바다를 권했다. 인간은 올리브를 택했다. 아테나 여신의 이름을 따서 도시 이름이 '아테네'가 되었다는 전설이 있다. 육지의 올리브와 지중해 바다의 생선은 아테네 사람들이 살아가는 데 필수적인 조건이다.

아테네는 바다를 끼고 주변의 산간에 발달한 도시국가였다. 아테네 주위에 1,000m 내외의 산들이 둘러싸여 있다. 북쪽에는 해발고도 1,413m인 파르니타Parnitha, 동쪽에는 히메투스Hymettus, 서쪽에는 아이갈레오Aigaleo가 있다. 중앙에는 트리아산Thriasian 평야가 있다. 남쪽에는 사로닉Saronic만을 통하여 바다로 진출했다. 일찍부터 부족한 상품은 바다 무역을 통하여 얻었다. 육지에서 모든 것을 얻을 수 있는 한국도 반도 국가다. 필요한 물건은 육지에서 조달했다. 한국 문화는 육지, 그리스 문화는 바다다.

민주주의Democracy는 고대 아테네의 정치형태다. 지금과 같이 모든 국민이 참여하는 보편적인 민주주의가 아니다. 자연적으로 발생한 정치형태가 '민주주의'라는 데 의미가 있다. 당시 모든 부족 단위 의사결정은 민주적이다. 혼자 결정하는 독재가 아니다. 작은 공동체 단위의 의사결정은 모두 민주적이다. 아프리카 국가들은 독재가 많다. 부족 단위의 의사결정은 민주적이다. 신라의 화백 제도도 마찬가지다. 아테네는 세계 인류의 민주주의의 발생지로 알려져 있다. 민주주의는 결국 유럽에서 꽃을 피웠다. 원조를 찾다가 보니 아테네 민주주의를 거론한다. 아테네 민주주의가 근대 정치제도에 미친 영향은 미미하다. 민주주의는 필연적으로 진화하는 정치체제다. 시간이 걸릴 뿐이다.

모리슨 맥키버Morrison Maciver의 민주주의 정의가 마음에 든다. 언론의 자유, 집회와 결사의 자유, 투표의 자유, 평화적인 정권 교체, 민주적 선거 절차를 들고 있다. 북한도 '조선민주주의인민공화국', 민주주의를 한다고 한다. 세계 모든 국가는 헌법에 민주주의를 담고 있다. 진짜와 가짜 민주주의 구별은 다섯 가지가 있다. 첫째, 정부 정책에 반대 의사를 밝혔을 때 안전을 보장받을 수 있는가. 둘째, 정부 정책에 반대하는 단체를 자유롭게 만들 수 있는가. 셋째, 집권당에 대하여 자유롭게 반대투표를 할 수 있는가. 넷째, 집권당에 반대하는 투표가 다수일 때 권력자가 권력에서 물러나는가. 다섯째, 헌법에 근거하여 선거를 제대로 진행하는가다.

한국은 아시아에서 가장 민주주의 정치를 잘하는 국가로 평가한다. 독재도 있었고, 쿠데타도 있었다. 시민의 투쟁으로 민주주의를 쟁취했다. 권력과 싸워서 얻었으므로 쉽게 훼손되지는 않을 듯하다.

09 | 아테네 올림픽, 누구를 위한 올림픽?

그리스 아테네가 인류에게 남긴 문화유산은 올림픽 경기다. 헤라클레스가 신들의 제왕인 제우스신을 기리기 위하여 4년에 한 번씩 올림피아Olympia에서 운동 대회를 열었다. 종교의식이었다. 올림픽 기간에는 도시국가 간의 전쟁을 하지 않고 운동경기만 하는 평화 행사였다. 그리스의 펠로폰네소스반도 서북쪽의 올림피아드 유적지가 바로 그 장소다. 제우스 신전과 헤라 신전 등 많은 유적만 남아 있다. 경기의 내용은 평화적이긴 했지만, 전쟁 연습 같은 것이었다. 창던지기, 원반던지기, 달리기, 레슬링, 복싱 등을 했다. 경기하는 동안 전쟁을 하지 않게 참가 도시 간의 협약을 맺었다. 올림픽은 평화 축제다.

기원전 7세기, 5세기 동안 활발했다. 올림픽 경기의 하이라이트는 마라톤이다. 마라톤 경기가 끝이 나면 모든 경기는 종료된다. 폐막 시간이다. 마라톤은 도시 이름이다. 인구 3만 명, 펠로폰네소스Peloponnesos에 있다. 기원전 390년 페르시아와 아테네는 전쟁했다. 아테네 군대는 마라톤에서 페르시아 군대를 물리쳤다. 승전보를 알리기 위하여 마라톤에서 아테네까지 달려간 거리가 42.195km이다. 병사는 아테네가 이겼다는 말을 남기고 숨을 거두었다. 무명 병사를 기념하기 위하여 해마다 마라톤 경기를 했다.

인간의 유전자 속에 개체의 보존과 자손의 번식을 위한 본능이 있다. 경쟁하고 싸움을 한다. 집단으로 행해질 때 전쟁이다. 지중해를 중심으로 했던 각축전은 1세기부터 아프리카 대륙, 아시아 대륙, 아메리카 대륙으로 옮겨졌다. 식민지 쟁탈을 두고 유럽의 열강 간에 갈등과 전쟁이 일어났다. 19세기 말이 어떤 때인가? 청일 전쟁1895년, 러일 전쟁1905년이 일어났다. 한반도를 지배하기 위한 강대국 간의 싸움이었다. 1910년 조선은 결국 일본과 합방되었다. 좋은 전쟁은 나쁜 평화보다 못하다. 경기를 통한 평화가 요구되었다. 1870년에 프랑스인 쿠베르탱은 올림픽 경기의 복원을 주장하였다. 1894년에 IOC국제올림픽위원회가 파리에서 결성되었다. 현대의 올림픽은 1896년에 아테네에서 처음으로 개최되었다.

올림픽은 4년마다 개최된다. IOC는 개최지를 8년 전에 결정한다. 1896년의 아테네 올림픽은 초라했다. 14개국이 참여했고, 43개 종목에 241명 선수가 전부였다. 1900년 파리 올림픽은 파리 세계박람회와 같이 개최되었다. 교통과 통신의 발달은 올림픽을 세계 최대 문화 행사로 만들었다. 1984년 로스앤젤레스 하계올림픽 때는 TV 시청자가 9억 명, 1992년 스페인 바르셀로나 올림픽에는 35억 인구가 TV를 시청했다. 2000년 이후 인터넷의 발달로 세계 인구의 2/3가 시청한다고 한다.

유치 경쟁이 치열하다. 올림픽을 유치하면 당장에 세계적 도시가 된다. 경쟁이 치열하다. 국제올림픽위원회가 결정한다. 최대 수입은 TV 중개료다. 미국의 CBS 방송은 1998년 일본 나가노Nagano 동계올림픽 경기 중개료를 3억7천500만 달러, 미국 NBC는 2012년 런던London 올림픽 중개료를 35억4조 2천억 원 달러를 지불했다. 그리고 각국 IOC 위원은 특권이 있다. 어느 나라를 방문하든 비자도 면제되고 국빈 대우국가원수급를 받는다.

너무 높은 비용 때문에 비판의 소리가 높았다. 천문학적인 예산을 쓰고 경제적 효과가 없다는 의미다. 위정자들은 자국의 정치를 위하여 올림픽 유치를 하면 경제적 파급효과는 투자 비용에 두 배, 세 배가 된다고 과대 포장하고 있다. 실상은 모든 올림픽 개최국은 적자다. 비용이 가장 많이 들어간 올림픽은 2014년 러시아 소치Sochi에서 개최된 동계올림픽이다. 경기가 끝난 지금도 완성하지 못한 경기장을 짓고 있고, 경기가 끝난 경기장은 유령의 도시Ghost Town가 되고 있다고 영국 신문《가디언Guardian》은 보도했다. 국가의 적자에도 불구하고 올림픽을 유치하려는 것은 국민 통합을 위하여 정치가가 원한다.

우리나라도 1988년 하계올림픽을 치렀다. 2016년에 동계올림픽을 평창에 유치했다. 예산을 8조 원에서 13조 원으로 늘렸다. 강원도는 5천800억의 지방채를 발행하였다. 1976년 캐나다 몬트리올 올림픽 경기 후 12억 달러의 빚을 30년 동안 특별세를 설정하여 갚았다. 1992년 바르셀로나 하계올림픽으로 스페인은 60억 달러의 부채를 안게 되었고, 2004년 올림픽을 치른 그리스는 경기장 건설에 90억 달러를 투자했다. 두 나라가 재정 위기에 몰린 것은 올림픽 잔치 때문이라 한다. 누구를 위한 올림픽 행사인지 모르겠다. 올림픽 평화 행사는 커지는 데 전쟁은 그치지 않는다. 인류에게 던지는 질문이다.

01 | 오스만제국의 발흥, 이슬람은 기독교 사촌

터키를 답사하려 한다. 최근 이름이 튀르키예로 바뀌었다. 터키의 공식 이름은 튀르키예공화국Republic of Turkiye이다. 튀르키예는 오스만제국의 홈그라운드다. 오스만Ottoman은 한때 세계사에 가장 영향력이 큰 제국이었다. 사실 서양 근대사 500년은 '오스만제국'과 함께한다. 세계사를 설명하기 위하여서는 오스만제국을 건너뛸 수는 없다. 서양 근대사 구분은 오스만제국이 비잔티움제국을 멸망시킨 해1453를 기점으로 한다.

한반도에 산업화의 상징은 전기와 기차다. 기차는 1900년 노량진과 인천 간의 경인선 철도다. 1905년 평양 운산 수력발전소가 최초다. 고종 황제는 1895년 러시아 공관에서 커피를 마셨다. 서양 문물의 전래가 근대화였다. 서양 문물은 산업화다. 서양의 사상은 기독교다. 오스만제국과 이슬람

튀르키예

은 세계사에 매우 중요한 대목이다. 우리나라 사람들은 오스만제국에 대하여 잘 모른다. 교과서에서 가볍게 처리한다. 우리나라의 근대화가 기독교로부터 시작되었기 때문이다. 이슬람 종교와 오스만제국을 무시하고 건너뛰었다. 서양의 편견이다. 지금 우리는 서양 기독교 패러다임에서 생활하고 있다.

문화적으로 낯선 기독교가 100년도 안 되어 기독교 신자가 한국 인구의 3분의 1을 차지하고 있다. 6.25 전쟁 때 미군은 한국에 원조 물자와 기독교를 갖고 왔다. 전쟁으로 성씨와 문중 같은 족벌 문화는 박살 났다. 기독교 국가인 미국과 함께했기 때문이다. 서양 근대사에서 기독교와 이슬람교는 대척점에 있고, 앙숙 관계에 있었다.

기독교가 출현하고 난 후 서기 670년에 이슬람교가 나타났다. 불교와 힌두교가 친척이라면 기독교와 이슬람교는 사촌 간이다. 매우 가깝다. 유대교, 기독교, 이슬람교는 구약을 같이 쓴다. 기독교와 이슬람교 교세가 비슷하다. 종교 발생지도 비슷하다. 기독교는 이스라엘, 이슬람은 사우디아라비아다. 지중해를 중심으로 유럽, 아프리카, 아시아에 섞여 있다. 삶의 터전이 달랐을 뿐이다. 오랜 역사를 통하여 지중해 연안의 경제적 지배권을 확보하기 위하여 양대 교단은 갈등을 빚어 왔고, 수없이 전쟁했고, 21세기인 지금까지도 갈등의 양상이 크게 달라진 것이 없다. 중동의 갈등이란 결국 이슬람과 기독교 간의 갈등이다. 신자 수는 비슷하다. 세계의 패권은 기독교가 잡고 있다.

오스만제국이 나타났다. 오토만제국 또는 오토만튀르크제국Empire of Ottoman 등 다양한 이름이 있다. 영어식 이름이다. '오스만제국'이 맞다. 아나톨리아반도를 비잔티움제국Byzantium Empire이 지배했다. 셀주크제국Seljuk Empire 안에 작은 단위의 유목민을 이끈 오스만 1세가 오스만제국의 원조다. 지금의 튀르키예, 아나톨리아반도에 자리를 잡았다. 세력을 확장하여 아나톨리아반도 전체를 지배하고 제국을 건설했다. 메흐메드Mehmed 2세는 난공불락이라던 콘스탄티노플 성을 함락하였다. 기상천외의 전술이었다. 배를 산으로 끌고 갔다. 오스만제국이 세계사의 중심으로 등장했다. 1453년이다. 1299년 건국하여 1922년에 망했다. 623년을 지속한 제국이었다. 중심지는 지금 튀르키예공화국 자리다. 전성시대인 1683년에는 520만km², 인구는 400만 명1912이었다. 그 크기는 로마제국 전성시대의 위치와 면적이 정확하게 일치한다.

기독교 소피아 성당을 덧칠하여 이슬람 모스크로 사용했다. 오스만제국의 지배는 기독교 위에 이슬람을 덮어씌운 격이다. 1차 세계대전에 독일 편을 들었다가 망했다. 광대한 영토는 제국이 해체되면서 민족국가들이 일어났다. 동남부 유럽, 서아시아, 북아프리카 3개 대륙을 지배했다. 교통이 지금 같지 않고 불편했던 그때 광대한 제국의 운영은 탁월한 행정 시스템이 있었다. 우선 당시 수도 이스탄불Istanbul의 입지다. 이스탄불은 지금도 세계 최고의 지정학적 위치다. 최대의 제국을 건설할 수 있었던 유럽은 기독교 제후국으로 분열되어 있을 때다. 아프리카는 통일된 국가가 없었다. 오스만제국은 당시의 과학기술과 철학이 세계적인 것이었다.

오스만제국이 3개 대륙에 걸친 대제국을 건설했다. 과학기술이 앞섰기 때문이다. 유목민의 후예이므로 말을 다루는 기술이 뛰어났다. 지금도 경마로 쓰고 있는 아라비아 종을 사육하여 군마軍馬로 사용했다. 전쟁에서 최고의 수송 수단이 말이었을 때다. 그리고 해전에서 오랜 지중해 연안의 전투를 통하여 조선과 해운에 특별한 기술을 갖고 있었다. 세계 최초로 머스킷Musket, 1465 소총을 만들었다. 대포를 실용화했다. 또한, 하렘을 통하여 왕자들의 리더십을 교육하는 제도가 있었다. 실크로드의 무역로를 장악하여 탄탄한 경제 기반이 있었다. 오스만이 망한 것도 그 시대에 주류로 하는 기술, 산업혁명에 적응하지 못했기 때문이다. 탱크가 나왔는데, 기병으로 전쟁을 했다. 전쟁에 이길 수 없었다.

새뮤얼 헌팅턴Samuel Huntington은 『문명의 충돌The Clash of Civilization』에서 지적했다. 미국과 소련의 냉전 시대가 끝이 나면 이슬람과 기독교 사이의 갈등으로 전개될 것이라고 했다. 그의 예측은 정확했다. 이스라엘과 팔레스타인이 대표적인 전쟁이다.

02 | 제국의 몰락, 영원한 제국은 없다

오스만제국은 623년이나 지속했다. 15세기와 16세기 식민지를 넓혀가며 세계 제1의 제국으로 등극하였다. 술레이만 대제Suleiman the Magnificent,

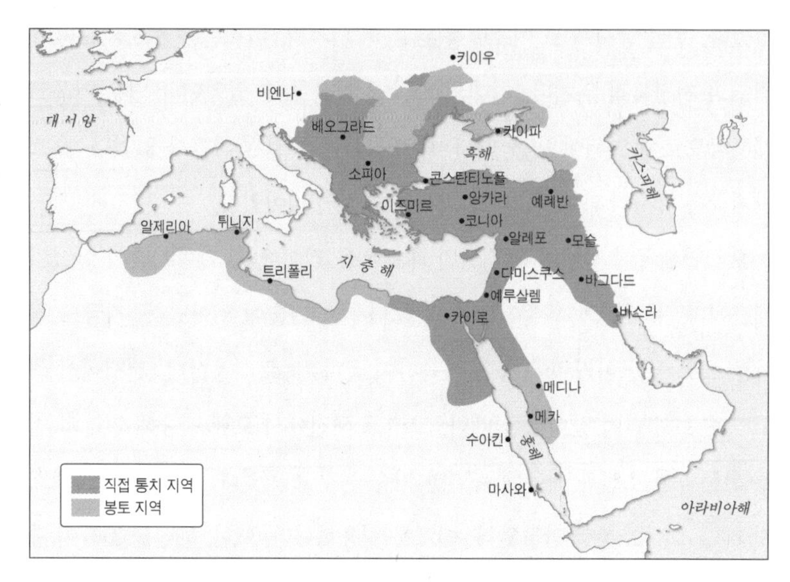

오스만제국의 도시(1683년)

1520~1566 때는 베오그라드Belgrade를 점령했고, 헝가리 제국을 정복했고, 오스트리아 빈Vienna을 포위 공격하였다. 남쪽으로 페르시아제국을 공격하여 바그다드Baghdad를 뺏고 페르시아만 메소포타미아 지역을 장악하는 대제국을 건설하였다.

그 후 제국은 몰락의 길을 걸었다. 시대에 적응하지 못한 탓이다. 오스만제국은 오랜 세월 동안 동양과의 무역로를 독점했다. 서방 기독교 국가들은 동양과 무역로를 차단당했다. 아시아로 가는 길을 찾았다. 콜럼버스는 대서양으로 나가 신대륙을 발견했고, 바스코 다가마는 아프리카 남단을 돌러 인도로 가는 길을 찾았다. 교통수단이 변했다. 제국의 교통수단은 육로로, 말과 낙타였다. 지중해는 작은 배로 적은 화물을 운반하던 갤리선이었다. 서방 기독교 왕국은 대량의 화물을 싣고 수개월을 바람으로 항해할 수 있는 대형 범선이 등장했다. 무역은 육로에서 바다로, 지중해에서 대서양으로 바뀌고 있었다.

스페인, 포르투갈, 프랑스, 영국, 독일 등 민족국가가 등장했다. 산업혁명이 일어났다. 오스만은 여전히 농업과 실크로드 무역에만 의존하고 있었다. 1차 세계대전 때 독일 편으로 참전했다. 철조망과 기관총이 나왔는 데도 오스만제국은 기마병과 칼로 참전하였다. 기마병은 철조망과 기관총 앞에서 무기력했다. 제국은 세계 변화를 몰랐다. 권력은 부패하고 혁신을 거부하고 무능하고 안주하는 술탄황제이 대를 이어 계속되었다.

수없이 전쟁했다. 할 수밖에 없었다. 오스만제국이 차지하고 있는 땅은 스페인과 포르투갈 제국이 지배한 신대륙과는 달랐다. 오스만의 식민지는 문화와 전통을 온전히 보존하고 있는 정체성이 있는 왕국들이었다. 조금만 통제가 느슨하면 민족자치를 주장하고 반기를 들고 일어났다. 가장 큰 위협은 북쪽 러시아의 팽창이었다. 러시아는 서구의 산업화를 받아들여 근대화했다. 대국이 된 러시아는 기후가 좋은 흑해 연안으로 세력을 확장했다. 남쪽을 차지하고 있는 오스만제국과 충돌이 일어났다.

크리미아 전쟁1854이다. 오스만제국, 영국, 프랑스, 이탈리아 연합군과 러시아제국 간의 전쟁이었다. 연합군이 승리했다. 전쟁을 통해 오스만제국의 허약함이 드러났다. 제국은 저물고 있었다. 러시아와 오스만제국 간 2차 전쟁이다. 1878년이다. 크리미아 전쟁 후 23년 만에 일어났다. 오스만제국이 지배하고 있던 나라는 불가리아, 루마니아, 세르비아, 몬테네그로와 코카서스산맥의 나라들이다. 신흥 러시아제국이 승리했다.

오스만제국은 영토를 양도했다. 러시아제국에 흑해로 진출하는 해상권을 내어 주었다. 그뿐만 아니라 러시아를 도운 발칸반도의 여러 민족국가가 독립했다. 때를 같이하여 이집트와 그리스가 독립했다. 오스만제국은 팔과

다리를 잘리는 격이 되었다. 러시아의 황제는 오스만제국을 비꼬아 '유럽의 환자Sick Man of Europe'라고 조롱했다. 대국이 병들면 쉽게 일어나지 못한다. 그 과정에서 1차 세계대전을 맞이한다. 오스만제국은 독일과 오스트리아 편을 들었다. 전쟁에 졌다. 대전 후 1922년 오스만제국은 해체되었다. 영국과 프랑스, 이탈리아, 그리스가 오스만제국의 수도 이스탄불을 점령하였다.

튀르키예 독립 전쟁이 일어났다. 제국의 중심은 아나톨리아반도다. 600여 년 동안 튀르키예 민족의 심장으로 여겨온 이스탄불이 외국 군대에 의하여 점령당했다. 오스만제국의 유민, 튀르키예 민족을 중심으로 독립 전쟁이 일어났다. 3개 연합국을 상대로 전쟁을 했다. 튀르키예의 독립 전쟁은 대단한 단결력을 과시한 전쟁이었다. 4년간 계속되었다. 실질적인 전쟁은 1차 세계대전 승전국인 영국과 그리스 연합군과 전쟁이었다. 프랑스와 이탈리아는 방관했다.

영국 의회도 오스만의 땅, 동 트라키아East Thrace만은 반드시 점령해야 한

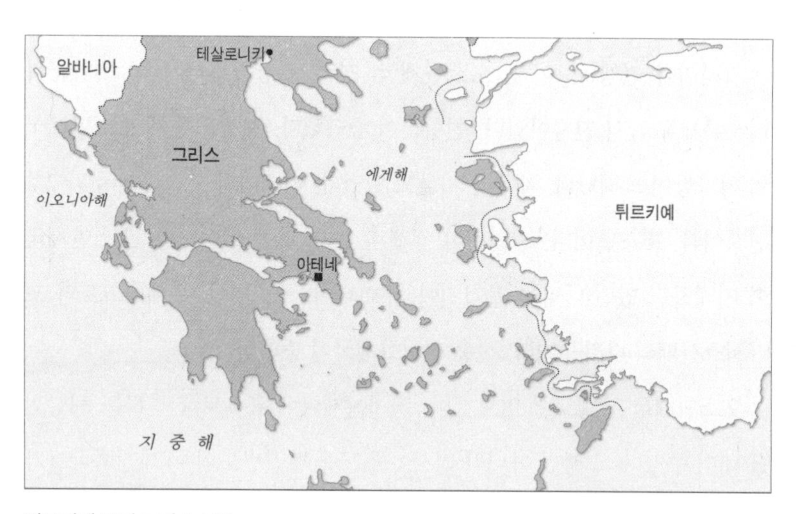

튀르키예 근해 그리스 도서

다는 결의가 있었다. 러시아의 지중해 진출을 견제할 수 있는 최고의 전략적 요충지다. 영국과 그리스의 연합군 전쟁에서 튀르키예 독립군이 승리했다. 그리고 '무다냐 휴전 조약Armistice of Mudanya'을 체결하였다. 그리스군은 동부 트라세에서 마리스타Maritsa강까지 15일 이내에 물러간다. 그리스군이 떠난 후 30일 후에 독립군이 들어온다. 사실상 연합국 항복문서다. 1923년 10월 29일 튀르키예공화국Republic of Turkiye으로 독립했다. 그리스의 입장을 설명해야겠다. 그리스와 튀르키예는 지금도 사이가 좋지 않다. 전쟁 때문이다. 1차 세계대전 때 영국은 그리스를 연합군 쪽으로 참전을 요구했다. 전후 영국은 그리스에 약속했다. 그리스의 실지, 동 트라키아와 섬들을 찾아주겠다 했다. 그리스는 영국 후원으로 튀르키예 독립군과 끝까지 대리전을 했다. 그리스와 영국군은 튀르키예의 독립 전쟁에서 패했다. 그리스는 참전 대가로 동 트라키아는 찾지 못했다. 에게해의 많은 섬을 차지했다. 영국 해군 덕택으로 튀르키예 연안의 섬들을 차지했다.

03 | 튀르키예 군부, 쿠데타를 합법화한 나라

"튀르키예는 민주주의와 이슬람이 결혼하여 세속주의Secularism를 낳았다. 세속주의 아이를 잘 키우기 위하여 군부가 보호하고 교육해야 한다."라는 말이 있다. 세속주의란 튀르키예 주민의 99.8%가 이슬람이지만, 종교의 자유를 허용하고 국교를 정하지 않았다. 종교는 자유다. 세속주의를 택하고 있다. 군부의 힘이 강하다. 정부의 가장 중요한 기구가 국가안보위원회National Security Council다. 튀르키예어로 MGK다. 군 참모총장과 대통령, 각료로 구성된다. 국가의 안전이 위협받을 때 소집되고 국회가 해산된다. 쿠데타를 의미한다. 쿠데타를 헌법이 보장하는 셈이다. 1997년 쿠데타는 국가안보위원회에서 메모 한 장으로 수상과 각료를 해임하고 국회를 해산시켰다. 아직도 민주주의가 제대로 안 되고 있다. 1960년, 1971년, 1980년, 1997년 4번 쿠데타가 있었다. 군부의 세력이 워낙 강력하기 때문에 군부가 'NO' 하면 할 수 없다. 헌법이 중지된다.

2006년으로 기억한다. 당시 대한민국 국방 위원 자격으로 튀르키예 정부를 찾아갔다. 국산 K9 자주포를 팔기 위한 로비였다. 결론부터 말하면 별 도움이 되지는 않았다. 튀르키예 국방 위원들을 만나고 군부에 대한 이야기를 들었다. 그는 군부 출신이 아닌 민간 출신 국회의원이었다. 튀르키예의 후진성은 군부의 간섭 때문이라 했다. 튀르키예 국회의원 중 가장 힘 있는 자리는 국방 상임위원회다. 대한민국 국회 상임위원 중 가장 힘 없는 곳이 국방 위원회다. 군 내부는 비밀이라 알 수가 없고, 장군 승진은 청와대가 한다. 할 일이 없다. "튀르키예군의 특혜가 너무 많다. 전국의 좋은 땅은 전부 국방부 소유 땅이다. 국방부의 허가를 얻지 않고서는 어떤 개발도 할 수 없다. 튀르키예는 아직도 군인의 나라"라고 했다.

K9 자주포. 탱크에 장착하여 스스로 타격 방향으로 자유로 옮길 수 있는 대포를 자주포라고 한다. 한국산 자주포는 가격에 비하여 성능이 뛰어난 무기다. 사정거리가 40km나 되고 155mm 포신을 장착하고 있다. 연평도 사건 때 한국 해병대가 북한으로 반격한 무기다. 기동성이 뛰어나고 정확도가 높다. 튀르키예 군부가 구매했다. 튀르키예 동부에 숨어서 게릴라 활동을 하는 쿠르드 반군을 타격하기 위한 무기다.

아이러니 한 일이다. 한국은 이라크 아르빌에 쿠르드족을 보호하기 위하여 군대를 보냈다. 튀르키예에는 쿠르드 반군을 타격하는 대포를 파는 로비를 했다. 싸가지(?) 없는 짓을 하고 있다. 국가라는 정체가 다 그렇다. 6·25

전쟁 때 영국은 한국에 파병하여 중공군과 전쟁했다. 그리고 중공군에게 무기를 팔았다.

튀르키예는 아시아 국가이면서 1952년 나토에 가입했다. 나토에 가입한 국가 중 미국 다음으로 군인이 많다. 56만 명이다. 미국이 적극 지원하고 있다. 군부는 미국 편이다. 흑해에서 지중해로 나가는 길목, 보스포루스해협과 다르다넬스해협은 모두 튀르키예 영해다. 따라서 튀르키예를 통하지 않고서는 흑해에서 지중해로 나갈 수 없다. 그 지정학적 가치를 잘 알고 있는 미국은 튀르키예를 나토에 가입시켰다. 핵우산에 포함시켰다. 미군 기지에도 핵폭탄B61 90개가 있다. 러시아를 견제하기 위한 것이다.

1960년 미국 정찰기 U2기가 소련에서 격추되었다. 소련 지대공 미사일 SA2에 맞았다. U2기는 당시 소련 영토를 지나는 미 공군 스파이 항공기였다. 튀르키예의 동남부 해안 도시 아다나시인구 150만 명, 인지를릭Incirlik 미 공군기지에서 노르웨이 미군기로 정기적으로 정찰 비행을 했다. 소련의 미사일을 얕잡아 보다가 코를 깬 경우다.

인지를릭 기지는 일본 오키나와 미 공군기지 같다. 오키나와는 중국을 겨냥하는 군사기지지만, 인지를릭 기지는 러시아를 견제하기 위한 것이다. 처음에 미국은 오리발을 내밀었다. 찍은 사진과 조종사의 자백으로 증거가 드러나자 간첩 활동을 인정했다. 조종사에게 3년 징역형과 강제 노동 7년을 언도했다. 그러나 미국과 소련은 거물급 스파이 교환으로 2년 만에 풀려났다. 냉전 시대 큰 사건이었다. 튀르키예에는 미군 기지가 여러 개 있다. 튀르키예 의회는 미군 기지 반환을 요구하여 미국과 관계가 껄끄러운 적도 있었다. 미군이 있는 곳에는 기지 반환 문제가 항상 제기되고 있다. 미국은 군부를 감싼다. 러시아를 견제하기 위하여 가장 좋은 국가는 튀르키예다. 2023년에 튀르키예 대통령선거가 있었다. 당선자는 20년간 독재를 하고 있는 에르도안이다. 미국과 각을 세우고 러시아 편을 든다. 그러나 미군 기지에 대하여 일언반구도 하지 않는다.

우리나라 수도 서울 한복판, 용산에 미군 군사기지가 있다. 이런 경우는 식민지가 아닌 경우 유례가 없다. 1882년 임오군란壬午軍亂을 빌미로 청나라 군대가 지금의 용산에 주둔한 것이 시작이다. 대원군大院君을 잡아간 곳이 용산이다. 청일 전쟁 이후 일본 군대가 주둔했다. 1945년 일본이 패망할 때까지 50년간 점령했다. 해방 후 지금까지 미군 용산 기지가 있다. 면적은 2.2km^{2}66만 평이다. 대한민국의 수도 서울의 한복판이다. 대한민국의 상징, 대통령 시설인 청와대와도 3km 안 되는 거리에 외국 군대가 주둔하고 있었다. 세계 어느 곳에도 이런 독립 국가는 없다. 체면이 말이 아니었다. 이제 평택으로 이전하는 모양이다.

04 | 앙카라, 튀르키예의 수도

'영웅이 시대를 만드나? 시대가 영웅을 만드나?' 하는 명제가 있다. 마오쩌둥毛澤東 같은 영웅이 있어 대장정이 가능했고 중국을 통일했다. 중국공산당 시대를 열었다. 지금과 같은 대국이 된 시대에는 중국에서 마오쩌둥 같은 혁명가가 나타날 수가 없다. 나타난들 일개 필부로 살아갈 수밖에 없다. 비슷한 추론을 할 수 있다. 시대만 사람을 만드는 게 아니다. 장소도 그렇다. 아편전쟁으로 상하이는 중국 제1의 도시로 성장했다. 러시아 피터대제로 인해 상트페테르부르크St. Petersburg가 생겨났다. 울산은 작은 농촌이었다. 구미는 박정희 대통령의 고향이다. 큰 도시로 발전할 수 있었던 것은 박정희의 개발 정책 때문이다.

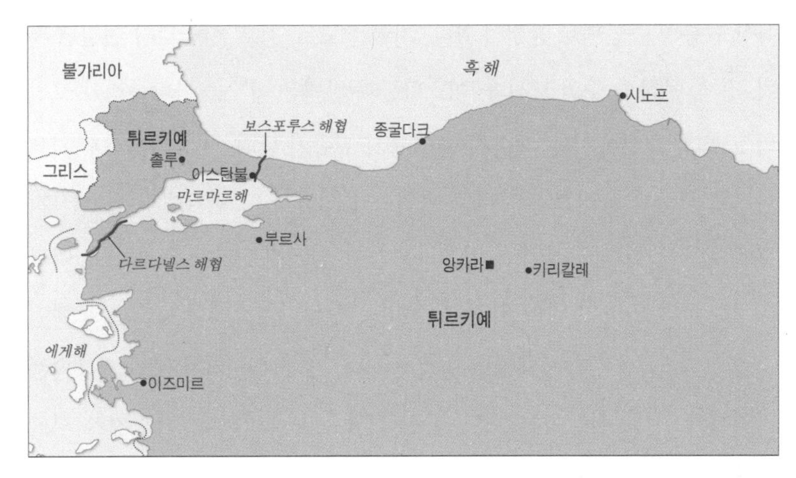

튀르키예의 수도 앙카라

1920년대 인구 2만 명에 불과했다. 지금 앙카라Ankara 인구는 500만 명의 거대도시다. 튀르키예 건국의 아버지 무스타파 케말 아타튀르크가 공화국 수도로 정했기 때문이다. 사람이 도시를 만들었다. 아나톨리아 고원의 중앙에 위치하고 있다. 앙카라는 내륙 도시다. 그러나 앙카라는 '세종시' 같이 신생 도시가 아니라, 오래전부터 인간이 거주해 온 역사적인 곳이다. 히타이트 제국Hittite Empire, BC 2000 → 알렉산더대왕BC 333 → 로마제국BC 189 → 비잔티움제국330~1453 →오스만제국1360~1923의 지배를 받았다. 그 중간에 셀주크튀르크, 몽골의 침략, 페르시아·아랍의 침략과 무굴제국의 침략을 받았다. 앙카라의 구시가지 울루스Ulus에는 히타이트 제국부터 로마제국, 비잔티움제국, 오스만제국의 유적이 많이 남아 있다. 도시 전체가 박물관이다. 신시가지인 예니셰히르에는 관공서, 대사관 등 현대식 건물이 있다. 계획된 도시다.

평균 고도가 1000m가 되는 고원지대에 위치하고 있다. 대륙성기후다.

육상 교통의 중심지로 발전해 왔다. 지금은 도로, 철도, 항공로가 연결된 정치, 경제, 문화의 중심 도시다. 이스탄불과 쌍벽을 이루는 아나톨리아 고원의 도시다. 중앙아시아, 서아시아, 중동과 교류가 많다. 지중해성기후 지역이므로 포도와 올리브가 자라고 과일이 풍성하다. 고원지대의 건조한 기후에 잘 적응한 앙고라염소, 앙고라고양이, 앙고라토끼가 유명하다. 여기 '앙고라'는 앙카라의 말이 와전된 것이다. 앙고라염소에서 나오는 모헤어 Mohair는 고급 섬유로 세계적인 명성이 높다. 세계에서 가장 많이 생산되는 지역이다. 전통 시장에는 포도, 말린 견과류가 즐비하다. 관광지가 되고 있다.

어느 나라든 민족 독립의 영웅은 있다. 초대 대통령 아타튀르크만큼 사후에 국민의 사랑을 받는 지도자는 드물다. 케말 파샤 아타튀르크의 '아타튀르크'는 '튀르키예의 아버지'란 뜻이다. 튀르키예공화국의 국부로 부른다. 그리스의 마케도니아Macedonia에서 태어났다. 당시 발칸반도 전체가 오스만제국의 영토였다. 제1차 세계대전에 오스만제국이 참전했다. 전쟁에서 패했다. 그러나 케말이 지휘하는 부대는 승리를 했다. 갈리폴리 Gelibolu(Gallipoli) 해전의 승리는 유명하다. 1915년 2월 제1차 세계대전 때 영국, 프랑스 등 연합군의 작전이 다르다넬스Dardanelles 해협의 갈리폴리 상륙 작전이다. 케말의 군대는 반격을 하여 영국의 해군을 격파했다. 패전의 책임을 지고 영국의 해밀턴 사령관이 해임되고, 처칠 수상이 실각하는 사태까지 이르렀다. 갈리폴리 전쟁으로 무스타파 케말은 국민적 영웅으로 떠올랐다.

1차 세계대전에서 오스만제국은 패배했다. 오스만의 중심지 아나톨리아 고원을 영국, 프랑스, 이탈리아, 그리스가 점령했다. 케말은 내륙 도시 앙카라를 거점으로 삼아 3년에 걸친 독립 전쟁을 했다. 특히, 앙카라 근교 사카야Sakarya 전투에서 승리했다. 1922년 8월 30일 외세를 몰아내는 데 성공했다. 튀르키예공화국으로 독립하였다. 무스타파 케말은 초대 대통령이 되고, 군부 중심으로 대대적인 개혁을 단행했다. 이슬람의 종교 국가로 정치를 포기하고, 세속주의를 택했다. 여성 교육의 확대, 일부일처제, 여성 복장의 자유화, 이슬람력을 폐지하고 서양 달력그레고리력으로 대체하였다. 아랍 문자를 로마자 표기로 바꾸었다. 그리고 1930년에는 여성에게 투표권을 주었다. 개혁의 내용을 보면 서양화고 산업화다. 그는 오스만제국이 붕괴하는 것은 그 시대에 적응하지 못했던 탓이라 생각했다. 중동의 아랍 국가 중에서 유일하게 산업국가로 발전할 수 있었던 계기를 만들었다. 문명의 중심이 서유럽이었고, 서유럽과 소통을 위해 서양의 기준에 맞춘 개혁이었다. 그 중심 도시가 수도인 앙카라다.

05 | 튀르키예의 갈등, 세속주의와 이슬람주의의 갈등

이슬람을 공부하면서 일본과 한국의 근대화처럼 하지 못했을까, 하는 생각을 해 본다. 한국과 일본, 중국은 오래된 유교적 전통을 버리고 서양의 가치와 산업화를 받아들였다. 성공했다. 우리는 모두 양복을 입고 넥타이를 맨다. 여성은 양장을 입고 하이힐을 신는다. 근대화라는 개념 안에는 서양이 들어있다. 이슬람 국가들은 여전히 전통 복장을 하고 있다. 반서양화, 반기독교화 정서 때문이다. 이슬람원리주의자들은 반기독교, 반서양화, 반민주주의, 반공산주의를 표방하고 있다. 오직 이슬람교 신조에 따라 생활하고 정치를 지향하고 있다. 아시아 대륙, 아프리카 대륙, 이슬람과 기독교가 공존하는 사회에는 어디에나 이슬람 국가에는 지하디스트Jihadist들이 활동하고 있다. 테러 단체다. 왜 그들이 존재하는 것일까? 이슬람의 자존심 때문이다.

이슬람제국은 1차 세계대전을 끝으로 막을 내린다. 1453년 이슬람제국은 기독교 제국 비잔티움을 함락했다. 아시아, 유럽, 아프리카를 아우르는 대제국을 건설했다. 과학과 기술이 대단히 발달한 제국이었다. 중세의 유럽은 암흑기였다. 십자군 원정 때부터 이슬람의 과학기술은 유럽으로 전해졌다. 유럽의 르네상스는 이슬람 과학 서적의 번역에서 시작했다. 이슬람의 이집트 알렉산드리아 도서관과 이라크 바그다드의 지혜의 집House of Wisdom이 있었다. 당시 세계 최고 도서관이고 지식의 보고였다. 11세기 십자군 병사들도 부상을 당하면 이슬람 의사를 찾았다고 한다.

지금 같으면 노벨상 10개라도 받을 만한 학자가 있다. 타치 알딘Taqui al-Din1, 1526~1586이다. 그는 생전에 90권의 과학서를 썼다. 시리아 다마스쿠스에서 태어났다. 콘스탄티노플과 카이로에서 활동했다. 천문학, 수학, 지도학, 의학, 광학. 기계공학의 대가였다. 서양보다 앞섰다. 현대과학의 기초를 놓았다. 1577년에 콘스탄티노플 천문대Constantinople Observatory를 건립했다. 천문력Astronomical Catalogue을 만들었다. 천문학에 소수점을 이용했다. 지구 공전궤도의 변동Eccentricity을 계산해 냈다. 그리고 그는 태양과 가장 먼 지점Apogee을 계산했다. 별의 좌표를 표시했다. 사인, 코사인, 탄젠트, 코탄젠트 같은 삼각함수를 이용했다. 동시대 과학자 코페르니쿠스Copernicus, 1473~1543보다 더 앞섰고 정확했다.

그는 해군 제독을 지냈다. 구형의 지구에 경위도를 표시하고 위치 좌표를 표시했다. 지중해 연안 지도를 완성했다. 광학Optic에 관한 책을 썼다. 빛과 색, 지구의 편향Global Refraction, 빛의 성질, 빛의 소스, 빛의 구조에 대한 연구를 했다. 1559년 알딘은 수력을 이용하여 물을 끌어올리는 기계, 밸브,

파이프, 피스톤을 발명했다. 한 인간이 했다고 하기에는 너무 많은 과학 분야에 전문적인 업적을 냈다. 이슬람 백과사전에 타치 알딘은 가장 중요한 사람Most Important Person이라 적어 두고 있다.

중국의 4대 발명은 나침판, 화약, 종이, 인쇄술이다. 세계적 파급은 이슬람제국에서 꽃을 피웠다. 비잔티움제국의 수도 콘스탄티노플 성은 대단히 강고한 성이었다. 화살과 창병으로 도전할 성이 아니었다. 난공불락이었다. 성만 믿고 충분히 방비할 군을 배치하지 않았다. 마흐메드는 대포를 사용했다. 소위 다르다넬스 대포Dardanelles Gun다. 철 포탄 앞에서 돌 성벽은 무기력했다. 성이 무너졌고, 함락되었다. 1453년이다. 대포를 실용화했다. 또 있다. 머스킷Musket 총을 개발했다. 화승총Arquebus이 대세일 때다. 한발 앞선 기술이다.

무기와 과학기술은 유럽보다는 뛰어났다. 거기까지다. 무기와 과학기술은 유럽으로 전래되고 유럽에서 더 발전했고 역습했다. 산업혁명을 이룬 유럽은 오스만제국을 쳐들어왔다. 1차 세계대전 전까지 유럽 왕실의 패션은 모두 오스만제국의 황실이 주도했다. 과학기술만 아니다. 커피도 설탕도 모두 오스만제국에서 건너갔다. 유럽 제후국 왕실과는 비교가 안 되었다.

우리가 일본 기모노를 입지 않듯이 이슬람은 기독교 국가의 서양 양복을 입지 않는다. 자존심이다. 서양의 근대화를 모방하지 않으려고 했다. 혁명을 한 이란은 기독교적 서양화를 배격했다. 코란에 따른 이슬람 철학에 따라 정치를 하고자 했다. 이슬람의 양대 종주국은 이란과 사우디아라비아다. 사우디는 정치와 종교가 분리되지 않았다. 종교에 의한 정치다. 종교법 샤리아에 따라 정치를 한다.

튀르키예 건국의 아버지 아타튀르크는 종교와 정치를 분리시켰다. 샤리아법은 철폐하고, 종교 지도자들의 정치 관여를 엄격히 제한했다. 이슬람 국가 중에서 가장 서구화된 국가다. 아랍문자를 폐지하고 알파벳을 사용한다. 정교분리는 헌법 2조에 명시하고 있다. 히잡을 하지 않는다. 어디에서나 술을 팔고 마신다. 여행객은 이슬람 국가인 줄 모른다. 튀르키예는 군부의 입김이 세다. 군부는 가장 강력한 세속주의를 주장한다. 가장 친미주의다. 정교분리는 아타튀르크 대통령 이후 정치 이데올로기였다.

아르도한은 선거로 당선된 대통령이다. 정치 기반이 이슬람 빈곤 계층이다. 이슬람을 존중했다. 이슬람으로 환원하려는 그의 정책에 대하여 군부는 불만을 품고 2018년 쿠데타를 시도했다. 실패했다. 군부와 세속주의를 탄압했다. 쿠데타에 가담한 세력에 대해 보복에 들어갔다. 3,800명을 구속했다. 공직에서 퇴출했다. 주로 군인과 사법부다. 튀르키예는 98%가 모슬렘이다. 아르도한은 러시아 지대공 미사일을 구매했다. 미국의 비위를 건드렸다. 서양의 언론은 이슬람원리주의로 회귀하려고 한다고 한다. 제2의 이란이 되려고 한다고 비판한다. 사실과 다르다. 튀르키예의 아르도한 대통령은 장기 집권을 하고 있다. 터키의 이름을 튀르키예로 바꾸었다. 세속화 정치를 버리고 이슬람주의로 회귀하려는 것처럼 보인다.

이스탄불 시장, 총리, 대통령까지 30년간 권좌에 있다. 아르도한은 튀르키예 경제를 살린 지도자다. 군부가 엉망으로 만들어 놓은 튀르키예 경제를 살렸다. 특히, 가난한 농촌 지역에 인프라를 건설하고 취업의 기회를 확대했다. EU에 가입하기 위하여 유럽 경제의 표준에 맞추는 데 노력하고 있다. 이슬람교에 기울어져 있는 것처럼 보이는 것은 정치 기반 때문이다. 튀르키예의 다섯 지역 중의 하나인 아나톨리아반도 동남부 지방이다. 가장 가난한 지역이고, 이슬람원리주의가 강하다. 아르도한의 정치 기반이다. 수력발전소와 도로를 건설하고 발전을 하여 전력 문제를 해결했다. 튀르키예의 이슬람 회귀는 쉽지 않다. 지난 100년 동안 군부가 집권했다. 튀르키예 국민의 가치는 서양이다. 서구 사회와 교류가 가장 많은 국가다. MZ세대는 너무나 서구화되어 있다.

06 | 튀르키예 케밥, 고등어 케밥?

문화의 차이는 인간이 다른 자연환경에 적응하며 만들어 낸 생활상의 차이다. 한 민족문화의 기본은 환경에 적응하여 집을 짓고, 환경에 맞는 옷을 입고, 그 환경에서 생산되는 농산물을 먹는 것이다. 언어, 문학, 미술, 음악 등은 그 위에 상부구조의 문화를 이루고 있다. 문화의 근본은 의식주다. 한 나라의 도시를 민낯으로 보려면 그 나라의 시장을 보라고 했다. 시장에 진열되어 있는 상품은 그 도시의 일상 생활용품이다. 어떤 음식을 먹고, 어떤 옷을 입고, 어떤 집을 짓고 사는지를 알 수가 있다. 여행을 한다는 것은 다른 나라의 문화를 보러 가는 것이고, 단적으로 현지의 시장을 체험하러 가는 것이다.

어떤 생물이든지 먹어야 산다. 600만 년 전 인간이 침팬지와 떨어져 나와, 150만 년 전 인간이 처음으로 불을 사용한 것으로 알려져 있다. 당시 인류의 조상이 호모에렉투스Homoerectus다. 화산이나 번개에 의하여 자연에서 발생하는 불을 얻었다. 불을 이용하여 맹수로부터 보호하는 법을 알았다. 음식을 익혀 먹을 수 있게 되었다. 익혀 먹어야 소화가 잘되고, 단백질 흡수율이 높고, 기생충의 감염이 줄어든다. 불을 이용한 첫 번째의 요리가 꼬치요리다. 사냥을 하여 잡은 고기를 꼬챙이에 끼워 불 위에 익히는 음식이다. 가장 편리하다.

물을 끓이는 솥은 한참 후에 나타난 문명의 이기다. 칭기즈칸이 세계 최대 제국을 건설한 요인 중의 하나가 전쟁을 치를 때의 간단한 식사법 때문이라고 한다. 농민이 전쟁할 때는 많고 무거운 식량을 싣고 다녀야 했다. 유목민은 창과 칼, 활만 가지고 나가면 식사는 해결되었다. 타고 가던 말을 잡을 수도 있고, 소와 양을 잡아 즉석에서 구워 먹을 수가 있다. 솥을 걸고 국을 끓이고 밥을 해야 먹을 수 있는 농경사회의 식사법과는 많이 달랐다. 매우 간단하고 신속했다.

지금도 세계 각지에 유목민이 살고 있다. 유목민이 사는 곳에는 어디를 가든지 꼬치 요리가 있다. 자연에 적응한 요리법이었다. 중국 시안 회족(回族)이 사는 곳을 여행하게 되었다. 회족이 사는 집단 거주 지역에 야시장이 열렸다. 좁은 골목 양쪽에 밝은 전등불을 켜고, 양고기를 꼬치에 굽는 냄새가 진동했다. 카왑Kawap이라고 했다. 야시장에는 만두와 찐빵도 있었고, 물고기를 굽고 있었다. 튀르키예 그랜드 바자르의 식당가에서 같은 요리를 볼 수 있었다. 너무나도 같은 모양이다. 튀르키예 생선구이는 고등어였다. 세계 3대 요리로 중국 요리, 프랑스 요리, 튀르키예 요리를 꼽는다.

튀르키예 요리는 건조 지방의 요리고, 대표는 케밥Kebab이다. 이야기는 19세기 여행서에 나와 있다. 케밥은 페르시아 말로 '굽는다'라는 뜻이다. 꼬치구이를 말한다. 그러나 도너케밥Doner Kebab은 수평으로 굽는 방식에서 수직으로 세워 굽는 요리법이다. 이스켄데르 에펜디Iskender Efendi가 수평으로 고기를 굽는 대신 수직으로 천천히 굽는 법을 고안했다고 기록하고 있다. 고기는 주로 양고기로 말고기, 낙타고기, 소고기와 닭고기를 재료로 쓴다. 회교는 돼지고기는 기피한다. 채소는 양파, 토마토, 파프리카, 버섯을 곁들인다. 대표적인 요리가 도너케밥이다. 즉석요리고, 값이 싸고, 위생적이고, 또 영양가가 매우 높다. 거지에서부터 황제까지 즐겨 먹었던 음식이다. 노점상에서부터 고급 레스토랑 메뉴에까지 등장한다. 종류는 300가지가 넘는다. 대단히 인기 있는 음식이고 지금은 세계적인 요리가 되었다.

지중해 연안의 케밥은 11세기에 튀르키예의 대중음식으로 자리매김했다. 오스만제국의 국력과 함께 전 세계로 퍼져 나갔다. 케밥은 특별한 것이 아니라 중앙아시아의 유목민이 전쟁할 때 특별한 조리 기구가 없어 칼에 고기를 끼어 구워 먹는 요리에서 시작되었다. 그리스에는 기원전 17세기 이전에 그리스식 케밥인 수블라키Souvlaki를 해 먹던 석조 받침대가 발견되었다. 누구나 쉽게 요리를 할 수 있는 음식이다. 유목민의 꼬치 요리가 오스만제국에서 집대성하여 '튀르키예 케밥'으로 발전하였다.

케밥으로 곁들어 서민들이 즐겨 먹는 볶음밥필라프과 샌드위치피데가 있다. 튀르키예를 여행한 사람이면 누구나 한 번쯤은 케밥을 먹어 보았을 터다. 음식만큼 그 나라의 문화를 잘 대변하는 것은 없다. 김치를 먹는 우리에게도 거부감은 없다. 맛이 있다. 우리나라 서울 이태원에도, 대구 동성로에도, 인천 부산에도 벌써 성업 중인 케밥 집이 있다. 톱카프 궁전Topkapi Palace에서 나와 차를 기다리는 데 많은 사람이 모여 있다. 줄을 서서 기다리고 있다. 케밥을 판다. 한 개에 1달러라 했다2008년. 바케트에 구운 작은 고등어 한 마리를 넣고, 또 피클을 넣고 그 위에 토마토케첩을 넣어 준다. 이름만 케밥이다. 맛이 있었다.

07 | 쿠르드족, 영토의 개념이 없는 유목민

튀르키예 국민의 20%가 쿠르드Kurd족이다. 쿠르드족은 튀르키예에만 1천500만 명이 살고 있다. 인접 국가 이란, 이라크, 시리아, 아르메니아에도 소수민족으로 살고 있다. 이란800만 명, 이라크650만 명, 시리아300만 명, 이스라엘20만 명, 아르메니아3만 명, 망명한 쿠르드족은 독일20만 명, 프랑스15만 명, 스웨덴8만 명 등 200만 명이 해외에 거주하고 있다. 영토가 없는 민족으로는 세계 최대 규모다. 모두 4천만 명이 넘는다.

쿠르드족과 튀르키예 당국은 오래전부터 갈등을 빚어 왔다. 튀르키예에서 가장 골치 아픈 정치 사회적 문제가 쿠르드족 문제다. 쿠르드족은 튀르키예 영토 내에서 자치를 넘어서 독립국을 원한다. 쿠르드족을 합리적으로 포용하기는커녕 차별했다. 저항을 무력으로 탄압하였다. 이유는 간단하다. 왜 자치를 하려는가? 차별하기 때문이다. 소수민족은 세계 도처에 있다. 중국의 신장성 위그루족이나 시짱 티베트족도 마찬가지로 독립을 원한다. 그러나 중국은 중국 내의 소수민족에 대하여 일정한 자치를 허용하면서 분리 독립은 허용하지 않고 있다.

대동소이하다. 탄압한다. 신장과 서장에서도 이슬람교도는 독립을 원하고 중국에 대하여 폭력으로 저항하고 있다. 영국에서도 스코틀랜드가 분리 독립을 원하여 주민 투표를 실시했다. 캐나다의 퀘벡Quebec주 프랑스인도 분리 독립을 원하여 국민투표를 했다. 스페인의 바르셀로나Barcelona에서도 분리 독립을 추진하고 있다. 영토 내에 거주하는 소수민족을 어떻게 대우하고 화합하느냐가 선진국의 척도가 되고 있다. 튀르키예가 나토에는 가입해 있으면서 EU에 가입하지 못하고 있다. EU는 쿠르드족 문제를 평화적으로 해결하라는 조건을 달고 있다. 딜레마다.

쿠르드족은 지금도 옛날에도 다수가 유목민이다. 유목민은 땅을 소유하지만, 땅에 대한 애착이 정착 농민처럼 강하지 않다. 주 무대는 아나톨리아 고원이다. 건조하다. 목초와 물이 있는 곳으로 이동해 다닌다. 유목민에게는 땅의 개념이 달랐다. 쿠르드족은 유대인과 마찬가지로 여러 나라에 걸쳐 분산 거주했다. 어느 한 국가에 다수로 살지 못했다. 튀르키예, 이란, 이라

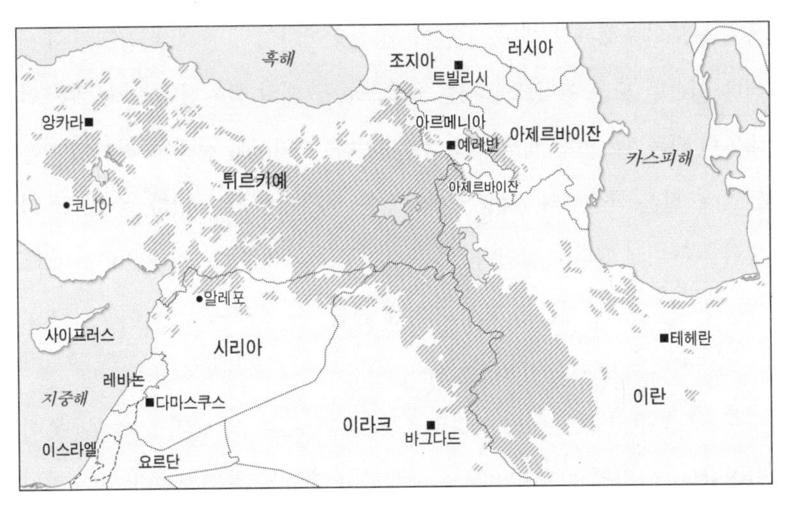

쿠르드족 거주지역

크, 시리아에서도 다수의 민족은 되지 못하고 두 번째로 큰 민족이 되었다. 각각의 민족이 독립했다. 쿠르드는 어디에서도 독립국을 유지할 중심 세력은 되지 못했다. 오스만제국으로 있을 때는 아무런 문제가 없었다. 민족국가로 독립하면서 문제가 일어났다.

튀르키예, 이란, 이라크, 시리아, 요르단이 민족국가로 독립했다. 북쪽 아제르바이잔Azerbaijan, 아르메니아Armenia, 조지아Georgia는 일정한 영토를 갖고 독립국가가 되었다. 유목 민족이므로 독립국가의 절실함을 몰랐다. 뒤늦게 알았다. 쿠르드족이 사는 아나톨리아 고원은 여러 개의 국가가 분할 관리하고 있다. 튀르키예, 이란, 이라크, 시리아, 아제르바이잔, 아르메니아, 조지아다. 하나의 독립국가로 형성하기에는 소수고, 소수로 남아 있기에는 너무나 큰 민족이 되어 버린 것이다.

박해를 받은 이유는 있다. 자치와 독립을 쟁취하고 싶은 쿠르드족은 이라크와 이란의 전쟁 때 이란을 도왔다. 이란이 전쟁에 이기면 쿠르드에게 독립을 도와주겠다고 했다. 이란이 전쟁에 이기지 못했다. 이라크의 후세인은 이란을 도운 이라크에 사는 쿠르드족을 대량 학살했다. 뒷날 후세인 대통령 죄목 1호였다. 체포되어 처형되었다. 크리미아 전쟁 때 러시아 편을 들었다. 같은 약속이다. 전쟁은 어정쩡한 상태에서 끝이 났다. 쿠르드족의 독립은 무위로 끝나고 말았다. 미운 오리 새끼가 되었다. 전쟁만 나면 적국 편을 든다. 튀르키예군은 접경 지역에 있는 쿠르드족을 대거 이주시켰다. 그 과정에서 대량 학살이 일어났다.

쿠르드족은 1930년에는 아라라트산Ararat Mountain을 근거로 독립운동이 일어났다. 아라라트 혁명정부를 구성하고 정규군과 전쟁했다. 6만 명의 튀르키예 정규군이 동원되었다. 220개 마을이 불타고, 4만 명이 살해되었다. 폭력적 진압이었다. 탄압에 눌린 쿠르드족은 PKKPartia Karkaren Kurdistan, Kurdistan Workers' Party: 쿠르드 노동당, 극좌파 게릴라 무장 단체가 되어 튀르키예에 저항하였다. PKK의 지도자는 압둘라 오잘란Abdullah Ocalan이다. 도망 다녔다. 미 CIA가 정보를 주어 나이로비Nairobi에서 1999년 체포되었다. 사형 선고를 받고, 복역 중 사형제도가 폐지되어 종신형으로 감형되었다. PKK에는 1만 5천 명의 전사가 있다. PKK를 서방에서는 테러 단체로 지목했다. 그러나 이란, 이라크, 그리스, 시리아는 합법단체로 물적·인적 자원을 지원하고 있다. 게릴라전을 펼치고 있다. 2013년 당분간 휴전을 체결하였다. PKK 게릴라군은 이라크로 들어갔다. 협상은 형무소에 있는 오잘란이 주관하였다. 오잘란은 종신형을 받고 있는 죄수였다. 쿠르드족은 아직도 PKK의 당수 오잘란을 민족의 지도자로 받들고 있다. 쿠르드족의 문제는 튀르키예의 가장 큰 정치적, 사회적, 군사적 문제가 되고 있다.

08 | 튀르키예와 6·25전쟁, 생명의 은인

1950년 6·25전쟁에 파병한 나라는 16개국이다. 튀르키예는 미국, 영국 다음으로 많은 전투병을 파병했다. 1만 5천 명이다. 728명이 죽었다. 극동 아시아의 작은 나라 대한민국에 대군을 파병한 이유는 무엇일까? 미국 때문이다. 소련이 흑해와 지중해에 진출하려고 튀르키예와 그리스를 위협했다. 미국은 튀르키예에 막대한 경제적, 군사적 원조를 해 주었다. 미국의 요청에 부응한 것이었다. 군우리, 철원, 김화, 금양장리 전투에 참가했다. 많은 희생자를 냈다. UN군에게 평양의 남쪽 군우리 전투와 장진호 전투는 치욕적이었다. 미 8군이 중공군에 포위되어 미군 3,000명과 튀르키예 군인 712명이나 전사했다. 당시 튀르키예군은 8군 산하에 편성되어 있었다.

전쟁 동안 튀르키예 부대에는 아름다운 에피소드가 있다. 전쟁터에 있는 인간애는 휴머니즘의 극치다. 후퇴하는 전쟁터에서 한 병사가 고아가 된 어린 소녀를 발견했다. 튀르키예군 부대 안으로 데려와 2년 동안 키웠다. 동료가 죽어 가는 처참한 전쟁터지만 버려진 아이를 보고 그냥 넘어갈 수 없는 측은지심이 있었다. 병사 이름은 술레이만이었다. 고아를 튀르키예식 이름 '아일라'라고 불렀다. '아일라'는 소속 부대의 마스코트가 되어 사랑도 받고 잘 적응했다. 전세가 안정되자 고아원을 설립했다. '앙카라 교육원 Ankara School'이다. 지금 수원의 농촌진흥청 자리다. 휴전이 되어 술레이만이 귀국했다. 직급이 낮은 술레이만은 아일라를 데려갈 형편이 안 되었다. 당시 한국은 세계에서 가장 가난하고 처참한 나라였다. '아일라'를 앙카라 고아원에 맡겼다. 앙카라 고아원 출신들은 지금도 '형제회'를 만들어 모임을 갖고 있다.

6·25전쟁이 종식된 지 60년의 세월이 흘렀다. 2003년이다. 20년도 넘은 일이다. 한국은 튀르키예보다 더 잘살게 되었고, 정부는 튀르키예 참전용사 30명을 초청했다. 초대받은 노병 중에 술레이만도 포함되었다. '아일라'와 찍은 여러 장의 사진을 주 튀르키예 한국 대사관에 가져와 찾아 달라고 했다. MBC TV에 사진이 공개되었다. 튀르키예 대사관에 24년간 근무한 백상기 씨가 도왔다. '아일라'도 잘살게 되어 아버지라고 부르던 술레이만을 찾으려고 노력했다. 찾을 수가 없었다. 방영된 사진 속에 자신과 아버지 술레이만을 알았다. 할머니가 된 아일라는 '한 번이라도 아버지술레이만를 만나게 해 주소서', '기적 같은 일이 일어나게 해 주소서' 하고 매일 기도했다고 했다.

방송국에서 아일라와 술레이만의 극적인 재회가 방송되었다. 시청자의 눈시울을 뜨겁게 했다. 고아 '아일라'는 김은자라는 이름으로 두 아들과 두 손자와 함께 잘살고 있다. 또 만나고 헤어진 지 20년이 지났다. 술레이만도 아일라도 이 세상 사람이 아닐지 모른다. 그러나 그 감동적인 군인 술레이만과 고아 '아일라' 이야기는 영원히 남는다.

나의 이야기도 있다. 1975년 해외로 나가서 공부하는 것이 나의 젊은 시절 꿈이었을 때, 튀르키예 정부에서 장학생을 뽑았다. 그때는 튀르키예가 잘살고 한국은 가난한 나라였다. 튀르키예 정부는 1명의 전면 장학생을 모집했다. 7년간 앙카라 대학교에서 공부하는 조건이다. 응모했고 영어 시험을 쳤다. 내가 뽑혔다. 세계지리를 공부하려면 튀르키예는 계란 노른자위 같은 곳이다. 아시아와 유럽, 아프리카를 아우르고 조로아스터교, 유대교, 기독교, 이슬람교가 함께하는 다문화 지역이고, 세계 문명의 발상지인 인더스 문명, 나일 문명, 메소포타미아 문명을 인접하고 있다. 나에게 특별한 장기가 있었던 것은 아니다. 긴 기간 전면 장학생을 선발하는 이유는 튀르키예어를 온전히 배우는 조건이었다.

나를 망설이게 한 것은 같은 해, 1975년 미국 하와이 대학교에 풀브라이트 장학생으로 선발되었다. 미국 유학을 택했다. 미국이 대세일 때다. 튀르키예행을 포기했던 아쉬움이 있다. 그때 튀르키예를 가서 7년간 공부를 했더라면 하는 여운이 남아 있다. 백상기 씨는 나와 비슷한 과정을 밟은 분이다. 1966년부터 1989년까지 주 튀르키예 한국 대사관 고문으로 있으면서 24년간 통역관을 했다. 그는 6·25전쟁 때 영어 통역장교로 입대해 튀르키예군에 배속되어 튀르키예군의 통역을 했다. 통역이 인연이 되어 튀르키예에 유학을 하게 되었고, 대사관에서 24년이나 통역을 하고 튀르키예 문화와 한국 문화를 알리는 데 기여했다. 백상기 씨는 내가 국회의원일 때 튀르키예 국경일 행사에서 같이 만났다.

09 | 사이프러스

튀르키예 남쪽, 시리아 서쪽 지중해에 사이프러스가 있다. 섬의 위치만 보아도 지정학적으로 대단히 중요하다. 아시아, 아프리카, 유럽 대륙을 견제한다. 교통 요충지다. 오스만제국이 지배했다. 러시아와 오스만제국의 12차 전쟁으로 오스만이 패했다. 불평등조약인 산스테파노조약이 체결되었다. 영국이 오스만 편을 들어 산스테파노조약Treaty of San Stefano, 1878을 수정한 베를린 조약을 체결했다. 그 대가로 오스만이 지배하고 있던 사이프러스를 영국이 얻었다. 1878년부터 영국이 지배했고, 1914년 영국이 합병했다.

사이프러스 또는 키프로스라고 한다. 한국 외교부는 사이프러스라고 한다. 사이프러스는 면적이 9,251km²로 제주도 5배 크기고, 인구는 113만 명

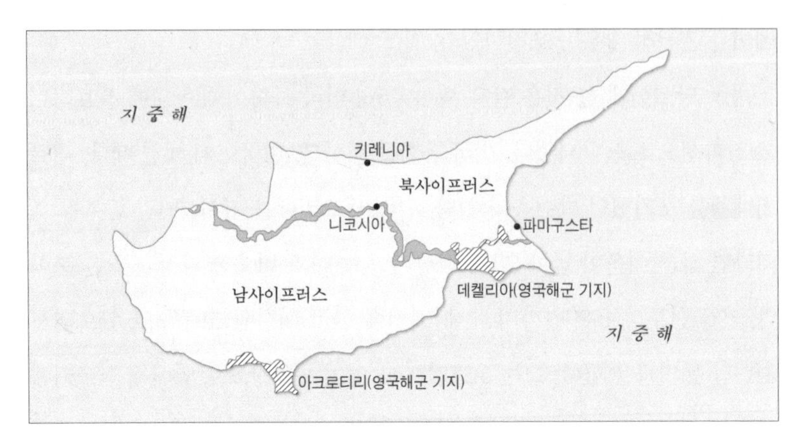

사이프러스(키프로스)

2024이다. 지정학적 위치 때문에 복잡한 사정이 있다. 국제적으로 사이프러스는 공화국이고 EU에 가입한 EU 회원국이다. 섬의 60%인 5,296km^{2}는 사이프러스 공화국이 차지하고 있고, 북쪽은 사이프러스가 3,455km^{2}34.85% 점유하고 있는 분단국가다. 섬 중간에 UN 완충지대 346km^{2}2.67%가 있다. 그리고 영국령 해군기지 아크로티리Akrotiri와 데켈리아Dhekelia, 254km^2, 2.74%, 인구 1.8만 명다. 민족 구성은 그리스계 사이프러스인 77.1%, 튀르키예계가 18.2%, 그리고 영국계 4.7%가 있다.

사이프러스는 전략적으로 매우 중요한 지역이므로 그리스는 친그리스계 사이프러스 공화국 건설을 원하고, 튀르키예는 친튀르키예계 공화국을 원한다. 그리스와 튀르키예 간에는 종교와 영토를 두고 역사적으로 원한이 깊다. 영국의 해군기지는 러시아를 견제하고 수에즈운하 감독이 목적이었다. 모두가 사이프러스섬의 지정학적 가치 때문이다. 그리스가 실수했다. 그리스 군부가 1974년 쿠데타를 하여 사이프러스섬의 합병을 선언했다. 튀르키예가 가만있지 않았다. 사이프러스는 튀르키예와 70km도 안 되는 거리에 있다. 튀르키예는 폭격을 했고, 공수부대를 투하하여 북부 해안 지대를 점령했다. 키레니아Kyrenia를 점령, 그리스 군부가 세운 대통령 사임, 8월14일 재침, 모르포우Morphou와 카패스Karpass, 파마구스타Famagusta와 메사오리아Mesaoria를 점령한 3일 후에 휴전이 됐다. 우리나라 휴전선과 같다.

공식적으로 사이프러스 공화국이다. 독립국이다. 섬의 북쪽 튀르키예가 점령하고 있던 땅은 1983년 사이프러스 튀르키예 공화국Turkish Republic of Northern Cyprus, TRNC을 설립했다. 튀르키예만 국가로 인정한다. 국제적으로 인정하지 않는다. 사이프러스 공화국은 EU에 가입한 회원국이다. IMF는 사이프러스 공화국을 소득이 높은 국가로 평가하고 있다. 북쪽이 원래 잘사는 지역이었지만, 튀르키예가 힘들어지자 남부에 비하여 경제적으로 뒤처지게 되었다. 튀르키예는 해저 수도권을 건설하여 용수를 공급하고 있다.

2004년부터 남북 간의 자유 이동이 시작되었다. 양쪽은 이동의 자유가 시작된 2003년 4월 북사이프러스가 일방적으로 체크포인트를 해제하여 30년 만에 양쪽 교류가 가능해졌으며, 2008년은 사이프러스와 북쪽 UN 완충지대 벽이 허물었다. 수도 니코시아Nicocia는 섬 한가운데 있다. 니코시아 중앙 거리Ledra Street의 장벽을 상징적으로 허물었다. 양쪽의 통일은 2015년에 논의가 시작되었지만 형식적이었고, 2017년 이후 중단 상태다. 후견인인 그리스와 튀르키예가 합의하지 않는 한 통일은 힘들어 보인다. 원활한 교류를 하고 상거래가 이루어지면 굳이 정치적으로 어려운 통일을 하지 않아도 될 듯하다.

사이프러스는 그리스와 튀르키예가 대리전을 하고 있는 셈이다. 섬의 남북 간의 충돌을 방지하기 위하여 유엔 평화 유지군이 파견되어 있다. 지금도 주둔하고 있다. 한때 사이프러스 유엔 평화 유지군 사령관은 한국인이었다. 황진하 육군 중장이 유엔군 사령관이었다. 한국인으로 세계평화 유지군 사령관으로 임명된 사례는 처음이다. 17대 한나라당 경기 파주 을에서 국회의원이 되었다. 합리적인 신사였다. 나와 같은 국방 위원으로 중동에 출장 갔다. 사이프러스에 대한 이야기를 많이 들었다. 유엔 평화 유지군 사령관 재임 당시 병력은 1,011명이다. 재임 기간 동안 충돌은 없었다 한다.

도시에는 가난한 상인들이 살기 위하여 교통법을 무시하고 노점상을 한다. 일정 부분 불법인 데도 묵인한다. 국가도 마찬가지다. 작은 나라는 살기 위하여 편법과 불법을 한다. 심하지 않을 때는 묵인한다. 모나코와 영국령 버진아일랜드는 탈세와 돈세탁을 도와주는 국제법을 위반하는 행위를 한다. 사이프러스는 여권 장사를 한다는 말을 EU 국가로부터 듣는다. 난민은 바로 프랑스나 독일로 들어가기 쉽지 않다. EU로 들어가기를 원하는 아프가니스탄, 시리아, 중국, 두바이, 레바논, 사우디, 러시아, 우크라이나, 베트남 난민들은 사이프러스 여권을 구입하여 EU로 들어온다고 비난한다. 사이프러스는 30만 유로만 내면 투자 이민으로 받아 주고, 영주를 허락하고 시민권을 준다. 사이프러스는 EU 회원국이므로 EU를 자유롭게 통행할 수 있다.

IRAQ · SYRIA · JORDAN
ISRAEL · LEBANON

제3장

레반트 지방

01 | 이라크전 이후, 민주주의와 경제발전을 위한 침략?

9·11 테러에 미국의 분노가 하늘을 찔렀다. 2001년 9월 11일 테러 단체는 미국의 무역회관, 펜타곤, 백악관에 항공기로 테러를 자행했다. 사상 최대 규모였다. 알카에다Al Qaeda의 짓이다. 기억이 생생하다. 부시 대통령은 세계를 향해 소리 질렀다. "우리와 같이하면 친구고, 아니면 적이다With Us Friend or Enemy." 세계는 숨을 죽였다. 노무현은 미국을 방문하지도 않고 대통령에 당선된 최초의 대한민국 대통령이다. 배짱 좋은 노무현도 어쩔 줄 몰라 했다. 불똥이 어떻게 튈 줄 몰랐다. 부시는 테러 지원국으로 아프가니스탄과 이라크를 지목했다. 물론 정보는 쥐구멍에 숨겨둔 바늘도 찾아낸다는 CIA가 주었다. 아프가니스탄에 숨겨둔 알카에다 일당을 내놓으라는 최후통첩을 보냈다. 아프가니스탄 정부는 거절했다. 미국은 먼저 아프가니스탄

을 박살 냈다.

이라크를 다음 타깃으로 정했다. 이라크 대통령 후세인이다. 알카에다를 후원했고, 대량 파괴 무기가 있고, 쿠르드족을 학살했다는 죄목이다. 이란과 이라크가 싸울 때1980~1988는 미국은 이라크 편을 들었다. 도널드 럼스펠드 미국 전권대사는 "이라크와 미국은 친구"라고 했다. 이란-이라크 전쟁 때 군사원조도 했다. 미국과 이라크가 틀어진 이유가 있다. 이란-이라크 전쟁이 끝난 후 1991년 쿠웨이트를 침공했다. 쿠웨이트는 미국의 석유 기지고 보호국 같은 나라다. 서방 언론은 이라크 공화국의 군대를 과장 보도했다. 후세인에 대하여 충성심이 대단하고, 소련제 무기로 무장하고, 난공불락의 군사기지가 있다고 하였다. 미국은 이라크의 전력이 어느 정도인가를 정확히 알고 있었다. 작전 개시 2주일 만에 이라크를 칼로 풀을 벤 듯, 박살 냈다. 개전 21일 만에 종전을 선언했다. 공화국 수비대는 붕괴하였고, 바트당은 해산되고, 후세인은 체포하여 목매달았다. 깨끗이 정리된 듯했다.

미국은 혼자 전쟁을 치를 수도 있었다. 명분을 위하여 우방국인 영국, 오스트레일리아, 대한민국 등에게 참전을 요구했다. 노무현 정부는 난감한 입장을 표했다. 파병하지 않으면 한국에 주둔하는 미군 1개 사단을 빼서 이라크로 보내겠다고 했다. 나는 당시 국회 국방 위원이었다. 미국이 요구하는데 정부는 파병하지 않을 수 없다. 알고 있었다. 나와 임종인 의원은 파병 반대 투표를 했다. 둘은 여당이었다. 만장일치로 파병을 찬성할 수 있는 일은 아니었다.

한국은 2004년 자이툰Zaytun UN 부대 2만 명을 파병하였다. 미국, 영국 다음으로 많은 병력이었다. 주둔군 3천800명을 유지했다. 4년 뒤 2008년에 철군하였다. '자이툰'은 올리브란 말이다. 영예와 평화의 상징이다. 자이툰 부대는 다행히 전투부대가 아니고 건설과 의료, 기술교육의 전후 재건을 위한 부대였다. 쿠르드족이 거주하는 티그리스강 유역 도시 아르빌Irbil, 인구 130만 명이었다. 미국은 만족하지는 않았지만 그렇게 넘어갔다. 월남전 다음으로 대군을 파병했다.

미국은 분이 풀린 듯했다. 이라크에 친미 정권을 세웠다. 민주주의를 하고 경제발전을 하여 미국 우방의 하나로 남을 것을 기대했다. 이라크는 2003년부터 2010년까지 생지옥이 되었다. 민주 정부와 경제발전은 말을 꺼낼 형편도 안 되었다. 부족 간, 종파 간 서로 죽이고 죽는 테러 전쟁이 일어났다. 수니파, 시아파, 쿠르드족 간에 납치, 고문, 살해 테러가 난무했다. 오바마 정부는 2011년 미군을 철군시켰다. 이라크 임시정부는 국민의 지지로 세워진 것이 아니다. 미국의 괴뢰정부라고 생각했다. 새 정부는 다수인 수니파를 몰아내고, 시아파와 쿠르드족으로 대체했다. 후세인을 지지하고 있던 바트당원과 수니파 모슬렘 정부가 모든 부문에 차별하고 직장에서 쫓아냈다. 후세인은 전쟁에서는 졌고 죽었다. 다수의 이라크인에게는 후세인이 영웅이다. 민족주의자고, 외세와 싸우다가 잡혀 죽었다.

후세인 정부와 현재 임시정부를 비교한다. 2003년 종전 후 2008년 사이 이라크는 내전으로 8만 5천 명이 사망했다. 15만 명이 부상했다. 1만 명이 실종되었다. 2006년 한해 978건의 종파 간의 테러가 일어났다. 2010년에는 미군 철수를 앞두고 연쇄 자살 폭탄 사건으로 연간 4천 명이 사망했다. 2013년 한해 8천800명이 테러로 사망했다고 유엔은 발표했다. 500만 명의 난민이 발생했다. 시리아와 요르단으로 200만 명이 피난을 떠났다. 87만 명의 고아가 발생했다. 이쯤 되면 국가가 아니라 생지옥이다. 나라 전체는 초토화되었고 엉망이 되어 민족의 정체성은 사라졌다. 후세인 시절이 좋았다고 한다. 전쟁이 끝난 지 12년이 지났다. 이라크 정부는 3개의 자치 지역으로 분할 통치를 하고 있다. 티그리스강 유역은 쿠르드족, 상류 유프라테스강 유역은 수니파, 남쪽은 시아파가 차지하고 있다. 치안이 허술한 이라크, 시리아, 튀르키예 국경 지대에 IS가 태어났다. 이라크 IS의 모체는 바트당의 당원이다.

02 | IS는 누구인가, 억울하면 테러를 한다

중동발 바이러스만큼 무서운 존재가 또 있다. '이슬람 국가IS: Islam State'다. 미국인 기자, 제임스 폴리James Foley가 인질로 잡혔다. 2014년 8월 9일 IS 대원이 칼로 목을 베어 죽였다. 유튜브에 공개되었다. 기자에게 악마의 상징인 주황색 옷을 입혔다. 검은 옷을 입은 IS가 살해했다. 세계는 그 잔인성에 경악했다. 2004년 6월 22일 한국인 김선일 씨가 회교 무장 단체에 체포되었다. 모술에서 바그다드로 가는 길이었다. 바그다드 근교에서 같은 방식으로 살해되었다. '이슬람 국가IS' 정체는 무엇인가? '이슬람 국가'에 대한 이해가 없이는 중동의 테러를 이해할 수 없다. 튀르키예와 남쪽 인접 국가 시리아, 이라크, 이란의 관계를 이해할 수가 없다.

'이슬람 국가' IS가 무엇인가? IS 또는 ISIL, ISIS라고도 한다. IS는 이슬람 국가Islam State의 약자지만, 중동의 보통 이슬람 국가가 아니다. 순수 수니파 종교를 지향하는 이슬람 무장 단체다. ISIL은 Islam State of Iraq and Levant의 약자다. 레반트Levant는 지중해 동안 시리아, 레바논, 요르단, 이스라엘 등을 통칭하는 지명이다. ISISIslamic State of Iraq and Syria는 활동 범위가 이라크와 시리아다. 무장 단체의 규모는 미국 CIA 추산 2만 명 정도다. 튀르키예는 25만 명 정도로 추정하고 있다.

어떤 단체인가? IS는 이슬람 무장 단체다. 소총을 주 무기로 무장하고, 로

레반트 지역

켓포, 탱크, 항공기까지 갖고 있다. 이라크의 도시를 점령하여 주민을 통치하고 국가처럼 치안도 하고 세금도 거둔다. IS는 이라크 정부군과 싸우고, 시리아 반군을 도와 시리아 정부군과 싸우고 있다. 그 활동 범위는 주로 이라크 북부와 시리아에서 주요 도시를 거점으로 하고 있다. 서방국가는 테러 단체로 규정하고 있다. IS는 스스로는 수니파 이슬람의 순수성을 지키기 위하여 '성전 전사Jihadist'라고 한다. 점령 지역의 시아파 이슬람교도, 기독교도, 기타 이교도의 부녀자를 잡아 성노예로 판다. 기독교 문화유산을 파괴한다. 미군 공습에 대한 보복이다. 점령 지역이 석유 지대이므로 재정은 석유 판매와 인질의 보상금으로 충당한다.

어떻게 발생했나? 9·11사태로 열을 받은 미국은 당시 후세인 정권을 알카에다 배후 세력으로 지목했다. 이라크를 침공하여 하루아침에 쑥대밭으로 만들었다. 후세인 대통령을 붙잡아 교수형에 처했다. 미국은 이라크에 친미 정권을 수립하고 철군했다. 그러나 이라크 국민 다수는 민족주의자인 후세인을 영웅으로 기억하고 있다. 내전으로 발전했다. 친미 정부와 친후세인 반군 간의 전쟁이다. 반군은 이슬람 이데올로기를 정립하고 IS의 무장 세력이 된 것이다. 미국의 지원을 받는 이라크의 정부군은 명분이 없다. 사기가 높은 IS에 밀리고 있다.

또 하나, 알카에다 지도자 빈 라덴이 사살되고 아프가니스탄에 미군의 세력이 확대되었다. 잔당이 이라크로 들어와 합류했다. 또, 시리아는 내전 중이다. 시리아의 독재자 아사드를 몰아내고 민주국가를 세우려는 내전이 일어났다. 시리아 반군은 곧 IS와 손을 잡았다. 그래서 IS, ISIL, ISIS 등 다양한 이름이 붙어 있다. IS는 다민족국가다. 이라크의 바트당, 알카에다, 아프가니스탄 탈레반, 시리아의 민주화 운동가들이 합류하고 있다.

이상한 일이 일어나고 있다. 테러 단체 IS에 서방국가의 청소년 자원입대자가 늘어난다는 뉴스다. <친구>, <신라의 달밤> 등 조폭 영화가 유행했을 때 한국의 고등학생 다수의 장래 희망은 조폭의 '형님'이었다 한다. 서구의 청소년에게 인터넷을 타고 홍보되는 IS는 순수를 지향하고, 자유를 만끽하는 행동 강령에 유혹된 듯하다. 평화가 오래되면 전쟁을 희구한다. 영국

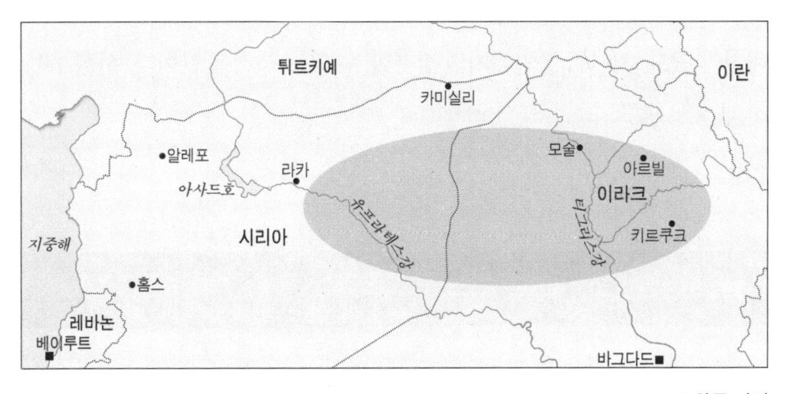

IS 활동 지역

의 17세 소년, 탈라 아스마할 군이 이라크 IS에 가입하여 사망했다는 뉴스가 보도되었다. 현재 영국인 청년으로 IS에 가입한 학생이 600명이 넘는다. 서방국가에서 지원자가 수천 명에 이른다. 한국인 학생 김모 군은 튀르키예를 통하여 시리아로 입국했다. IS의 전사 중에서 2분의 1은 서방의 평범한 가정의 학생들이다.

튀르키예는 IS를 지원하고 있다고 소문이 나 있다. IS에 가입하려면 튀르키예 여권을 가져야 하고, 국경을 맞대고 있는 튀르키예를 통하여 입국한다. 정부는 비밀리에 무기를 공급하고 재정 지원을 한다. 그리고 부상자에게 병원 치료를 하는 것으로 알려져 있다. 튀르키예 정부는 부인하고 있다. 왜 튀르키예가? 시리아 정부는 튀르키예의 골칫덩이 쿠르드를 지원하고 있다. 쿠르드와 IS는 앙숙 관계다. 노선이 다르다. 하나는 민족주의 사회주의이고, IS는 이슬람원리주의 신봉자다. 매우 복잡하다. 그러나 왜 IS가 생겨났는지, 어떻게 전개되고 있는지를 이해하지 않고서는 현재의 중동 문제와 튀르키예 문제를 이해할 수 없다.

현재 IS는 영토를 확보하여 이슬람 국가를 만드는 데는 실패했다. 합법적 정부가 들어서고 질서를 잡자 IS는 설 자리를 잃었다. 이름을 바꾸어 분쟁 지역, 아프리카로 들어갔다. 아프리카에서 활동이 활발하다. 외침이 있고, 내전이 있고, 치안이 불안해지면 발생할 수 있는 테러 집단이다. 사헬 지방의 보코 하렘Boko Haram이 그 변형이다.

03 | 바그다드, 미인박명?

13세기 세계의 패자霸者는 몽골이었다. 칭기즈칸은 유목민을 통합하여 제국을 건설했다. 전쟁의 승패는 무기와 군수다. 이라크 압바스 왕은 몽골군이 아무리 빠르게 움직여도 바그다드Baghdad까지 한 달은 걸릴 것으로 예상했다. 10일 만에 아르빌Irbil에 도착했다. 말을 탄 채로 육포와 마유로 식사를 했고, 말을 탄 채로 활을 쏘고 칼을 휘두르는 기술이 있었다. 병사 1인당 7, 8마리의 말을 데리고 다녔다. 말이 지치면 바꾸어 타고 다녔고, 허약한 말은 잡아서 식량으로 했다. 유럽 보병의 행군 속도가 하루 20km, 몽골군은 하루 평균 70km를 달렸다. 공성攻城에 뛰어났다. 투석기와 화약을 사용하였다. 13세기 세계 어느 군대도 몽골군과 상대가 되는 군대는 없었다. 지금의 미국과 같다. 세계의 경찰 노릇을 하고 있었다. 미국의 군수 능력은 지구상에 어디에도 24시간 안에 5만 명의 완전무장한 군인을 이동할 수 있다. 미국의 군사비는 중국, 러시아, 일본, 영국, 프랑스를 합한 것보다 많다2020.

몽골의 쿠빌라이는 고려를 침략하여 1259년 속국으로 만들었다. 한편, 쿠빌라이의 형, 훌라구는 서남아시아를 정복하고 대제국인 일 칸국Khan을 건설하였다. 1258년 바그다드를 침략하였다. 바그다드는 당시 인구 100만 명, 세계에서 가장 번성했던 국제도시였다. 다민족, 다종교 사회를 구성하였다. 압바스 왕조Abbasid Caliphate, 750~1258는 지금의 이란, 사우디, 파키스탄, 아프가니스탄, 북아프리카 전역, 스페인까지를 포함하는 대제국이었다. 그 중심지가 바그다드였다. 각 지방에서 연결되는 도로, 수로, 운하 등의 교역로가 확대되어 세계 사상 유례를 찾아볼 수 없는 교통 통신 네트워크를 구축하였다. 압바스 제국이었다. 당시 바그다드는 동서의 교역, 관개농업의 발달로 산업혁명 이전의 최대, 최고 번영을 누리는 도시였다. 13세기의 과학, 경제, 문화가 절정에 이르렀다. 바그다드에서 전래한 과학과 기술이 르네상스의 원동력이 되었다.

바그다드에 있는 지혜의 집House of Wisdom은 전 세계의 학자들이 모여서 학문을 토론하고 출판을 하였다. 수학, 천문학, 의학, 화학, 합금 기술이 당시 최고 수준이었다. 압바스 왕조는 바빌로니아 전통문화를 기초로 하여 아라비아, 페르시아, 그리스, 인도, 중국 학문을 수용, 융합하여 이슬람 학문과 과학기술을 발전시켰다. 이슬람문화는 그 후 유럽 문명의 모태가 되었다. 천문학, 지리학, 지도학이 발달하였다. 그리스어, 인도어가 번역되었고, 지혜의 집에는 당시 세계 최고 수준의 도서관이 있었다. 콜럼버스가 참고했던 지도학, 여행서는 모두 이슬람의 서적이었다. 이슬람의 지도학과 지리학은 최고 수준에 이르렀다.

몽골군은 찬란했던 이슬람 문명의 중심을 철저히 짓밟았고 파괴해 버렸다. 매우 야만적인 전쟁이었다. 문화재는 파괴하고 불태우고, 사람을 죽였다. 몽골군의 농업용 운하 파괴는 이 지역의 농업이 영원히 회복하지 못할 만큼 철저했다. 당시 거주하던 농민은 모두 타지로 떠나버렸고 돌아오지 못했다. 몽골군은 유목민이다. 그들에게 좋은 땅은 경작지가 아니라 목초지였다.

훌라구는 1258년 1월 29일 성을 포위하여 투석기를 통해 돌을 던지고 성을 붕괴시키기 시작하였다. 칼리프는 교섭을 위하여 3천 명의 화해 사절을 보냈으나 모두 살해했고, 2월 10일 항복을 했으나 1주일간 성에 들어가지도 않고 성 밖의 백성을 무자비하게 학살하였다. 학자에 따라서 당시 몽골군이 죽인 숫자가 9만 명, 10만 명, 100만 명에 이른다고까지 하고 있다. 아이와 부녀자도 죽였다.

몽골만이 아니었다. 어떤 제국도 세계에서 가장 살기 좋은 메소포타미아의 중심지 바그다드를 그냥 두고 지나치지는 않았다. 기원전 알렉산더대왕이 바빌로니아바그다드를 점령하였고, 몽골, 그 후 사마르칸트Samarkand에 일어난 티무르Timur 제국, 오스만제국은 바그다드를 침략하고 유린했다. 21세기의 미국을 보면 13세기 몽골제국의 행패를 떠올리게 한다. 바그다드는 세계 최고의 군사 대국 미국에 당했다. 철저하게 파괴되었다. 미국-이라크 전쟁의 후유증으로 100만 명이 죽고 주민은 모두 난민이 되었다. 미국이 탐내는 것은 농업 용지가 아니다. 석유다. 부시 대통령은 석유 재벌 출신이다. 이라크의 석유 매장량은 사우디 다음으로 많다. '미인박명美人薄命'이란 말이 있다. 미인을 탐을 내는 뭇 사내들 때문에 스스로 운명을 개척하지 못하고 비운을 맞이한다는 속담이 있다. 바그다드는 미녀 중 미녀다. 살기 좋은 땅은 어느 침략자도 그냥 지나치지 않았다.

04 | 이라크의 석유, 이라크 전쟁은 석유 때문?

미국이 이라크전에 전력투구한 이유가 무엇일까? 진정 이라크의 민주주의를 위하여, 경제발전을 위해 전쟁을 한 것일까? 1990년 미국 CIA는, 후세인은 핵무기를 만들기 위하여 '노랑 떡Yellow Cake, 우라늄의 속칭'에 대한 가짜 정보를 주었다. 니제르에서 500kg을 수입해서 바그다드 남쪽 20km 투와이타Tuwaitha에 저장해 두고 있다고 했다. 가짜 정보다. 미국은 사실 확인을 위하여 조셉 윌슨 전 대사를 파견했다. 그는 귀국하여 부시에게 '명백한 거짓말Unequivocally Wrong'이라고 보고했다. 부시는 가짜 정보인 줄 알았다. 군사 개입을 계속 준비했고, 이라크를 침략했다. 《뉴욕 타임스》의 보도다.

바그다드 주변에서 일어난 어떠한 제국도 그 시대의 패자霸者가 되면, 바그다드를 그냥 두고 넘어가지 않았다. 왜냐하면, 당시 풍부한 농업 자원과 동서 교역의 중심지로 가장 발달한 문명의 중심지였기 때문이다. 역사적으로 보면, 스스로 패자가 되거나 아니면 주변 제국의 지배를 받았다. 20세기부터 이라크의 자원은 메소포타미아의 농업에서 석유로 바뀌었다.

이라크의 석유 자원 확인매장량은 세계 3위로 베네수엘라, 사우디 다음이다. 1,430억 배럴이다. 유전은 대부분 지금 쿠르드족과 시아파가 사는 북부 지방이고, 수니파가 사는 남쪽은 현재의 산유 지대다. 이라크의 석유 매장량 추정은 들쑥날쑥하다. 전쟁과 내전으로 정확하게 석유 매장 지역을 답사하지 못한 탓도 있다. 주요 매장지는 바스라Basra, 바그다드Baghdad, 라마디Ramadi, 바아이주Ba'ai州다. 미국의 에너지국DOE의 2003년에 1천112억 배럴을 공식 자료로 쓰고 있다. 1970년대 자료다. 뒤에 미국 지질조사국USGS은 2005년 7조8천억 배럴, 이라크의 전 석유장관은 30조 배럴이 매장되어 있다고 했다. 세계적으로 석유의 매장량은 정확하지 못하다. 전략적 가치 때문에 산유국마다 매장량을 부풀리고 있다.

전후 유전 시설이 복구되지 않았다. 목표량을 수출하는 데 들어갈 인프라 비용이 1천억 달러가 소요될 것이라 한다. 이라크의 석유법은 석유 가격과 관계없이 채굴 회사에 배럴당 1.4달러를 고정 이익으로 보장한다. 나머지는 이라크 정부의 수익으로 한다. 석유 채굴을 둘러싼 이라크 관리와 정치권의 부패 때문에 산유량이 제대로 파악되지 않고 있다. 석유의 실질적 생산량은 늘어나는데 통계 수치는 줄어가고 있다. 그 차익을 관리가 챙긴다. 밀수출되고 있다. 국제에너지협회는 2014년 이라크의 석유 생산은 매일 50만 배럴에서 360만 배럴로 증가했다고 발표했다. 2,000개의 유정Oil Well이 있을 뿐이다. 미국 텍사스주에만 100만 개의 유정이 있다. 잠재력이 많다. 2018년 이라크 세수의 99%가 석유 수출에서 들어온다.

1979년 후세인 정권 때부터 석유 자원을 국유화하고 독점적으로 자산 운용을 해 왔다. 후세인이 쿠르드족과 시아파를 탄압하고 지배권을 확실히 한 것도 결국 그들이 사는 땅에 석유가 있었기 때문이다. 미국은 2003년부터 2011년 철군할 때까지 통치했다. 석유 자원을 확보하기 위한 친미 정권 수립이 목표였다. 이라크가 세계 3위의 석유 매장량을 갖고 있다는 것과 무관하지 않다. 미국은 이라크의 석유와 천연가스 시설 현대화를 위하여 20억 달러를 2008년까지 투자하였다. 이란의 석유산업 발전을 위하여 향후 1천억 달러를 더 투자할 것이라고 했다. 석유의 탐사, 석유의 채굴, 정유, 경영과 판매와 회계도 모두 미국 회사의 도움을 받고 있다. 미국도 이라크 전쟁에서 많은 피를 흘렸다. 4천491명이 죽었다.

한국도 참여하고 있다. 미국과 영국 다음으로 많은 병력을 파병했다. 건설 재건 사업에 한국이 세 번째 많은 수주를 받을 것이라고 했다. 사실은 미국과 영국이 다 가져가고, 자그마한 가스 정Gas Well을 하나 얻었다. 이라크 최대 유전 지대인 바스라Basra주의 아스 주바르Az Zubayr시는 페르시아만에 있다. 한국의 가스공사KOGAS는 19%의 지분을 갖고 있다. 이라크와 공동으로 투자를 하여 천연가스를 채굴하고 있다. 채굴하는 천연가스 배럴당 2달러를 받는다. 매년 1억 6천만 달러의 매출을 올렸다. 한국석유공사는 참고로 세계 최대 LNG 수송 회사다.

메소포타미아 북쪽, 쿠르드족과 시아파가 점유하고 있는 곳에 주요 석유 매장지가 있고, IS가 모술을 중심으로 활동 거점을 잡았다. 석유를 통하여 자금을 확보할 수 있기 때문이다. 이라크가 시아파, 수니파, 쿠르드 지역으로 자치 지역이 분할된 것도 석유 때문이다. 이라크의 국내 정치와 국제정치를 제대로 보려면 석유를 들여다보아야 한다.

05 | 메소포타미아, 티그리스·유프라테스강 사이에 있는 하중도

이라크는 43만km^2, 한국의 4배가 넘는 면적이다. 인구는 3천600만 명, 1

인당 국민소득은 7천100달러다. 동쪽에는 이란, 북쪽에는 튀르키예, 서쪽에는 시리아와 요르단과 서남쪽에는 사우디아라비아가 있다. 페르시아만에 쿠웨이트가 있다. 지구가 둥글다. 어디가 중앙이라 할 수는 없다. 이라크는 페르시아만의 좁은 출구를 제외하면, 국토 전체가 이슬람 국가들로 둘러싸인 이슬람 국가 한가운데 있다. 수니파가 65%, 시아파가 35%를 차지한다. 메소포타미아 문명의 중심지다.

메소포타미아Mesopotamia는 그리스어다. 두 강의 사이라는 말이다. 아랍어는 '알자지라Al Zajira'다. 섬Island이란 말이다. 두 강 사이, 즉 하중도河中島를 의미한다. 두 강은 완전한 평야 지대를 흐른다. 넓은 평야를 만든다. 대부분이 이라크 지역이다. 튀르키예 남부와 시리아 동부, 이란의 남서부가 조금 포함된다. 쿠웨이트가 포함된다. 메소포타미아는 서구 문명의 요람이다. 청동기 시대는 수메르Sumer, BC 4500와 아카디아Acadia, 바빌로니아Babylonia 제국이 있었던 곳이다. 기원전 3000년 전에 벌써 문자가 있었다. 기원전 332년 알렉산더 왕이 이 지역을 침략했다. 원정하고 돌아오는 길에 바빌로니아, 지금 바그다드에서 죽었다.

7세기에는 이슬람이 정복했다. 조로아스터교를 믿고 있던 사산왕조를 멸망시켰다. 이슬람제국으로 대체되었다. 13세기 몽골이 침입하여 바그다드를 황폐화하고 일 칸국을 세웠다. 몽골군은 인구의 3분의 2를 살해했다. 20세기 중반에 와서야 몽골 침입 이전의 인구수를 회복했을 정도라고 한다. 다음은 무굴제국Mughal Empire, 1526~1857이 지배했다. 다음이 사파비드 왕조, 아사리드 왕조, 잔드 왕조, 카자르 왕조, 팔라비 왕조로 이어진다. 수없는 지배를 당했고, 전쟁이 일어났다. 식민지 시대를 거쳐 지금에 이르렀다. 우리와는 다르다.

유프라테스Euphrates와 티그리스Tigris는 아나톨리아 고원에서 발원한다.

북쪽은 농업지대고 튀르키예, 시리아, 이라크의 영토다. 메소포타미아를 남북으로 지역 구분한다. 북메소포타미아는 바그다드 이북을 말한다. 즉, 유프라테스와 티그리스 사이에서 남쪽으로 바그다드까지다. 시리아 평야는 비옥하여 곡창지대다. 두 강 사이에는 많은 도시가 발달해 있다.

아나톨리아 고원에서 시작하는 강은 평원을 지나서 튀르키예 북부에서 유프라테스강으로 유입된다. 티그리스강 유역의 모술130만 명과 아르빌230만 명, 킬쿡Kirkuk, 85만 명은 이라크의 북부 중심 도시들이다. 유프라테스 강변에는 시리아의 데이르에조르Dayr Az Zawr, 4만 명, 라카Ar Raqqah, 22만 명, 알 하사카Al Hasakah, 19만 명가 있고, 튀르키예의 디아르바카르Diyarbakir, 84만 명가 있다. 시리아의 평원은 시리아의 밀 바케츠라고 불리는 곡창지대다. 오래된 도시들이다. 인류의 역사가 시작되면서 지금까지 계속해서 살고 있다. 역사가 5천 년이 넘는, 세계에서 가장 오래된 도시들이다.

남부 메소포타미아는 더 건조하고 사막지대다. 그러나 큰 강의 하류이므로 늪지대가 많다. 농업만이 아니라 어업도 성했다. 지금은 유전 지대다. 석유산업의 중심지가 되었다. 남부 메소포타미아는 이라크와 쿠웨이트, 서부 이란을 포함하는 지역이다. 메소포타미아는 지리적 개념뿐만 아니라 역사적인 개념으로도 쓰인다. 이 지역의 기후는 건조한 기후 지역이고 반 사막 기후이다. 유역 면적은 늪지, 라군, 갈대숲으로 이어지고 남쪽 끝 부분에는 유프라테스강과 티그리스강이 합류하여 페르시아만으로 유입된다.

남메소포타미아에서 가장 중요한 도시는 카르발라Karbala, 인구 70만 명, 나자프An Najaf, 인구 58만 명, 디와니아Diwaniayh, 인구 42만 명, 나시리야Nasiriyah, 인구 56만 명, 아마라Amarah, 인구 42만 명, 바스라Basrah, 인구 250만 명다. 페르시아만 입구 '샤트알아랍Shatt Al Arab' 지역이다. 합류 지점에서 페르시아만 입구까지다. 이라크는 전체가 사막이거나 사막에 속하는 건조 지역이다. 강이 없으면 식물이 자라지 않고 사람이 살지 않았다. 메소포타미아 유역을 벗어나면 유전 지대를 제외하고는 도시는 없다.

유프라테스강과 티그리스강이 이라크의 바스라시의 북부에서 합류한다. 원래는 늪지고 삼각주다. 두 강이 합류하므로 큰 강이고 운하가 되었다. 좋은 수운을 제공한다. 이라크, 이란, 쿠웨이트의 접경 지역이다. 이 지역을 교통로를 두고 오스만제국과 페르시아제국이 전쟁했다. 페르시아만의 상권을 두고 전쟁을 했다. 20세기부터 금세기에 이르기까지 이라크와 영국, 이라크와 이란, 이라크와 쿠웨이트, 이라크와 미국 간 전쟁을 했다. 전쟁의 이유가 변했다. 20세기의 전쟁은 석유 때문이다. 석유를 서로 차지하려고 전쟁했다. 지금도 그 가능성은 여전하다. 매우 중요한 지역이므로 매우 위험한 지역이다.

06 | 샤트알아랍 수로, 한강과 임진강 합류 지점

이라크 동쪽에 이란이 있다. 이라크와 이란 사이에 '샤트알아랍Shatt Al-Arab'강이 흐른다. 유프라테스강와 티그리스강이 합류하여 흐르는 하구 부문이다. 두 개의 강이 지금 이라크의 큰 도시 바스라에서 합류하여 페르시아만으로 흘러 들어간다. 엄격하게 '샤트알아랍'은 바스라Basrah에서 페르시아만까지의 강을 말한다. 평야 지대이므로 유속은 느리고 큰 하천을 만든다. 길이 170km, 폭 200~800m의 하천이다. 운하 같다. 강의 수로 이용권을 두고 여러 번 전쟁했다. 페르시아제국과 오스만제국 간 갈등이었다. 현대는 이란과 이라크 간의 전쟁이다. '샤트알아랍' 유역에는 옛날에는 대추야자Date Palm의 생산지로 유명한 곳이다. 대추야자는 오아시스에 사는 사람들의 주식이었다. 세계 대추야자의 5분의 1을 생산했다. 현재의 중요성은 석유 수송이다.

이라크와 이란은 이 지역의 지배권을 두고 1980년부터 1988년까지 8년 간 전쟁을 했다. 전쟁은 치열했다. 20세기에서 가장 오래 한 전쟁이었다. 전쟁의 양상은 1차 세계대전과 비슷했다. 철조망, 참호, 탱크, 인해전술, 독가스를 사용했다. 이슬람 형제 국가 간의 전쟁이었다. 수니파와 시아파 간의 종교전쟁이었고, 시민 혁명군과 독재 권력 간의 전쟁이었다. 세계에서 가장 석유가 많이 생산되고, 또한 정유 시설이 집중한 곳이다. 양국 간의 전쟁이었지만 세계적인 파급효과가 컸다.

석유 때문이다. 이 전쟁으로 송유관과 정유 시설이 파괴되고, 유전이 여러 달 동안 불타 검은 연기가 하늘을 덮었다. 페르시아만을 항해하는 거대한 유조선은 무차별 격침당했다. 유조선의 보험금은 엄청 뛰었다. 2차 석유 파동을 가져왔다. 그 큰 전쟁 뒤 '샤트알아랍'은 한 치의 변함도 없다. 누구의 강도 아닌 채 유유히 흐른다. 양국은 적개심을 가득 품고 조심스럽게 이 수로를 이용하고 있다. 하천의 중앙을 경계로 서쪽은 이라크, 동쪽은 이란이 이용한다.

전쟁 전과 하나도 변한 것이 없다. 수많은 사람만 죽었을 따름이다. 8년 전쟁으로 이라크는 25만 명, 이란은 18만 명의 군인이 죽었다. 민간인도 양쪽 모두 10만 명 이상이 희생되었다. 정유 시설의 파괴로 이란은 5천600억 달러 손실을 보았다. 이라크는 6천200억 달러의 재산 피해가 있었다. 전쟁이 얼마나 무모한 짓인가를 알 수 있다. 더 불편하게 이용할 따름이다. 하류는 모래가 퇴적되어 이용하기 점점 어려워지고 있다. 나쁜 평화가 좋은 전쟁보다 낫다.

전쟁은 이라크의 침공으로 시작되었다. 이란이 혁명으로 사분오열되어 있을 때다. 이란의 혼란을 틈타서 이라크가 침공했다. 이란에 원한이 있는 미국은 이라크를 도왔다. 미국만이 아니라 프랑스, 영국, 요르단, 쿠웨이트까지 이라크의 독재자 후세인을 도왔다. 아랍 국가들은 시민혁명이 파급될까 봐서고, 서방국가는 석유 때문이다. 미국은 비행기와 탱크를 공급하였고, 프랑스는 미사일을 팔았다.

전쟁 초기는 이라크가 절대적으로 유리했다. '샤트알아랍' 지역을 차지하고, 이란의 중요한 서부 유전 지대 쿠제스탄Khuzestan주를 점령하였다. 전쟁은 곧 끝날 것으로 보았다. 이란의 호메니가 항복할 것으로 생각했다. 서방국가들도 그렇게 관전을 했다. 근본적으로 이란은 이라크와 비교가 안 될 정도로 큰 나라다. 시민혁명을 한 나라다. 국민이 일치단결하였다. 이라크의 공격을 막아내고 전세는 역전되었다. 오히려 이란군이 이라크 영토로 진격하게 되었다. 놀라운 일이 일어났다. 전세가 불리해진 이라크의 후세인은 휴전을 먼저 제의했다. 공방전으로 장기전으로 접어들었다. 유엔의 중재로 전쟁에 지친 양국은 휴전을 수락하였다. 결국, 휴전했다. 아무것도 얻는 것은 없다.

한강과 임진강은 파주에서 합류한다. 서해에서 파주까지 50km 뱃길이 있었다. 강의 중앙으로 휴전선이 지나간다. 북한도 남한도 이용하지 못한다. 6·25전쟁은 휴전을 위하여, 교섭하는 동안 영화 〈고지전〉에서 보듯 싸움은 더욱 치열해졌다. 동부전선을 맡고 있던 한국군은 38선을 넘어 통일전망대N38°30′까지 밀고 갔다. 서부전선은 미군은 N38° 선상에 있던 개성도 포기했다. 밀려 임진강 하류까지 이르렀다. 전선대로 휴전선이 그어졌다. 휴전선이 지나는 파주에서 강화도에 이르는 한강 수로는 이란과 이라크 사이의 샤트알아랍 수로만큼 중요하다. 휴전선 때문에 선박이 출입 못하기도 하지만, 엄청난 모래톱이 쌓여 다니지도 못한다. 건축자재로서 모래의 가치가 수조 원에 이른다. 모래를 다 파내면 서해에서 배로 서울에 진입할 수 있고, 개성공단의 물건을 서해를 통하여 수출할 수 있다. 생각해 볼 일이다.

07 | 바스라, 이라크의 입?

바스라는 페르시아만 입구에 있는 도시다. 티그리스강과 유프라테스강은 합류하여 하나의 강이 된다. 페르시아만 북쪽 200km 지점에서 합류하여 하나의 강이 되어 페르시아만으로 흘러 들어간다. 합류 지점부터의 강은 샤트알아랍이다. 이라크 해안선은 58km에 불과하다. 국가 규모치고 해안선은 매우 짧다. 매우 중요한 지역이다. 이라크가 이란과 전쟁을 한 것도 바스라 지역에서 시작했다. 이라크의 석유 수출을 비롯한 해양 무역은 모두 바스라에서 일어난다. 해안에 석유와 천연가스가 다량 매장되어 있다. 정유 시설과 항만 시설이 집중된 전략적으로 중요한 항구다. 수차례에 걸쳐 세계대전에 비견할 수 있는 전쟁이다. 미국과 영국이 절대로 양보하지 않는 것도 페르시아만의 바스라 때문이다.

페르시아만은 석유의 상징이다. 페르시아만 하면 석유를 연상하리만큼 주변이 전부 유전 지대고 산유국이다. 20세기의 가장 중요한 에너지 자원은 석유였다. 산업화에 필수 불가결한 자원이다. 외교를 통해서 확보하지 못하면 전쟁해서라도 석유를 확보해야 했다. 태평양 전쟁 후 도쿄 전범 재판이 열렸다. 전범 1호 도조 히데키東條英機에게 아시아를 침략한 이유를 물었다. "일본 생존을 위한 자원을 확보하기 위하여 침략했다."라고 대답했다. 미국과 영국은 일본에 석유와 자원의 금수 조치를 했다.

세계 석유 생산의 4분의 1, 매장량의 3분의 1, 석유 수송선의 30%가 페르

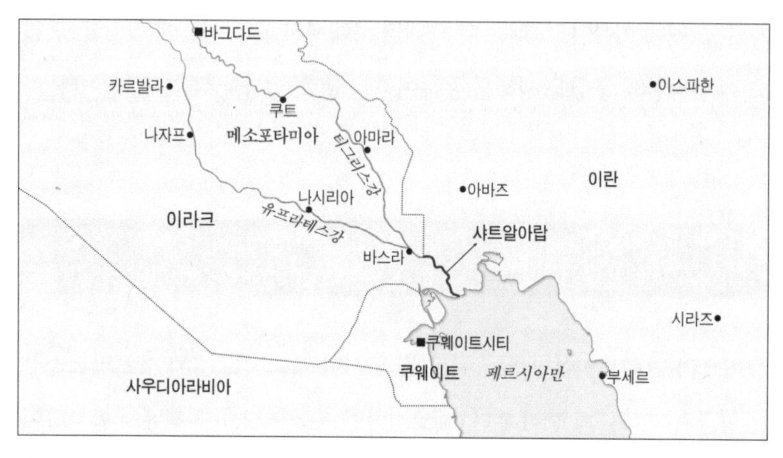

바스라

시아만에서 일어난다. 대륙붕大陸棚 유전으로 세계 최대는 사파냐Safanya 유전도, 세계 최대의 가스정Gas井도 페르시아만에 있다. 걸프만 국가들은 이라크, 쿠웨이트, 사우디, 바레인, 카타르, UAE, 오만, 이란이다. 페르시아만의 석유와 석유 수송 때문에 걸프만은 항상 긴장과 전운이 감도는 곳이다. 전부가 아랍인이 살고 있고, 아랍어를 사용하고, 걸프만 아랍연맹에 가입하고 있다.

이라크 제2의 도시 바스라Basra, 인구 275만 명가 페르시아만에 닿아 있다. 오래된 도시다. 중국에서 인도양으로 거쳐 오스만제국으로 들어오는 해상 실크로드 거점이었다. 아랍 문학의 정수인 『천일야화千一夜話』도 배경이 이라크의 바그다드와 바스라였다. 이라크의 바스라는 제일 중요한 항구도시다. 항구는 하나뿐이다. 바스라는 '이라크의 입'이란 뜻이고, 때로는 하구의 늪지에 건설된 도시이므로 '동방의 베니스'라는 별명도 있다. 베니스보다 더 중요하다. 이라크의 모든 상품은 바스라를 통하지 않고서는 바다로 출입할 수 없다. 중요한 지역이긴 해도 사람이 살기 좋은 곳은 아니다. 사막기후다. 세계에서 가장 뜨거운 기후 지역으로 기록되어 있다. 여름, 7월, 8월의 기온이 50C°를 넘을 때가 많다. 하천 유역이므로 습도가 90%에 이를 때도 있다. 비가 오지 않지만 기온과 습도가 높아 푹푹 찌는 듯한 더위다.

양 강의 합류 지점에 거대한 늪지가 발달해 있다. 독특한 생태계고 사람의 거주 형태도 특이하다. 바스라의 북쪽 70km 지점에 인구 2만 명의 작은 도시 알큐르나Al Qurnah가 있다. 큐르나에서 티그리스강과 유프라테스강이 합류하여 샤트알아랍Shatt Al-Arab강이 된다. 아랍강은 200km를 흘러 페르시아만으로 들어간다. 바스라는 아랍 강의 하안河岸에 위치한다. 강의 남쪽은 이란과 국경을 맞대고 있다. 강의 하천 관리권을 두고 이라크와 이란은 전쟁했다. 결론은 나지 않았다. 지금은 하천의 중앙 수심이 깊은 곳을 중심으로 나누어서 서쪽은 이라크, 동쪽은 이란의 경비정이 다니고 있다. 바스라까지 유조선이 올라오지 못하고, 쿠웨이트 쪽의 움 카사르Um Quasar 항구를 통하여 송유관이 연결된다. 운하로 연결되어 있다. 쿠웨이트에 군사기지를 둔 영국은 이라크의 페르시아만을 주시하고 있다. 바스라는 페르시아만에서 55km 북쪽 내륙에 위치하고, 바그다드로부터 545km 남쪽에 위치한다. 세계 어느 도시도 바스라만큼 과거도 현재도 강대국의 관심이 쏠린 도시는 없다.

상류가 농업용수로 사용됨으로 강의 수위가 낮아서 큰 배가 다니지 못한다. 석유가 등장하기 전에는 농업지역이었다. 매년 1천800만 톤의 대추야자를 생산했다. 지금은 전쟁으로 옛날 같지 않다. 우리나라 제사상에 오르는 기호식품으로 대추를 말하지만, 중동지역에서 대추는 주요 식량이다. 한국의 대추는 영어로 Jujube이고 중동의 대추는 Palm Date, 대추야자에서 얻는다. 생긴 모양이나 맛은 한국의 것과 매우 흡사하다. 상업용으로 재배하는 대추야자 한그루에 100kg을 수확한다. 바스라는 대추야자의 원산지로 알려졌고 이라크는 최대산지다.

08 | 이라크의 치안, 전쟁의 후유증

이라크가 치안이 불안한 것은 통치할 힘이 없다는 이야기다. 이라크는 두 번의 큰 전쟁을 치렀다. 첫 번째 전쟁은 1980~1988년 9년간 치른 이란과 전쟁이다. 이라크의 대통령 후세인은 1979년 시민혁명으로 혼란에 빠진 이란을 공격하였다. 페르시아만의 유전 지대를 차지하기 위한 것이었다. 당시 미국의 지원을 받고 있었다. 미국이 부추겼다. 이유가 있다. 이란 혁명정부는 1979년 미국 대사관 직원 52명을 인질로 잡았다. 전 독재자 팔레비 황제를 송환하라는 조건이었다. 미국은 거부했다. 미국과 이란은 적대국이 되었다. 전쟁은 유엔의 중재로 휴전하고 전쟁 전의 상태로 돌아갔다. 이라크는 전쟁으로 얻은 건 없고 엄청난 외채를 안게 되었다.

전쟁으로 석유를 팔아 상대적 이익을 본 것은 인접한 쿠웨이트와 사우디였다. 어부지리를 얻은 셈이다. 이라크는 쿠웨이트와 사우디에 방대한 외채 탕감을 요구했다. 그들은 요구를 거부하였다. 또, 쿠웨이트가 이란의 석유를 훔쳤다는 죄목을 씌워 1990년 침공하였다. 쿠웨이트는 영국이 이라크를 지배할 때 석유 때문에 이라크에서 떼어 내어 독립시킨 작은 나라다. 미국은 이번에는 쿠웨이트 편을 들었다. 미국의 참전으로 이라크는 물러났다.

미국과 적대 관계가 되었다. 미국에서 9·11 테러가 발생했다. 알카에다의 짓이다. 알카에다를 후세인이 후원하고 두둔했다. 미국과 전쟁이었다. 후세인은 9·11테러를 자행한 '알카에다'를 후원하고 은신처를 제공하고 있다.

대량 파괴 무기를 보유하고 동맹국을 위협한다는 죄목이다. 미국의 조짐을 감지하고 UN의 결의안, 이라크의 사찰을 조건 없이 수락했다. 독일과 프랑스가 중재했다. 듣지 않았다. 부시 대통령은 UN 결의안을 무시했다. 이라크와 전쟁을 상원에서 의결하고 미국 단독으로 이라크를 침공했다. 2003년이다.

명분은 테러를 응징하고, 독재국가를 붕괴시키고, 민주 정권을 수립하고 경제발전을 돕는다였다. 대의명분이 있는 전쟁처럼 꾸몄다. 지식인은 다 안다. 미국의 침략 전쟁이다. 미국의 신무기 실험장이 되었다. 항공모함의 토마호크 미사일 발사, 신예 탱크의 투입, 패트리어트 방어 미사일, 스텔스 폭격기 등이 동원되어 이라크의 수도 바그다드를 단숨에 쓸어버렸다. 아랍의 형제 국가인 이란, 시리아, 리비아, 사우디, 튀르키예, 이집트 등 어느 나라도 파병을 하지 않았다. 미국은 한국에 파병을 요구하였다. 파병하지 않으면 한국에 주둔하고 있는 미군 1사단 병력을 빼내겠다고 하였다.

2004년 일이다. '이라크 파병안'이 국방 상임위원회에 상정되었을 때 나와 임종인 의원만 파병을 반대했다. 이라크 파병안은 가결되었고, 한국은 미국의 요청에 따라 울며 겨자 먹기로 미국 다음으로 대규모 병력을 파견하였다. 전쟁은 순식간에 미군의 승리로 끝이 났다. 후세인은 체포되어 전범으로 재판에 부쳐졌고, 교수형에 처했다. 미군 침공의 후유증은 길었다. 전쟁은 2주 만에 바그다드를 점령했다. 그 후 8년 동안 친미 정권을 수립하고 치안을 담당하는 데 8년 시간을 보냈다. 지금 보면 도루묵이다. 미군은 2011년 오바마 정부 때 철군했다.

수없이 테러가 발생했다. 지금까지 계속되고 있다. 2013년에도 자살 폭탄으로 1천 명이 넘게 죽었다. 10년 전 일이다. 고속도로에서 부르카를 한 여성이 고통을 참지 못하여 뒹굴고 있었다. 고속도로를 달리던 병사를 태운 미군 차량은 정지하였다. 그녀를 안고 차량에 태우던 순간 자살 폭탄을 터트렸다. 위장했다. 타고 있던 미군은 몰살당하고, 트럭이 박살 났다는 뉴스를 읽었다. 올해 6월에 이라크 건설 현장에 파견 나가려는 한 건설 회사 직원이 이라크 치안에 대하여 인터넷에 올렸다. 이라크에 발전소 건설 요원으로 파견될 건설 회사 직원이다. 사막 지방이므로 환경은 열악하지만, 특근 수당을 합하면 월급이 한국에 있을 때보다 두 배에 가깝고, 이라크의 근무한 경력이면 승진은 최우선으로 배려한다는 조건이 붙어 있다. 목숨을 담보한 인센티브로 이라크의 근무를 희망했다고 한다. 이라크는 치안이 불안하고 생명을 담보해야 한다. 한국의 큰 건설 회사는 현장 캠프를 운영하고 있다. 캠프 안에는 생필품이 있고 숙소도 있다. 경비는 이라크 군대와 용역 회사가 맡아서 해 준다. 병영 안의 생활과 같아 "단조롭지만, 안전하다."라고 현지 근무자가 인터넷에 응답했다. 외출할 때는 방탄복을 착용하고 무장한 경비병을 대동해야 한다고 했다.

중동에서 한국 건설 회사는 명성이 높다. 기술과 신용도가 높다. 치안이 불안한 곳에서도 목숨을 걸고 건설을 해 준다. 한국의 건설 회사는 옛날과는 달리 기술자는 한국인, 노동자는 필리핀, 방글라데시인 등 외국인을 고용하고 있다. 이라크에는 우리나라 삼성엔지니어링, 한화건설, 현대건설, 대우건설, 동아건설이 진출했다. 큰 규모의 건설 수주를 따냈다. 그래서 대규모 건설 현장에는 군사기지와 같은 캠프를 운영하고 있다. 전쟁이 끝난 지 10년이 넘었지만, 아직도 이라크의 정세와 치안은 불안하다. 외무부는 이라크를 '여행금지국가'로 분류하고 있다.

09 | 쿠르드 자치주, 쿠르드족 출신이 이라크 대통령?

이라크의 행정구역은 19개의 주州가 있다. 남쪽은 바그다드 중앙정부, 서북쪽은 IS, 동북부는 쿠르드 군대가 지배하고 있다. 이라크는 연방 국가다. 중앙정부는 외교와 국방을 담당한다. 이라크의 쿠르드 지역은 티그리스강 상류 지역이다. 강 유역은 건조한 사바나기후 지역이다. 쿠르드족 자치 지역Region의 중심 도시는 아르빌Irbil, 두옥Duhok, 술래마니Sulemani, 킬쿡Kirkuk이다. 디얄라Dyala, 니나와Ninawa주를 사실상 통치하고 있다. 이라크의 쿠르드족 지역은 7만 8천km^2이고 인구는 835만 명이다.

쿠르드족은 2천만 명 정도가 튀르키예, 이라크, 이란, 시리아에 흩어져 살고 있다. 독립을 위하여 많은 곤욕을 치렀다. 성공하지 못했다. 그러나 이번은 좀 다르다. 쿠르드족의 독립을 반대할 국가가 없다. 우선 미국과 중국이 석유 채굴권 계약을 쿠르드 정부와 체결했다. 자치를 환영했다. 인접 국가인 이란도 튀르키예도 반대하지 않고 있다. 현재까지 이라크 내부에서 분리 독립을 억제할 연방 정부의 힘이 없다. 쿠르드 지역은 세계 10위의 석유 자원을 보유하고 있다.

쿠르드족이 사는 중심 도시 아르빌은 한국군 자이툰 부대가 주둔하고 있던 곳이다. 미국은 전투 지역이 아닌 후방에 주둔한다 해서 불만이다. 아르빌의 한국군 주둔은 바로 쿠르드족을 보호하는 꼴이 되었다. 튀르키예 정부는 불만이 있었다. 튀르키예는 쿠르드족의 분리 독립운동이 가장 골치 아픈 일이다. 튀르키예가 EU에 가입 못 하는 것도 쿠르드족 문제 때문이다. EU는 쿠르드족 문제 해결을 선결 조건으로 걸었다. EU 가입을 못 하고 있다.

아르빌에 한국군 주둔으로 인해 혈맹을 자처하는 튀르키예와 한국의 외교 관계가 껄끄럽게 되었다. 실감했다. 자이툰 부대 파병 경로는 서울 → UAE의 두바이 → 쿠웨이트 → 이라크의 남쪽 바스라 → 군용기 타고 아르빌에 들어가야 했다. 더 쉽고 더 빠르고 안전한 길이 있다. 외교부 관계자가 말하길, "서울 → 튀르키예 앙카라 → 튀르키예 국경 이동 → 튀르키예 국경에서 100km 거리에 아르빌이 위치한다. 지상의 로켓포를 피할 수 있고, 매우 안전하고 시간도 단축될 터인데…"라고 했다. 또, "한국군이 아르빌에 주둔을 한다는 것은 쿠르드족에게는 좋은 일일지 모르지만, 이 작전은 튀르키예 정부가 매우 거북해하는 일입니다. 그러니까 튀르키예가 아르빌로 가는 길을 내어 줄 리가 없지요."라고 말했다. 라이스 미 국무장관이 쿠르드족의 당시 족장쿠르드족의 대표, 바르자니를 만났을 때 튀르키예 언론은 미국이 쿠르드족을 독립시켜 주려 한다고 불만을 토로했다. 대서특필했다.

전쟁이 끝난 지 10년이 넘었다. 미국의 이라크 점령은 확실한 친미 정권 수립이었다. 절반은 성공한 듯하다. 미국의 관심은 이라크의 석유 자원과 지정학적 위치다. 이라크 친미 정권은 주변국인 이란, 시리아, 레바논, 요르단을 직접 견제한다. 중국의 서진과 러시아의 남진을 막을 수 있는 지정학적 위치다. 미국이 후세인을 체포하고 바트당을 붕괴시키는 데 쿠르드족의 협력이 대단히 컸다. 미국은 쿠르드족에게 보상하는 셈이다. 미국의 도움으로 완전한 독립국은 아니지만 상당한 외교권과 군대민병대, Peshmerga를 지방정부가 갖도록 헌법에 보장해 주었다.

쿠르드 지방정부는 여타 이라크와 구별되는 '또 하나의 이라크The Other Iraq'가 되었다. 사실상 독립국임을 자처하고 있다. 튀르키예도 미국과 더는 각을 세울 수 없는 형편이다. 현재의 튀르키예 정부는 쿠르드족이 영토 내에서 독립은 불가하지만, 이라크에서 독립은 어쩔 수 없다는 견해다. 2014년 쿠르드 대통령, 바르자니Masoud Barzani는 "독립을 위한 국민투표를 할 것"

이라 했다.

쿠르드족의 독립 투쟁 역사를 알면 피눈물 나는 일이다. 이번에는 성공할 것 같다. 단지 다수의 이라크인과 ISIS가 걸림돌이다. 현재 누구도 쿠르드족의 분리 독립을 견제할 세력은 없다. 나도 쿠르드족의 족장 시절의 바르자니를 아르빌에서 만난 일이 있다. 아르빌의 족장의 집이었다. 소박한 회의실이었다. 10여 명의 부족 대표와 황의돈 사령관과 국회국방위원들이었다. 차를 대접받았다. 그들은 독립을 간절히 원했다. 석유 자원이 많은 곳이어서 미국은 이라크 전쟁의 협력 때문에, 중국은 석유 때문에 독립을 지원한다. 중국은 쿠르드족을 위하여 한 일이 없다. 그러나 한국은 쿠르드족의 보호를 위하여 아르빌에 2005년부터 2008년까지 군대를 파견했다. 외교를 통하여 유전 채굴권 하나는 요구할 만하다.

2022년 10월 13일 이라크에 대통령 선거가 있었다. 쿠르드족 라시드Rashid가 대통령에 당선되었다. 대통령은 의회에서 선출한다. 이라크 헌법은 대통령, 총리, 국회의장은 민족별로 권력 분담을 했다. 수니파, 시아파, 쿠르드 3개 정파다. 쿠르드가 대통령이면, 총리는 수니파, 국회의장은 시아파다. 권력 분권도 좋다. 평화가 유지되면 이라크의 장래는 밝다.

10 | 바그다드, 가장 살기 좋은 도시, 가장 살기 싫은 도시

대영박물관을 비롯하여 선진국의 박물관에는 엄청난 규모의 해외 문화재가 있다. 모두가 아시아와 아프리카 대륙에서 약탈해 간 것이다. 유홍준 교수는 서양의 대형 박물관은 장물아비라고 했다. 틀린 말이 아니다. 모두 도둑질해 가서 보관하고 있다. 욕할 일만은 아닌 듯하다. 어디에 둔들 어떠

랴, 잘 보존하고 언제나 볼 수 있으면 된다. 후진국에서 잘못 보관하여 훼손시키는 것보다 낫다. 전화戰火로 지구상에 소실된 문화재는 너무나 많다. 전쟁으로 불타버린 것 중 정말 아까운 문화유산은 이집트의 '알렉산드리아 도서관'과 바그다드에 있었던 '지혜의 집The house of Wisdom'이다. 한 말로 원본이 없는 백과사전이 타버린 것이다.

현대의 과학과 기술은 오랜 세월 동안 축적되어 이루어진 것이다. 현대 천체물리학, 지구과학, 화학, 의학, 지리학은 중세 시대 바그다드의 '지혜의 집'에서 일어났다. 비잔티움제국을 거쳐서 현대 유럽 과학기술의 기초가 되었다. 8세기에서 13세기까지 500년 동안 '지혜의 집'에서는 그리스, 페르시아, 시리아, 인도 학자들이 여기에 초청되어 학문을 연구하고 아랍어로 번역하였다. 학자라면 기독교, 유대교도, 조로아스터교를 가리지 않고 환영받았다. 엄청난 업적을 남겼다. 아랍제국이 가장 자랑하는 문화유산이다. 그러나 그 문화유산은 현존하지는 않는다. 1258년 몽골의 나쁜 놈(?), 훌라구가 쳐들어와 깡그리 파괴하고 불태우고 티그리스강에 버렸다. 중세의 과학기술은 기독교 문화권에서 일어난 것이 아니라 이슬람권에서 일어났고, 그 중심이 바그다드였다.

바그다드의 아랍 어원은 바그Bagh = 신, 다드Dad = 주어진, given by에서 이어진다. 즉, 바그다드는 '신의 선물'이란 뜻이다. 그리스, 페르시아, 러시아 어원도 비슷하다. 바그다드를 세계적인 도시로 만든 것은 762년 아랍제국의 만수르Muhammad al Mansur 황제 때다. 도읍을 정하고, 성채를 쌓고, 세계에서 가장 살기 좋은 도시로 만들었다. 성채는 2.5km의 원형 성곽이었고 벽돌로 쌓았다. 왕궁을 중심으로 '지혜의 집'도 여기에 있었다. 성의 기저는 44m이고, 상부는 12m, 높이는 30m이다. 그리고 주위에는 물을 가득 채운 해자垓子가 있었다. 당시 인구는 120만 명, 세계에서 가장 큰 도시고, 가장 살기 좋

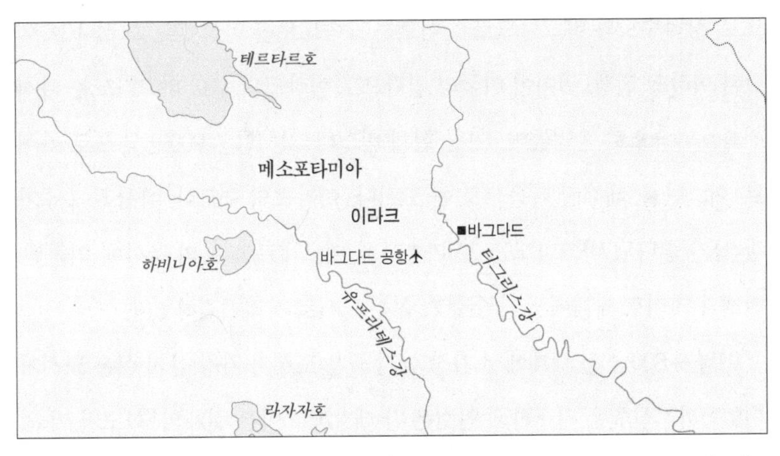

바그다드

은 도시였다.

티그리스강 유역에 있다. 완전한 평야다. 산이 없다. 건조한 사막기후다. 여름에는 41C°까지 올라가 세계에서 가장 뜨거운 지역이었다. 티그리스강이 흐르고 있으므로 물이 풍부하다. 당시 세계 제1의 도시로 발전할 수 있었던 것은, 1) 티그리스강 유역의 넓은 충적지의 풍부한 농산물, 2) 티그리스강을 따라 페르시아만에서 바그다드까지 무역선이 자유롭게 다닐 수 있는 물길, 3) 문명의 중앙에 있어 육로의 발달로 중국, 인도, 유럽, 북아프리카를 잇는 실크로드의 중심이었기 때문이다. 즉, 풍부한 농산물과 교통의 중심이 바그다드의 배경이었다.

몽골제국과 티무르 제국이 물러간 뒤 오스만제국이 들어섰다. 바그다드는 연이은 전란과 흑사병, 콜레라에 걸려 전인구의 1/3이 죽었다. 1907년의 인구는 18만 5천 명, 20세기 초반까지도 800년 전의 인구를 회복하지 못했다. 1970년대 석유 가격의 폭등으로 바그다드는 활로를 찾고 있다. 시가지,

도로, 상하수도와 바그다드로 들어오는 고속도로를 건설했다. 그러나 또 이란과 이라크 전쟁, 뒤이어 미국의 침략으로 이라크의 수도 바그다드는 다시 전화戰火 속으로 빨려들어 갔다. 현재 바그다드는 인구 900만 명으로 카이로, 이스탄불, 테헤란 다음으로 큰 도시다. 이라크의 수도다. 아랍권에서 가장 살기 좋다던 바그다드는 2012년 현재 메르세르Mercer의 조사에 의하면, 전쟁과 테러로 세계에서 가장 살기 싫은 도시로 자리매김하였다.

어떻게 800년 전 세계에서 가장 살기 좋은 도시가 가장 살기 싫은 도시가 되었을까? "산천은 의구하되 인걸은 간 데 없네." 야은 길재의 「회고가」가 있다. 자연은 800년 전이나 다름이 없다. 단지 사람이 달라졌다. 사람 간에 싸움, 전쟁 때문이다. 전쟁 때문에 바그다드는 황폐되고 다시는 과거의 영광을 되찾지 못하고 있다. 6·25전쟁으로 폐허가 된 서울과 평양은 되살아났다. 서울은 남한에서 가장 살기 좋은 도시고, 평양은 북한에서 가장 살기 좋은 곳이다. 다시 한번 전쟁이 일어나면 회복할 수 없는 나락으로 떨어진다. 바그다드는 한반도의 타산지석이 된다.

11 | 모술과 IS, 부패한 곳에는 항상 독버섯?

동물은 국가라는 조직이 없이도 잘 살아가고 있다. 인간 외는 어떤 동물도 국가 조직이 없다. 인간Homo Sapiens으로 아프리카에 출현한 지 약 30만 년쯤 된다. 국가를 갖고 살아온 지 1만 년이 채 안 된다. 그러나 현재 누구도 국가에 속하지 않는 인간은 없다. 국가는 폭력을 동반한다. 마오쩌둥은 "모든 권력은 총구로 나온다."라고 했다. 세계 어느 국가도 ISIL을 국가로 인정하지 않는다. 그러나 ISIL은 영토가 있고, 지배하는 주민이 있고, 군인이 있다. 주민은 명령에 따라야 한다. 따르지 않으면 총구를 내민다. 자기들은 ISIL, 즉 이라크 시리아 지역의 '이슬람 국가'라고 했다.

모술Mosul은 바그다드에서 400km 북쪽, 티그리스강 유역에 있다. 기원전부터 사람이 살던 오래된 도시다. 인구는 2023년 현재 186만 명으로 추정하고 있다. 전쟁으로 인구조사를 못 했다. 석유와 대리석 생산으로 유명하다. 이라크 정부, 쿠르드족, ISIL에도 대단히 중요한 전략적 도시다. '북부의 진주The Pearl of the North'라고도 한다. 수니파의 최후 거점이 북부의 모술이었다.

후세인의 두 아들 우다이Uday와 쿠사이Qusay가 모술에서 항전하다가 모두 전사했다. 2003년 6월에 미국이 점령하였다. 모술은 수니파 아랍인이 가장 많은 곳이고, 또 바트당의 잔당이 가장 많이 남아 있었던 곳이다. 2011년 미군이 철수하고, 이라크에 이양하면서 치안은 더욱 불안해졌다. 인질과 납치, 폭탄 테러가 많이 일어났다. 이라크 정부군, 쿠르드족, ISIL이 서로 견제하다가 미국이 철수한 지 3년 만에, 2014년 6월에 이라크 제2의 도시 모술은 ISIL의 손으로 넘어갔다.

초기 IS 정신은 순수했다. 지금 이슬람 국가들이 기독교 국가들에 당하는 것은 이슬람이 타락했기 때문이다. 이슬람의 교리대로 실천하면 기독교 국가들을 물리칠 수 있다. 전사들의 사기도 충천했다. 순수한 이슬람의 정신이었다. 권력을 잡고 도시를 점거하고 부가 축적되자 오만방자해졌다. IS가 미국의 신문기자를 인질로 잡아 참수하고, IS 점령 지역의 기독교 관련 문화유산을 파괴하고, 수니 이슬람교도가 아닌 종파가 다른 시아파의 여성을 성폭행하고, 성노예로 팔고, 반인륜적 행위를 자행하고 있는 장면을 인터넷에 공개했다. 난민으로 위장해서 파리에 들어간 IS 대원이 자폭 행위를 해서 수많은 민간인을 살해했다. 서방국가들은 테러리스트라고 한다. 점령 후 여자는 몸 전체를 가리는 히잡을 하게 하고, 친척을 동행하지 않고는 외출을 금지했다. 그리고 이교도는 박해하고 살해하고 재산은 압류했다. 인심을 잃었다. 구세주인 줄 알았더니 악마였다고 비판했다. ISIL이 점령한 후 기독교인, 아르메니아 교인, 유대교인 등 50만 명이 이웃 국가로 걸어서 또는 자동차를 타고 피난을 떠났다.

모술의 점령으로 ISIL는 영역 내의 최대 세력이 되었다. 도시를 거점으로 석유를 팔아 재원을 확보했다. 러시아로부터 신무기를 사들였다. 미국과 서방국가들은 걱정이 많다. 북부 대도시를 IS에 넘겼다. 이라크 정부군은 모술의 방어를 하지 않고, 그대로 ISIL에게 내어 주었다고 미국은 판단하고 있다. 수차례 쿠르드족은 ISIL이 모술을 공격할 것이라고 경고했다. 미국도 이라크 정부에 정확한 정보도 주었다. 누리 알 말리키Nouri al Maliki 이라크 총리는 정보를 무시했고 파병 제의를 거절했다. 3개 사단이 무장할 무기도 빼앗겼다.

놀라운 것은 현지 다수의 주민은 오히려 ISIL 점령을 환영했다. ISIL의 편을 들었다고 한 영국 언론은 보도했다. 미국은 난감한 입장이다. 지상군은 다시 파견하지는 못하고, 공중폭격을 지원할 뿐이다. 무차별 폭격은 민간인의 희생을 수반하고, 민간인의 희생은 국제 여론이 나빠진다. 미국이 지상군을 파견할 명분이 없다.

IS는 2014년 무능한 이라크 정규군과 싸워 북부 주요 도시 티크리트Trikrit, 팔루자Fallujah, 모술Mosul을 점령했다. 수십만 명이 난민이 되어 떠났다. IS의 과격한 행위는 인심을 잃었다. IS는 순수성을 잃어버리고 돈에 맛을 들였다. 반면, 정부군은 총리가 물러나고 새 정권이 들어섰다. IS를 토벌하기 위하여 쿠르드족을 동원했다. 소위 이라크 전쟁War in Iraq은 2013~2017년이다. 쿠르드족 군대 페시메르가Peshmerga가 IS 거점을 공격했다. IS가 점령했던 도시들은 모두 탈환했다. 시리아와 국경 지대는 완전히 개방되었다.

이란 지원을 받은 헤즈볼라Hezbollah가 등장했다. 1982년 일이다. 키르쿠크Kirkuk에 있는 K-1 공군기에 30발의 로켓포를 쏘았다. 미국 기술자 1명이 죽고, 많은 부상자를 냈다. K-1 공군기지는 미군이 양도한 이라크 공군기지다. 미군은 보복했다. 3일 뒤 드론을 날려 알무단니al Muhandis 사령관과 솔레마니 장군을 살해했다. 무단니는 이라크를 방문 중인 이란의 권력 서열 2인자다. 트럼트 정권 때다. 전쟁 직전까지 갔으나 흐지부지되고 말았다. IS는 이라크를 떠나 다른 분쟁 지역으로 향하고 있다.

12 | 한국과 관계

11세기에 기록된 페르시아의 서사시 『쿠시나메Kush-nameh, 쿠시의 책이란 뜻』란 작품이 있다. 1만 129절이라는 방대한 '쿠시나메'의 이야기 중에 절반가량이 신라에 관한 내용이다. 이희수 교수의 번역서에 이렇게 기록하고 있다. 7세기 중반 사산왕조가 아랍의 공격으로 멸망한다. 이때 부족장 아브틴Abtin은 이란인을 이끌고 중국으로 망명을 갔다가 다시 신라로 망명을 했다. 신라 왕 타이후르Tayhur는 아브틴 일행을 극진히 영접했다. 신라와 이란의 연합군이 중국의 침략을 막아내고, 아브틴은 신라의 공주와 결혼한다는 내용이다〈KBS 파노라마〉. 2013.5. 방영. 쿠시나메에는 경주의 골목, 정원, 도시 주변의 모습을 상세하게 기록하고 있다. 신라와 페르시아 간에 교류가 있었다는 증거다. 경주에서는 페르시아의 유물을 찾을 수있는데, 괘릉에 서역인의 무인상이 있다. 재미있는 기록이지만 고증은 안 된 이야기다.

이란과 한국과 관계는 1969년 우호조약이 체결되었다. 1970년대 한국은 경제개발로 인하여 원유의 수요가 급증하여 한국 측에서 이란과 우호 관계가 절실했다. 이란은 안정적인 원유 수입원을 확보할 수 있고, 건설 수주를 받아 건설노동자를 파견하여 외화벌이를 할 수 있는 나라였다. 지속해서 양국의 교역량은 늘어났다. 교역의 주역은 박정희 대통령과 팔라비 왕이었다. 그러나 박정희는 1979년에 시해되고, 같은 해 팔라비 왕은 축출되는 비운을 맞게 되었다. 양국을 대신하여 한국-이란 친선의 증표로 서울에 '테헤란로', 테헤란시 바나크 지역에 있는 길이 3km의 거리에 '서울로'를 명명했다. 주인공인 테헤란 시장은 아이러니하게도 1979년 이란혁명으로 처형되었다. 모두 사라졌다. 그러나 양국의 관계는 해가 갈수록 증진되었다. 대이란 수출은 68억 달러고, 대이란 수입은 113억 달러다. 2012년 이란의 교역 규모는 22위, 수입은 19위다. 우리는 주로 원유, LPG, 나프타, 알루미늄, 아연, 견과류를 수입하고, 한국은 이란에 합성수지, TV, LCD, 냉장고, 에어컨, 세탁기, 자동차 부품, 화학기계, 합금, 철 등을 수출하고 있다. 이란과 우리나라의 통상 규모는 UAE, 중국, 이라크, 한국 순이다. 수입은 3위고, 수출은 7위 국가다.

국제원자력기구(IAEA)에 신고하지 않은 우라늄 농축 공장이 있다는 것이 인정되어 2006년 UN 안보리 결의안 중심으로 이란은 경제제재에 들어갔다. 미국은 상·하원이 이란과 거래하는 모든 나라를 경제 보복할 것을 내용으로 하는 '포괄적 이란 제재법'을 통과시켰다. 그러나 원유 수입과 같은 엄중한 현실에 직면한 한국, 인도, 일본에 대하여 원유 수입에 대한 제재는 완화하는 것 외에 한국도 미국의 뜻에 따라 이란의 제재에 동참하지 않을 수 없었다. 이란은 수출량이 절반으로 줄어들었고, 이란의 경제성장률도 -1.9%, -1.5%에 머물고, 물가 상승률도 30.5%, 42.3%에 육박하게 되었다. 경제가 절박한 상태가 되었다. 미국이 제재를 가하면 우리의 이해관계와 상관없이 따라가야 세계시장에 발을 딛고 살 수 있다.

금융위원회 외신 대변인은 "이란에 문을 닫고 있지만, 창문은 열어 두어야 한다."고 했다. 미국은 지난 9월 대이란 제재를 하면서 한국에 대하여 동참할 것을 종용했다. 천안함 사고의 수습책으로 UN 결의안을 부탁하여 만들어 내는 대신에 떠안은 부담이다. 특히, 이란과 무역을 많이 하는 한국이 동참하지 않을 때는 미국의 이란 경제제재의 의미가 없어지기 때문이다. 미국의 눈치를 보아 현대차는 대이란 자동차 수출을 중단했고, GS건설은 수주를 받기로 했던 12억 달러의 수주를 중단했고, 지난 5월 대이란 수출은 4억 9천만 달러에서 2억 5천만 달러로 감소했다. 우리의 수주 대신 이란은 모두 중국 제품으로 대체하고 말았다.

이란에서 '한류'의 열풍이 사막의 열풍만큼이나 대단하다. 〈대장금〉의 시청률이 사상 최고치인 90%에 이르렀다. 가정에서 TV 채널권만은 부인에게 있는 이란은 어느 집이나 막론하고 〈대장금〉이다. 그리고 그 뒤를 이어서 〈주몽〉도 히트를 해 87%의 시청률을 보였다. 이란에서 방송국이 생긴 이래 최고의 시청률이라 했다. 뒤를 이어 KPOP의 소녀시대, 싸이의 〈강남스타일〉이 치고 올라와, 대학생들에게는 한국이 대단히 인기 있는 나라가 되었다. 이란인이 한국인을 볼 때 여자는 '대장금', 남자는 '주몽'이라고 한다고 했다. 대장금은 이슬람문화에서도 일맥상통하는 바가 있다. 어려운 환경 속에서도 불굴의 정신으로 난관을 극복해 나간다는 점이 이슬람의 기본 정신과 일맥상통한다고 했다.

13 | 아르빌에 가다, 자이툰 부대 방문

아르빌에 갔다. 자이툰 부대를 방문하기 위해서다. 2007년이다. 두바이에서 쿠웨이트로 들어갔다. 쿠웨이트 시 미군 기지에서 자동차로 공군기지로 이동했다. 길가에는 부서진 탱크 잔해를 산처럼 모아 두었다. 사막 전쟁은 탱크전이라는 말을 실감했다. 전쟁 잔해는 이라크가 쿠웨이트 침략 때 1990년 탱크다. 미군에 의하여 파괴된 것이라 한다. 미국이 도와주어 쿠웨이트는 실지를 회복했다. 쿠웨이트 방위는 미국이 책임지고 있다 해도 과언이 아니다. 쿠웨이트에 미 공군기지가 있다. 한국군은 미군 공군기지를 공동으로 사용하고 있다. 사실 한국군이 이라크에 파병할 이유가 없다. 미국과 동맹이라는 이유 때문에 파병했다.

자이툰 부대 병사를 수송하고 보급품을 보내는 한국 공군 수송기가 배치되어 있었다. ROKAF 한국 공군 C-130 수송기다. 오랜만에 보는 수송기다. 매우 반가웠다. 여기에서 한국 공군 수송기를 만나다니. 의외였다. 공군 수송기를 타고 한국군이 주둔하고 있는 아르빌로 들어가야 한다. 나는 공군 장교로 제대했다. 공군에 근무할 때 그 수송기를 타본 경험이 있다. 40년 만이다. 전쟁은 평정되었지만, 후세인 잔당이 아직도 테러를 하고 있다. 대공포를 쏘고 있다 했다. 이라크 남쪽은 안전하다. 이라크, 쿠웨이트, 이란이 접한 곳이다. 비행 금지 구역이 설정되어 있다.

수송기를 타고 북쪽으로 날아갔다. 여기는 관광지가 아니다. 사실 전쟁터를 방문하는 길이라 국방위원들은 아르빌에 가기를 기피했으나 나는 자원했다. 메소포타미아 방문은 정말로 흥분되는 일이었다. 책에서 수없이 읽고 들었던, 세계 4대 문명의 발상지를 직접 내 눈으로 답사하는 것이다. 방문이 어려운 곳이다. 이런 기회가 아니면 돈이 있어도 방문할 수 없는 곳이다. 그대로 나는 밖을 내다보았다.

티그리스강과 유프라테스강이 합류하여 메소포타미아다. 항공기는 낮은 고도로 날았다. 강 유역에는 도시도 보이고 나무와 농경지도 보인다. 강에서 멀어질수록 사막이다. 수송기는 강의 오른편을 따라 북으로 날아갔다. 내가 비행기를 전세 내서 가는 듯했다. 좁은 항공기 창밖으로 전개되는 경관을 살폈다. 비행기는 곡예비행을 하기 시작했다. 전술 비행이라 했다. 많이 흔들렸다. 아르빌에 가까이 왔다는 의미다. 여기는 전투 지역이다. 바그다드 북쪽 모술 지역은 아직도 바트당 잔당이 있어 테러를 하고 저항하고 있다. 대공포를 피하기 위하여 곡예비행을 한다 했다.

쿠웨이트에서 아르빌까지 제트기로 가면 1시간 거리다. 수송기로 지그재그 가야 했으므로 2시간이 걸렸다. 바그다드 상공을 지나고 있다. 한국 대사관은 바그다드에 있다. 바그다드를 들리자고 했다. 대사는 안전을 보장하지 못한다고 극구 반대를 한다. 매우 섭섭했지만 현지에서는 대사의 말을 들어야 한다. 정말 바그다드를 보고 싶었다. 나의 방문 시점에서 이 길을 일주일 전에 노무현 대통령이 다녀갔다. 대통령은 유럽 순방을 마치고 갑작스럽게 자이툰 부대를 방문했다.

나와 임종인 의원이 이라크 파병을 극구 반대했다. 상임위원회에서 기립투표를 했다. 나는 여당이면서 대통령의 외교에 정식으로 반대를 했다. 여기는 꼭 와 보고 싶은 곳이었다. 지리 선생이 내 평생 직업이었다. 얼마나 보고 싶었던 곳인가. 3대 인류문명 발상지를 다 보았다. 황허, 인더스, 나일 문명을 보았다. 메소포타미아는 처음이다. 현장을 봐야 안다. 경관만이 아니다. 바람과 습도, 태양과 고도를 느끼고 사람을 만나야 한다. 답사는 그런 것이다.

강 연안은 숲이 있고 도시가 형성되어 있다. 아르빌에 도착했다. 건조 지역이다. 사막은 아니고 사바나기후 지역이다. 식생을 보면 안다. 풀이 자랐고, 물길이 있는 곳은 농사를 짓고 나무들이 듬성듬성 보였다. 자이툰 부대는 아르빌 외곽지역에 캠프를 건설해 두었다. 여기는 1258년 몽고군이 바그다드를 공격하기 위하여 점령했던 자리다. 한국인과 몽골인은 인종적으로 매우 가까운 사이다. 몽골계 한국인이 아시아에서는 두 번째로 군대가 아르빌에 주둔한다. 우연이라기에는 참으로 묘하다. 한국인도 인종으로 몽골로이드다. 13세기 몽골군은 바그다드를 잿더미로 만들었고, 100만 명의 사람을 죽였다. 한국군 자이툰 부대는 전쟁터에 왔지만, 평화와 봉사 부대다. 무장도 제대로 하지 않는다. 탱크도 없고 전투기도 없다. 방위를 위한 소총밖에 없다. 주둔지는 쿠르드족의 수도 아르빌이다.

평화와 봉사다. 3,600명이 주둔했다. 주민은 한국군을 매우 환영했다. 한국군은 전투부대가 아니다. 주민들에게 무료로 의료봉사를 했다. 병영이라기보다는 쿠르드족의 교육장 같은 기분이다. 컴퓨터 교육을 했다. 용접과 전기, 토목에 관한 기술 교육을 했다. 자이툰 부대에 의료봉사를 받기 위하여 줄을 서고 있다. 티켓을 나누어 주어 하루 100명만 치료를 해 주었다.

당시 쿠르드족 지도자들을 만났다. 마수드 바르자니도 만났다. 뒷날 그는 쿠르드 자치구의 초대 대통령2005~2017이 되었다. 그들은 우리처럼 양복을 입지 않고 이슬람 전통 복장을 하고 있었다. 우리를 자기들의 마을에 초대해서 만났고, 차를 대접했다. 형식적인 인사를 주고받았다. 독립을 원한다 했고, 한국군이 도와주고 봉사를 해 주어서 고맙다 했다. 하기야 공짜 봉사를 하는데 싫어할 사람은 없다.

한국 병사들은 자이툰 부대를 자원했다. 경쟁률이 매우 높았다. 수당도 매월 200만 원 정도 받았다. 장교들과 하사관에게 사막 지역의 전투 경험은 매우 중요하다. 사령관은 황이돈 소장이었다. 뒷날 그는 이명박 정권 때 대장으로 진급하여 육군 참모총장을 지냈다. 6개월마다 순환 근무를 한다. 병사들의 사기는 매우 높았다. 전투부대가 아니므로 사상자는 없었다. 보기에 좋았다. 자이툰 부대는 2004년 2월 23일에 파병하여 2008년 12월 20일에 작전 임무를 마치고 귀국했다. 아르빌의 방문은 나에게 너무나 소중한 경험이었다.

01 | 다마스쿠스, 세계의 명검 다마스쿠스의 칼

다마스쿠스Damascus는 시리아의 수도다. 남쪽 레바논과 이스라엘 국경 근처 사막 가운데 있다. 인구는 250만 명이다. 제일 큰 도시다. 다음은 북부 상공업 중심지 알레포Halab Aleppo다. 다마스쿠스의 서남쪽 20km 지점에 텔라마드Tell Ramad라는 작은 마을이 있다. 방사능 동위원소로 측정한 결과 유적은 기원전 7230~6800년경으로 추정했다. 그때부터 지금까지 계속해서 사람이 살고 있다. 지구상에서 사람이 가장 오랫동안 계속해서 사는 곳이다. 이집트의 가장 오래된 아마르나Amarna, 고대 이집트 문자에 기원전 1200년경 북쪽의 히타이트Hittites족이 전쟁을 했다는 기록이 있다. 히타이트 제국은 지금 시리아와 아나톨리아 고원이다.

다마스쿠스는 지중해와는 80km 내륙에, 안티 레바논Anti Lebanon산맥 선

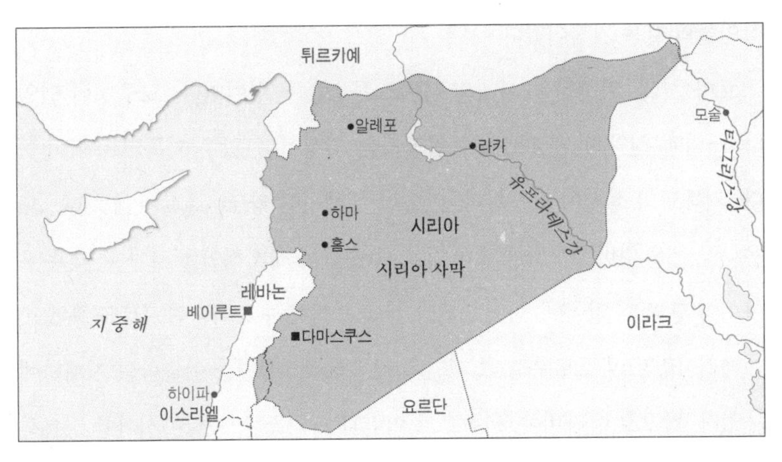

다마스쿠스

상지에 위치한다. 고도 680m 고원지대다. 바라다Barada강이 도시의 한가운데로 흐른다. 연평균 강수량은 230mm 정도고, 10월에서 4월 사이가 우기다. 선상지 일대에 밀, 포도, 올리브, 채소 등 농산물이 생산된다. 강은 상류는 있어도 하류는 없다. 사막으로 스며드는 와디wadi다. 바라다강에서 사막으로 흘러내리는 물을 이용해 농사를 짓고 도시가 발달하였다. 강 유역의 남안南岸과 북안北岸을 따라 도시가 발달하였다. 남쪽은 구시가지로서 성채와 모스크, 교회, 시장 등이 있고, 믿는 종교에 따라 지역의 구분이 되어 있다.

동쪽에는 기독교, 남쪽에는 유대교, 그 남쪽에는 이슬람교도가 살고 있다. 이슬람교도가 80%다. 그중 90%가 수니파다. 아랍족 다음으로 많은 소수민족은 쿠르드족이다. 다마스쿠스에서는 다민족, 다종교가 공존하고 있고, 큰 갈등 없이 함께 살고 있다. 예루살렘과는 불과 220km 북쪽에 있다. 예수의 제자들도 선교 활동하러 왔다. 마호메트도 삼촌과 함께 메카에서 다마스쿠스까지 향신료와 보석을 팔러 다니는 행상을 했다. 교통의 중심지로 상인들의 활동 거점이었다.

로마 시대, 비잔티움 시대의 다마스쿠스는 속령이었다. 교구청이 있었다. 구약과 신약의 성경에 자주 등장하는 지명이다. 많은 기독교 유적이 있다. 기독교의 성지이기도 하다. 이슬람 우마이야 왕조Umayyad Caliphate는 도읍661~750을 다마스쿠스에 정하였다. 이슬람이 세계적인 종교가 된 것은 우마이야 황제 때 일이다. 북아프리카 전역을 정복하고 이슬람교로 교화했고, 이베리아반도의 포르투갈, 스페인을 정복하고 700년간 이슬람의 지배하에 두었다. 남으로 아라비아, 서쪽으로 이란과 파키스탄, 중앙아시아를 정복하여 이슬람교를 전파하였다. 서기 750년 당시 제국의 크기는 현재의 유럽1천만km^2보다 더 큰 1천500만km^2였다. 인구 3천400만 명, 당시 세계에서 가장 큰 문명국인 대제국을 건설하였다. 그 중심에 다마스쿠스가 있었다. 13세기 몽골 훌라구의 침략을 받아 30만 명이 살해되고 도시가 깡그리 파괴되었다.

다마스쿠스가 역사 속에 등장하는 것은 지정학적 위치 때문이다. 15세기에 오스만제국의 중심 도시, 레반트의 중심 도시가 되었다. 로마와 이란, 인도를 잇고, 튀르키예와 이집트를 잇는 교통의 요지다. 사막에 강을 끼고 있는 비옥한 농토를 가진 다마스쿠스는 역사적으로 어느 시대나 중심에 있었다. 유네스코 문화유산위원회는 너무 많은 인류 문화재가 있다고 했다. 현 다마스쿠스가 놓여 있는 지하 2.4m 아래에 매장 유물이 너무 많아 발굴할 수 없다고까지 했다. 지난 8천 년간 지나간 인류 역사를 보면 유네스코 위원회의 말이 헛말이 아니다. 발자취가 어떤 형태로든 남아 있을 터다. 메카, 메디나, 예루살렘과 함께 이슬람의 4대 성지이기도 하고 기독교의 성지이기도 하다.

십자군 원정 때 영국의 사자 왕 리처드 2세는 술탄 살라딘Saladin을 만나,

적장끼리 기싸움을 했다. 리처드는 칼을 들어 쇠를 자르는 힘을 보여주었다. 그러나 살라딘은 실크를 날려 내려오는 자리에 칼을 바쳤더니 가벼운 실크가 두 동강으로 잘려 카펫 위에 떨어졌다고 한다. 이슬람의 칼은 십자군의 칼보다 가볍고, 강하고, 유연성이 뛰어나고, 날카로웠다. 이슬람의 제철 기술이 한 수 위였다는 말이다. 십자군은 다마스쿠스를 공격했지만 실패했다. 십자군 원정의 실패는 무기의 차이에 있다고 소문이 났다. 그 무기가 '다마스쿠스의 칼'이다. 신비의 검 이야기가 지금까지 전해 내려오고 있다. 애니메이션과 만화로도 제작되었다. 전설의 칼이 있었는지는 모르지만, 철의 명산지고 제철 기술이 뛰어나다는 것은 사실이다. 지금도 '다마스쿠스 나이프'는 명성과 함께 등산용 칼로 시중에서 잘 팔리고 있다. 나 또한 다마스쿠스에 갔을 때 시장에서 칼과 비누를 샀었다.

02 | 시리아 내전, 대리전으로 변질된 전쟁

시리아 내전은 2010년 '중동의 봄'으로 시작했다. 먼저 바람을 맞는 리비아와 이집트에 불이 붙었다. 대대적인 시위로 독재자 카다피와 무바라크 정권이 무너졌다. 시리아의 민주화 운동은 2011년 3월에 시작되었다. 시리아 정권도 독재 정권이었다. 정권을 비판하는 행위는 일절 금지되었고, 집회도 엄격히 통제되었다. 민주화 운동을 탄압하고, 시위자는 고문, 투옥했다. 시위 편을 드는 쿠르드족에게는 시민권을 주지 않았다. 여성과 소수 종파에는 공무원이나 공직 참여를 제한했다. 불만은 커졌고, 시위가 일어났다.

데모는 알레포와 다마스쿠스에서 일어났다. 시간이 갈수록 전국 도시로 확대되고 격화되었다. 요르단 국경 근처 다라Daraa 시에서 시위대와 경찰이

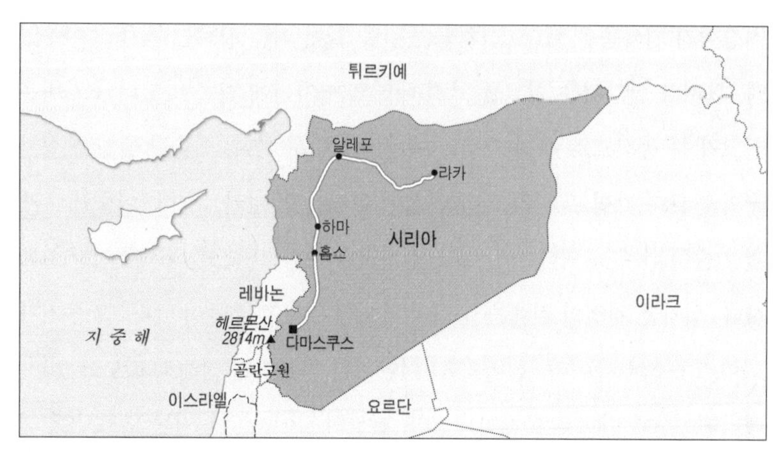

시리아 내전

충돌했다. 7명의 경찰과 15명 시민이 살해되었다. 데모대의 주장은 정치범의 석방, 자유선거, 긴급명령의 철폐, 부패 척결이었다. 시간이 갈수록 데모 구호는 독재자 아사드Bashar al-Assad 타도로 변모했다. 아사드 정권은 군대를 동원했다. 탱크와 항공기로 데모 군중을 살해했다. 충돌로 2011년 5월에는 1,000명의 시민이 살해되고 150명의 군인이 죽었다. 그해 6월, 정부군은 튀르키예와 인접한 국경도시, 슈그르Shughur에서 장례 행렬에 발포했고, 데모대는 감춰진 총으로 대응 사격을 하여 초소병 8명 모두를 살해했다. 반군이 형성된 것이다. 각 도시로 확산하였다.

시리아인은 유목민의 전통으로 집마다 한두 자루씩 총이 있다. 억울하게 당하면 총을 들고나온다. 이라크 내전의 피난민이 가져온 총도 많다. 평화 군중이 조직화하면 즉시 총이 등장하는 이유다. 우리와는 문화가 다르다. 시리아의 난민은 650만 명이 살던 곳을 떠나 피난길에 올랐다. 400만 명의 시리아인이 인접 국가 튀르키예, 레바논, 요르단, 이라크, 이집트로 갔다. 난민은 식량과 식수의 부족으로 고통을 겪고 있다. '시리아의 봄'은 독재가 원인이다.

1946년 독립을 하고 사회주의 공화국으로 출발을 했다. 1966년 당시 국방부 장관이었던 하페즈 아사드가 쿠데타로 권력을 잡았다. 2000년, 죽을 때까지 34년간 독재를 했다. 권력 서열 2인자였던 아들 바사르 아사드가 대를 이어 대통령이 되었다. 북한 권력과 닮았다. 아사드 정권은 시아파의 소수 아라위트Alawites 교파다. 시리아에는 아랍 수니파 60%, 시아파 아라위트 12%, 수니 쿠르드 10%, 기독교를 포함하여 기타 18%를 차지하고 있다. 아라위트 교파가 정부의 고위 공직, 군 장성, 경찰 간부직을 독차지하고 있다. 석유산업을 비롯한 주요 기간산업 이권은 그들 손에 있다. 다수의 수니파는 소외되었다. 불만이 높다. 시위는 과격했다.

서방 여론은 아사드 정권이 쉽게 무너질 것으로 판단했다. 시리아는 사회주의 국가다. 시위는 내전으로 발전했다. 미국, 프랑스, 튀르키예, 사우디는 민주화를 추동하는 반군 편을 들었다. 반군FSA에 무기도 제공하고 전투기를 지원하여 정부군을 공격했다. 반군 편에 IS, 헤즈볼라, 쿠르드, 알 누스라 전선, 무자헤딘이 합류하고 있다. 이상한 모양이다. 미국은 어쩌다가 테러 집단과 손을 잡고 반군을 지원하는 꼴이 되었다. 딜레마다. 테러 단체들은 정부군에 저항하여 연합 전선을 만들고 있다. 이해관계는 다르다. IS와 쿠르드다. 각각 영토를 가진 국가 설립이 목적이다. 시리아의 북동쪽 이라크 국경 지대가 근거지다. 미국과 쿠르드는 같은 편이다. 미국과 IS는 반대다. 미국과 튀르키예는 같은 편이다. 쿠르드와 튀르키예는 반대다. 매우 복잡하다.

정부군은 러시아와 중국의 지원을 받고 있다. 러시아는 시리아 편이다. 지중해 진출에 필요한 나라가 시리아다. 시리아는 사회주의 정권이고 러시아 원조는 적극적이다. 시리아 지중해 연안 타르투스Tartus 항구에는 러시아 해군기지가 있다. 아사드 대통령도 러시아에서 유학했다. 정부군과 반군의 세력이 팽팽하다. 반군은 미국의 거점인 이라크를 중심으로 시리아사막 대부분을 차지하고 있다. 유프라테스강 유역의 도시를 점령하고 있다. IS와 쿠르드는 튀르키예 국경 지대를 점령하고 있다. 한편, 정부군은 다마스쿠스를 중심으로 알레포Aleppo와 홈스Homs를 거점으로 하고 있다.

미국 트럼프는 시리아에서 미군을 철수했다. 튀르키예의 쿠르드와 적대 관계 때문이다. 쿠르드는 이라크 후세인 정권을 몰아내는 데 미국을 도왔다. 미국과 튀르키예의 관계가 껄끄럽게 됐다. 시리아를 포기하더라도 튀르키예는 나토 회원국이다. 아르도안 튀르키예 대통령은 우크라이나 전쟁에 나토 회원국이지만 비협조적이다. 러시아와 등거리 외교를 하고 있다. 미국과 쿠르드족 관계 때문이다. 독재 정권과 민주주의 정권은 외교에서 차이가 있다. 미국은 오바마에서 트럼프로 바뀌었다. 외교도 바뀐다. 러시아의 푸틴은 장기 집권을 하고 있다. 외교도 변하지 않는다. 시리아 시위는 내전으로 변했고, 내전은 대리전이 되었다. 미국이 손을 뺐다. 2020년 6월 이후 휴전 상태다. 간간이 총격전은 있다. 정부군이 유리한 전황이다. 문제는 난민이다. 탈출한 난민은 목숨을 걸고 유럽으로 들어가고 있다. EU 난민 문제의 진원지다.

03 | 레반트 알레포 비누, 버킷리스트 1번

1970년 네덜란드에서 공부를 마치고 귀국했다. 네덜란드를 갈 때는 북극 항로를 거쳤다. 한국이 중국 및 소련과 수교하기 전이다. 귀국 길은 중동과 인도, 동남아시아 코스를 택했다. 가능하면 많은 기항지를 추가했다. 언제 다시 유럽을 나올 수 있을지는 모른다. 첫 기항지는 레바논 베이루트 Beirut다. 베이루트 공항에 내려 다마스쿠스로 들어갔다. 버스로 2시간 거리다. 지금은 전쟁터가 되어서 여행을 할 수 없다. 시리아를 여행할 목적이었다. 레반트에서 가장 중요한 나라는 시리아다. 시리아는 사실상 레반트의 대명사다. 다마스쿠스에서 알레포로 가는 시리아 고속도로가 있다. 십자군 시절에도 다니던 원정 길이다. 지금도 가장 중요한 도로다. 다마스쿠스에서 알레포까지 있다. 다마스쿠스, 홈스, 하마Hama, 알레포가 남쪽에서 북쪽으로 분포한다. 다마스쿠스에서 알레포까지 5시간 걸린다 했다. 달리는 버스 안으로 사막바람이 들어온다. 완전한 평야다. 가로수가 없는 도로이므로 먼 거리를 볼 수 있다.

알레포는 인구 200만의 도시다. 수도 다마스쿠스 다음으로 크다. 북쪽 튀르키예와 가깝다. 2000년 동안 레반트에서 가장 큰 도시였다. 가장 큰 도시는 가장 중요한 도시다. 북으로 향하는 고속도로 주변은 사막이다. 동쪽은 완전히 사막이다. 양 떼와 낙타가 때때로 보인다. 지중해 쪽은 멀리 숲이 보이고 취락도 있다. 공부할 때 알고 지내던 친구를 만나러 가는 길이다. 알레포 인구는 대구 크기였다. 1970년대 알레포는 큰 건물이 즐비했다. 친구는 알레포 자랑을 많이 했다. 자랑할 만한 도시였다. 기독교 성당, 이슬람 사원이 같이 있었다. 대구는 100년 된 건물도 없다. 알레포는 1000년 된 성과 이슬람 사원이 수두룩했다.

친구는 시리아 국민이지만 쿠르드족이라 했다. 아버지 독재자 아사드가 살아 있을 때다. 이라크와 시리아 쿠르드족은 모두가 이슬람 시아파다. 차별은 없지만, 취업할 때는 차별을 받는다고 한다. 독재해서 가난하고 차별이 있다고 불만을 토로했다. 그때는 박정희 정권 시절이다. 민주주의를 경

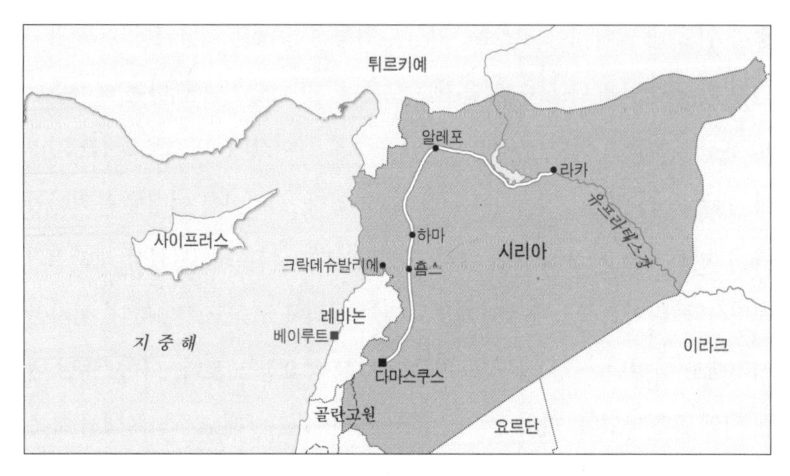

알레포

험해 보지 못했다. 차이가 없어 보였다. 한국이 통제가 더 심한 듯했다. 우리도 연좌제가 있었다. 가족 중 6·25전쟁으로 북으로 간 가족이 있으면 공무원 취직이 안 되었다. 보기에는 시리아가 더 자유롭게 보였다.

시리아 전체가 구경거리가 많은 지역으로 알레포는 지금 이슬람교 도시지만, 기독교 문화 유적이 많다. 구시가지는 이슬람 유적보다 기독교 유적이 더 많은 듯했다. 오스만제국 시절 3위의 도시다. 콘스탄티노플, 카이로 다음이다. 실크로드의 종점이었다. 중앙아시아, 수에즈운하, 메소포타미아를 가려는 유럽인은 알레포를 거쳐야 했다. 그때나 지금이나 교통의 중심인 대도시가 발달한다. 프랑스에서 독립했다. 지식인은 프랑스어를 쓰고 대학에서도 프랑스어로 강의를 한다 했다. 관광 거리가 많다. 그중에서도 알레포는 보석이다. 문화 관광을 하려면 주저하지 않고 시리아를 강력하게 추천한다. 언제나 세계사의 중심에 있었고, 자연이 다르고, 문화가 다양하다.

1919년 프랑스는 마이살룬Maysalun 전투에서 시리아 독립군을 격파하고,

승리했다. 간단한 전쟁이었다. 다마스쿠스와 알레포를 점령했다. 십자군의 전적지다. 시리아를 정복한 프랑스 장군 고라드Gourad는 1920년 사라딘Saladin 황제 묘를 찾았다. 묘지를 발로 차면서 "사라딘 일어나라, 레반트에 십자군이 승리의 깃발을 들고 돌아왔다."라고 말했다고 한다. 1000년 전 기독교 십자군이 당한 복수를 한다는 이야기다. 재미있다. 1945년까지 지배했다. 프랑스는 제2차 세계대전 승전 국가다. 시리아에 많은 이권을 챙기고 독립을 허락했다.

다마스쿠스는 칼, 알레포는 비누가 유명하다. 역사상 처음으로 고체 비누를 만든 곳이다. 알레포 비누, 알레포 사분, 월계수Laurel 비누, 시리아 비누 등 다양한 이름으로 알려져 있다. 월계수 기름을 첨가하여 만든 알레포 비누는 관광객이면 누구나 사 가는 상품이다. 최근에 들어와 특별히 여성의 피부 관리와 알레르기성 어린이의 피부에 좋다고 하여 인기가 높다. 시리아의 비누와 칼은 서양 매체를 통해서 세계에 알려졌다. 중세 시대의 자연과학과 기술은 이슬람이 월등히 높았다. 중세 유럽 기독교 과학과 기술은 암흑기였다. 르네상스는 그리스의 학문과 이슬람 과학기술의 접목이다. 이슬람의 과학기술은 당대 최고의 것이었다.

알레포는 지중해에서 120km 내륙에 있다. 북쪽으로 45km 지점에 튀르키예가 있고, 남쪽 다마스쿠스까지는 320km, 동쪽은 시리아사막이다. 알레포 동쪽 80km 지점에 시리아사막 가운데 유프라테스강이 흐르고 댐을 막아, 아사드호가 있다. 그 동쪽이 이라크다. 아사드호는 알레포의 젖줄이다. 또 하나의 명물은 알레포 전통시장, '수크Souq'다. 시장의 길이가 13km에 이르는 알마디나 시장Souq al-Madina이다. 끝없이 걸어야 한다. 중동의 시장은 우리처럼 노천 시장이 없다. 햇빛 가림막이 쳐 있다. 그러나 알레포는 기원전 5천 년경부터 사람이 살았고, 지금도 빠르게 성장하는 도시다.

04 | 홈스, 난공불락의 성 크라크 슈발리에

홈스Homs는 인구 70만 명의 도시다. 다마스쿠스의 북쪽 160km, 알레포의 남쪽 125km에 레바논의 국경 가까이 있다. 오론테Orontes강을 수원으로 하고 있다. 오래전부터 사람이 살던 곳이다. 480m의 고원지대에 있다. 그리스의 지리학자 스트라보Strabo, BC 63는 오론테강 유역에 천막을 짓고 사는 사람들이 있다는 기록을 남겼다. 『이븐 바투타 여행기Ibn Battuta Rilha, 1359』에도 나온다. 홈스에는 큰 시장이 있고, 모슬렘들이 살고 있다고 했다. 상세한 기록을 남겼다. 14세기의 여행자 중에 폴로1254~1324는 베네치아 사람이고, 바투타1304~1368는 모로코 탕헤르Tangier 사람이다. 비슷한 시대에 비슷한 지역을 여행하고 폴로는 『동방견문록』을, 바투타는 『이븐 바투타 여행기』를 남겼다. 유명한 지리서다.

시리아를 관광하는 사람이면 누구나 홈스를 찾는다. 두 개의 문화유산 때문이다. 하나는 크라크 데 슈발리에Krak des Chevaliers 성이다. 또 하나는 팔미라Palmyra 유적이다. 두 개 다 유네스코 세계 문화유산으로 등재되어 있다. 슈발리에 성은 홈스의 서쪽 40km 레바논 국경 근처에 있다. 팔미라 유적은 홈스의 동쪽 100km, 시리아사막의 한가운데 오아시스에 있다. 대단한 문화유적이다. '팔미라Palmyra 유적'은 기원전 2천 년부터 동서양을 잇는 상인들의 도시였다. 중국, 인도, 페르시아, 로마를 연결하는 무역의 중심지였다.

오랜 세월이 흘렀지만 상당히 잘 보존되어 있다. 유적의 한가운데 1,100m의 중앙 도로에 늘어선 석주들은 당시의 도시 규모가 얼마나 크고 웅장했는가를 말해 준다. 로마와 비잔티움제국의 지배를 받았다. 이 지역에서 일어난 어떠한 전쟁도 피하지 못했다. 그리스, 로마, 페르시아, 아랍의 문명이 혼재되어 있다. 대단한 문화 유적이다. 세계적인 관광지 팔미라는 지금 내전으로 몸살을 앓고 있다. 관광객보다는 난민이 많다. 작은 도시에 너무 많은 난민이 들어와 엉망이다. 위생 시설은 불미하고 치안은 불안하다. 팔미라는 인구 5만의 오아시스다.

슈발리에 성은 십자군 원정 때 건설한 성이다. 중세 시대 십자군의 성이 여러 개 있다. 기독교인이 성채를 쌓아 홈스를 지키고자 했다. 하지만 기독교인 숫자는 적고, 십자군 병력도 적었다. 한 명이 천 명을 방어할 수 있는 탄탄한 성채를 쌓았다. 성채가 포위된다고 해도 3~4개월만 버티면 베니스에서 원군이 도달할 수 있다고 판단했다. 전쟁은 있었지만 유럽 원군이 온 일은 없다. 서방의 언론 영향으로 이 지역이 기독교 지역인 줄 알고 있다. 아니다. 레반트 지역의 기독교 지배는 잠깐이다. 이슬람이 지배한 역사가 전부라고 해도 과언이 아니다. 단지 2차 세계대전 후, 기독교 국가 프랑스와 영국이 지배했다.

레반트가 세계사에 유명하게 된 것은 십자군 원정이다. 8차에 걸친 십자군의 원정이 있었지만, 이 지역을 한 번도 제대로 공격하지는 못했다. 1차 십자군 원정 때 단 한 번 성지 예루살렘을 1099년 탈환하였다. 이슬람의 술탄 사라딘은 88년 동안 십자군이 지배하고 있던 예루살렘을 1187년에 탈환했다. 그 후 이슬람의 지배하에 있었다.

8차에 걸친 십자군 원정군의 제후들은 대부분 유럽으로 돌아갔다. 당시 십자군이 축성한 성채가 현재 남아 있는 것만 해도 142개나 된다. 당시 십자군은 유럽 제후들의 연합 군대였다. 크라크 데 슈발리에는 병원 기사단이 건설한 성채다. 이 성채가 유명한 것은 외형이 아름답다. 완전한 상태로 보존되어 있다. 중세 시대 건축양식이다. 1140년에 축성을 시작하여 1170년에 완공했다. 지진으로 부분 파괴는 되었지만 원형이 잘 보존되어 있다. 타르투스Tartus 650m 산 위에 건설되었다. 외적의 접근을 막기 위하여 내성과 외성 사이에 해자와 성벽을 두었다. 성의 주변에 10m 깊이의 해자가 있고, 성벽을 기어오르는 것이 불가능할 정도로 가파르다. 외부와 내부를 잇는 다리가 있다. 들어 올리면 외부와는 완전히 차단된다. 성의 둘레는 1,500m다. 외성의 1차 방어선이 무너지면 내성 안쪽으로 2차 방어선이 구축되었다.

1187년 예루살렘이 이슬람에 함락된 이후에도 크라크 데 슈발리에는 100년 동안 십자군의 거점이 되었다. 한 번도 무력에 의하여 함락된 일이 없다. 성채에는 2천 명의 병력이 5년간 버틸 수 있는 물과 식량을 비축할 수 있도록 설계했다. 1271년 맘루크의 술탄 바이바르스는 무려 20배에 달하는 병력으로 성채를 36일 동안 포위하고도 함락하지는 못했다. 거짓 편지를 보내서 성문을 열게 하여 공성에 성공했다. 결코, 무력으로 한 번도 함락하지 못한 난공불락의 성이다. 그 후 다시 기독교가 다시 홈스에 상륙한 것은 19세기 말 산업혁명으로 무장한 영국과 프랑스의 군대다. 대포 앞에서 성은 의미가 없다.

01 | 요르단 암만, 좋은 전쟁보다 더러운 평화가 낫다

한국도 1989년부터 해외여행이 자유로워졌다. 단체 여행만이 아니고 개인도 비행기 표를 끊고 현지의 숙소도 인터넷으로 예약을 한다. 세계 어디를 가더라도 현지에 한국인 민박집이 있고 식당도 있다. 참으로 많이 변했다. 1970년대만 하더라도 한국은 여권을 내기도 힘들었고, 여권을 갖고 있다고 해도 비자 없이 입국할 수 있는 나라가 10개국에 불과했다. 입국하는 나라마다 비자를 받아야 했다. 지금 한국 여권을 갖고 못 가는 나라는 단 하나뿐이다. 세계 어느 나라든 갈 수가 있다. 한국 여권을 들고 나가면 자부심이 느껴진다.

어느 나라를 가든 고유한 문화유산이 있다. 문화유산이 여행지를 선정하는 기준이 되기도 한다. 여행의 맛은 문화유산이나 자연보다 현지에 사는 사람과 만남이다. 아무리 좋은 문화유산과 자연경관이 있다 하더라도 현지인과 만남이 틀어지면 그 여행은 망치는 꼴이 된다. 상품이 중요한 것이 아니라 서비스가 더 중요하다. 반면, 세계적인 볼거리가 없다 하더라도 현지인이 친절하고 좋은 인연이 만들어지면 그 여행은 값지게 느껴진다. 또, 한국보다 잘사는 나라를 여행하기보다는 못사는 나라를 여행하는 맛이 더 있다. 사람 때문이다. 사람을 대하는 태도가 다르다. 다른 환경에 살기 때문에 다른 문화를 갖고 있고, 다른 문화와의 접촉은 여행의 아이콘이다.

암만Amman은 요르단의 수도다. 고원지대에 위치한다. 1,000m 고원에 위치하므로 기후가 사람이 살기 좋다. 고도가 높으면 현대 도시 인프라를 구축하기는 매우 어렵다. 불편한 지형이다. 겨울에는 서쪽 산악 지역에 눈이 쌓여있다. 우기인 겨울에는 매일 짙은 안개가 있다. 인구는 400만 명이다. 요르단 인구 800만의 2분의 1이 수도 암만에 거주한다. 사막 지역에 400만의 대도시를 유지하기 위하여서는 물이 있어야 한다. 요르단강의 지류인 자르카Zarqa강이 수원이다. 도시화의 진행으로 물이 충분치 못하고, 강물은 많이 오염되어 있어 식수난을 겪고 있다.

레반트에서 이스라엘과 사이가 좋은 나라는 요르단뿐이다. 전쟁하지 않고 평화를 유지하고 있다. 이스라엘과 원한이 있다. 1976년 전쟁으로 요르단의 서안West Bank을 이스라엘에 빼겼다. 서안은 인구 300만, 면적 5,655km^2, 요르단의 금싸라기 땅이다. 전쟁해야 할 처지다. 전쟁하지 않고 평화를 유지하고 있다. 이스라엘과 평화협정1994을 맺었다. 미국은 물론 영국과 관계도 좋다. 아랍 국가들은 요르단을 조롱한다. 이스라엘과 전쟁을 하면 승산이 없다는 것을 너무나 잘 안다. 전쟁의 결과가 어떤가를 경험했다. 이라크 전쟁과 시리아 내전을 보고 있다. 2005년에는 호텔에 폭탄 테러가 발생해 60명이 죽고 115명의 부상자를 냈다. 알카에다 소행이라고 밝혔

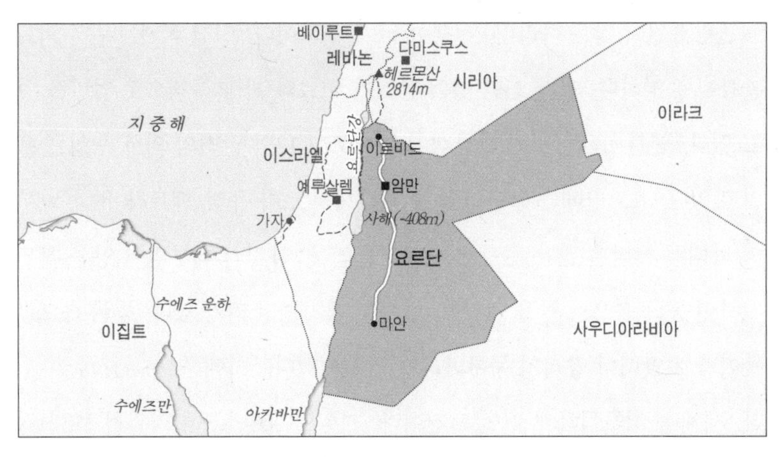

암만

다. 하마스도 IS도 테러할 것이라 한다. 그 후 테러는 없었다. 그래도 이스라엘과 평화를 유지하고 있다. 명분 있는 전쟁보다 나쁜 평화가 낫다.

후진국의 수도는 정치, 경제, 문화의 중심지다. 모든 것이 수도에 모여 있다. 요르단은 인구의 반이 난민이다. 이웃 국가에서 전쟁으로 피난을 왔다. 암만으로 몰려들었다. 이웃 이라크 전쟁으로 이라크에서 난민이 50만 명 들어왔다. 시리아 내전으로 100만 명이 들어왔다. 난민의 나라가 되었다. 전쟁만 나면 난민이 요르단행이다. 이라크와 시리아 형편보다는 낫다.

입헌군주국이다. 국왕의 권력이 크다. 모든 각료는 국왕이 임명하고 군의 통수권을 장악하고 있다. 친서방국가다. 이스라엘과도 잘 지내고 미국, 영국과 관계도 좋다. 암만도 레반트의 큰 도시와 마찬가지로 기원전 7천 년 전부터 사람이 살아 왔다. 요르단은 지중해 연안 국가이면서 지중해와 접하지 못하고 있다. 지중해 기후의 영향을 받지만, 요르단과 지중해 사이에는 이스라엘이 있다.

관광자원이 많은 나라다. 전쟁이 없기 때문이다. 인접 국가로부터 의료 관광이 유명하다. 연간 25만 명의 환자가 치료와 관광 목적으로 암만을 찾고 있다. 연간 180만 명의 관광객이 들어오고 13억 달러의 외화 수입을 올리고 있다. 요르단에는 암만의 북쪽 제라시의 로마 유적, 페트라 유적, 남부의 와디럼 사막은 많은 관광객을 불러들인다. 양치기 베두인이 양을 찾기 위하여 동굴 속으로 돌을 던졌다. 항아리 깨지는 소리가 났다. 동굴 속으로 들어가 보았더니 양피지 두루마리가 발견되었다. 「사해문서Dead Sea Scrolls」다. 세계를 떠들썩하게 했던 사건이다. 기원전 408년부터 기원전 318년경의 것으로 구약성경의 일부다. 사막기후이기 때문에 가능했다. 역사, 종교, 언어 연구에 귀중한 가치를 갖고 있다. 「사해문서」가 암만 소재 고고학 박물관에 일부 보관되었다. 베이루트는 프랑스풍, 암만은 영국풍이다. 요르단은 영국 지배를 받았다. 미국식 패스트푸드 맥도날드, 프랑스의 라 메송, 이탈리아의 트라토리아를 쉽게 맛볼 수 있다. 아랍 국가이면서도 레스토랑이나 나이트클럽에서는 술을 판매한다. 암만은 아랍 국가 중에서 가장 서구화된 도시다.

02 | 요르단강, 꿀과 젖이 흐르는 강

요르단은 요르단강의 동쪽에 있다. 요르단 국명은 요르단강 이름을 따랐다. 이스라엘, 팔레스타인, 레바논, 시리아, 사우디아라비아와 접경하고 있다. 이스라엘과 가장 긴 국경을 맞대고 있다. 요르단강은 유명한 강이다. 성경에 많이 나오는 이름이다. 유대인을 이집트에서 탈출시켜 가는 모세에게 하느님은 계시했다. '가나안Canaan 땅'으로 들어가라고 했다. 가나안 땅은 요르단강요단강 건너편 서쪽이다. 가나안 땅은 성경에 '젖과 꿀이 흐르는 땅'이다. 요한은 예수가 올 것을 예언했다. 요단강에서 예수에게 세례를 했다. 가나안 땅은 지금 서안과 이스라엘이다. 당시의 풍요는 농업 생산이고 사막에 큰 강이 흐르는 것은 비옥한 토양을 만들어 주었다. 많은 농산물 생산이 가능케 하여 '꿀과 젖이 흐르는 강'으로 대변되었다. 요르단 인구의 75%가 요르단강 유역에 있다. 요르단강이 얼마나 중요한 강인가를 대변해 준다.

요르단 역사는 레반트 지역의 운명과 크게 다르지 않았다. 대제국이 밀물처럼 쳐들어올 때는 당했고, 또 다른 큰 외적이 침략할 때는 같이 당할 수밖에 없었다. 사막의 오아시스에 사는 작은 부족으로는 큰 외세를 방어할 만한 힘도 세력도 만들지 못했다. 1세기 로마제국 지배, 5세기 비잔티움 지배, 7세기 이슬람제국 지배, 15세기 오스만제국 지배, 1916년 영국 지배, 1946년 영국으로부터 독립했다. 태풍이 불어와도 그 속에 적응하는 방법은 민족마다 달랐다. 오랜 세월 동안 이민족의 지배를 받았다. 면적 89만km^2, 시리아 난민 50만을 포함하여 인구 800만, 1인당 국민소득 5천 달러로 현재에 이르고 있다.

요르단강과 사해의 지질구조는 대지구대Great Rift에 속한다. 해수면보다 250m 낮게 흐른다. 시리아 헤르몬Hermon, 2,814m산에서 발원한다. 갈릴리 호수Galilee Sea에 잠시 머물다가 남쪽으로 흘러 사해Dead Sea에 유입하여 강의 운명을 다한다. 종착점은 사해다. 지평선보다 418m 낮다. 지구상에서 가장 낮은 호수다. 사해는 남북 67km, 동서 18km의 완전히 폐쇄된 함몰 지형의 호수다. 판구조론에 따르면 아라비아판과 아프리카판이 충돌했다. 아카바Aqaba만에서 튀르키예 사이 1천200km 단층으로 함몰한 지형이 생겨났다. 함몰된 지형에 60만 년 전 지중해 해수면의 상승으로 해수가 유입되어 호수가 되었다.

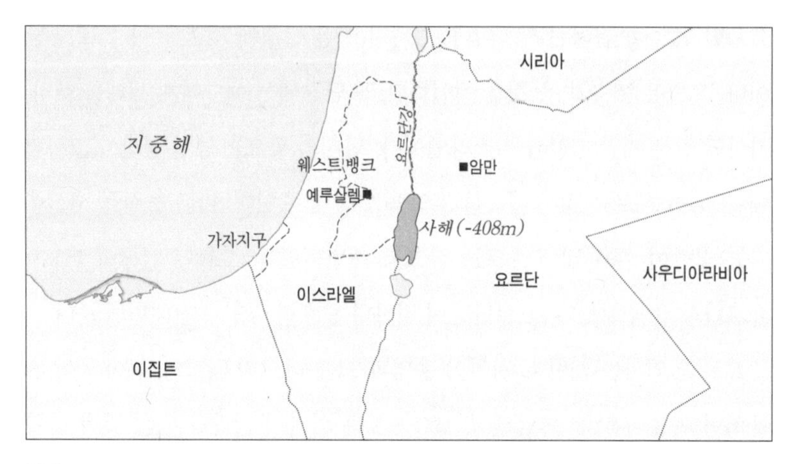

사해

지중해의 염도는 3.7%인데 비하여 사해는 27.5%다. 수영을 못하는 사람도 가라앉지 않는다. 특이한 호수이므로 많은 관광객이 모인다. 사해의 염수는 피부 미용과 관절염에 좋다 한다. 한국인들도 의료 목적으로 사해에 간다. 치료를 받기 위해 몇 달씩 체류하고 있다고 인터넷에서 검색된다. 사해의 진흙은 미용 재료로 쓰이고 있어서 일본, 유럽, 미국으로 수출하고 있다. 그리고 사해 소금은 마그네슘과 합금 재료로 이용된다. 사해를 면한 이스라엘과 요르단은 가성 칼륨을 세계에서 가장 많이 생산하는 나라다. 사해에서 채굴한다.

문제가 생겼다. 사해의 해수면이 매년 1m씩 낮아지고 있다. 옛날의 관광지는 말라서 내륙이 되었고, 사해의 해변을 가기 위하여서는 종전의 관광지에서 2km나 되기 때문에 버스를 타고 가야 한다. 해수면이 낮아지는 이유는 유입되는 수량보다 증발량이 많기 때문이다. 이스라엘 측이 요단강을 물을 많이 쓴다. 사해로 들어오는 요르단강을 여러 개의 댐을 만들어 농업용수와 공업용수로 쓰고 있다. 요르단 정부도 댐을 만들어 주변의 농촌과 도시에 농업용수와 생활용수를 공급했다. 또 하나의 문제는 호수의 수면이 낮아지면서 담수가 지반의 소금층을 녹여서 깊은 싱크홀Sinkhole을 만들고 있다. 싱크홀의 분포가 광범위하게 존재하게 되어 관광지와 해수욕장이 폐쇄되는 사태에 이르렀다.

우리는 중앙아시아를 여행할 때 우즈베키스탄의 아랄해Aral Sea의 문제점을 보았다. 아랄해의 수원이 되고 있는 아무다리아와 시르다리아강을 가로막아 대량으로 관개용수로 이용했다. 호수로 들어오는 물이 줄어들었다. 소위 소련의 '자연개조' 계획이 아랄해의 위기를 만들었다. 같은 현상이다. 개발이 만든 재해다.

사해의 문제를 해결하기 위한 재미있는 계획이 있다. 같은 지구대에 속하는 홍해의 바닷물을 보내는 계획이다. 180km의 아카바 사막을 가로질러 송수관으로 매년 19억 톤의 물을 사해로 송수하는 프로젝트다. 비용은 펌프시설과 해수의 담수화 계획을 포함하여 약 50억 달러가 소요될 것으로 추정한다. 이스라엘과 요르단이 공동으로 사해 살리기 계획을 만들어 세계은행에 보고했다. 긍정적인 반응을 얻고 있다. 특히, 이 사업이 유대인과 아랍간의 갈등을 해소하는 데 도움이 된다. 미국과 EU에서도 지지하고 있다.

03 | 요르단 관광, 〈최후의 성찬〉으로 유명한 페트라

세계의 7대 불가사의한 문화유산을 선정했다. 공정성 논란은 있다. 웹사이트를 만들어 놓고, 2000년부터 2007년까지 1억 명이 투표하여 7개의 인류문화유산을 뽑았다. 세계 7대 불가사의New World 7 Wonders 문화유산에 선정되면 엄청난 돈벌이가 된다. 각국의 홍보와 로비 활동이 대단했다. 공정성 여부를 떠나서 호사가들의 연출이지만 재미있다. 그 문화유산은 중국의 만리장성, 이탈리아의 콜로세움, 인도의 타지마할, 페루의 마추픽추, 브라질 리우의 성모상, 멕시코 유카탄반도의 마야 피라미드, 요르단의 페트라Petra가 선정되었다. 2007년 7월 7일에 발표되었다. 이집트의 피라미드가 빠졌다. 말이 안 된다.

요르단에는 관광지로 이름난 곳이 여러 개 있다. 로마 기독교 유적의 제라시Jerash. 예수가 세례를 받았다는 요르단강. 십자군 시절에 사라딘 군대가 건설한 아줄룬Ajlun 성. 사해Dead Sea, 페트라Petra 유적. 와디럼Wadi Rum 사막이다. 모두가 볼 만한 곳이다. 7대 불가사의한 유적이 된 페트라는 작은 나라 요르단의 대단한 관광자원이다. 페트라 유적은 유적 자체보다도 주변의 지형이 놀랍다. 붉은 사암이다. 사암을 파서 조각하여 도시를 만들고, 왕궁을 만들고, 무덤을 만들고, 도시에 공급할 수로를 건설하였다.

스필버그 감독 영화 〈인디아나 존스 - 최후의 성전Last Crusade, 1989〉은 흥행에 성공했다. 그 영화를 페트라에서 촬영하였다. 기묘한 지형과 유적지를 배경으로 하고 있다. 스토리는 대학의 고고학 교수 존스 박사가 성작포도주 잔을 찾기 위하여 페트라로 떠났다가 일어나는 모험담이다. 재미있다. 영화 때문에 더 유명해졌다. 요르단 최대 관광자원이다. 페트라는 사암지대다. 사암은 모래가 퇴적되어 오랜 세월에 걸쳐 압력과 열로 바위가 된 암석이다. 주로 바다 밑에서 생성된다. 지각변동으로 융기하여 육지가 된 곳이다.

여기의 사암은 붉은색을 띠고 있어, 그 신비감을 한층 더한다. 암석을 통째로 조각한 것도 대단하다. 자연으로 생긴 폭 3~9m, 높이 91~182m, 길이 1,200m 협곡이 생겨 경탄을 자아낸다. 자연경관이다. 좁은 협곡을 통과하

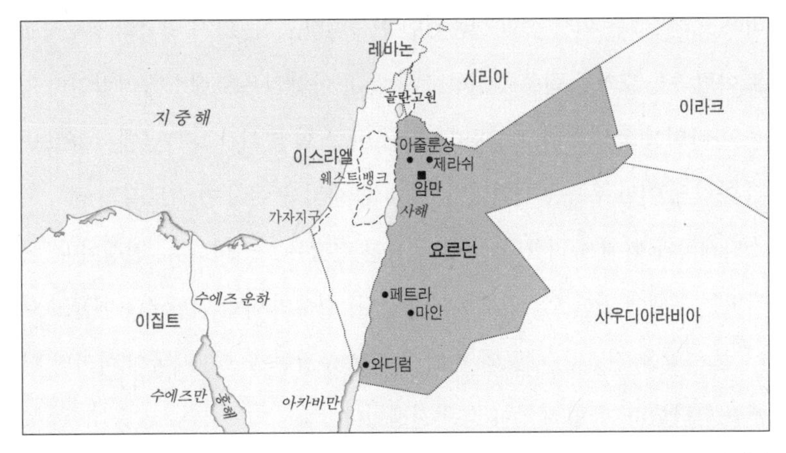

요르단 관광

여 고대 유적지 페트라로 들어가는 통로를 현지에서는 '시크Siq'라고 한다. 원래 단층Fault을 강물이 침식시켜 유선형으로 만들었다. 기이하게 생긴 지형이다.

유적은 나바트Nabat 왕국AD 37~100의 것이다. 나바트 왕국은 유프라테스강과 홍해를 잇는 상인들의 무역로를 장악하여 건설한 왕국이었다. 그 후 로마제국의 침략으로 합병되어 로마제국으로 편입되었다. 따라서 나바탄 왕국, 로마제국의 유적이 혼재되어 있다. 사암은 경도硬度가 높은 암석이다. 여기의 사암은 경도가 약해서 쉽게 석굴을 파서 거주했고, 사막기후를 견딜 수가 있었다. 암벽의 많은 동굴은 주민이 살았고, 대상이 머물렀던 곳이다. 왕궁도 왕의 무덤도 웅장하게 건설할 수 있었다. 사막을 여행해 보면 동굴처럼 시원한 장소는 없다.

데비드 린 감독 <아라비아 로렌스1962>도 요르단의 와디 럼 사막을 배경으로 하고 있다. <인디아나 존스>는 홍미 위주 상상의 픽션이다. <아라

비아 로렌스>는 역사 속의 실존했던 인물이다. 그는 당시 영국의 정보장교로 아랍족을 도와 독립을 쟁취하도록 했다. 아랍인은 로렌스를 아랍인의 영웅 '아라비아 로렌스'라고 불렀다. 그는 아랍 혁명 기간 1817년에서 1818년간 아랍의 여러 부족을 연합했다. 와디 럼 사막을 여러 번 가로질러 당시 오스만제국과 싸워 승리했다. 가장 극적인 전쟁은 아카바Aqaba 전쟁이다. 아카바는 홍해에 면한 오스만제국의 항구다. 소수의 아랍 연합군을 이끌고 와디 럼 사막을 건넜다. 대포와 현대 병기로 무장한 오스만제국의 아카바 항구를 함락했다. 유럽 제국이 놀란 전쟁이다.

영화는 홍해에 면한 아카바 전쟁을 고증했다. 와디 럼 사막은 요르단 남쪽 60km, 아카바의 동쪽에 위치한다. 페트라 다음으로 유명한 관광지가 되고 있다. 나바탄 왕국 사원의 유적이 있다. 선사 시대 암각화도 있다. 현재는 트레킹 하는 여행자, 등산가들이 찾는다. 반은 붉은 모래이고 반은 암석으로 된 사막이다. 사막 한가운데 베두인들의 텐트를 치고, 관광객에 식사와 숙소를 제공하고 있다. 풍화로 깎여 나간 자리에 만들어진 돌다리, 붉은 사암 절벽이 관광자원이다. 와디 럼 사막의 최고봉은 자발 럼Jebel Rum, 1,840m이다. 레반트 지역 중 요르단은 '평화의 섬'이라고 할 만큼 치안 상태가 좋다. 그래서 많은 더 관광객이 찾는다. 관광은 무엇보다도 안전이다.

01 | 이스라엘, 유대 민족은 우수 민족?

스탈린은 1937년 연해주에 살던 조선 사람들을 강제로 중앙아시아로 이주시켰다. 한일합방이 된 조선인은 일본과 내통하여 소련에 저항할 것을 염려했다. 우즈베키스탄, 카자흐스탄, 키르기스스탄으로 이주했다. 카레이스키고려인는 70년도 되기 전에 조선인의 정체성인 언어는 물론이고 문화까지 거의 찾아볼 수 없다. 중앙아시아에서 우리말을 제대로 하는 카레이스키를 만나지 못했다. 3세에 걸쳐 조선족끼리 결혼한 순수한 조선인도 그랬다. 천년의 세월이 흘렀다면, 생물학적 유전자를 제외하고는 조선의 문화 흔적을 카레이스키에게서 찾아보기란 힘들 것이다. 나는 그들을 만나면서 100년도 되기 전에 이렇게 몽땅 잊어버릴 수 있나 하고 놀랐다. 조선족에게는 전통문화를 이어갈 고유 종교가 없다.

이스라엘 하면 떠오르는 이미지가 있다. 유대인의 나라다. 영토 없이 1천 800년 동안 유랑생활을 했다. 유대인은 달랐다. 아랍에 사는 유대인을 세파르딤Sefardim, 유럽에 사는 유대인을 아슈케나짐Ashkenazim이라고 한다. 유대인은 어디를 가던 유대교를 믿는다. 유대교를 믿어야 유대인이다. 배타적인 종교와 행위 때문에 세계 어느 곳에서도 환영받지 못했다. 현지의 종교에 개종한 유대인도 많이 있다. 스페인에서도 러시아에서도 2차 세계대전 중 나치는 600만 명의 유대인을 학살했다. 왜, 그들은 세계 어디를 살던 박해를 받고 살아야 했을까?

이스라엘에 모두 유대인만 사는 것은 아니다. 유대인이 75%이고, 아랍인이 21%로 살고 있다. 유대교를 믿고, 히브리어로 성경을 공부해야 유대인이다. 기독교 사회에서 유대인은 중세 때부터 고리대금업금융업, 농업 대신 상업을 선택했다. 주류 사회에 기생하는 민족이라 여겼다. 유럽에서는 유대인들만이 사는 특수 지역 게토Ghetto를 만들었다. 유대인은 서부 유럽에 살아도 러시아에 살아도 에티오피아에 살아도 어느 곳에 살든 유대인은 차별을 받았다. 종교와 문화 때문이다. 유대인 유전자가 아니다. 20세기 후반에 들어와 유대인의 차별은 완화되었다. 유일하게 차별받지 않는 나라는 미국과 캐나다뿐이다.

팔레스타인은 지금의 이스라엘과 요르단강 서안West Bank, 동예루살렘East Jerusalem, 가자지구Gaza Strip를 포함한 지역을 말하는데, 곧 팔레스타인은 지역명이다. 1800년 전에 로마에 의하여 멸망하였고 유대인은 흩어졌다. 그 후 팔레스타인은 이슬람 왕국들이 차례로 지배를 했다. 소수의 유대인이 그 속에 살았다. 1, 2차 세계대전이 끝이 나고 오스만제국이 물러났다. 영국과 프랑스가 지배했다. 그 지역에 살던 민족인 시리아, 레바논, 요르단, 이라크가 독립했다.

유럽에서 민족국가가 나타났다. 유대인을 차별하고 학대하고 학살했다. 나치가 유대인을 대량 학살하는 홀로코스트가 발생했다. 유럽에서는 시온이즘Zionism 운동이 일어났다. 팔레스타인에 유대인 나라를 세우자는 운동이다. 아슈케나짐Ashkenazim은 대거 팔레스타인 지역으로 이주해 왔다. 영국은 2차 세계대전 때 영국을 도운 유대인에게 독립을 약속했다. 팔레스타인 땅에 이스라엘 국가 건설을 UN은 인정했다. UN 결의를 이스라엘은 환영했고, 팔레스타인은 거부했다. UN의 조치를 아랍 국가들은 인정하지 않았다. 주변 아랍 국가들이 이스라엘과 전쟁을 했다. 4번에 걸친 전쟁은 모두 이스라엘의 승리로 끝이 났다. 이스라엘은 시리아의 골란 고원Golan Heights, 요르단의 서안West Bank, 이집트의 가자지구Gaza Strip를 점령했다. 이스라엘은 싸움닭이 되었다.

유대인은 전 세계에 1천600만 명이 분포한다. 이스라엘 인구는 835만 명이고, 유대인이 625만 명으로 75%를 차지한다. 해외에 810만 명이 있다. 그중 미국에 570만 명이 살고 있다. 이제까지 노벨상 수상자의 22%가 유대인이다. 2013년 노벨상 수상자 12명 중 6명이 유대인이다. 2012년 《타임》지에서 20세기에 가장 영향력 있는 세 사람을 마르크스, 아인슈타인, 프로이트라고 했다. 모두가 유대인이다. 미국에 유대인이 570만 명, 미국 인구의 1.7%에 불과하다. 그럼에도 하버드 대학 입학생의 30%가 유대인이다. 아시아계 학생이 대학 당국에 항의했다. "하버드 대학은 왜 유대인에게 입학 특혜를 주는가?" 대학 당국의 답은 "어느 한 민족에 30% 이상은 입학을 제한한다. 만약 상한제를 풀면 유대인의 입학생이 50%를 넘을 것이다."였다고 한다. 유대인은 우수한 민족일까? 2차 세계대전은 민족 간 전쟁이다. 전후 인류학 연구는 민족 내 개인의 차이는 있어도 민족 간 차이는 없다. 우수 민족, 열등 민족은 없다는 가설을 증명했다. 즉, 민족 간의 IQ 차이는 없다는 말이다. 그 잠재력은 무엇일까? 이스라엘의 면적은 2만km^2 조금 넘는 땅, 경상북도만 하다. 중동에서 이스라엘과 전쟁을 하지 않는 나라는 없다. 최강의 군대를 보유하고 있다. 그러나 가장 민주주의를 실천하는 나라고, 1인당 국민소득이 5만 3천 달러2023로 중동에서는 가장 잘사는 나라다.

02 | 유대인, 굴러온 돌이 박힌 돌을?

우리 속담에 "굴러들어 온 돌이 박힌 돌을 빼려 한다."라는 말이 있다. 이주민이 세력이 커져서 원주민과 갈등이 일어날 때 원주민이 느끼는 정서다. 중동 지역 아랍인이 이스라엘 유대인에게 느끼는 감정이 꼭 그렇다. 유대인과 아랍 민족 간에 갈등이 일어난 것은 이스라엘 국가가 탄생하면서부터다. 1차 세계대전이 종전되고, 2차 세계대전 사이 유럽의 국가들은 정치적·경제적으로 위기가 조성되었다. 국가가 위기 상황에 놓이면 소수민족을 희생양으로 삼아 언제나 박해를 해 왔다. 유대인은 유럽 국가의 박해 대상이었다. 유럽에 살던 유대인이 팔레스타인 지역이나 미국으로 대거 이민을 했다. 팔레스타인 지역에 초기 유대인 이민이 들어올 때는 아랍인들은 환영했다. 유럽의 돈 많은 유대인이 가난한 팔레스타인 지역의 토지를 사고 정착했다. 잘사는 유럽 문명 사람들이 들어온다고 팔레스타인들이 좋아했다. 그러나 불어난 유대인은 농사를 짓기 위하여 요르단강을 자르고, 운하를 파서 관개를 함으로써 시리아와 요르단의 수원을 뺏는 결과가 되었다. 분쟁이 일어났다.

최초의 유대인 집단 이주는 1492년이다. 스페인에서 이슬람을 몰아내고 다시 기독교 국가로 복원하는 레콩키스타Reconquista가 일어났을 때다. 스페인을 무어인이슬람이 지배하고 있을 당시 기독교를 탄압할 목적으로 유대인을 이용했다. 다시 기독교 국가가 된 스페인은 당시 이슬람을 도운 유대인을 박해했다. 유대인들은 대거 팔레스타인 지역으로 이주했다. 최초의 디아스포라다. 박해받고 탈출하는 유대인들을 디아스포라Diaspora라고 한다. 보통명사가 되었다. 20세기 초부터 독일 나치의 박해가 일어나기까지 5차에 걸쳐서 유럽에서 디아스포라가 일어났다. 19세기 초만 하더라도 팔레스타인 지역은 80%가 모슬렘, 유대인 11%, 기독교가 9%였다. 200년이 지난 지금 이스라엘의 인구는 8백20만 명2014이다. 그중 75%가 유대인, 아랍인 21%, 기독교인 4%다. 팔레스타인 지역의 유대인 인구가 팔레스타인 인구보다 많아졌다. "굴러온 돌이 박힌 돌을 뺏다." 디아스포라는 팔레스타인 지역에 많은 돈을 가져와서 경제는 크게 발전하였다. 그러나 땅을 잃은 아랍인과 유대인들 간에는 갈등이 일어났다.

팔레스타인은 1차 세계대전에 승리한 영국이 지배를 하고 있었던 곳이다. 양쪽의 갈등을 풀기 위하여 영국은 팔레스타인 지역을 유대인과 팔레스타인들이 분할하여 살도록 하였다. 1947년 11월 29일 영국이 지배하고 있었던 땅이다. 전쟁 동안 영국은 팔레스타인에게도 유대인에게도 전쟁을 도와주면 독립을 시켜 주겠다고 약속을 했다. 양쪽을 만족시킬 만한 약속을 이행할 형편이 못 되었다. 골치 아픈 일이다. UN에 떠넘겼다. 당시 UN은 영국과 미국이 주무르고 있을 때였다. 1948년 5월 14일 영국은 물러가고 UN이 중재해서 이스라엘 국가로 탄생했다. 박힌 돌을 빼게 하는 불공정 판정을 했다.

이스라엘이 독립하던 그해 전쟁이 일어났다. 1차에서 4차에 걸친 중동전은 주변의 아랍 국가들과 이스라엘 간의 전쟁이었다. 굴러온 돌을 몰아내는 전쟁이었다. 전쟁은 예상을 깨고 모두 이스라엘의 승리로 끝이 났다. 이스라엘이 주변의 막강한 이집트와 시리아와의 전쟁에 승리한 것은 예상 밖이었다. 중동전 사상 가장 큰 규모의 전쟁은 1967년 중동전쟁이다. '6일 전쟁Six Day War'이라 한다. 이스라엘과 이집트, 시리아, 요르단, 이라크, 레바논은 전쟁의 당사국이고, 아랍국 전체가 지원한 전쟁이었다. 이스라엘과 아랍연합국의 전력은 비교가 되지 않았다. 이스라엘과 아랍연합국의 군사력 대비는 이스라엘이 군인 26만 4천 명, 탱크 800대, 전투기 300대고, 아랍 측은 군인 54만 7천 명, 탱크 2천500대, 전투기 957대다. 아랍 측 전력이 절대 우세한 전쟁이었다.

전쟁의 결과는 아랍연합군의 참패였다. 어떻게 이스라엘이 대승했는지 지금도 연구를 하고 있다. 기적 같은 일이다. 이스라엘은 기적이라고 한다. 미국과 서방국가는 이스라엘 편을 들었고, 소련은 아랍 국가들의 편을 들었다. 그러나 그것만으로 이스라엘이 전쟁에 이겼다고 할 수는 없다. 전쟁의 승패를 좌우하는 것은 우세한 무기도 중요하지만, 이스라엘은 물러설 곳이 없는 상황이었다. 정신력이 전쟁을 좌우한 것이 아닌가 한다. 전쟁에 이긴 이스라엘은 이집트의 가자지구360km², 요르단의 서안5,640km², 시리아의 골란 고원1,200km²과 동예루살렘6.7km²을 지배하게 되었다. UN의 반대에도 불구하고 이스라엘은 점령지를 국경으로 삼고 있다.

03 | 이스라엘의 교육, 0.2% 인구가 노벨상 20%

유대인들이 팔레스타인을 떠나 조국이 없는 유랑의 생활을 한 지 1천800년이 되었다. 아이들에게 히브리어로 된 타나크Tanakh 성경을 가르친다. 언어와 종교를 오롯이 간직하고 있다. 그 사람들이 유대인이다. 그 배타성 때문에 박해를 받았다. 유대인의 아이덴티티는 DNA를 조사하지 않는다. 종교와 언어로 유대인으로 구분한다. 유대인은 유대교를 믿고 히브리어를 쓰는 사람들이다.

유대인은 특별한가? 특별하다. 어떻게 세계 인구 0.2%의 유대인이 세계 지성을 대표하는 노벨상 수상자의 22%를 차지할까? 미국 인구의 2%도 안 되는 유대인이 아이비리그 대학의 합격률 30%를 차지한다. 교육열이 높다는 아시아의 일본, 한국, 대만이 각각 4% 내외다. 유대인은 어떤 민족이기에 노벨상의 22%를 차지하고2013년은 12명의 노벨상 수상자 중 6명으로 50%, 미국의 명문 대학 입학의 30%를 차지하는 것일까?

2차 세계대전은 민족 전쟁이었다. 우수 민족이 열등 민족을 지배하는 약육강식의 식민지 쟁탈 전쟁이었다. 지정학Geopolitics에서 자칭 우수 민족 게르만족은 열등한 아시아 인종이나 아프리카 인종을 침탈했다. 강자가 약자를 수탈하는 자연스러운 현상이다. 사자가 임팔라를 잡아먹는 것은 자연법칙이고, 죄가 아닌 자연 섭리다. 누구도 간섭해서는 안 된다. 마찬가지로 문명국가인 게르만족이 미개한 아시아 인종을 침략하고 지배하는, 약육강식은 자연현상이다. 600만의 유대인을 학살한 홀로코스트도 같은 차원의 논리다. 게르만 민족은 기생충인 유대인은 말살해야 한다고 했다.

2차 세계대전의 살육 전쟁은 끝이 났고, 사회과학의 연구 성과는 "지구상에 존재하는 모든 민족문화는 차이가 있어도 우열은 없다."라고 이야기한다. 개인의 IQ의 차이는 있어도 민족 집단 간의 차이는 없다는 것이다. 즉, 한국인과 중국인, 일본인, 이스라엘인, 말레이시아인, 케냐인 간의 집단 지능지수의 평균의 차이는 없다. 그뿐만 아니라, 역사 시대 이후의 약 5천 년간 인간 지능의 진화는 문명의 차이를 만들 만큼 크지 않았다. 그동안의 생물적 진화는 무시할 만하다. 현재의 역사학, 사회과학은 문명의 차이는 환경에 적응한 결과의 차이다. 유전자의 차이가 아니다.

이스라엘 민족의 IQ가 다른 민족과 차이가 없다면, 어떻게 노벨상 수상자나 명문 대학 입학에서 유대인만의 잔치가 되는 것일까? 지능에 차이가 없다면 유대인식 교육의 차이에 있는 것이 아닐까? 한국 초·중·고 학생은 세계에서 가장 늦은 시간까지 공부하는 학생들이다. 한국 인구는 유대인의 5배가 넘는다. 한국인에게는 평화상을 제외하고, 아직 과학상물리학상, 화학상, 의학상과 문학상, 경제학상에 한 사람도 수상자가 없다.

교육의 차이뿐이다. 유대인은 5살 때부터 성경을 가르친다. '하브루타Havruta'식이다. 교육 방법이 독특하다. 부모는 가르친 후에 반드시 "네 생각은?" 하고 질문을 한다. 또 하나의 특징은 히브리 성경을 공부하면서 소리 내어 읽는다. 혼자 공부하는 것이 아니라 짝을 이루어 공부한다. 뉴욕에 유대인 '예시바Yeshiva 대학'의 도서관에서 공부하는 학생들을 찍은 동영상을 보았다. 조용해야 할 도서관이 거의 난장판이다. 두 사람씩 짝지어 성경을 공부하는데 큰 소리를 내어가며 토론을 한다. 그 이상 시끄러울 수가 없을 만큼 시끌벅적하다. 한국의 조용한 도서관은 아니다. 토론장이다.

2010년 서울에서 열린 G20 정상회의 때 오바마 대통령의 기자회견장이었다. 50여 명의 기자가 초청되었다. 10명은 한국 기자였다. 많이 참석했다. 오바마 대통령이 기자회견이 끝날 무렵 한국 기자에게 한하여 질의권을 주었다. 두 번이나 제의했다. 한국 기자는 아무런 질문을 하지 않았다. 어색한 분위기가 상당한 시간 흘렀다. 그러나 끝내 한국 기자는 아무도 질문을 하지 않았다. 기자회견 현장에 가면 으레 질문하는 것이 상식이다. 답답하게 생각했던 중국 기자가 일어나서 질문하는 것을 보았다. 왜 우리 문화는 질문하지 않는 것일까? 유대인이 노벨상을 싹쓸이하는 것은 '하브루타' 교육에만 귀착시킬 수는 없다. IQ가 같다면 교육의 차이일 뿐이다.

04 | 이스라엘의 창업, 시작은 군대 생활

이스라엘의 학생은 독립심이 강하다. 국립 히브리대 학생 1만 8천 명에게 생활비에 대하여 설문을 했다. 온전하게 부모님으로부터 지원을 받는 학생 비율은 5%였다. 나머지 95%의 학생은 모두 아르바이트를 하여 스스로 학비와 생활비를 벌어서 쓰고 있다고 응답했다. 부모로부터 지원을 받는 것을 부끄러워하는 대학생 문화에서 통계는 과장되었을 수도 있다. 한국의 실정은 정반대 대답이 나올 것 같다. 학비와 생활비를 온전하게 부모로부터 얻어 쓰는 학생이 대부분이다. 자기 스스로 벌어서 쓰는 학생은 5%가 되지 않을 성싶다. 이스라엘 대학은 학제가 대학생이 자립하도록 맞추어져 있다. 대학의 수업은 아침 8시부터 저녁 11시까지다. 대학 1, 2학년 강의는 오전에 있다. 그래서 일은 오후에 한다. 반대로 3, 4학년은 오전에 일하고 오후에 강의를 듣는다. 대학원생은 낮에 종일 일을 하고, 저녁에 강의를 듣도록 시간표가 짜여 있다. 모든 학생이 수업이 없는 시간에는 직장에 나가서 일하므로, 직장에서 일하지 않는 유대인 학생은 왕따를 당한다. 재벌의 아들이라 하더라도 일을 한다. 학비와 생활비를 전부 벌어서 쓰는 것이 대학 문화다. 공부하는 시간이 적다 하더라도 반드시 일해야 하는 것이 청년 문화다. 대학생을 파트타임으로 고용하는 기업에도 이익은 있다. 전문가 못지않게 실력이 있다. 파트타임이므로 정상 임금은 낮다. 이스라엘 학생이 취업할 때는 군대에서는 무엇을 했고, 파트타임을 무엇을 했고, 대학에서 무엇을 공부했느냐가 경력에서 중요한 삼위일체다. 일하지 않고 대학을 졸업하는 경우는 드물다.

이스라엘은 미국 다음으로 세계에서 가장 많은 청년 창업Startup Company

국가다. 미국 나스닥NASDAQ에 상장된 기업 중 가장 많은 기업이 이스라엘 기업이다. 인구 800만에 매년 평균 3천 개 창업이 일어난다. 창업한다고 모두 성공하는 것은 아니다. 문화가 다르다. 대학을 졸업하면 곧 창업을 준비한다. 우리나라에서는 대학을 우수하게 졸업을 해도 쉽게 창업하는 경우는 드물다. 현장의 경험이 전혀 없기 때문이다. 그러나 이스라엘의 졸업생은 다르다.

고등학교를 졸업하고 곧 긴 군대 생활이 시작된다. 군대 생활도 대학에서 전공한 같은 병과를 택한다. 없을 때는 기다린다. 대학 4년간 전공과목, 전공과목과 관련 있는 아르바이트, 전공과 관련 있는 군 경력을 갖는다. 이론과 경험을 했으므로 창업하는 데 리스크가 적다. 대학 4년간의 전공 수업으로 이론과 현장을 거의 모든 학생이 체험하고 있다. 대학 4년을 다니면서 직장 생활을 해 보았다. 학교에서 이론적으로 배운 것도 중요하다. 현장의 실습이 더 중요한 경험이다.

18세가 되면 남녀를 불문하고 의무적으로 군대 가야 한다. 징병제다. 남자는 3년, 여자는 2년을 복무해야 한다. 군대를 마치면 모든 학생은 경제생활을 독자적으로 영위할 책임과 의무를 갖는다. 부모로부터 완전한 독립이다. 그러므로 군대 갈 때 어떤 병과를 받아 가느냐는 대학에서 어느 학과를 선택하느냐만큼 중요하다. 어떠한 직종에 파트타임을 하느냐와 직결되어 있다. 그래서 대학을 졸업한 학생의 경제 행위는 취업의 길이 있고, 다른 길은 창업의 길이다. 창업 희망이 월등히 높다.

우리나라에서 창조경제를 외치고 있다. 청년들이 창업할 환경이 아니다. 군대 생활은 '썩는 기간'이라 한다. 파트타임 일을 한다고 하더라도 전공과 관련 없는 카페나 식당 같은 단순노동이다. 이런 환경에서 졸업하자마자 창업은 맨땅에 헤딩하기식이다. 무서워서 할 수 없다. 환경이 전혀 다르다. 우리나라가 창조경제로 가기 위하여서는 대학의 학제, 군대 생활, 파트타임 잡의 성격을 바꾸어야 한다.

우리 대학생들은 자격시험 준비, 공무원 시험 준비와 대기업에 취업하기 위하여 스펙을 쌓는다. 좋은 대학 졸업장, 전공과목 성적, 컴퓨터 실력, 외국어 능력 시험, 해외 연수 등이다. 이들이 창업과 무슨 관계가 있을까? 생각해 볼 일이다. 이스라엘은 어릴 때부터 독립심을 키운다. 혼자서 문제해결을 하도록 한다. 한편, 우리의 학교교육이 정답을 요구하고 성적순으로 사회에 나간다. 다르다. 부모에게도 문제가 있다. 우리나라의 부모는 학교에 다녀오는 아이에게 "오늘 시험에 몇 점을 맞았느냐, 몇 등을 했느냐?"라고 묻지만, 이스라엘의 부모는 아이에게 "오늘 선생님께 어떤 질문을 했느냐?"라고 묻는다 한다. 획일적으로 줄을 세워서 성적으로 1등부터 줄을 세우는 한국 교육에서 창업을 바라기는 힘들다. "어머니가 배고픈 자에게 고기 한 상자를 사 주면, 아이는 일주일 동안은 배불리 먹을 수 있다. 고기를 잡는 지혜를 가르쳐 주면, 평생을 배부르게 살 수 있다."와 "노동은 인생의 꽃이다."라는 말은 모두 『탈무드』에 있는 말이다. 우리나라는 청년 실업이 심각한 상태다. 대학 졸업생 중 40%만이 직장을 갖고 있다.

05 | 게토, 지금은 빈민촌의 대명사

게토Ghetto는 유럽 도시의 유대인 거주 지역이다. 유대교는 기독교, 이슬람교와 같은 뿌리의 종교다. 오래된 종교다. 유대교의 교세는 기독교19억 명와 이슬람교11억 명에 비교하여 1천5백만 명, 즉 1%에 불과하다. 교세는 매우 약하다. 박해를 받는 이유다. 나는 무신론자다. 어느 종교가 더 도덕적이고 더 평화적이라고 생각하지 않는다. 교인의 숫자에 달려 있다. 숫자가 많은 종교가 착한 종교다. 숫자가 적으면 사이비 종교다. 미국에 유대인이 700만 명 정도 살고 있다. 이스라엘에는 유대인이 600만 명, 아랍인 220만 명이다. 유대인은 민족은 있지만 영토가 없었다. 유럽과 중동에서 유랑의 생활을 했다. 영국, 미국, 프랑스의 도움으로 건국했다. 유럽 기독교 사회 속에서 유대인들은 소외당했다. 유대인이라는 이유만으로 차별을 받아야 했고, 또 유대인이라는 이유만으로 학살도 당했다. 왜 그들은 주류 사회에 흡수되지 못하고 별나게 살아야 했을까?

유대인이 타민족과 융합되지 않고 공동체를 형성하여 모여 사는 특색이 있다. 유대인의 근본은 유목 민족이므로 남성 사회다. 자녀 교육은 전적으로 어머니의 몫이다. 유대인의 어머니는 남자 아기가 태어난 지 8일째 할례포경수술를 한다. 3살이 되면 어느 나라에 살든지 히브리어와 『토라Torah』를 가르친다. 『토라』는 『탈무드Talmud』와 『미드라시Midrash』다. 유대인으로 살아가는 성경과 지혜를 가르친다. 결국, 유대인의 공동체를 형성하게 된 것은 자녀의 교육, 즉 『토라』의 교육을 위한 것이다. 랍비유대교 목사의 지도를 받아 가면서 히브리어와 성경을 가르치기 위하여 공동체 생활을 한다. 토요일에 예배가 시작된다. 모두가 교육이다. 그 교육 방법은 하브루타Havruta식이다. 고유한 문화생활 때문에 주류 사회에서 소외되었다. 유대인을 기독교 사회의 기생충 같은 존재라고 차별화했다. 주거지역을 특정 지역으로 제한했다. 거주 지역이 제한되니 더욱 자기의 것을 지키려 했고, 고유문화를 지키려 하니 더욱 박해받고 차별당하는 악순환을 겪었다.

유럽의 도시에 유대인이 사는 특별 지구를 게토Ghetto라고 했다. 지금은 해체되었다. 게토라는 이름은 남아 있다. 20세기 초까지만 하더라도 유럽에는 유대인 게토가 없는 도시가 없었다. 게토는 베네치아 말로 '쓰레기장'

이란 말이다. 베네치아에 처음으로 생겼다. 팔레스타인에 쫓겨난 유대인은 전 유럽에 흩어졌다. 국가는 없었지만, 유대교를 믿는 유대인의 공동체는 도시마다 있었다. 게토는 '빈민가'를 대변하는 대명사가 되기도 했다. 유럽의 주류 사회는 유대인들이 정주하지 못하게 했다. 유대인들에게는 토지를 사서 농사를 짓거나 집을 소유하지는 못하게 했고, 부동산을 갖지 못하게 했다. 항상 떠돌이 생활이다. 언제라도 떠나라고 하면 떠날 준비가 되어있었다. 그들만이 살아가기 위하여 택한 직업은 전당포, 제화업, 수리점, 생선가게, 꽃 가게 등이다. 자기들만의 종교의식, 식생활, 언어와 문화를 공동으로 즐기면서 살아왔다. 박해받아 온 민족이 사는 방법이었다.

이스라엘에 아무리 오래 살아도 이주민에게 시민권을 주지 않는다. 유대인에 한해 입국과 동시에 시민권을 준다. 누가 유대인인가? 유대인 어머니에서 태어난 아이다. 아버지가 유대인이라도 어머니가 유대인이 아니면 아이는 유대인이 아니다. 어머니가 유대인인지를 어떻게 식별하느냐. 유대인 공동체가 있다. 유대교회의 목사, 랍비Rabbi에게 세례를 받은 여자는 유대인이 된다. 현재 영국 런던의 게토에는 백인이 12%다. 빈민가다. 뉴욕의 게토는 처음에는 유대인 특별 구역이었다. 지금은 흑인 빈민가가 되었다. 유럽의 유대인 게토는 나치의 홀로코스트 이후에 사라졌다. 상하이에도 게토가 있었다. 1920년 러시아혁명을 피해 상하이 홍구虹口 지역에 게토를 만들어 약 2만 명 정도가 살았다. 러시아에 살던 유대인들이었다.

민족국가의 성립은 다른 민족의 박해로 이어졌다. 2차 세계대전 이후 인종의 박해가 인류의 재앙으로 발전했다. 2차 세계대전을 겪은 인류의 공통적인 참회는 타민족의 박해다. 21세기 초반의 박해와 차별을 위한 게토는 없어졌다. 그러나 소수민족은 주류 사회에서 소외되고, 가난하고, 소수민족의 문화가 생존하는 차별 지역은 세계 어느 도시에나 있다. 지금 LA의 코리아타운, 오사카의 조선인촌, 샌프란시스코의 차이나타운, 뉴욕의 흑인 타운, 서울의 중국인 거리가 유사한 형태다. 소수민족끼리 모여 사는 곳은 우선 언어, 종교, 문화를 공유한다. LA의 코리아타운은 한국인에게는 편리하다. 영어를 하지 않아도 되고 우리만 먹는 김치, 된장, 두부 같은 음식을 값싸게 구할 수가 있다. 소수민족이 모여 사는 이유다.

06 | 예루살렘, 유대교와 기독교 그리고 이슬람교의 성지

뉴스를 듣는 사람이면 예루살렘을 모르는 세계인은 없지 싶다. 세계적인 문제 도시다. 5천 년 전부터 인류가 살았다. 세계에서 오래된 도시 중 하나다. 중동에서 제국이 일어나면 언제나 예루살렘을 쳐들어갔다. 역사 기록에 의하면 52번 침략받았다. 뺏고 빼앗기기를 44번 한 곳이다. 2번은 완전히 파괴되었고, 23번 포위되었다. 지금도 그 연장 선상에 있다. 서양사는 예루살렘과 함께했다고 해도 과언이 아니다. 지구상에 예루살렘 같은 기구한 운명의 도시는 없다.

예루살렘은 요르단강 서안West Bank에 있다. 해발 754m 고원이고, 와디Wadi에 있다. 지중해식 기후 지역이다. 연간 554mm의 강우량이 있다. 비는 주로 겨울에 내리고, 6월, 7월, 8월에는 한 방울의 비도 없다. 관개에 의한 작물을 재배한다. 인간이 살기 좋은 곳이다. 도시인구는 89만 명이다. 광역도시는 100만 명 정도 된다. 예루살렘은 구시가지와 동예루살렘으로 구별된다. 예루살렘의 민족 구성은 역사적으로 누가 지배를 하느냐에 따라서 달랐다. 이슬람이 지배하면 아랍인, 기독교가 지배하면 기독교인, 유대교가 지배하면 유대인으로 바뀌었다.

중세 시대는 유대인 구역, 아랍인 구역, 기독교인 구역, 아르메니아인 구역으로 나누어져 있었다. 지금은 이스라엘이 지배하고 있다. UN은 이스라엘 지배를 인정하지 않는다. 유대인 구역과 팔레스타인아랍인 구역으로 나누어져 있다. 유대인이 64%, 이슬람인 32%, 기독교인 2%가 살고 있다. 유대인이 다수다. 유대인은 잘살고, 아랍인들은 가난하다. 예루살렘에서 유대인 인구는 줄어들고 있다. 잘사는 유대인들이 더 살기 좋은 지중해 해안 지역으로 이주를 하고 있다. 분쟁 지역이고, 좋은 직업이 없다는 이유다. 한편, 팔레스타인 사람들은 증가하고 있다. 취업 기회, 교육 기회, 복지 기회가 상대적으로 좋기 때문이다. 유대인 구역에 들어가려면 공항을 출입하듯 몸수색을 받아야 한다.

역사적으로는 매우 복잡하다. 최초의 왕국은 청동기 시대에 이집트 왕국, 기원전 1000년경 유대인 왕국을 건설했다. 사울, 다윗, 솔로몬 왕이 있었다. 구약성경에 나온다. 예루살렘에 다윗 왕국이 성채를 만들었다. 로마의 침략을 받아 이스라엘왕국은 망했다. 유적이 있다. 그 후 로마의 지배, 비잔티움의 지배 다음으로 이슬람이 지배했다. 십자군의 원정, 아이유브 왕국, 말무크 왕국, 오스만제국의 지배는 모두 이슬람이다.

20세기에 들어와서 오스만제국이 망하고 영국이 30년간 지배를 했다. 그 자리에 요르단왕국이 20년간 지배했다. 1967년 6일 전쟁에 승리한 이스라엘이 예루살렘을 지금까지 지배하고 있다. 분쟁의 근원인 아랍인들은 "이제까지 우리가 살던 곳에 갑자기 너희들이 들어와서 주인 노릇 하고…"라고 하고, 유대인들은 "성경 속에 우리 땅이고, 우리는 실지를 회복하는 것"이라고 주장한다. 무엇보다도 이스라엘이 큰소리치는 것은 전쟁에 이겼기 때문이다. 역사는 그렇게 흘러왔다. 지구는 자연이다. 삶의 권리는 누구에게나 있다. 누구의 말이 정의인지 정확하게 말할 수 없다. 팔레스타인에서는 힘이 정의다. 이스라엘이 힘이 있다. 아랍국들이 이기지도 못할 전쟁을 일으킨 것이 잘못이다.

예루살렘의 문제는 영국이 통치할 때부터다. 영국이 물러가면서 골치 아픈 문제를 UN에 문제를 넘겼다. 유대인의 조상 다윗 왕의 성터고, 아브라함이 신을 위하여 아들 이삭을 바치려고 했던 신성한 곳이다. 이슬람은 마호메트가 승천했다는 곳이다. 오마르 모스크가 있다, 기독교는 예수가 십자가에 못 박혀 죽고, 부활했다는 곳이다. 3대 종교의 성지다. 한 치도 양보할 수 없는 성지다. UN이 1948년 팔레스타인 지역에 팔레스타인 국가와 이스라엘 국가를 분할 독립을 상정했다. 예루살렘 도시만은 어느 쪽도 아닌, UN이 직접 관할하는 분리 구역Corpus Separatum으로 지정하였다.

1948년 이스라엘이 독립할 당시 예루살렘은 중립지대, UN 관할구역이었다. 아랍국은 UN의 결의에 부당함을 들고 전쟁을 했다. 전쟁에 졌다. 이웃 요르단은 서안을 점령하고 서안 내에 있는 예루살렘을 요르단령으로 편입했다. 1967년 6일 전쟁에 승리했다. 이스라엘은 서안을 빼앗고, 구도시와 함께 동예루살렘도 합병했다. 더 나가서 "동서 예루살렘은 나눌 수 없는 하나의 예루살렘이고, 이스라엘의 수도다."라고 주장하며 예루살렘 법을 제정하였다. 이스라엘은 미국을 믿고, UN의 결의를 무시하고 있다. UN은 안보리에서 결의를 하며 "이스라엘의 법은 무효고 효력 없다Null and Void."라고 했다. 이스라엘은 무시했다. 이스라엘 행정부는 이스라엘 법에 따라 예루살렘으로 들어왔다. 하지만 대부분 외국 기관과 대사관들은 UN이 인정하지 않는 도시에 머물 수가 없어 텔아비브Tel Aviv로 옮겼다.

07 | 팔레스타인, 지명이고 민족 이름

팔레스타인은 민족 이름이기도 하고 지명이기도 하다. 팔레스타인 지역Region Palestine은 남레반트South Levant 지역이라고도 한다. 요르단강 서안이고, 요르단과 경계를 이룬다. 서쪽에는 지중해와 면하고, 북쪽에는 시리아, 남쪽에는 이집트의 시나이반도가 면한 곳이다. 지도를 보면 쉽다. 동지중해 연안에서 가장 사람이 살기 좋은 곳이다. 지금은 이스라엘이 차지하고 있다. 땅 때문에 인접 국가, 이집트, 요르단, 레바논, 시리아 간에 세계의 분쟁 지역이 되고 있다. 1948년부터 지금까지 전쟁과 테러와 보복이 없었던 해는 없었다. 세계 최악의 분쟁 지역이다. 이 지역의 분쟁이 해결되고 평화가 정착된다면 세계 어느 곳의 분쟁 지역도 팔레스타인의 해결을 모델로 삼을 만한, 매우 복잡하고 난해한 분쟁 지역이다.

좁은 의미의 '팔레스타인Palestine'은 지리적 팔레스타인이 아니다. 이스라엘이 점령하고 있는 웨스트 뱅크West Bank, 5,860km², 동예루살렘East Jerusalem, 70km², 가자지구Gaza Strip, 360km²와 사해Dead Sea, 220km²를 말한다. 총 6,220km²이다. 서로 자기 연고의 땅이라고 주장한다. 팔레스타인 인구는 455만 명이다. 유대인은 56만 명, 12%에 불과하다. 88%는 팔레스타인인이다. 팔레스타인은 민족과 지명을 혼용해서 쓰고 있다. 민족을 의미하기도 하고 지명을 의미하기도 한다. 팔레스타인 사람은 팔레스타인에 사는 사람이고, 수니파 이슬람교도이고, 아랍어를 사용하는 아랍인이다.

로마제국의 뒤를 이어 줄곧 이슬람 세력이 지배했다. 지난 500년간 오스만제국이 레반트 지역을 지배했다. 1차 세계대전의 패전으로 오스만제국의 뒷자리를 1922년 프랑스와 영국이 나누어 가졌다. 북쪽 시리아는 프랑스,

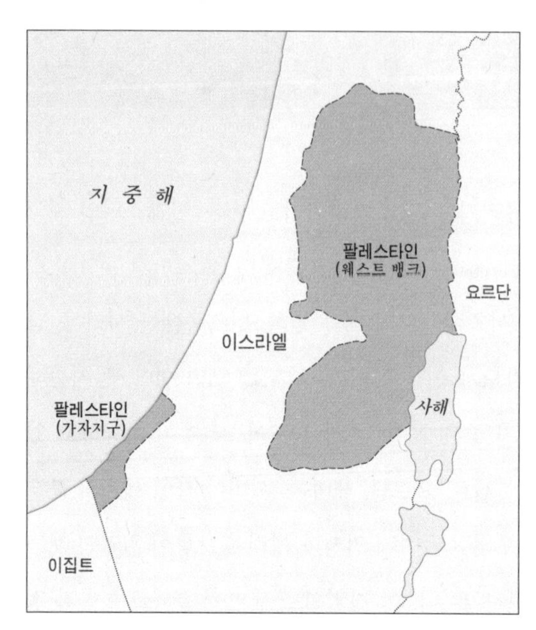

팔레스타인 영토

남쪽 레반트 지역은 영국이 지배했다. 당시 아랍 민족은 영국의 통치를 반대했다. 2차 세계대전 동안 유대인들은 독립을 약속받고 영국 편을 들었다.

유럽에서는 제국이 붕괴하고 민족국가가 등장했다. 유대인들에게 박해가 일어났다. 유대인은 시오니즘Zionism 운동이 일어났다. 즉, 옛날 살던 팔레스타인 땅에 유대인 독립국을 세우자는 운동이다. 박해를 받던 동유럽의 유대인들이 대거 영국이 지배하는 팔레스타인 지역으로 이주했다. 영국의 외무부 장관 밸푸어Balfour는 '밸푸어 선언Balfour Declaration, 1917'을 하여 팔레스타인 땅에 유대인 국가 건설을 약속했다1917. 2차 세계대전 동안 영국은 이 지역에 사는 유대족과 아랍족에게 전쟁을 도와주면, 유대인에게도 팔레스타인인에게도 독립을 약속했다. 이중 약속을 한 셈이다. 영국이 승리했다. 말에 책임을 져야 했다. 영국은 유대인 국가인 이스라엘 독립을 허용했다. 그러나 아랍 국가들은 팔레스타인에 유대인 국가 건설을 반대했다.

분쟁이 일어나자 영국은 팔레스타인 문제를 UN에 상정하였다. UN 총회는 1947년 9월 3일에 팔레스타인 땅에 독립국 이스라엘과 독립국 팔레스타인을 동시에 승인했다. 그리고 성지, 예루살렘은 UN 분리 관할 지구로 지정하였다. 이스라엘은 환영했다. 아랍 국가들은 UN의 결의를 거부했다. UN 결의에 의한 팔레스타인 분할은 유대인에게는 유리했으나 팔레스타인인들에게 불리한 제안이었다. 인접 아랍국들은 1948년에 이스라엘과 전쟁을 했다. 아랍 동맹은 월등한 전력에도 불구하고 내분으로 전쟁에 패했다. 이스라엘은 미국과 영국의 도움도 있다. 독자적인 힘으로 독립을 쟁취하는 결과를 낳았다. 전쟁에 패한 당사자 팔레스타인은 정규군에 패했다. 그들은 팔레스타인해방기구PLO를 결성했고 테러로 저항했다.

이스라엘의 독립은 영국과 미국의 힘으로 UN을 동원하여 얻어진 결과다. 아랍 국가들은 "이스라엘과 협상은 없고, 이스라엘을 몰아내기 전까지는 중동의 평화는 없다."라고 주장하기까지 했다. 4번의 전쟁을 했다. 전쟁할 때마다 아랍 연합군이 패했다. 레반트에서는 어느 국가도 이스라엘과 싸워 이길 나라는 없다. 아랍 극렬분자들이 이스라엘에 대하여 테러를 하는 정도다. 팔레스타인은 이스라엘 땅으로 편입되는 과정을 밟고 있다. 전쟁의 결과다. 전쟁하여 국경이 결정되면 바꾸기 힘들다. 전쟁하지 않고 문제를 평화적으로 풀었다면 팔레스타인은 지금처럼 억울하게 당하지는 않았을 터다. 이스라엘은 미국에 있는 재외동포 덕택으로 발전했다. 선진국이 되었다. 쫓겨난 팔레스타인과 이웃 아랍국들은 매우 가난하다. 이스라엘보다 미국에 더 많은 유대인이 살고 있다. 유대인은 미국 내의 정치력이 대단하다. 미국이 항상 이스라엘 편을 들어야 하는 이유다.

역동적인 도시다. 두 번째로 큰 도시가 텔아비브Tel Aviv다. 42만 명이다. 예루살렘 다음이다. 광역 텔아비브 인구는 360만 명으로 이스라엘 전체 인구의 거의 40%를 차지한다. 예루살렘과 60km 떨어진 서쪽 지중해 연안에 있다. 이스라엘 관문이고 현재 이스라엘의 경제 수도다. 사실상 제일 큰 도시다. 세계 25번째 큰 주식시장이 있다. 세계의 창업 도시 순위는 미국의 실리콘밸리, 다음은 텔아비브다. 매년 하이테크 산업이 700개 창업에 성공한다. 이스라엘의 저력이다.

1930년대 유대인 초기 이민 주택, 약 2천 개의 2층 흰색 주택 건물은 유네스코 세계문화 유산으로 지정했다. 자유로운 분위기와 아름다운 자연 때문에 매년 1,600만 명의 관광객이 찾는다. 여행 매거진은 '잠자지 않는 도시', '파티의 수도'라는 별명을 붙이고 있다. 십자군 원정 때 예루살렘을 점령하기 위하여서는 야포Jafo로 들어와야 했다. 야포는 텔아비브의 옛 이름이다, 십자군 원정 때 가장 중요한 도시였다. 야르콘Yarkon강 하구에 있다. 연간 500mm의 강우량이 있다.

이스라엘의 지배로 거주지를 잃고, 차별 대우를 받는 팔레스타인이 유대인에 저항하여 테러, 자살 폭탄을 감행하였다. 텔아비브에서 일어났다. 하마스 자살 폭탄으로 1994년 10월 시내버스에서 22명이 사망했고 50명이 부상했다. 1996년 3월에는 디젠고프 쇼핑센터에서 13명 사망하였으며, 1997년 3월 아프로포 카페에서는 3명의 부녀자가 사망하였다. 이후 2001년 6월 돌핀아리움 디스코텍에서는 10대 이스라엘 학생 21명 사망, 132명 부상, 2002년 9월 알렌비 거리의 버스가 공격당하여 6명이 사망했고, 70명이 부상

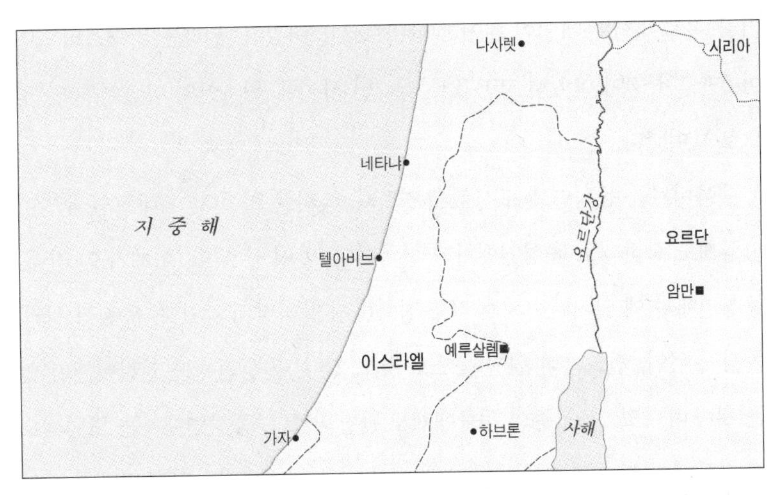

텔아비브

했다. 2003년에는 버스 종점에서 23명의 민간인이 사망하고, 100명이 부상했고, 2005년 2월에는 지하드 공격으로 스테이지 클럽이 폭파되어 5명이 사망하고, 50명이 부상했다. 2006년 4월에는 자살 폭탄으로 버스 주차장에서 11명이 사망하고, 70명이 부상했으며, 2011년 8월에는 테러 단체들이 택시를 납치해 2천 명이 가득 찬 나이트클럽으로 진입해 칼을 휘둘렀다. 2012년 11월에는 방위 훈련 중 로켓포 공격으로 28명이 부상했다고 전해진다.

자살 폭탄을 감행한 단체는 스스로 자기 소행이라고 밝힌다. 팔레스타인 지하드, 하마스, 헤즈볼라 등 테러 단체다. 인터넷을 검색해 보면 매일같이 유대인과 아랍인 간에는 폭력이 일어난다. 이스라엘 국방군IDF이 치안을 담당한다. 폭력이 만연되어 있다. 언제 어디서 테러가 일어날지를 모르고 살아간다. 텔아비브는 자유의 도시다. 집집마다 지하에 방공호가 있고, 가스마스크를 비축하고 있다. 휴가 나온 장병이라고 완전무장한 채로 시내를 돌아다닌다. 언제 어디서 일어날지 모르는 테러를 대비하기 위해서다. 20세기 초 유럽에서 유대인이 대거 텔아비브로 들어왔다. 원래는 팔레스타인인이 6만 7천 명이 살았다. 1937년부터 2년 사이에 유대인의 이민이 16만 명으로 늘어났다.

텔아비브는 동성연애 도시로 유명하다. 놀라운 일이다. 유대교의 율법이 그렇게도 강한데도 동성연애자의 천국이다. 말이 안 된다. 이해가 안 간다. 동성연애가 왜 일어나는지 아직도 정확하게 밝혀지지 않았다. 유전적 원인, 환경적 원인, 진화론적 원인 등으로 찾고 있다. 동성연애는 인간에게만 있는 것이 아니고, 1,600종의 동물에게도 관찰되었다. 동성연애자는 도덕적으로 타락한 인간으로 간주하여 오랜 역사를 통하여 차별화되고 박해를 받았다. 동성애는 인류의 탄생과 함께 있었다. 정신병자가 아니다. 알프레드 킨제이 보고에 의하면 인간의 3분의 1이 동성애를 경험하고, 동성을 배우자로 선정하는 경우는 남성은 3~4%, 여성은 1% 정도 된다고 추정한다. 21세기에 들어와서 인권 차원에서 동성연애를 허용하고 동성연애자의 인권을 보호하는 차원에 법률을 제정하고 있다. 영화 〈거품The Bubble, 2006〉은 유대인과 팔레스타인 사이의 동성연애를 그렸다. 적대국 간에 피하는 인간들끼리 사랑을 다룬 영화이다.

예루살렘은 전통적 종교적 도시다. 텔아비브는 세속적인 도시다. 문화적 행사가 없을 때는 그냥 서방의 도시를 보는 것과 같다. 예루살렘의 종교적 규범을 싫어하는 젊은 세대들이 텔아비브에 살고 싶어 한다. 성소수자LGBT, 동성연애자의 성지로 불리고 있다. 미국의 샌프란시스코, 오스트레일리아의 시드니와 이스라엘의 텔아비브는 매년 게이 축제가 있고, 10만 명이 참가한다. 게이 영화 축제도 같이 열린다. 레반트만큼 다양한 문화, 다양한 언어, 다양한 종교, 다양한 민족이 혼재된 곳은 없다. 갈등이 상존한다. 소화하면 혁신이고 창조다. 소화가 안 되면 갈등이고 전쟁이다.

09 | 가자지구, 창살 없는 감옥

지구상에 사람이 사는 곳에 가자지구Gaza Strip만큼 열악한 환경은 없을 듯하다. 99.8%가 팔레스타인이 살고, 그들은 수니 모슬렘 아랍인이다. 가난하다. 불안하다. 언제든지 이스라엘의 국방군IDF이 들어와 검문검색한다. 먹을 물이 부족하고, 기름도 부족하고, 농사 지을 땅도 부족하다. 이스라엘의 도움으로 살아가고 있다. 1948년부터 지금까지 이스라엘과 갈등 관계에 있다. 가자는 독립국으로 살아갈 수 있는 능력이 없다. UN 결의로 1948년 12월 5일에 독립을 선언했다. 미국과 친미 국가를 제외하고는 전 세계가 독립을 인정했다.

1967년부터 이스라엘이 점령하고 있던 가자지구에서 2005년 이스라엘군은 일방적으로 철수했다. 단, 해안과 국경과 영공은 무기 반입을 통제하기 위하여 이스라엘군이 지속해서 감시한다는 조건이다. 이스라엘로부터 물, 기름, 식량과 생필품을 들여와야 하고, 이스라엘 세켈과 이집트의 파운드가 공용 화폐다. 가자지구는 이스라엘과 이집트의 도움 없이는 하루도 살아갈 수 없다. 그런데도 가장 도움을 많이 받는 이스라엘에 적대시하며 살아가야 한다.

팔레스타인 국가에 속해 있다. 팔레스타인 국가는 가자지구와 서안으로 구성된다. 가자지구 면적은 360km², 인구는 1백80만 명이다. 서안은 5,860km², 인구 2백35만 명이다. 팔레스타인 지역에 이스라엘 국과 팔레스타인 국이 같이 건국하도록 정한 것은 UN의 조치였다. 1948년부터 지금까지 이스라엘과 수차례 전쟁했다. 아직도 테러와 보복이 있다. 팔레스타인에는 두 가지 정치적 견해가 있다. 하나는 원래가 팔레스타인 땅이므로 이스라엘의 건국은 인정할 수 없고 몰아내야 한다는 것이 이슬람 국가들의 입장이다. 한편 현실은 이스라엘이 지배하고 있고, 이스라엘은 미국을 비롯하여 서방국가의 지원을 받는 나라이므로 살기 위해서는 공존을 할 수밖에 없다는 현실주의 입장이 있다. 전자는 하마스Hamas당이고, 후자는 파타Fatah당이다. 파타당이 집권해 왔다. 팔레스타인 국가로 대변되는 사람은 야세르 아라파트Yasser Arafat다. 미국 클린턴 대통령의 주선으로 핀란드 오슬로Oslo에서 팔레스타인 대표 아라파트와 이스라엘 수상 라빈Yitzhak Rabin이 함께 평화조약을 인준했다1993.8.

팔레스타인과 이스라엘 사이에 평화가 오는 듯했다. 가자지구는 이스라엘이 동북쪽으로 51km, 남서쪽 11km는 이집트로 둘러싸여 있다. 이스라엘과 교역이 많아지고, 이스라엘로부터 물, 기름, 전기 공급이 원활해지고 삶의 질이 높아갔다. 집권당 파타당이 부패했다. 국경무역을 관리하는 경비대의 뇌물을 받았다. 사회 곳곳에서 부정과 부패가 만연했다. 2005년에 아라파트 수상이 사망했다. 다음 해 2006년에 총선이 있었다. 가자 시민은 원리주의를 지향하는 하마스당에 투표했다. 하마스당이 집권했다.

하마스당은 '오슬로 협정'을 무시하고, 이스라엘의 존재를 인정하지 않는 정당이다. 서방은 테러 당으로 간주했다. 하마스가 집권하자 이스라엘과 미국을 비롯한 서방국가들은 모든 원조를 중단했다. 이스라엘과 이집트도 무역을 통제하고 국경 경비를 강화했다. 자연히 무역량은 줄고 용수, 기름이 부족해지자 내분이 일어났고, 하마스당과 파트당은 네 탓 내 탓으로 내전으로 발전했다. 하마스당은 이스라엘에 대하여 테러를 감행했다. 이스라엘과 친선을 포기했다. 상응하는 보복Tit for Tat, 즉 이에는 이, 눈에는 눈의 대응이 시작되었다.

팔레스타인을 두고 이집트와 이스라엘 간 관계 또한 묘하다. 이집트에서 가자지구로 들어가는 관문이 있다. 이집트는 팔레스타인 편이다. 1948년에 이집트가 가자지구를 점령하여 1967년까지 사실상 통치했다. 1967년, 6일 전쟁에 승리한 이스라엘은 가자지구를 접수했다. 이집트와 이스라엘 간에 1979년 평화협정이 체결되었고, 시나이반도에서 이스라엘군이 철수했다. 시나이반도에는 일체의 무기를 들여놓을 수 없다는 조건이 붙어 있었다. 그러나 팔레스타인은 이집트와 국경 지대 지하 터널을 수백 개 뚫어 생필품과 무기 밀거래를 하고 있다. 이젠 이스라엘 감시병은 이집트 국경 지대까지 파견하고 있다. 가자지구는 아직도 영공과 영해를 비롯하여 출입국이 이스라엘 감시하에 있다. '울타리 없는 감옥'이라 한다.

이스라엘 여행길에 가자지구로 들어갔다. 이스라엘은 호텔비가 140달러인데, 가자는 같은 급 호텔이 50달러라 했다. 호텔 주인이 가끔 밤에 이스라엘 방위군 검문이 있을 수 있다며 놀라지 말라고 했다. 가는 날이 장날이라고 그날이 그날이었다. 노크하더니만 문을 열자 기관단총으로 무장한 군인 2명이 들어왔다. 내 캐리어를 검색했다. 예상했던 일이라 놀라지도 않았다. 호텔은 깨끗했고, 주인은 친절했다. 희귀한 경험을 했다. 다시 이스라엘로 나왔다. 이스라엘 쪽 문에는 검문검색이 철저했다. 볼펜 뚜껑까지 열어보았다. 나 혼자 검색하는 데 20분은 넘게 걸렸다. 팔레스타인은 이스라엘 쪽에 일하러 나올 때 매일 이런 식으로 검문검색을 받아야 한다고 했다. 감옥이라는 생각이 들었다.

평화주의자였던 이집트 대통령 아와르 사다트Anwar Sadat가 1981년에 이슬람 극단주의자들에 의하여 살해되었다. 이스라엘 이츠하크 라빈은 유대교 극우주의자에 의하여 1995년 살해되었다. 평화를 주도했던 지도자들은 갔다. 화해와 평화를 쉽게 주장하지 못한다.

10 | 키부츠, 최초의 공산주의 사회

이스라엘에 키부츠Kibbutz가 있다. 사유재산을 인정치 않고, 공동으로 경제생활을 하는 공동체다. 이스라엘 인구의 5%다. 60명에서 3천 명까지 크기는 다양하다. 전국에 270개의 키부츠가 있다. 그중 108개는 농업 키부츠, 24개는 제조업 키부츠다. 나머지는 농업과 제조업 혼합이다. 공동으로 생산하고, 공동으로 판매하고, 공동으로 이익을 분배한다. 사유재산을 인정하지 않는다. 노동자와 사용자가 따로 없다. 모두가 노동자고 사용자다. 이상적인 공산주의 국가다. 어떻게 이러한 집단생활을 하게 되었을까?

중국은 지금도 공산당이 집권하고 있고, 북한에서는 노동당이 집권하고 있다. 무늬만 공산주의고, 실제는 사유재산 제도로 돌아갔다. 전쟁이나 투쟁은 남의 것을 뺏으려고 하고 더 많이 차지하려는 인간 본성에서 나온다. 소유를 공유하면 지구상에는 투쟁이나 전쟁이 없다. 우리나라 소송의 99%가 돈 때문이다. 재산을 공유하면 99% 투쟁은 없어진다. 20세기 초반에 일어났던 사회주의 국가는 토지가 공유이고 생산 수단을 공동으로 하는 것이었다. 이데올로기가 강했던 초기는 이상적인 공산주의 사회가 오는 것 같이 보였다. 1930년대의 소련이 그랬고, 1960년대 중국이 그랬고, 1970년대 북한이 따라갔다.

시간이 갈수록 공동의 노동에 자발성이 떨어지고, 공동체의 생산방식은 재산을 더 많이 사유화하려는 인간의 본성에 밀렸다. 소련과 중국이 차례로 생산 체계가 붕괴했다. 북한도 시장경제로 전환했다. 공동체는 더 생산성은 줄고 더 가난해졌다. 결국, 국가가 사유재산을 인정하지 않는 공동체는 생산이 되지 않고 창의적 노동이 없어 망하고 말았다. 어떻게 키부츠는 아직도 살아남아 있는 것일까?

이스라엘의 국가가 발생할 무렵, 유럽에서는 민족국가가 일어났다. 영토는 없고 민족만 있는 유대인은 유대인 국가Zionism 건설을 꿈꾸었다. 지금의 팔레스타인 땅이다. 그러나 그 땅에는 다수의 아랍인과 베두인족들이 살고 있었다. 유럽에서 박해받던 유대인들은 수차례 걸쳐서 파상적으로 팔레스타인 땅으로 들어왔다. 사막으로 들어와 '키부츠'라는 집단농장을 시작했다. 유럽의 유대인은 원래 농사를 짓지 않았다. 수시로 강제 이주를 당해야 하는 유대인에게는 농사를 짓고 안정적인 생활을 할 수 없었다. 살기 위하여 대거 사막으로 들어왔고, 공동생활을 시작했다. 사막을 다니는 유목민 베두인족과 아랍인들의 공격을 막기 위하여 공동 방어를 해야 했다. 공동으로 샘을 파서 물을 얻어야 하고, 공동으로 농토를 일구고, 주택을 지어야 했다. 공동으로 협력하지 않으면 살아갈 수가 없었다. 히브리어 키부츠는 '함께Together'라는 뜻이다. 초기의 키부츠 공동체 방위군은 이스라엘 건국에 크게 이바지했다.

이스라엘의 농촌에는 여러 개의 집단 영농 형태가 있다. 키부츠집단농장이고 사유재산 불인정, 모샤브공동으로 영농을 하지만 사유재산 인정, 모샤브 쉬투피키부츠와 모샤브의 중간 형태, 모샤바완전 사유 개인 농장가 있다. 생산, 유통, 판매, 소유를 공동으로 한다. 개인의 소유를 인정하지 않는다. 키부츠를 떠나면 공동의 재산을 가져가지 못한다. 부인과 남편만이 자기의 것이다. 키부츠의 생활 수준은 1980년대만 하더라도 이스라엘의 평균 소득보다 높았다.

사회학자나 심리학자는 자발적인 공동체로 남아 있는 키부츠에 관한 관심이 대단히 높다. 공동체 의식이 강하게 남아 있고 나라가 어려울 때 키부츠는 더 늘어났다. 키부츠 출신의 사회 진출이 눈부시다. 팔레스타인이 사는 땅을 제외하고, 디아스포라로 들어온 팔레스타인 땅은, 갈릴리는 늪지고, 헤르몬산은 돌밭이고, 네게브 사막이다. 유대인은 농사 경험이 없다. 위생 시설도 없다. 말라리아, 장티푸스, 콜레라가 만연했다. 인접한 유목민 베두인족은 자주 농장을 침입하고 약탈했다. 집단으로 저항해야 재난을 극복할 수 있다. 시오니즘이 1910년부터 활발하기 시작했다. 1920년대 전성시대를 맞이했다. 때마침 러시아는 공산주의 혁명으로 공산주의 사회가 되었다.

유대교 정신과 공산주의가 결합하여 생성되었다. 양차 대전 사이 독일과 동유럽에서 이주해 온 유대인이 키부츠를 만들었다. 키부츠에 1922년 700명, 1927년 2,000명, 2차 세계대전 때는 79개 키부츠에 24,105명, 1950년에는 65,000명, 이스라엘 인구의 7.5%, 1989년에는 12만 9천 명, 2010년에는 줄어들어 270개 10만 명만 남았다. 산업화, 정보화사회가 왔다. 집단보다 개인의 자유가 더 보장되는 사회를 요구했다. 키부츠의 형성에 마르크스의 공산주의 사상이 작용했다. 이상적인 사회라고 생각했다. 러시아혁명 후 레닌은 어떤 사회로 만들 것인가를 고민했다. 이스라엘의 키부츠가 소련의 집단농장 콜호즈 국영 농장의 기초 개념이 되었다고 한다.

11 | 골란 고원, 이스라엘이 점령한 시리아 땅

골란 고원Golan Heights은 시리아 영토다. 1967년 6일 전쟁 이후 이스라엘이 점령하고 있다. 시리아의 남서부, 이스라엘의 북동부, 레바논의 남부를 면한 면적은 1,800km²로 꼭 제주도1,809km² 크기다. 평균 고도 1,000m의 고원지대다. 골란 고원 북쪽에 2,814m의 헤르몬Hermon산이 있다. 백두산은 2,774m다. 500만 년 전에 화산활동으로 형성된 현무암 지대다. 산이 높아 여름에는 비가 많고, 겨울에는 눈이 그대로 있다. 요르단강이 흐른다. 헤르몬산에서 발원하여 갈릴리호Sea of Galilee를 만들고, 사해로 흘러 들어간다. 화산지형으로 토양이 비옥하고 고원지대이므로 시원해서 사과, 올리브, 포도 등 과일 재배의 최적지다. 요르단강은 지구대를 따라 수직으로 남북으로 흐른다. 강의 지배권을 누가 갖느냐에 따라서 유역의 농민은 생존권이 결정된다. 요르단강의 물은 이스라엘 용수의 50%를 담당한다.

골란 고원의 소유권은 복잡하다. UN은 의심 없이 시리아의 영토라고 했다. 안보리 결의 442호에 다음과 같은 내용이 있다. "이스라엘은 UN 결의를 무시하고 점령하고 있다." 골란 고원은 1967년까지 시리아 영토였다. UN이 이스라엘의 독립을 인정했다. 그러나 이웃 아랍 국가들은 이스라엘의 건국 자체를 인정하지 않았고, 1967년 이집트인구 9천만 명와 시리아인구 1천7백만 명, 요르단인구 9백만 명이 이스라엘을 침략했다. 그 전쟁에서 이스라엘은 이겼다. 이스라엘은 이집트의 시나이반도와 가자지구, 시리아의 골란 고원, 요르단의 서안과 동예루살렘을 점령했다.

UN은 이스라엘이 골란 고원을 전리품으로 강점한 것은 국제법을 위반한 부당 행위라고 수차례 지적했다. 국제 관계는 힘이 질서다. UN의 결의문은 휴지 조각이다. 이스라엘의 라빈 수상, 바락 수상, 오르메르트 수상은 조건을 걸었다. 시리아가 평화협정을 체결해 주면 골란 고원을 돌려 주겠다고 했다. 그러던 와중에 1967년 전쟁 직후 9월에 아프리카 수단의 수도 카르툼Khartoum에서 아랍 정상회담이 열렸다. 참가국은 이집트, 시리아, 요르단, 레바논, 이라크, 알제리, 쿠웨이트, 수단이다. 이스라엘에 대한 '3불' 선언을 결의했다. 이스라엘 국가를 인정하지 않는다. 이스라엘과는 어떤 협상도 없다. 이스라엘과는 평화는 없다. 갈등 관계가 지속했다.

시리아는 1973년 이스라엘의 최대 휴일인 속죄일Yom Kippur에 침공을 했

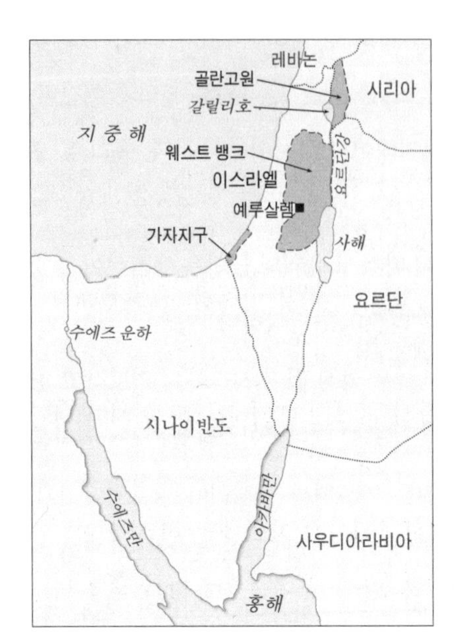

골란 고원

다. 이스라엘에서 가장 무기력한 날 전쟁을 일으킨 것이다. 시리아를 중심으로 아랍 연합군 45만 병력은 1,200대의 탱크를 앞세워 골란 고원으로 쳐들어왔다. 시리아는 대패했다. UN의 중재로 휴전이 체결되었다. 전쟁에 승리한 이스라엘은 골란 고원에 대한 소유를 더 공고히 하는 계기가 되었다. 이스라엘은 돌려줄 생각이 없다. 정착촌을 건설하고 있다. 1981년 이스라엘은 법으로 합병했다. 외무부 장관은 2010년 "시리아는 골란 고원을 되찾으려는 꿈을 버려야 한다."라고 했다. 북한이 왜 UN 안보리 결의를 무시하고도 건재하는지를 알 수 있다. 최근에는 유대인 이주를 장려하고, 벌써 골란 고원을 이스라엘이 지배한 지 50년이 넘었다. 골란 고원의 면적 1,800km² 중 1,500km²를 이스라엘이 점령하고 있다. 골란 고원에 사는 시리아의 주민에게 이스라엘 국적으로 귀화하면 시민권을 부여하고 있다.

골란 고원에는 이슬람의 한 종파인 드루즈Druze족이 살고 있던 곳이다. 드루즈족은 시리아 아랍족과 사이가 좋지 않다. 이스라엘과 드루즈족 간의 사이는 좋다. 이스라엘 국민 중 아랍인은 군대에 가지 않는다. 드루즈족은 군대에 간다. 귀화하는 농업 이민에 한해 토지 사용권과 영농자금 전액을 지원하고 있다. 이스라엘 정착촌이 늘어가고 있다. 시리아는 골란 고원을 돌려주지 않는 한 중동에는 평화는 없다고 강경한 자세를 취하고 있다. 시리아는 현재 극심한 내전으로 골란 고원을 관리할 여력이 없다. 시리아에서 들으면 시리아의 주장이 옳고, 이스라엘 쪽에서 들으면 이스라엘의 주장에 수긍이 간다. 시리아는 대단히 억울한 일이다. 시리아는 전쟁에 졌다. 국제적 시선은 이스라엘의 불법점유다. 28개 EU 회원국마저도 골란 고원은 이스라엘이 불법으로 점령한 땅이라 한다. 이스라엘은 미국을 기대고 있다. 미국 트럼프 대통령은 골란 고원은 이스라엘 영토의 일부Golan Heights as a part of the State of Israel라고 했다. 바이든 대통령도 추인했다. 미국에 있는 유대인 때문이다. 미국의 유대인은 미국 정치에 막강한 영향력을 행사한다. 유대인에 반감을 사면 대선에 승리할 수 없다.

골란 고원을 점령하고 있는 이스라엘은 자치 기구를 설립했다. 카트린Katrin은 골란 고원의 중심 도시다. 19개 모샤브가 있고 10개의 키부츠가 있다. 1989년 인구 1만 명이던 인구가 2021년 이스라엘 인구가 2만 5천 명이 넘었다. 32개가 정착촌이 생겨났다. 명백한 불법임에도 불구하고 골란 고원을 트럼프 고원Trump Heights으로 명명했다.

12 | 국방과 출산, 결혼하면 병역 면제

이스라엘의 건국은 키부츠에서 시작되었다. 키부츠의 시간은 1910년대다. 민족국가가 생기면서 유대인의 박해가 일어났다. 박해를 피하려 팔레스타인 땅에 유대인 독립국을 건설하자는 운동이 일어났다. 아슈케나지움이 대거 팔레스타인으로 들어왔다. 헤르몬산 주변, 갈릴리 호수 주변, 네게브 사막이다. 공동체를 건설하고 살아야 했다. 공동체는 키부츠다. 그 주변은 베두인 유목민들이 생활 터다. 베두인들은 수시로 키부츠를 침입했다. 이스라엘이 탄생하기 전이다. 공동체에서 자체 방어를 해야 했다. 여성도 방어에 참여했다. 성공했다. 이스라엘 독립 전쟁 당시 키부츠 방위군이 큰 역할을 했다.

이스라엘은 세계에서 제일 강력한 군대로 알고 있다. 이스라엘은 인구 840만 명에 불과하다. 주변에 1억이 넘는 아랍 국가를 상대해야 한다. 이집트, 시리아, 요르단이다. 아랍 국가와 여러 차례 전쟁을 했다. 강력한 군대를 양성해야 한다. 이스라엘 국민은 유대인과 두르즈족만 군대에 간다. 840만 명 중 유대인은 600만 명이다. 모슬렘은 군대에 안 간다. 인력 자원이 턱없이 부족하다. 18세 이상 징집을 한다. 군대가 의무다. 여자도 군대에 간다. 남자는 3년, 여자는 2년이 의무 복무 기간이다. 군대는 군대다. 목숨을 건 군대 생활을 좋아하는 국민은 없다. 싫어한다. 특히, 가자지구와 서안지구는 전투가 수시로 있으므로 기피 지역이다. 군대에 가지 않으면 기피자는 공동체 생활에 차별받는다. 우리나라와 마찬가지다. 이유 없이 병역을 피하면 공직에 취업하지 못한다. 취업에도 제한받는다.

군대 가는 것을 당연시한다. 여군도 전투병과에 배속된다. 군대 임무를 마친 것을 자랑스럽게 생각한다. 취업에도 영향을 받는다. 군대 가지 않으면 차별을 받는다고 알고 있다. 강제 징집하는 군대 생활은 싫어한다. 어느 나라나 마찬가지다. 군대 생활을 좋아하는 청춘은 없다. 사병 월급은 전투부대는 26만 원, 비전투부대는 10만 원 정도다. 병역을 마치고 대학을 진학하는 경우 학비의 75%가 면제된다. 열차표도 무료다. 졸업 후 2년 동안 근로소득세가 면제된다. 직업군인은 연장 근무까지 월급이 700만 원 정도다. 사병 출신 장교가 많다. 현역 176,500명, 여군은 33%인 58,000명이다.

군대를 면제받는 조건이 있다. 우리나라와 비슷하다. 과학기술이 뛰어난 영재, 스포츠 선수로 국위를 선양하는 영웅, 질병과 종교 등의 이유가 있다. 공직에 근무하고 출세를 하려는 야심이 있으면 반드시 군에 갔다 와야 한다. 군대 가지 않은 정치 지도자는 없었다. 이스라엘 총리를 가장 오래 하는 베냐민 네타냐후Benjamin Netanyahu는 특공대에 근무한 군인이었다. 이스라엘에서 태어났지만, 아버지를 따라 미국에 갔고, 미국에서 MIT를 나온 영재다. 군대 가지 않아도 된다. 1973년 전쟁이 터졌을 때, 군 입대를 목적으로 귀국했고, 특수 전투부대에 근무했다. 총리가 된 배경이다.

군대는 사람을 죽이는 것을 목적으로 만들어진 단체다. 이스라엘 남녀도 사회적 인식은 그렇다 하더라도 군 입대를 꺼린다. 병력을 면제받으려 한다. 여성은 결혼하거나, 임신하면 군대 면제가 된다. 병력을 면제받기 위해 결혼하는 경우가 많다. 여성의 적정 나이 43%가 군대에 가지 않는다. 여러 가지 조건이 많지만, 가장 큰 이유는 결혼과 임신이다. 군대에 가지 않기 위하여 위장 결혼하는 경우도 많다.

이스라엘은 OECD 국가 중에서 출산율이 가장 높은 나라다. 유일하게 인구가 증가하는 나라다. 차이는 여성의 군 복무가 의무다. 다른 차이는 없다. 이스라엘도 선진국이다. 유럽과 미국 청년들의 생각에는 차이가 없다.

공동체보다 개인의 자유를 더 소중히 한다. 그런데도 가임 여성 1인당 2.9명을 출산한다. 놀라운 일이다. 이스라엘의 인구 증가율은 1.9%다. 한국은 2023년 0.72명이다. 인구는 마이너스 0.24%의 성장률이다. 인구는 줄고 있다. 이스라엘은 인구가 증가하고 있다. 미래가 있다. 인구는 국가 유지에 가장 큰 변수다. 인구가 줄면 모든 국가기능이 줄어든다. OECD 국가 중 최고 인구 성장률을 보이는 나라는 이스라엘뿐이다.

출산율을 높이기 위한 선진국의 정책은 출산 보너스 제도다. 성공한 나라는 없다. 스웨덴, 프랑스, 독일, 영국이 출산을 장려하기 위하여 엄청난 예산을 쏟아붓고 있다. 출산율을 회복하기는 했지만, 성공한 나라는 없다. 보너스 정책으로 출산을 하는 인구는 주로 새로 이민을 온 중동인, 아프리카인, 동유럽인이다. 살기 위해 출산을 하는 경우다. 장려 정책으로 원하는 유럽의 백인은 출산하지 않는다. 현재 인구 유지 출산 2.1명을 유지하는 나라는 없다. 이민이 대안이지만, 이민을 받는 일은 쉬운 일은 아니다. 지금 선진국의 문제는 모두가 이민으로 일어나는 사회적인 문제다. 유럽의 좌파와 우파의 정책 차이는 이민을 어떻게 어느 정도로 받아들이냐의 차이다.

01 | 레바논, 자연환경이 가장 좋은 곳

레바논Lebanon은 구약성경에 70번이나 나온다는 지명이다. 레반트에서 가장 작은 나라다. 한국 면적의 1/10인 1만km^2, 인구는 한국의 1/12인 4백40만 명이다. 지중해기후 지역이다. 산악 국가다. 두 개의 산맥, 레바논Lebanon산맥과 내륙 쪽에 안티레바논Anti Lebanon산맥이 지중해에 평행하게, 남북으로 놓여 있다. 그 사이에 베카 계곡Bekaa Valley이 있다. 산맥을 따라 큰 산들이 있다. 북쪽에 카르나트 소다산Saouda, 3,088m은 최고봉이다. 구약의 에덴동산으로 알려진 곳이다. 그리고 남쪽 이스라엘과 국경 지대에는 헤르몬산Hermon, 2,814m이 있다. 경상북도의 반만 한 땅에 이렇게 큰 산이 2개나 있으니 산악 국가다. 국토 전체의 평균 고도가 1,000m다. 높은 산에는 겨울에 눈이 있다.

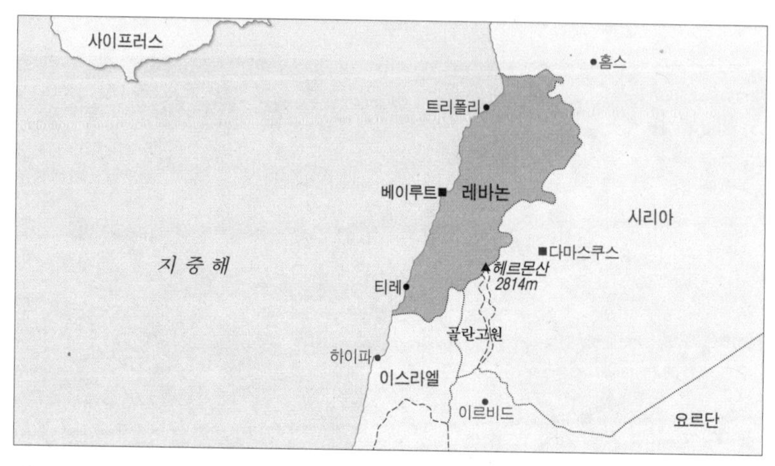

레바논

레바논이란 이름도 '흰색White', 즉 '하얀 산'을 의미한다. 지중해 기후 지역에서 보기 드문 경관이다. 같은 호텔에서 오전에는 산록에서 스키를 타고, 오후에는 지중해에서 수영할 수 있다. 눈 덮인 산을 보는 자리에서 꽃이 피는 정원을 어디에서나 볼 수 있다. 게다가 레바논을 지배한 제국마다 남긴 문화유산이 있어 좋은 관광자원이 되고 있다. 관광 수입이 GDP의 10%를 차지한다.

양대 산맥 사이는 폭 20km, 길이 180km의 베카 계곡Beqaa Valley이 있다. 지질구조는 지구의 대지구대Great Rift에 속한다. 높은 산에서 여러 줄기의 강이 흐르지만, 배가 다닐 수 있는 강은 아니다. 베카 밸리는 충적평야다. 용수가 풍부하다. 올리브, 포도, 복숭아, 무화과와 밀이 생산된다. 레반트 지역에서 가장 농산물이 많이 생산되는 곡창지대다. 서쪽은 지중해와 면하고 남쪽으로 이스라엘과 접하고 있고, 북쪽과 동쪽이 시리아에 둘러싸여 있다. 시리아의 수도 다마스쿠스까지 20km에 불과하다.

한국은 레바논에 UN 평화유지군으로 동명부대를 파병했다. 이스라엘과 레바논의 분쟁을 막기 위하여 UN에서 38개 국가에서 1만 1천 명의 병력을 파병하고 있다. 2007년 7월에 한국도 UN의 평화유지군으로 100여 명의 군인을 파병했다. 지금2023까지 주둔하고 있다. 인구 11만 명의 해안 도시 티레Tyre 외곽에 주둔하고 있다. 경계 업무를 주로 하고 있지만, 주민들에게 의료봉사를 하고 있다. 레바논과 이스라엘은 크고 작은 싸움이 그치지 않는다. 힘이 약한 레바논은 소규모의 게릴라 부대가 있어 이스라엘을 괴롭힌다. 레바논의 헤즈볼라Hezbollah는 악명이 높다. 이스라엘은 그때마다 전투기로 군사기지를 폭격한다. '눈에는 눈으로Tit for Tat' 대응이다. UN 평화유지군은 레바논과 이스라엘 간의 충돌 방지가 목적이다. UN 표지를 단 장갑차를 타고 순회한다. 안전지대를 설정하고 전쟁 방지를 위한 감시를 목적으로 하고 있다.

한국은 큰 나라인 이웃 시리아와는 국교가 없다. UN 가입국 중 국교가 없는 나라는 북한과 시리아뿐이다. 레바논과 대사급 외교 관계를 맺고 있다. 레바논의 10대 무역국 중의 한 곳이 한국이다. 우리는 전자제품과 자동차를 수출하고 있다. 한편, 레바논에서는 보석과 농산물을 수입하고 있다. 레바논 내전 속에서 1986년에는 주레바논 한국 외교관을 납치했다. 도재승 서기관이었다. 괴한에 납치되어 1년 8개월 만에 풀려났다. 전두환 정권 시절이다. 풀려나온 뒷이야기를 들으면 마치 영화 〈007〉을 보는 것 같았다. 납치범들은 돈을 벌기 위하여 일본 외교관을 납치하려다가 실수로 한국 외교관을 잡아갔다. 미국 대사관의 브로커를 통하여 250만 달러의 몸값을 주고 풀려났다. 외교관이 납치되는 판이니 살벌하다.

기원전 1200년 전에 번성했던 페니키아Phoenicia 제국은 지금의 레바논이 중심지였다. 유적이 곳곳에 남아 있다. 페니키아의 문자가 오늘날 알파벳

문자가 되었다. 중동 국가 중에서 기독교의 인구가 가장 많은 나라가 레바논이다. 16개의 공식적인 종파가 있다. 기독교가 가장 많아 인구의 43%를 차지하고, 수니파 27%, 시아파 27%가 대종을 이룬다. 묵시적으로 대통령은 마론파 기독교, 총리는 수니파 이슬람, 국회의장은 시아파 이슬람, 부총리는 그리스정교 출신이 맡는다고 정해 놓고 있다. 전통적으로 기독교도가 많았지만, 1차 세계대전 후 프랑스가 지배하면서 기독교도들이 지배 세력으로 등장했다. 레바논은 원래 시리아 영토였다. 프랑스가 기독교도가 많이 사는 레바논을 시리아에서 분리 독립시켰다. 프랑스풍이 많이 남아 있고, 학교에 다닌 사람들은 프랑스 말을 잘한다. 이웃 시리아가 지금 내전 상태다. 시리아와 팔레스타인에서 난민이 120만 명이 들어왔다. 시리아와 레바논은 여권만 가지면 자유롭게 여행할 수 있다.

02 | 베이루트, 식민지 유산으로 먹고사는 도시

인구 200만의 지중해 연안의 항구도시다. 중동에서 가장 유럽풍 도시가 베이루트Beirut다. 동양에서 가장 서양적 도시다. 홍콩과 사연이 같다. 프랑스가 1차 세계대전 후 레반트를 지배했다. 베이루트를 식민지 거점 도시로 만들었다. 도시의 경관은 프랑스의 항구도시를 보는 것과 같다. 건물의 양식, 공원과 도로의 배치, 토지이용, 도시계획이 프랑스의 도시와 매우 유사하다. 도시 형태만 프랑스 도시를 닮은 것이 아니다. 카페나 부티크, 레스토랑, 팝, 은행, 쇼핑 거리, 호텔, 신문을 파는 키오스크가 모두 프랑스풍이다. 도로명도 드골 애비뉴, 파리 애비뉴, 세인트 조지만, 로체바위 언덕 등 곳곳에 프랑스 이름이 남아 있다. 프랑스 이름을 더 선호한다. 우리나라 아파트

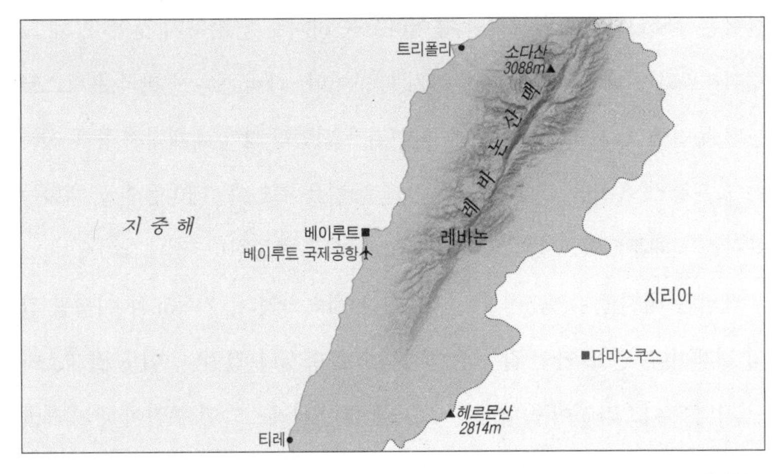

베이루트

이름은 모두 영어로 작명한 것과 같다.

베이루트는 자연이 매우 아름답다. 지중해 쪽으로 약간 튀어나온 반도에 위치한다. 레바논산맥Lebanon Mountains 곁에 있다. 삼각형 모양의 두 개의 언덕 아쉬라페Ashrafieh와 알무사티바Al Musatibah가 있다. 해안은 다양하다. 절벽으로 된 암석해안과 모래 해안이 있다. 절벽도 곁에 있다. 지중해성기후다. 봄과 가을이 있지만, 짧은 봄과 가을이다. 여름이 길다. 덥고 습도가 높다. 낮에는 해풍이 불고 밤에는 육풍이 분다. 연간 825mm의 강우량이 있다. 고도 때문에 눈이 내리기도 하지만, 쌓이지는 않는다.

사용하는 언어는 프랑스어와 영어가 아랍어보다 더 일반적이다. 도시의 관광 명소는 모두 프랑스의 것을 따르는 곳이 더 많다. 프랑스가 레바논을 23년간1920~1943 식민지 지배하는 동안 지독하게 탄압했다. 프랑스를 벗어나기 위한 독립운동을 했다. 수만 명이 살해당했다. 독립 이후에도 프랑스의 문화를 보존하고 있다. 비슷한 기간 동안 일본의 식민지 지배를 받았던 한국은, 특히 부산은 일본의 이름이라고는 하나도 남겨두지 않았다. 왜 그럴까? 우리는 패전국에서 독립했기 때문이다. 레바논은 승전국 프랑스로부터 독립했다. 1920년에 프랑스 식민지가 되었다. 2차 세계대전 중에 레바논에 프랑스 유산을 그대로 남겨둔 채 독립을 얻었다. 레바논의 근대화는 프랑스 지배부터라고 생각한다. 프랑스 문화를 존중한다. 적대감이 없다.

레바논 내전1975~1990이 15년 6개월간 계속되었다. 기독교와 이슬람 간의 전쟁이다. 종교 간의 갈등은 역사적으로 언제나 있었다. 이웃 팔레스타인 지역에 이스라엘이 독립했다. 그곳에 살던 팔레스타인 주민이 대거 레바논으로 이주해 왔다. 베이루트에 사는 기독교인 간에 갈등이 일어났다. 레바논의 다수 종교는 기독교다. 15년간의 내전은 영토를 차지하는 전쟁이 아니었다. 같은 도시에 살면서 납치, 암살과 폭탄 투척, 자살 폭탄 테러, 집단 학살로 이어지는 더러운 전쟁이었다. 이웃 시리아는 같은 아랍 팔레스타인 난민의 편을 들고 있다.

이스라엘은 기독교인의 편을 들고 있다. 냉전 시대였다. 기독교 쪽은 프랑스와 미국이다. 소련과 이란은 아랍 측이다. 내전은 미국과 러시아의 대리전이 되고 있다. 작은 나라에 오랜 내전으로 수십만 명이 죽고, 100만 명이 해외로 떠났다. UN 중재로 휴전했다. 레바논의 동부는 시리아, 남부는 이스라엘의 영향력이 강하게 남아 있다. 휴전 가운데 여러 번 선거를 치렀다. 감정은 선거를 통하여 해소되는 듯하다. 1932년 이후 인구조사를 하지 않는다. 인종과 종교 간 갈등 문제 때문이다. 추측하는 인구 통계뿐이다. 대략 521만 명으로 추정한다. 광역 베이루트는 220만 명이다. 이슬람이 60%, 기독교 37%, 기타 3%다.

중심 도시는 베이루트다. 금융 도시다. 은행과 관광이 주업이다. 은행의 잔액은 GDP 430억 달러의 3.5배에 달하는 1,505억 달러다. 은행예금은 매년 8%의 신장세를 보인다. 이자율이 유럽의 은행들보다 높다. 레바논에서는 자유롭게 외국 화폐로 환전할 수 있다. 자본의 흐름에 어떤 제약도 없다. 1956년 자본보호법이 통과되어 예금자의 비밀을 지켜 주고, 또 이자소득에 대하여 면세를 하고 있다. 외국인 투자에 대하여서도 완전한 자유를 보장하고 있다. 자원이 없고 다양한 민족이 공존하는 베이루트의 선택이었다. 중동 금융의 중심지다.

베이루트의 관광산업은 금융 산업과 함께, 지역경제를 유지하는 주축이다. 내전이 있기 전에는 레바논을 '중동의 파리The Paris of the Middle East' 또는 경치 때문에 '중동의 스위스Switzerland of the Middle East'라 불렀다. 2012년의 통계에 따르면 베이루트의 관광객은 아랍연합국에서 34%, 유럽주로 프랑스, 독일, 영국 33%, 아메리카주로 미국에서 16%가 들어오고 있다. 최고의 관광지는 콘이세 베이루트Corniche Beirut다. 지중해를 면한 해안 도로 4.8km 구간의 CBD중심 업무 지구다. 파리 거리, 드골 거리도 있다. 지중해가 내려다보이는 석회암 절벽 위의 해안 도로는 아름답다. 현대식 건물만 아니다. 십자군의 성, 오스만제국의 모스크가 관광의 가치를 높인다. 베이루트를 영국의 《가디언》은 세계 관광도시 톱 10에 넣었다.

EGYPT · LIBYA · TUNISIA
MOROCCO · ALGERIA

제4장

마그레브 지방

01 | 이집트 코로나19, 멀어지는 민주주의

코로나19는 지구촌에 큰 위협을 주었다. 2021년 8월 6일 현재, 코로나 바이러스로 2억 100만 명이 감염되고 420만 명이 사망했다. 코로나로 인한 인명 피해는 히로시마 원자탄이 한꺼번에 50개 터진 충격이다. 감염을 막기 위하여서 국경을 폐쇄하고 사람 왕래를 못 하게 했다. 21세기 세계 질서에 영향을 주었다. 코로나19 공격에 대한 국가마다 대응 방식과 피해 규모는 달랐다. 이번 코로나 팬데믹에 가장 피해가 컸던 곳은 의료 시설이 가장 잘 되어 있다는 미국을 비롯한 서방 자유주의 선진 국가였다.

반면 한 수 뒤 떨어진 나라로 여기던 아시아 국가들, 중국, 한국, 일본, 대만, 싱가포르가 코로나를 선방했다. 왜 그럴까? 자유 개인주의를 중시하는 서양 국가와 공동체를 우선시하는 동양과 사고의 차이 때문이다. 동양은 나보다 우리 개념이 강하다. 내 집이 아니고 우리 집, 내 땅이 아니고 우리 땅, 내 학교가 아니고 우리 학교, 심지어 나의 마누라가 아니고 우리 마누라다. 정의란 공동체 안에 있는 개념이다. 공동체의 이익을 위하여 개인의 자유를 제한해도 된다는 것이 마이클 샌델의 정의의 개념이다. 다시 공동체를 돌아보게 한다.

코로나로 모든 국가는 여행을 금지했다. 이집트는 직격탄을 맞았다. 이집트는 관광 수입이 GDP의 11%를 차지하는 나라다. 아스완 댐과 룩소르를 왕래하던 나일강 크루즈가 한 척도 다니지 못했다. 이집트는 지금도 군부軍部의 입김이 센 나라다. 군인이 모든 걸 장악하고 있다. 군의 입김이 강한 것은 군대가 비대해지고, 군대를 통제할 민주 정부가 없기 때문이다.

이집트는 이스라엘과의 전쟁 준비로 군대가 비대해졌다. 군대를 통제할 문민정부가 들어서지 못했다. 군이 정치에 깊숙이 간여하게 되었다. 현재의 대통령 엘 시시El Sisi도 육군 참모총장 출신이다. 2011년 아랍의 봄으로 이집트에도 대대적인 시위가 일어났다. 철권통치를 하던 무바라크 대통령은 대규모 시위로 쫓겨났다. 민간인 교수 출신 모르시Morsi가 대통령으로 선출됐다. 이집트는 1973년 이스라엘 전쟁 이후 계속해서 계엄령하에 있었다. 모르시는 계엄령을 해제했다. 각종 요구가 분출했다. 치안이 불안해졌다. 군대는 참지 못했다. 쿠데타를 했다. 모르시 대통령을 축출했다. 당시 참모총장이던 엘 시시 장군이 정권을 잡았다. 단독 출마하여 대통령에 당선되었고2014, 지금에 이르고 있다. 군 출신이 정부 요직을 차지하고 있다. 국가 기간산업과 주요 기업을 군인이 직접 경영하고 있다. 시장 기능이 마비되었다. 공개되지 않는 곳에 뒷거래가 시장 기능을 대신하고 부정과 부패가 만연하다.

이집트는 가난한 나라이고 독재를 하는 국가다. 코로나 백신 접종은 군

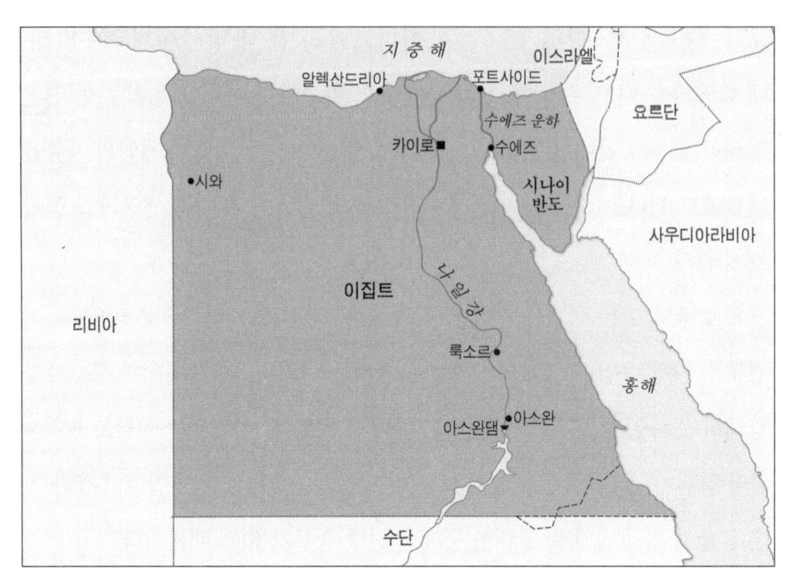

이집트

인과 고위직 엘리트 공무원과 그들의 친지들이 독차지했다. 농촌의 농민, 도시 빈민, 재소자, 이민자, 피난민들은 열외였다. 정부는 감염자 통계를 발표했다. 정부 발표 통계를 믿는 사람은 없다. 영국의 《가디언》지와 미국의 《뉴욕 타임스》지는 이집트 정부가 발표하는 통계에 7을 곱해야 실질 감염자 숫자라고 했다. 이집트 국민은 정부 발표 통계를 보지 않고 외신을 믿는다. 이집트 정부는 영국 《가디언》지는 허위 보도를 했다고 하여 카이로 지국이 폐쇄됐다.

독재 국가에서 위기는 독재자에게 기회다. 팬데믹을 빌미로 주민에게는 자유 활동을 제한한다. 유언비어와 가짜뉴스를 퍼뜨린다는 이유로 언론을 탄압한다. 독재자 수단 중에 가장 좋은 것이 자유로운 이동 제한과 언론통제다. 코로나 팬데믹 이후 후진 국가는 민주화는 퇴행하고 독재가 강화되고 있다. 이집트만이 아니다. 필리핀의 두테르테가 그렇고, 중국 시진핑도, 태국 찬 오차도 그렇다. 독재자들은 자연 재앙이 오면 호재를 만난 듯, 주민을 통제하고 자유를 제한한다. 국민에게는 생명을 지키려는 조치라고 한다.

K방역에 대해서도 비판한다. 프랑스 언론은 한국은 주민등록번호와 전화번호를 이용해 추적하여 감염자를 찾아낸다고 한다. 인권을 침해하고 있다고 주장했다. 나는 부분적으로 동의한다. 모든 국민에게 고유 번호를 부여하고 있는 나라는 한국뿐이다. 꼭 좋은 것만은 아니다. 그만큼 자유는 제한된다. 문재인 대통령이 임기 말인 데도 높은 인기를 유지하고 있는 것은 코로나 방역 때문이라는 주장도 있다. 근거 없는 이야기는 아니다.

역사적으로 언제나 큰 재해 뒤에는 독재가 따른다. 이집트 엘 시시 대통령은 호재를 만났다. 아들 무하마드는 정보 부장이다. 코로나 방역으로 주민과 언론통제가 강화되었다. 민주화는 멀어지고 있다, 1929년 경제공황으로 히틀러 나치가 등장하였고, 2차 세계대전 중에 미국 루즈벨트 대통령은 두 번 대통령제를 어기고 4선 대통령이 되었다. 코로나 역병은 독재의 빌미가 되고 있다.

02 | 나일강, 이집트 인구의 90%가 목을 매는 강

헤로도토스Herodotus는 "이집트는 나일강의 선물이다."라고 했다. 세계에서 두 번째로 긴 강이다. 아마존강이 조금 더 길다. 나일강은 열대우림 지방에서 발원하여 사막을 거쳐 지중해로 들어간다. 전장 6,650km이다. 콩고민주공화국, 탄자니아, 부룬디, 르완다, 우간다, 케냐, 에티오피아, 에리트레아, 남수단, 수단, 이집트를 가로지른다.

이집트 가자의 피라미드, 카르나크 신전 돌기둥, 룩소르Luxor 람세스 2세의 오벨리스크를 보면 경탄한다. 5천 년 전에 어떻게 저런 거대한 피라미드와 석주, 신전을 만들었을까? 나는 돌 조각의 예술성과 정확성보다 그 거대한 석조물을 만들기 위해 동원된 인력에 관심이 있다. 지금이나 5천 년 전이나 권력의 본질은 다르지 않다. 얼마나 많은 사람을 동원할 수 있느냐가 권력의 크기다. 권력자는 국민을 동원해서 죽을 때까지 신전과 피라미드를 만들었다. 거대한 돌기둥과 신전을 만들기 위하여 돈을 지불해야 하고, 아니면 강제 동원해야 한다. 노예라도 먹여야 하고, 입혀야 하고, 재워야 한다. 하루 이틀에 끝날 게 아니었다. 매일 수천 명을 동원해야 한다. 당시 이집트인은 내세가 있고 부활한다고 막연하게나마 믿었던 모양이다. 파라오는 신전을 대를 이어가면서 축조했다. 거대한 석물을 만든 기술을 보면 그때 사람이나 지금 사람이나 지능의 차이는 없어 보인다.

당시 나일강 유역만큼 먹을 것이 풍부한 곳은 세계 어느 곳에도 없었다. 나일강은 사막을 흐르는 강이다. 룩소르에서 아스완은 1년 내내 비 한 방울 오지 않는 사막이다. 그런데도 6월이 되면 강물이 불어나서 범람한다. 나일강의 범람은 곧 축제다. 범람원 크기만큼 농사를 짓는다. 토양은 퇴적물로 인하여 기가 막히게 비옥하다. 풍부한 농산물을 생산했고, 많은 인구를 부양했다. 큰 왕국을 건설했고 거대한 토목공사를 할 수 있었다. 나일강 크루즈를 하면 보인다. 나일강이 범람한 초원 지대와 회색의 사막 경계가 뚜렷하다. 지금도 다르지 않다. 이집트 경제는 모두가 나일강 변 4km 안에서 일어난다. 인구 1억 명 중 90%가 나일강 유역에 산다. 나머지 1천만 명은 사막의 오아시스와 항구에 있다.

이집트는 나일강의 하류다. 이집트를 지나는 나일강은 사막을 지나므로 한 줄기다. 지류가 없다. 수심이 깊고 조용하여 큰 배가 다닌다. 먼 곳에서 사람과 식량과 무거운 건축 자재를 쉽게 운반할 수 있다. 아무리 왕권이 대단하다 하더라도 백성들을 농사를 짓지 않고 일 년 내내 거대한 신전을 만들도록 부리지는 못한다. 말을 하지 않아도 이집트를 가 보면 바로 나일강이 다 먹여 살리고 있다는 사실을 쉽게 안다. 나일강은 건기에는 560톤/sec의 물이 흐른다. 우기에는 6,600톤/sec, 10배도 넘는 물이 흐른다. 나일강은 세계의 큰 강 중에서 수량이 매우 적은 편이다. 사막을 흐르기 때문이다. 아스완 댐이 축조되어 지금은 예전만큼 많은 물이 흐르지 못한다.

나일강은 아프리카에서는 제일 긴 강이다. 남쪽에 북쪽으로 흐른다. 백나일White Nile강은 빅토리아 호수가 있는 부룬디, 르완다, 우간다, 탄자니아, 케냐, 콩고, 남수단, 수단으로 들어간다. 청나일Blue Nile은 에티오피아에서 발원하여 수단으로 들어간다. 수단의 수도 카르툼Khartoum에서 청나일과 백나일이 합류한다. 합류한 강은 수단에서 한 줄기가 되어 이집트로 들어간다. 강의 길이는 백나일이 길다. 그러나 나일강 수량 85%가 청나일에서 나온다. 청나일 발원지는 에티오피아 아비시니아Abyssinia고원이다. 계절풍의 영향으로 비가 많은 지역이다.

우리나라 TV에서도 여러 번 방영했다. 나일강의 물을 두고 에티오피아와 이집트 간에 분쟁이 있다. 아비시니아고원의 청나일에 거대한 댐을 축조하고 있다. 그랜드 에티오피아 르네상스 댐GERD, Grand Ethiopia Renaissance Dam이다. 에티오피아 GDP의 7%에 해당하는 45억 달러의 예산을 투입했다. 발전량은 6.35GW, 대형 원자로 6기 발전 설비에 해당한다. 740억 톤의 저수량은 소양강댐의 25배나 되는 규모다. 청나일의 댐 건설은 나일강 수량水量을 감소시킨다. 나일강으로 먹고사는 이집트에는 치명적이다. 이집트 경제에 심각한 위협이 되고 있다. 이집트는 GERD 건설을 반대했다. GERD는 이집트에서 수단을 건너 2,500km 상류 에티오피아에 있다. 현재 공정 완성 단계에 있다. 80%를 넘긴 상태에서 물을 채우면서 발전을 할 것이라 했다. 이집트는 서서히 8년 내지, 20년에 걸쳐 댐을 채우라고 요구하고 있다.

에티오피아는 인구가 1억 1천만 명이나 되는 큰 나라지만, 가난하고 전력이 턱없이 부족하다. 한편, 이집트는 나일강의 물이 2%만 감소해도 GDP가 10% 줄어든다고 하여 전쟁을 불사하겠다고 했다. 전쟁은 지정학적으로 가능하지도 않고, 명분도 없다. 세계 곳곳에 수원 분쟁은 있다. 유프라테스강 상류 아나톨리아 고원에 튀르키예가 댐 건설을 한다고 하여 이라크와 시리아가 반대하고, 메콩강 상류에 있는 윈난 고원에 중국이 댐을 건설하자 라오스와 베트남이 반대했다. 나일강에는 수자원관리위원회가 있다. 국가 간의 나일강 물 문제를 다루는 기구다. 잘 작동되지는 않는다.

03 | 나세르, 박정희가 가장 존경한 대통령

후진국의 지도자로서 나세르Gamal Abdel Nasser만큼 전 세계의 뉴스가 된 지도자는 없었다. 2차 세계대전이 끝나고 세계 곳곳에서 독립 전쟁이 일어났다. 식민지로 있던 국가들은 민족주의를 외치며 독립 전쟁을 시작했다. 민족의 지도자는 영웅으로 등장했다. 이집트의 나세르, 튀르키예의 아타투르크, 필리핀의 마르코스, 인도네시아의 수카르노, 이란의 팔레비, 이라크의 후세인, 시리아의 알아사드, 리비아의 카다피 등은 민족의 영웅들이다. 지도자들은 식민지를 벗어나기 위하여 독립 전쟁을 했다. 그들은 쿠데타를 하여 봉건 왕정을 뒤엎고 정권을 잡았다. 그들은 하나 같이 반식민지 민족주의자였고, 조국의 근대화를 외치고, 개혁을 단행하였다. 국민의 열광적인 지지를 받아 독재자가 되었다. 한국은 이승만과 박정희가 같은 맥락이다.

카이로 대학에 갔다. 내가 아는 교수를 찾아갔다. 핫심 교수다. 그는 UNDP에서 근무했고, 당시 카이로 대학 지리학과 교수였다. 그의 연구실에는 천연색으로 인쇄된 『새마을운동』 책이 있었다. 2005년 그는 이집트의 발전을 위하여 한국의 새마을운동을 배워야 한다고 했다.

나세르는 1918년생박정희는 1917년생이다. 그는 1952년 쿠데타를 했다. 이집트 왕정을 뒤엎고 정권을 잡았다. 반식민지와 조국 근대화를 외치고 대대적인 개혁을 단행하였다. 나세르는 이집트 왕국과 영국의 불평등조약을 파기했다. 영국과 대립각을 세우고 식민지에서 자주독립을 선언했다. 국민 염원이었던 농지개혁을 단행했고, 아스완에 댐을 건설하고, 헬완Helwan에 제철소를 건설하는 등 근대화를 추진했다. 드디어 영국이 소유하고 있던 수에즈운하를 국유화하였다.

국유화를 선언하자 영국, 프랑스, 이스라엘은 이집트에 선전포고하고 군사작전을 개시하였다. 이집트는 상대가 안 되는 전쟁이었다. 국제 정세를 잘 읽었던 나세르는 냉전 시대 미국과 소련을 끌어들였다. 미국과 소련은 영국과 프랑스에 간섭했다. 3차 세계대전을 염려했다. 수에즈운하에서 영국, 프랑스, 이집트에 철군을 종용했다. 나세르가 승리했다. 나세르는 국내는 물론 아랍 국가들의 영웅으로 추앙되었다. 민중의 인기가 급등했다. 나세르를 롤모델로 한 민족주의를 내건 쿠데타가 곳곳에서 일어났다.

박정희도 나세르를 존경했다. 식민지가 된 것은 산업화와 근대화가 되지 않았기 때문이라 생각했다. 나세르의 정책을 사회주의 쪽에서는 자본주의, 자본주의 쪽에서는 사회주의, 이슬람에서는 세속주의라고 하지만, 그는 민족주의자였고 근대화주의자였다. 이집트는 역사와 전통에서 지금 세계에서 가장 잘사는 국가라고 해도 하나도 이상할 게 없다. 5천 년 전부터 찬란한 문명을 이룩했다. 지금도 인적·물적 자원이 풍부한 나라다. 그러나 2020

년 현재 1인당 국민소득이 3,561달러, 구매력 소득이 1만 4천 달러에 지나지 않고, 여행해 보면 곳곳에 후진국 냄새가 물씬 나는 나라다. 왜 그럴까?

한국의 이승만 대통령은 독립운동가였고, 정권을 잡아 독재했다. 쿠데타로 정권을 잡은 박정희는 공산주의 이력이 있었지만, 반외세 민족주의자였고, 근대화주의자였다. 후진국의 지도자들과 마찬가지로, 산업화와 근대화에 성공했다. 차이가 있다. 한국은 분단국가임에도 불구하고 박정희의 산업화 기반 위에 민주화를 이룩하여 21세기에 들어와 정치와 경제에서 선진국 대열에 들어섰다. 그러나 튀르키예, 이집트, 이라크, 이란, 필리핀, 인도네시아 어느 나라도 후진국의 속성인 독재와 부정부패의 수렁에서 헤어나지 못하고 있다. 식민지에서 무장투쟁을 하고 독립을 이룩한 국가 중에서 대한민국을 제외하고 선진국 대열에 들어간 나라는 없다. 왜 그럴까?

정치다. 민주주의다. 어느 정권이든 민족의 독립을 성취했다. 근대화를 이룩한 민족 영웅은 독재자로 군림했다. 다음 정권에 넘길 때도 민주주의 방법으로 정권 이양을 전수하지는 못했다. 영웅이 하듯 군대의 힘으로 정권의 전통성을 넘겨주었다. 군대를 통하면 국민의 지지는 없을지라도 정권을 이양하기도 쉽고, 지도자를 대물림하기도 쉽다. 한국 국민은 그러지 않았다. 독재를 대물림할 수 없도록 저항하고 평화적 정권 교체를 하도록 투쟁하고 민주주의를 위하여 처절하게 싸웠다. 4·19혁명, 5·18민주화 운동, 6·10민주항쟁이 있었다. 나의 시대에 일어난 일이라서 직접 보았고 기억한다. 독재 정권에서 보면 민주주의는 참으로 비효율적인 정치체제인 것처럼 보인다. 처칠이 말했듯이 다른 정치적 대안은 없다. 민족 영웅의 독선은 독재를, 독재는 불공정 거래를 낳았다. 독재 국가에서는 시장경제가 일어나지 못한다. 경제발전이 안 되는 이유다. 핫심 교수의 책상 위에 '새마을운동'이 아니라, 한국의 민주주의 투쟁사를 올려 두어야 했다.

나세르는 세계를 놀라게 한 이집트 민족 지도자다. 1954년부터 1970년 죽을 때까지 독재정치를 했다. 민주주의의 씨앗을 잘랐다. 야당을 축출하고 언론을 탄압했다. 심장마비로 죽었다. 500만 명의 이집트 국민이 그의 죽음을 애도했다. 역사상 처음 있는 일이다. 유구한 역사를 갖고 풍부한 자연 자원과 인적자원을 가진 이집트가 아직도 후진국 테두리 안에 갇혀 있는 것은 민주주의를 선택하지 않았기 때문이다.

04 | 수에즈운하, 배 한 척 통관료가 3억?

수에즈운하의 건설은 이집트의 역사다. 이집트를 지배한 권력자들은 수에즈운하 또한 장악하고자 했다. 수에즈 지협을 파서 홍해와 지중해를 연결하는 일이다. 수에즈운하를 꿈꾼 역대 이집트 왕은 센누레BC 1897, 람세스 2세BC 1279, 네코 2세BC 610다. 침략자는 페르시아 다리우스 1세BC 522, 오스만제국 소콜루1565, 프랑스 나폴레옹1798이었다. 과거나 지금이나 누가 보아도 수에즈 지협Suez Isthmus은 요충지다. 수에즈 지협을 장악하면 아시아와 아프리카, 유럽 대륙의 목줄을 잡는 전략적 요충지다. 유럽과 아시아를 잇는 대동맥이다. 수에즈운하의 개통으로 수세기에 걸쳐 운영되던 육상 실크로드는 문을 닫았다.

인도와 베트남, 인도네시아의 식민지 경략이 한창일 때다. 수에즈운하 건설은 프랑스와 영국이 주도했다. 프랑스 외교관 레세프스Lesseps가 수에즈운하 회사를 설립했다. 1859년 시작하여 1869년, 10년 만에 완공했다. 북쪽 사이드Said 항구에서 남쪽 투픽Twefik 항구까지 162.5km다. 북대서양에서 지중해를 거처 홍해, 인도양을 거처 태평양으로 갈 수 있다. 운하의 완성으로 런던에서 아라비아해까지 엄청난 시간과 거리를 단축했다. 아프리카 대륙을 둘러서 가는 8,800km를 단축하는 지름길이다. 화물선 평균 항속인 20노트 항해를 계산하면 10일이 단축된다. 운하 공사는 지중해와 홍해 간 수위 차이도 없다. 지협 중간에 큰 호수 팀사Timsah 호수와 그레이트비터Great Bitter 호수가 있다. 파나마운하에 비하면 난공사는 아니었다. 소유권은 프랑스에서 영국이 가져갔다. 수에즈운하 전쟁 이후 1956년부터 이집트가 국유화했다.

2021년 3월 23일, 대형 컨테이너선이 좌초됐다. 배는 대만 에버그린 해운사 소속이고, 선주는 일본인이고, 일본에서 건조했다. 2만 TEU급이다. 대형 선박의 좌초로 모든 항해가 중단되었다. 일주일 만인 3월 29일에 재개되었다. 시사점이 많다. 세계 물동량의 12%를 차지하는 세계에서 가장 중요한 교통로다. 유럽에서 아시아로, 아시아에서 유럽으로 가는 배는 대부분 수에즈운하를 통과한다. 2020년 한해 18,500척이 통과했다. 매일 50척이다. 코로나19로 인하여 세계 물동량이 저조할 때인 2020년 통계다. 통과하려면 10시간이 걸린다. 수에즈 통과료는 한 척당 평균 유조선 기준 251,000달러 2억 8천만 원이다. 대단히 비싸다. 2023년 수에즈 항만청이 걷어 들이는 통과료는 연간 94억 달러다. 이집트 1년 예산의 10%에 해당한다. 한마디로 황금 방석이다.

1주일간의 운항 중단으로 수에즈 항만청은 10억 달러의 손해를 입었다고 했다. 세계경제도 주름살이 잡혔다. 국제해운협회ICS는 수에즈운하 하루 화물 수송 중단으로 세계 물류 수송에 100억 달러의 손해를 끼쳤다고 발표했다. 사고 수습이 지연되자 400여 척의 대기 선박이 계속해서 대기할 것인지 아프리카 대륙을 우회 항로를 택해야 할 것인지 고민해야 했다. 한국 HMM현대상선 소속 2만 4천 TEU급 대형 컨테이너선은 수에즈를 통과하여 유럽으로 갈 예정이었다. 부산에서 아프리카 케이프를 거처 유럽 항해를 결정했다. 아프리카 남단을 택하면 9,650km를 우회해야 한다. 10일이 더 소요된다. 수에즈운하 통과비 3억 원은 절약할 수 있지만, 10일 동안 하루에 150톤의 기름을 소비한다. 기름값은 시세에 따라 다르지만, 하루 5천만 원, 10일이면 5억 원이 더 소요된다. 비싼 통과료를 내더라도 수에즈운하를 택하는 이유다. 아시아와 유럽 노선을 가진 선주는 선박 건조를 주문할 때 수에즈운하의 수에즈 최대 기준Suezmax을 지킨다. 수에즈맥스는 선박 16만 톤, 길이 400m, 폭 77.5m, 흘수 20.1m, 높이 68m다.

수에즈운하는 더 큰 사고도 예상할 수 있다. 테러와 전쟁으로 폐쇄될 수도 있다. 선주들은 사고를 염두에 두고 수에즈맥스를 고려하지 않고 초대형 선박을 건조하기도 한다. 50만 톤급 초대형 유조선을 만들어 아예 케이프를 우회한다. 항해 시간은 늘어나지만 안정성은 더 높다. 컨테이너선의 대형화가 하나의 대안이다. 또 하나의 대안은 기후 온난화로 북극 항로North Sea Route가 떠오르고 있다. 북극해가 녹아 쇄빙선 없이도 1년에 여름 6주 내지 8주는 북극 항로가 열린다. 유럽에서 동아시아로 항해하는 경우 수에즈보다 7천km를 단축할 수 있다. 독일 베루가Beluga 선박 회사 소속 3척의 대형 선박이 북극해를 통과했다. 네덜란드 로테르담에서 출발하여 울산에 도착했다2009. 쇄빙선 도움은 없었다.

한국 해운업의 간판, 한때 세계 3대 해운 회사 중 하나였던 한진해운이 파산했다. 방만한 경영과 과당경쟁이 원인이었다. 당시 컨테이너 1개1TEU 당 가격이 상하이운임지수SCFI에 의하면 871달러였다. 해운사 손익분기점은 1TEU당 1,500불이다. 2018년 정부는 한국 해운의 재건을 돕기 위하여 한국해운공사를 설립하고 5개년 계획을 추진했다. 2021년 SCFI는 3,700달러다. 적자운영을 하고 있던 현대상선HMM은 때를 만났다. 12척 모두 만선 출항했다. 흑자를 기록했다. 한국 해운업 재기의 기회를 마련했다. 우리나라는 무역으로 먹고사는 나라다. 대형 화물은 뱃길을 이용한다. 수에즈운하와 파나마운하는 남의 이야기가 아니다.

05 | 사하라 태양광 발전, 대형 태양광 발전의 보고

"자원은 유한하고 창의는 무한하다." 포항제철 정문에 걸려 있던 현판이다. 화북 지방에 석탄·흑석黑石이 나서 농사를 지을 수 없다. 이라크 바스라 일대는 석유 때문에 고기를 잡을 수 없다. 대추야자가 자라지 않아 기피했다. 200년 전만 하더라도 지금 황금이라 하는 석탄과 석유의 발견은 저주의 땅이었다. 기술의 발달은 흑석은 석탄 산지로, 기름 낀 땅은 유전 지대가 되어 황금 방석으로 바꾸어 놓았다. 사하라사막은 비가 오지 않고, 나무 한 포기 자라지 않는 불모지다. 태양으로 발전發電하는 시대가 왔다. 사하라사막의 2%만 태양광 패널을 깔아도 지구인 전체가 쓰는 전력을 공급할 수 있다. 태양광을 PV 시스템을 통해서, 즉 반도체를 통해서 16~22%의 에너지를 생산한다.

현대 생활에서 전기는 가장 중요한 에너지 자원이다. 현대사회는 전기가 없으면 하루도 버티기 힘들다. 모든 생활과 산업은 전기에너지를 기반으로 하고 있다. 석탄 36%, 천연가스 23%, 수력 15%, 원자력 10%, 풍력 7%, 태양광 4%, 기타 5% 등이다. 아직은 60% 전력을 석탄과 천연가스, 화석연료에 의존하고 있다. 화석 에너지고 지구온난화의 주범이다. 수력은 입지가 한정되어 있다. 댐 건설로 인한 수자원의 분배가 분쟁이 되고 있다. 핵발전은 핵발전 사고로 반핵운동이 일어나고 기피되고 있다. 무한한 에너지는 풍력과 태양광이다. 태양광 발전 기술이 빠르게 성장하고 있다. 2027년까지 태양광 시설이 수력, 석탄, 천연가스의 시설을 능가할 것으로 보고 있다. 지구 전기 생산의 40%를 차지한다. 결국, 전기는 태양광과 풍력이 주종이 된다.

태양광 발전 기술은 선진국이 갖고 있다. 태양광 발전이 관심을 받는 것은 기후변화 때문이다. 석탄, 석유, 천연가스 발전은 지구온난화의 주범이다. 사하라사막 국가들이 곧 중동의 산유국으로 변신할 날이 멀지 않다. 적도는 태양을 가장 많이 받는 지역이다. 아프리카를 지나는 적도의 길이는 3,755km, 남아메리카 3,204km, 아시아는 1,370km이다. 사막의 크기도 아프리카가 최대다. 태양광 발전의 잠재력이 가장 큰 대륙은 아프리카다.

최근 대형 태양광 발전소는 모두 사막에 건설하고 있다. 1위 바드라 솔라파크2.2 GW는 2020년 인도 타르사막에 건설, 4위 반반 솔라파크1.6 GW는 2019년 이집트 사하라사막에 건설, 5위 텡게르 사막 솔라파크1.5GW는 2016년 중국 텡게르 사막에 건설, 6위 누르아부다비 솔라파크1.1 GW는 2019년 아랍에미리트 아라비아사막에 건설, 7위 알 마쿰 솔라파크1.0 GW는 2020년 아라비아사막에 설치하였다. 참고로 초대형 원자로 1기 발전 용량은 1.4GW다. 태양광 발전은 2002년 이후 매년 48%씩 증가하고 있다. 사하라사막은 모래와 태양밖에 없다. 모래는 석영이고, 석영은 실리콘의 원료다. 사하라사막은 태양광 발전의 적지고 세계 최대 규모다.

태양광 대형 발전소는 사막 지방에 있다. 소규모 가정용은 도시 아파트 벽면에도 태양광 패널을 설치하여 발전하고 있다. 독일은 이미 태양광 발전이 원자력 발전을 능가했다. 한 가옥의 지붕이나 벽면에 설치한 태양광 발전만으로도 한 가정에서 쓸 수 있을 만큼 효율이 높아졌다. 소형 발전 용량은 1.0kWh로 규모가 크다. 태양광 발전은 프로슈머 형태다. 자가발전하여 자가소비하는 형태다. 가정의 태양광 발전은 생산자가 곧 소비자다. 태양광 발전의 잠재력은 적도에 얼마나 많은 육지를 갖고 있느냐에 비례한다. 아프리카 대륙은 적도 길이가 집중형 태양광 발전Concentrated Solar Power 대륙이다. 미래 무공해 에너지가 잠재력이 가장 높은 대륙은 아프리카다.

소형 태양광 발전에 아름다운 이야기가 있다. 미국 시사 주간지 《타임》은 2019년 100대 발명품 중에 '솔라카우Solar Cow'를 선정했다. 솔라카우는 우리나라 태양광 사업자 요크사대표 장성은 제품이다. 아프리카는 가난한 대륙이다. 취학 연령 아이들을 학교에 보내기보다는 일을 시켜 돈을 벌어오게 한다. 아프리카 주민에게도 휴대전화가 일반화되어 있다. 교통과 통신이 불편한 곳에서 휴대전화로 모든 업무를 해결한다. 시골에는 전기가 없다. 휴대전화를 충전하기 위하여 도시까지 먼 거리를 걸어가서 충전하고, 또 충전비를 내야 한다. 충전과 충전비를 벌기 위하여 도시로 가야 하므로 아이들은 학교에 가지 못한다.

솔라카우는 태양광 발전기Photovoltaic다. 소 등 넓이의 작은 태양광 패널 아래 10여 개 젖소 젖꼭지처럼 충전기가 달려 있다. 요크사는 코이카KOICA의 후원을 받아 케냐의 시골 학교에 솔로카우를 설치했다. 폭발적인 인기였다. 학생들은 돈을 벌기 위하여 시내로 나가지 않아도 된다. 학교에 가면 솔로카우가 있어 공짜로 충전을 할 수 있고, 긴 충전 시간5시간에는 교실에서 공부할 수 있다. 충전기를 집에 가져오면 전화기 충전을 할 수 있고, 밤에 LED등으로 공부할 수 있기 때문이다. 케냐 정부는 등교를 장려하기 위해 매달 15달러의 인센티브를 아동들에게 줬다. 비용이 너무 많이 들어 고민이 깊어갔다. 솔로카우는 아프리카 교육에 혁명을 가져올 전망이다. 세계 주요 언론은 대서특필했다. 작은 기업, 요크가 2020년 케냐, 탄자니아, 콩고 정부와 계약을 체결하고 전국적 보급을 계획하고 있다. 수익 모델이 되고 있다.

태양광도 전기 생산이다. 단가가 맞아야 한다. 우리나라는 원전 60.7원/kWh, 석탄 91.2원, LNG 114.6원, 태양광 120원이다. 원자력, 석탄, LNG 발전의 단가는 고정적이다. 태양광 발전은 하루가 다르게 기술이 발전한다. 발전 단가가 낮아지고 있다. 독일은 태양광 발전 단가가 석탄과 LNG 가격보다 싼 가격으로 82.2원/kWh에 공급하고 있다. 2020년에 발주한 아부다비 알마크톰 솔라파크Al Maktoum Solar Park 건설 입찰의 발전 단가가 kw당 5.89센트65원/kWh에 입찰했다. 원전과 같은 단가다. 전력 없이는 문명사회가 될 수 없다. 화석 에너지와 원자력은 태생적 문제를 안고 있다. 국제에너지협회IEA는 2050년까지는 태양광 발전이 60%를 차지할 것이라 내다보고 있다.

06 | 시와 오아시스, 동성연애자의 성지?

이집트에는 수십 개의 작은 오아시스가 있다. 오아시스는 바다의 섬과 같다. 중국 돈황 월아천月牙泉 같은 작은 오아시스도 있지만, 큰 오아시스도 있다. 나일강도 사막을 흐르는 강이므로 오아시스다. 좁은 의미의 오아시스는 사막에 물이 있는 곳이다. 사막에 물만 있으면 생물이 산다. 바다에 무인도가 있듯이 사막에도 무인 오아시스가 있다.

이집트에 유명한 오아시스는 시와 오아시스Siwa Oasis다. 리비아에서 50km, 카이로 서쪽 450km, 지중해에서 250km 떨어진 사하라사막에 있다. 연간 강수량이 100mm도 안 된다. 연 강우량이 250mm 이하면 사막기후로 분류된다. 11월에서 3월까지 우기지만 비가 거의 오지 않는다. 바다보다 19m나 낮은 지형이다. 낮은 땅에 샘이 솟아 오아시스가 되었다. 시와Siwa는 완전히 고립된 오아시스다. 외부와 교역이 거의 없는 완전히 자급자족하는 공동체였다. 그러나 사막의 오아시스이므로 사막을 오가는 대상 주변의 유목민과 교역이 있었다. 1980년대에 들어서야 지중해 연안으로 나가는 포장도로가 건설되었다. 옛날에는 마그레브Magreb 지방에서 카이로에 들어갈 때나 메카로 가는 순례자들 쉼터였다.

지금은 관광지다. 시와에 사는 베르베르Berber족이다. 이슬람을 믿는다. 마그레브 지방지중해 연안 북아프리카에서는 무어Moor인이라 부른다. 우리가 생각하는 아프리카인이 아니고 유럽인에 가까운 회색인이다. 시와 오아시스는 알렉산더가 정복했고, 로마도 지배했다. 그 후 줄곧 이집트 왕국의 일부였다. 1차, 2차 세계대전 동안 지중해 건너 이탈리아와 독일에 침략당했다. 치안이 양호하고 물가가 싸서 좋은 관광지가 되고 있다. 유럽에 가깝다. 호텔 값이 2021년 현재 50달러 내외다. 유럽인 많이 찾는 관광지다. 그보다도 유럽인들의 사막 일광욕과 퀴어queer 문화 때문이다.

인류학자와 사회학자들이 시와 오아시스를 많이 찾는다. 동성연애 문화를 연구하기 위해서다. 고립되어 있어 전부가 베르베르 족내혼Endogamy이 행해졌다. 다른 지역에 비하여 특별히 게이남자 동성연애자가 많다. 이슬람 사회는 동성연애자를 인정하지 않는다. 죽이거나 엄하게 다스린다. 그런데도 시와는 이성간 결혼도 하지만, 퀴어 문화가 전통이다. 동성연애를 피하는 것이 아니라 일상화되어 있고, 자랑하기도 한다. 12살에서 18살까지 소년에 많다.

학자들은 게이 실상을 다음과 같이 보고했다. 스타인돌프G. Steindorff, 1904는 "동성연애는 결혼 형태로 존재한다. 소년과 결혼은 큰 잔치고, 여성 몸값에 비교해 소년의 몸값은 10배가 넘는다." 인류학자 워터 클라인W. Cline, 1936은 "시와의 정상적인 남자는 소년과 동성연애를 하는 관습이 있다. 부

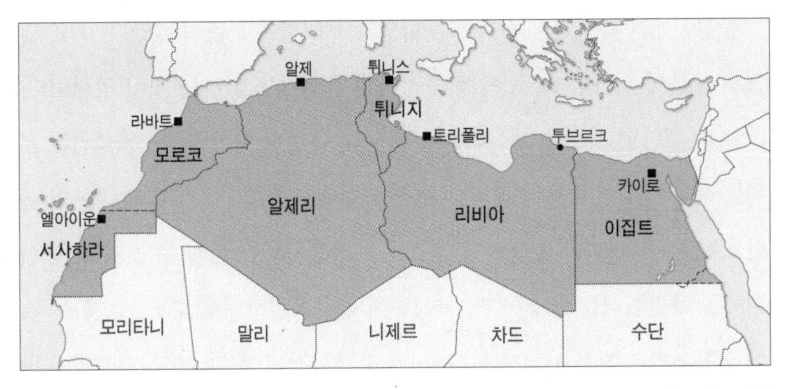

마그레브 지역

족장들은 동성연애를 위해 아들을 서로 교환한다. 소년 하렘Harem을 두고 있다." 이집트의 고고학자 암드 파크리A. Fakhry, 1973는 30년간 그 풍습을 연구했다. 독신 남자는 성 안에서 잠자는 것을 허용하지 않고 성 밖으로 내보낸다. 두 남성 간에 문서로 된 결혼 계약서가 있고 의무와 책임도 있다. 이집트는 1928년 동성연애를 금지했다. 아직도 음성적으로 행해지고 있다. 2차 세계대전 중 이탈리아 군인들도 증언했다. 이집트 정부의 계속되는 탄압으로 지금은 많이 줄었다.

왜, 시와 오아시스에 동성연애자가 특별히 많은 것일까? 같은 베르베르인이고, 같은 이슬람교도고, 기원전부터 사람이 살았고, 대추야자와 올리브를 주식으로 한다. 차이가 있다면 고립된 오아시스란 이유밖에 없다. 오랜 세월 자연과 접촉하여 고립되어 살아온 마을에는 고유한 풍습이 존재할 수 있다. 문화는 인간이 만들지만, 문화는 인간을 길들인다. 이집트지만 이집트어보다 지방 언어인 시위Siwi어를 사용한다. 이슬람을 믿지만 이집트 이슬람과 양식이 다르다.

동성연애는 유전인가 습득한 문화인가에 대하여 논란이 많았다. 최근 발표된 논문에 의하면 DNA 속에 동성연애 유전자는 없다는 것이 정설이다. DNA가 있다면 자손을 생산하지 못하는데 유전될 수가 없다. 동성연애 문화는 획득된 후천적 문화 행위다. 문명사회에는 장애인을 차별해서는 안 된다. 그러나 장애인이 발생하지 않도록 안전장치를 마련해 두고 있다. 동성연애를 차별해서는 안 되지만, 동성연애자가 발생하지 않도록 예방하는 것이 공동체의 도리가 아닐까 한다. 시와 오아시스에 특별히 동성연애자가 많은 것은 고립된 사회와 문화 때문이지 유전자 때문은 아니라고 학자들은 말한다. 그러나 이해는 잘 안 된다. 아름다운 오아시스에 달갑지 않은 문화가 있다.

이집트 관광 안내서에 시와를 소개하고 있다. 사막과 오아시스 관광이다. 카이로에서 남쪽으로 200km 내려가면 바하리이아 오아시스가 있다. 거기 남쪽으로 내려가면 소금으로 뒤덮인 화이트 사막 국립공원White Desert National Park이 있다. 서쪽으로 300km 거리에 시와가 있다. 버스가 다닌다.

07 | 알렉산드리아, 2억 2천만 달러를 들여 재건한 알렉산드리아 도서관

알렉산드리아는 세계에서 가장 오래된 도시다. 기원전 2700년 전부터 지금까지 사람이 사는 도시다. 5천 년간 세계사의 중심으로 사람이 살아온 도시는 알렉산드리아밖에 없다. 기원전 331년 마케도니아 왕 알렉산더가 점령했다. 알렉산드리아로 개명했다. 알렉산드리아 땅이란 말이다. 알렉산더 대왕은 지금의 이집트, 이라크, 이란, 파키스탄, 아프가니스탄을 정복하고 인더스강까지 갔다가 돌아갔다. 아프가니스탄 칸다하르도 옛날 이름은 알렉산드리아였다.

침략자 알렉산더를 대왕The Great으로 격상한 것은, 그는 정복자이면서 점령지에 그리스 문명을 고집하지 않고 현지의 문화를 수용하는 세계화Hellenism를 지향한 업적 때문이다. 알렉산더가 알렉산드리아를 그리스 도시로 만들었다. 도시 내에는 그리스인, 이집트인, 유대인 구역을 만들어 각자의 신을 믿게 하고 공동체를 이루어 살게 했다. 그리스인만을 고집하지 않았다. 알렉산더는 점령지 문화와 그리스 문화를 함께 허용했다. 동서양의 문화 융합은 지금도 지향하는 사상이다.

나일 하구에 거대한 삼각주가 있다. 동서 240km, 남북 160km 크기다. 서쪽 끝에는 알렉산드리아가 있다. 동쪽 끝에는 포트사이드Port Said가 있다. 포트사이드는 수에즈운하 지중해 쪽 입구다. 삼각주는 하천이 바다를 만나면서 유속이 떨어져 싣고 온 퇴적물을 내려놓아 만들어진 퇴적 지형이다. 고도가 낮은 평야이고 토양은 대단히 비옥하다. 나일강 삼각주는 카이로에서 시작한다. 알렉산드리아 앞에 작은 섬 파로스Pharos가 있다. 파로스 섬 때문에 퇴적물이 많이 쌓여 알렉산드리아 지형이 형성되었다. 기원전부터 큰 도시였다. 지금도 알렉산드리아는 이집트에서 세 번째로 지중해 연안에서 가장 큰 도시다.

과거 영광에 비하면 지금은 초라하다. 고대 7대 불가사의 중의 하나는 알렉산드리아 도서관이었다. 당시 세계 최대 도서관이었다. 5만 권의 파피루스 두루마리 책이 있었다. 종이가 나오기 전 중국은 죽간竹簡과 비단에 글을 썼고, 이집트는 파피루스와 양피지였다. 나일강 삼각주에는 흐드러지게 자란다. 파피루스는 우리나라에서는 돗자리를 만드는 재료인 왕골이다. 파피루스를 눌러 말려서 문자를 기록했다. 도서관은 기원전 300년 전에 건립했다. 국적을 가리지 않고 많은 학자를 초빙하여 연구를 지원하였다.

지구의 둘레를 측정한 에라토스테네스Eratosthenes도 알렉산드리아 도서관에서 공부했다. 300년간 계속되던 도서관은 기원전 31년 카이사르 침략으로 불타 버렸다. 세계 최초 최대의 도서관으로 고증이 되었다. 바그다드에 있던 '지혜의 집'과 함께 그리스로 건너가 유럽 르네상스 문명의 산실이었다. 겉으로 보기에는 대단한 건물이다. 가난한 이집트 정부는 2억 2천만 달러2,532억 원라는 거액을 들여 알렉산드리아 도서관Bibliotheca Alexandria을 현대식으로 재건했다.

파로스 등대가 있다. 중세 7대 불가사의 건물 중 하나다. 알렉산드리아 등대라고도 한다. 알렉산드리아에 있다. 벽돌로 쌓아 올린 등대가 110m가 넘었다. 지리학자 스트라본Strabon은 1세기경 그의 책, 『지리지Geographica』에 등대 설계자가 그리스인 소스트라우스라고 기록했다. 여행가 바투타가 1326년에 갔을 때는 거대한 등대 일부가 지진으로 훼손된 채로 남아 있었지만 출입은 가능했고, 1349년에 방문했을 때는 지진으로 축대가 무너져 모두 바다 밑으로 수장되었다고 했다. 파로스 하면 등대를 연상하는 등대의 대명사다. 거대한 등대는 지진으로 무너지고 그 자리에 성채를 건축하여 흔적만 남아 있다.

관광 가이드가 빠짐없이 하는 이야기가 클레오파트라Cleopatra다. 세계의 미인으로 이름이 높다. 클레오파트라의 코가 조금만 낮았더라도 세계사는 달라졌을 것이다. 파스칼의 말이다. '피부가 권력이다'라는 화장품 광고가 있다. 피부가 아름다우면 권력자가 아름다운 피부를 탐할 것이고, 최고의 권력자를 품에 안은 여자는 권력자가 된다. 클레오파트라는 약소국 왕으로 살아남으려고 미인계를 썼던 게 분명하다. 로마 황제 카이사르의 애인이 되어 이집트의 내란을 평정하고 파라오 황제가 되었다. 카이사르가 죽자 안토니우스의 애인이 되었다. 악티움Actium해전에 패하여 절망한 여왕은 알렉산드리아로 돌아와 가슴을 독사에 물려 자살했다. 알렉산드리아 도서관은 도서관의 대명사, 파로스 등대는 등대의 대명사, 클레오파트라는 미인의 대명사로 세계사는 기록하고 있다. 세계사가 지중해를 중심으로 돌아가던 시절이다.

08 | 아스완 댐, 댐을 건설했는데도 가난은 여전

이집트 근대화 과정에 두 개의 큰 토목공사가 있었다. 수에즈운하와 아스완 댐이다. 두 개의 토목공사는 이집트의 현대사고, 세계사이기도 하다. 두 사건으로 이집트는 전통사회에서 현대사회로 진입했다. 수에즈운하와 아스완 댐 토목공사는 대영제국과 프랑스의 몰락, 그리고 미국과 소련의 등장을 상징하는 사건이다. 수에즈운하 전쟁은 미국과 소련의 간섭으로 영국과 프랑스는 손을 뗀다.

이집트는 발끝에서 머리까지 완전한 사막이다. 이집트에 내리는 비로는 한 포기의 작물도 재배할 수 없다. 이집트의 농산물은 나일강 물로 농사를 짓고, 생활용수와 산업용수로 쓰고 있다. 연례행사로 나일강은 범람한다. 나일강 홍수는 재앙인 동시에 축복이다. 홍수는 농작물을 쓸어버리기도 하고 홍수 퇴적물로 농사를 짓는다. 중국 황하 문명은 황화 홍수 때문이고, 나일 문명은 나일강 범람 때문이다. 나일강의 홍수는 이집트의 경제고 문화다.

일본은 조선에 쌀 증산을 위하여 저수지와 관개 수로를 정비했다. 영국은 이집트에 면화 재배를 비롯한 농산물 증산을 위하여 작은 아스완 댐을 건설했다1902. 충분하지 못했다. 이집트인의 숙원 사업은 나일강 홍수를 통제하는 댐의 건설이었다. 나세르는 쿠데타로 영국과 결탁하고 있던 왕정을 뒤엎었다. 정권을 잡았다. 아스완 댐 건설을 추진했다. 하지만 이집트는 돈이 없다.

나세르는 미국에 무기 구매와 아스완 댐 건설을 위한 차관을 요구했다. 아이젠하워는 이집트의 전략적 가치를 인정했지만, 한국전쟁의 수렁에서 겨우 빠져나온 터라, 나세르의 제의에 적극적이지 못했다. 소련 흐루쇼프는 같은 제안을 선뜻 받아들였다. 수에즈운하의 수입을 담보로 소련은 댐 건설 기술자와 11억 2천만 달러 차관을 제공했다. 아스완 하이 댐 공사는 1960년에 시작하여 1970년에 완공했다. 당시 나세르는 이집트만이 아니라 아랍 국가들의 영웅으로 떠오르고 있을 때다. 아스완 댐과 수에즈운하 국유화는 별개가 아니라 같이 묶여 있다. 나세르의 아스완 댐 자금 조달은 수에즈운하를 통해 이루어졌다. 소련과 밀약이다. 수에즈운하 국유화 선언은 아스완 댐 자금 조달 때문이었다.

아스완 댐의 건설로 사막 가운데 거대한 나세르 호수가 생겨났다. 댐의 높이는 111m, 길이 4,000m, 폭 하단 980m, 상단 40m인 댐이 구축되었다. 저수량은 1,320억 톤소양호 29억 톤, 에티오피아 르네상스 댐 750억 톤 저수량으로는 세계 3번째로 큰 호수다. 호수 면적은 5,250km²제주도 1,847km², 발전 설비는 2.1GW원자로 2기 용량이다. 댐의 건설은 우리나라 같은 완만한 노년기 지형에서는 침수 면적이 너무 넓어 B/C수익 대비 비용가 떨어진다. 아스완 댐은 제주도 3배의 면적이 수몰되는데도 사막인지라 할파Halfa Wadi와 누비아 오아시스 주민 10만 명이 이주하는 데 그쳤다. 중국 삼협 댐은 침수 면적이 1,084km²에 124만 명이 이주했다. 아스완 댐의 가성비는 매우 높은 편이다.

아스완 댐의 가장 큰 기능은 홍수조절이다. 우기에 강물을 저장했다가 일정하게 방류하여 홍수를 막고, 나일 유역과 나일 델타 면적 33.6만km²한국 10만km²에 관개를 한다. 인공 관개는 모든 농작물이 연간 2모작이 가능하여 농산물이 두 배로 증가했다. 1973년과 1983~1987년 사이 동아프리카에서 엄청난 가뭄이 있었지만, 이집트는 가뭄 영향을 거의 받지 않았다. 발전 시설도 2GW로서 원자로 2기에 해당하는 발전을 하여 남부 농촌 지역에 처음으로 풍부한 전력을 공급했다. 나일강이 일정 수위가 유지하여 선박 수송 능력이 향상되었다. 거대한 나세르 호는 하운, 관광, 어업에 크게 이바지하고 있다.

자연의 변화는 반드시 부정적 영향이 따른다. 환경문제가 있다. 댐 건설로 홍수가 사라져 토양 속에 염분의 농도가 높아가고 있다. 댐의 건설로 토양으로 유입될 퇴적물이 차단되어 화학 비료를 쓰다 보니 토양이 척박해지고 있다. 나일강 하류의 점토Silt가 감소하자 삼각주 해안선이 침식되어 사라지고 있다. 지중해 연안에서 많이 잡히는 정어리를 비롯한 물고기 어획량이 급감하였다. 풍토병인 주혈흡충Bilharzia 환자가 증가하고 있다는 보고가 있다. 그리고 UNESCO 문화유산인 누비아 유적 아부심벨 사원과 필레 신전이 수몰되었다. 문화재와 생태계의 부정적 영향을 고려해도 아스완 댐이 이집트 사회와 경제에 미친 영향은 대단히 크다. 나세르는 아스완 댐이 완공되던 해, 1970년에 죽었다. 이집트는 피라미드 스핑크스를 비롯한 엄청난 문화유산, 관광자원을 가지고 있다. 이집트의 숙원 사업 수에즈운하의 국유화와 아스완댐의 건설이 완성했는데도 이집트 국민의 삶은 나아지지 않았다. 선진국이 아니다. 2020년 현재 이집트를 아직도 가난한 삼류 국가로 분류한다.

09 | 시나이반도, 한국인 관광객이 당한 테러

이집트는 나일강의 선물이다. 100% 맞는 말이다. 영남은 낙동강의 선물이다. 30% 정도는 맞다. 이집트는 나일강에 전적으로 의존한다. 인구의 97%가 나일강을 먹고 산다. 이집트의 나일강은 지류가 없다. 나일강의 물로 관개를 하고, 발전하고, 생활용수·산업용수로 쓴다. 영남을 흐르는 낙동강은 수많은 지류가 있다. 대구에 사는 우리는 전적으로 낙동강 물만 알 것이다. 신천과 금호강에도 의존한다. 진주는 남강, 합천은 황강을 쓴다. 낙동강의 본류는 엄격하게 말하면 남강의 합류 지점부터 구포까지다. 이집트처럼 큰 나라가 전적으로 강 하나에 의존하여 사는 나라는 이집트가 세계에서 유일하다.

나일강의 범주에서 벗어난 이집트 땅이 시나이반도다. 이집트는 아프리카와 아시아에 걸쳐 있다. 시나이반도는 아프리카가 아니고 아시아다. 면적은 6만km^2로 거의 완전한 사막이다. 삼각형 지형이다. 이스라엘과 나누어 소유하고 있다. 북쪽은 지중해, 서쪽은 홍해, 동쪽은 아카바Aqaba만이 있다. 그 바다는 역사 이래로 전쟁터였다. 바다의 전쟁이 시나이반도의 운명을 좌우했다. 시나이반도는 전쟁과 종교의 땅이다. 몇 군데 오아시스가 있다. 남한의 3분의 2인 땅에 인구가 고작 140만 명밖에 살지 않는다. 물 때문이다.

시나이반도는 원래 유목 민족, 베두인족이 살던 땅이다. 지금도 그들이 주류다. 1차 세계대전은 튀르키예와 영국, 2차 세계대전은 영국과 독일 간에 전쟁이었다. 모두 영국이 승리했다. 이스라엘과 이집트가 시나이반도를 두고 여러 번 전쟁했다. 이스라엘이 승리하여 시나이반도를 점령했다.

1979년 이스라엘-이집트 평화 협정Israel-Egypt Peace Treaty을 체결했다. 이집트는 돌려받았다. 시나이반도에는 이집트 군대가 주둔하지 않는다는 조건이 들어 있다. 사실상 DMZ다. 그래서 국적 없는 아랍 게릴라들이 활동하기 좋은 무대가 되고 있다. 반군은 교통의 요지에서는 생존할 수가 없다. 기동성이 좋은 현대 병기가 들어가서 소탕한다. 반군의 활동이 남아 있는 곳은 사막, 산악, 밀림 지대다. 정규군이 활동하기 매우 어려운 지형을 택한다. 한국에서도 빨치산의 근거지가 지리산이었다.

반도 남쪽에는 시나이산2,285m이 있다. 출애굽기에 모세가 이스라엘 백성을 이끌고 들어간 산이다. 산 정상에서 모세는 하느님으로부터 십계명Ten Commandments을 받았다. 유대교, 기독교, 이슬람교의 공동 성지다. 시나이산 산록 1,500m 높이에 카타리나 수도원Saint Catherine's Monastery이 있다. 풀 한 포기 없는 사막이다. 수도원이 있는 작은 땅에 오아시스가 있다. 향나무를 비롯한 식물이 자란다. 모세가 불타는 나무Burning Bush를 보았다는 곳이다. 작은 오아시스다. 세계에서 가장 오래된 수도원이다. 세계 문화유산으로 지정되었다. 로마의 유스티니아누스AD 527~565가 명하여 카타리나 순교자를 위하여 건립했다. 로마의 지배에서 이슬람의 지배로 넘어간 이후에도 수도원을 파괴하지 않고 모스크로 사용하였다. 지금은 이집트의 곱틱 교회에서 관리하고 있다. 순례지가 되어 관광객이 많이 찾아온다.

모세가 이스라엘 백성을 구출해서 홍해를 건너 시나이로 들어갔다. 가나안으로 가기 위해서다. 10일 정도면 갈 수 있는 요르단강이 있는 가나안으로 인도하지 않고 이스라엘 난민을 사막에 40년 동안 방황하게 했다. 하나님의 뜻이므로 이유를 잘 모른다. 성경에 따르면 진실로 믿는 자와 믿지 않는 자를 가리기 위하여 40년 사막을 헤매게 했다고 한다. 진위는 알 수 없다. 다만, 인간에게 사막이라는 환경이 어떠한 곳인가는 말해준다. 시련은 인간을 깨닫게 한다. 물 없는 사막을 헤매게 되면 진실로 믿는 자와 의심하는 자를 가릴 수는 있었을 터다. 인간은 어려울 때 진심을 알 수 있다. 시련을 같이 겪어 낸 자가 진정한 친구다. 마오쩌둥은 장정을 같이한, 죽을 고비를 넘긴 자들만이 동지라고 했다. 크게 다르지 않다. 시나이산을 신성시하는 것은 신앙의 진위를 가리기 좋은 곳이다.

홍해와 아카바Acaba 만 해안 사이는 도시도 없고 공장도 없다. 사람이 살지 않는 곳은 청정 지역이다. 시나이반도 북쪽에 수에즈운하 때문에 생긴 도시, 포트사이드Port Said, 56만 명가 있다. 전략적으로 매우 중요한 곳이다. 아카바 만은 시나이반도와 아라비아 사이에 있다. 3개 도시가 마주한다. 이집트 타바Taba, 인구 7천 명, 이스라엘 에일라트Eilat, 인구 5만 2천 명, 요르단 아카바Aqabah, 인구 9만 5천 명다. 이집트, 사우디, 요르단, 이스라엘이 마주하고 있다.

2014년 2월 한국 관광객이 테러를 당했다. 3명이 죽고 12명이 다친 큰 사건이다. 이슬람 과격 테러 단체의 소행이다. 성 카타리나 수도원 성지순례를 마치고 이스라엘로 들어가려던 참이었다. 타바에서 버스를 타고 이스라엘 에일라에 들어가려고 기다리던 중이었다. 위험한 지역이다. 시나이반도에는 여러 번 테러가 있다. 갈등을 중재하기 위하여 UN 평화유지군이 파견되어 있다.

10 | 낭만의 사막, 총 없이 전쟁할 수 있어도 지도 없는 전쟁은 필패

사하라사막은 무서운 땅이다. 바다와 같다. 모래 바다Sand Sea라고도 한다. 소설 『잉글리시 페이션트The English Patient, 1992』는 사랑과 전쟁을 담은 사하라사막 소설이다. 마이클 온다치Michael Ondaatje는 사하라사막을 바다에 비유했다. 누구도 소유할 수 없어도 인간을 겁박하고 회유하는 자연이라 했다. 오아시스는 바다의 섬이다. 바다에 사람이 사는 곳이 섬이듯, 사막에 사람이 사는 곳은 오아시스다.

영화 〈잉글리시 페이션트1996〉 또한 배경이 사하라사막이고, 영화 속의 주역은 지리학자들이다. 1930년대 말 영국은 이집트, 이탈리아는 리비아, 프랑스는 튀니지를 차지하고 북아프리카에서 식민지를 넓혀 갔다. 상권의 장악과 자원의 수탈을 위하여 강대국 간에 긴장이 높아져 갔고, 전운이 감돌았다. 지리학은 전쟁의 필수과목이다. 현지를 답사하고, 지도를 만들고, 사람이 어디에 얼마만큼 살고, 어떻게 살고 있는지를 연구하는 학문이 지리학이다. 곧, 군사 정보학이다. 기밀 정보다.

국가 정보를 파악하기 위해서는 지도가 필수다. 북아프리카 사하라사막 지도가 필요했다. 영국 왕립지리학회Royal Geographical Society는 1830년에 창립되었다. 지리 정보가 필요해서 정부가 지원하여 만든 학회다. 왕립지리학회 회원은 해외여행을 갈 때 외교관 대우를 했다. 어느 국가를 가든 영국 정부는 지리학자에게 여비와 숙식을 제공했다. 대영제국은 어느 대륙에나 식민지가 있었다. 해가 지지 않는 대제국이었다. 어느 나라에나 영국 대사관이 있었다.

영국 왕립지리학회는 다윈, 리빙스턴, 스콧, 스탠리, 섀클턴, 힐러리를 비롯하여 세계를 누비는 지리학자들을 후원했다. 영국 왕립지리학회는 지도 제작 프로젝트를 맡고 사하라사막으로 지도 제작을 위한 원정대를 파견했다. 〈잉글리시 페이션트〉는 사하라사막 지도 제작과 지리학자들 간에 사랑과 전쟁에 관한 스토리다. 주인공 알마시는 헝가리 지리학자고 지도 제작 전문가다. 사하라사막 지도 제작 원정대에 국가의 정보원과 지리학자들이 함께했다. 헤로도토스Herodotos의 『역사Histories』는 기원전 5세기경 지리책이다. 사하라사막에 대한 많은 정보를 담고 있다. 알마시가 항상 갖고 다니던 소품이었다. 원정대는 사하라사막에서 야영을 하고 답사했다. 동행한 미모의 지리학자 캐서린과 사랑에 빠졌다. 캐서린은 동료 지리학자, 크립톤의 부인이다.

1940년 6월 드디어 이탈리아가 북아프리카 사하라 자원을 두고 영국에 선전포고를 했다. 사막전은 사막에서 싸우는 것이 아니라 오아시스가 전쟁터다. 남태평양 전쟁이 과달카날 제도를 두고 하듯, 사막전도 오아시스를 누가 선점하느냐에 따라 전쟁의 승패가 결정된다. 해전에서 섬을 탈환하기 위한 상륙작전과 같다. 사막전은 보급전이다. 사막을 횡단하기는 바다를 건너기보다 더 힘들고 어렵다. 바다는 어디든 길이지만 사막은 어디에도 길은 없다. 길은 만들어야 한다. 전쟁을 위하여서는 병사들이 먹어야 할 식량과 기름과 탄약을 비롯한 군수물자를 적기에 공급해야 한다. 이탈리아는 사하라와 거리는 가깝지만, 영국은 사하라사막에 대하여 충분한 지리 정보를 갖고 있었다.

영국군은 이집트에 많은 군대를 주둔하여 전쟁에 대비하고 있었다. 전장이 나일강 서쪽이라 하여 서부 사막전Western Desert Campaign이라 불렀다. 전쟁은 해안사막을 따라 분포하는 오아시스에서 일어났다. 북아프리카 전쟁은 이탈리아와 독일, 영국, 미국, 프랑스군의 전쟁이었다. 전쟁의 초반은 추축Axis군이 우세했다. 장기전으로 접어들자 사막의 정보를 쥐고 있는 영국군에게 유리했다. 시디 바라나니Sidi Barrani 전투에서 이겼다. 지형지물을 잘 아는 영국군은 보급로를 차단하여 사상자를 내지 않고도 38,000명의 이탈리아 장병을 포로로 잡았다. 토부룩Toburok 전투에서도 패한 이탈리아군은 본토로 후퇴하고 말았다. 2차 세계대전의 전환점이 되었다.

전쟁 속에 사랑은 뜨겁고 진하다. 남편 크립톤은 카이로로 철수하는 길에 비행기로 연적을 죽이려 했다. 비행기 추락으로 자신은 죽고 캐서린은 중상을 입는다. 알마시는 그녀를 동굴 속으로 피신시킨다. 동굴 속에 그녀를 남겨둔 채 자동차를 구하러 영국군 부대를 찾아갔다. 영국군은 알마시를 독일 간첩으로 오인하고 수용소로 보낸다. 수송 도중 탈출하여 독일군 병영을 찾아간다. 독일군에게 사막에서 영국이 수년간 작업한 사막지도를 줄 터이니 경비행기 한 대를 달라고 제의했다. 독일군은 너무나 귀한 사막 지도를 얻고, 그는 비행기를 몰고 캐서린을 찾아갔다. 촛불이 꺼진 동굴 속에 캐서린은 싸늘한 시체로 변해 있었다. 동굴을 떠난 지 두 달이나 지났다. 죽은 캐서린을 뒷좌석에 태워 카이로로 날아갔다. 비행 중 영국군의 지상 포화를 맞아 추락했다. 베두인족 도움으로 살기는 했으나 형체를 알아 볼 수 없을 정도로 화상을 입었다. 이탈리아 피렌체로 후송된다. 환자명은 '잉글리시 페이션트'다.

11 | 카이로. 산 자는 동쪽, 죽은 자는 서쪽

아프리카 대륙 중에서 큰 도시가 2개 있다. 이집트 카이로와 나이지리아 라고스다. 인구는 각각 2천100만 명이 넘는다. 큰 도시가 되려면 조건이 있다. 큰 나무가 자라는 조건과 비슷하다. 큰 나무가 성장하려면 뿌리에서 영양을 공급할 넓고 비옥한 토양이 있어야 한다. 기후와 자연조건이 맞아야 한다. 대도시도 마찬가지다. 도시 인구를 먹여 살릴 만한 넓은 농토가 있어야 했다. 산업혁명 후 사정은 달라졌다. 식량을 해외에서 싣고 오기 때문이다.

카이로는 '정복자', 또는 '태양신'이라는 별명이 있다. 카이로에서부터 나일강은 바다와 만나면서 유속이 급감하고, 싣고 온 퇴적물을 내려놓아 삼각주를 만들었다. 지중해 연안에서 165km 상류에 있다. 삼각주는 카이로에서 시작한다. 삼각주의 꼭짓점에 위치한다. 카이로 북쪽에는 낮은 언덕이 있고, 언덕은 로마가 점령하면서 성채를 쌓았다. 성채를 중심으로 고대의 문화유산이 많다. 카이로의 올드 시티다. 남쪽으로 가면 신시가지가 형성되어 있다. 한국인 주택의 방향은 남북이다. 집의 창은 남향으로 둔다. 북향으로 대문을 내지 않는다. 나일강은 남북으로 흐르는 강이다. 이집트인은 남북보다는 동서에 민감하다. 나일강 동쪽은 해가 뜨는 방향이다. 사람 사는 양지다. 한편 서쪽은 해가 지는 방향이고, 사람이 살지 않는 죽음의 음지다. 고대로부터 그랬다. 피라미드와 스핑크스가 있는 기자Giza, 네크로폴리스Necropolis, 왕 무덤 계곡King's Valley 등은 강 서쪽에 있다. 서울 강북은 옛날의 중심 도시다. 신시가지는 강남으로 옮겨갔다. 우리나라 풍수 책은 조선 말기에 가장 많이 읽혀진 책으로 알려져 있다. 풍수를 전공했고 서울대 교수였던 최창조 교수와 경북대 이몽일 박사에 따르면 풍수에 따른 기복 신앙은 근거가 없다고 했다. 카이로도 비슷하다. 나일강의 서쪽의 토양도 동쪽과 마찬가지로 토양의 비옥도가 비슷하지만 공장과 다른 건축물을 제외하고는 나일강 서안을 선호하지 않는다.

카이로 다음의 도시가 기자Giza다. 그다음이 알렉산드리아이다. 후진국의 도시가 다 그렇듯이 권력이 있는 곳에 사람이 모인다. 정치권력이 있는 곳에 경제, 문화가 모두 모인다. 이집트는 이슬람 국가다. 하지만 카이로는 자유도시다. 종교의 자유가 허용된다. 살기 위하여 농촌에서 카이로로, 인접 국가의 피난만도, 이주민도, 범죄인도 모두 카이로에 모인다. 중심가는 도시계획이 되어 있고, 정비되어 있지만, 주변은 엉망이다. 도시는 그 나라의 얼굴이다. 숨길 수가 없다. 북한의 평양, 투르크메니스탄의 아시가바트 같은 도시는 깨끗하지만 죽은 도시다. 모든 게 통제되어 있다. 거주와 이주의 자유가 없다.

신시가지 중앙에는 타히르Tahir 광장이 있다. 현대 도시의 광장은 데모하는 곳이다. 시위는 위정자가 보도록 한다. 타히르 광장의 시위로 무바라크 대통령이 실각했다. 2011년 카이로 시민 200만 명이 모여서 연일 시위를 하여 30년간 통치를 하던 독재 정권을 붕괴시켰다. 민주 광장이다. 북경의 천안문 광장은 마오쩌둥이 중국 인민공화국 건국을 선언한 장소다. 1989년 천안문 광장에서 민주화를 외치다가 2,600명이 사살되었다. 광장은 그런 곳이다.

카이로는 완전한 사막기후다. 거대한 도시가 형성된 것은 나일강에서 물을 얻을 수 있기 때문이다. 사막기후에서 이렇게 큰 도시로 발전하기는 힘들다. 비슷한 환경의 도시가 파키스탄의 카라치Karachi다. 사막기후에 강을 의존하여 발달한 도시다. 2011년 혁명이 일어나기 전 잠깐 방문한 일이 있다. 내가 받은 인상은 도시 전체가 가난이 묻어난다는 점이다. 우선 카이로에서 피라미드 관광은 질서가 없다. 관광객을 봉으로 생각하는 것 같다. 4차선 대로인데도 신호등이 없고, 건널목이 없다. 위험을 무릅쓰고 찻길로 이집트 사람들이 걷는 대로 따라 걸어가면 위험하지만 건널 수가 있다. 거리는 먼지투성이고 지저분하다. 청소부는 없고 청소는 바람이 한다. 사막이므로 사막 먼지가 나는 건 어쩔 수 없다 하더라도 페트병, 비닐, 종이가 날아가 바람이 불지 않는 후미진 곳에 쌓여 있다. 우리도 가난할 때는 그랬다. 그리고 화장실이 문제다. 한국의 공중화장실처럼 깨끗하게 정비된 곳은 세계 어느 선진국에서 보지 못했다. 한국 정도는 아니더라도 너무 형편이 없다.

세계적인 문화유산인 피라미드의 관리 상태가 엉망이다. 피라미드 축대에 낙서를 해 두는가 하면, 여행객이 방문 날짜와 이름까지 새기도록 방치하고 있다. 관광객을 호객하는 가이드는 왜 그렇게 많은지 여러 명이 따라다니는 꼴이 협박 수준이다. 가는 길을 가로막고 흥정을 하려고 든다. 말을 걸기가 무섭게 끈질기게 괴롭힌다. 서비스를 하는 것이 아니라 괴롭힌다. 하는 수 없이 가이드를 고용해야 하지만 기분이 매우 좋지 않다. 참으로 난감하다. 가방을 탈취하는데도 근처에 있는 경찰은 보고도 방치하고 있다. 좀도둑질은 누구나 다 하는 것 같다. 우리도 그런 때가 있었다. 1950년대, 1960년대는 그랬다. 학교는 12학년까지 무상교육이지만 자퇴율이 50%를 넘는다. 아이들이 일하러 나온다. 상점에서 일하거나 좀도둑질을 한다. 왜 그럴까? 공동체는 없고 각자도생이다. 택시를 타면 요금을 지키는 기사는 없는 듯하다. 모두가 바가지다.

12 | 카이로회담, 한반도의 운명이 결정된 회담

2차 세계대전의 후유증은 아직도 세계 곳곳에 남아 있다. 카이로회담 Cairo Conference은 전후 한반도 독립을 언급한 최초의 선언이다. 1943년 11월 27일 카이로의 미국 대사관에서 열렸다. 미국 대통령 루즈벨트, 영국 수상 처칠, 중국 총통 장개석이 참석했다. 태평양 전쟁의 작전 계획과 전후 영토 처리 문제를 논의했다. 카이로선언이다. 태평양 전쟁 논의를 왜 카이로에서? 1943년에? 왜 한반도 독립을? 왜 소련 스탈린은 제외되었을까?

태평양 전쟁 논의를 태평양과는 아득히 먼 카이로에서 개최한 이유가 있다. 아시아 대도시는 전쟁 중이거나 일본의 영향 아래 있었다. 아시아는 정상들이 안전하게 모일 장소가 없었다. 바다와 육지에서 치열하게 전투할 때다. 유일하게 안전한 곳이 미국 본토지만, 중국 충칭과 워싱턴은 너무 멀고 가는 길도 안전하지 않았다. 카이로가 선택된 이유다. 카이로-런던이 3,436km, 카이로-워싱턴이 9,700km, 카이로-충칭이 7,705km다. 카이로를 가는 안전한 항공 루트가 있었다. 또 하나의 이유가 있다. 미국 루즈벨트와 영국 처칠은 카이로회담 다음날 28일에 테헤란회담Teheran Conference이 잡혀 있었다. 스탈린이 주관하고 이란 수도인 테헤란의 소련 대사관에서 개최되었다. 회담은 장소를 제공하고 회담을 주관하는 국가의 영향력이 커진다.

서부 유럽 전역이 독일군의 영향 아래 있었다. 연합군이 유럽 대륙에 진출하기 위해서는 북아프리카에 교두보를 확보해야 했다. 북아프리카 전쟁North Africa War이다. 미국이 유럽 전쟁 참전을 북아프리카에서 시작했다. 1942년 8월16일 미·영 연합군은 북아프리카 3개 도시, 모로코의 카사블랑카Casablaca, 알제리의 오랑Oran, 튀니지의 튀니스Tunis에 상륙작전을 전개했다. 작전명은 '횃불 작전Operation Torch'이었다.

연합군이 성공하여 교두보를 마련했다. 그리고 이집트를 향했다. 지중해 연안 이집트 알라메인Alamein, 인구 7만 명 전투는 결정판이었다. 영국군 몽고메리 장군과 독일군 롬멜 장군 간의 사막전이었다. 독일·이탈리아군 11만 6천 명과 탱크 547대, 미국·영국군 19만 5천 명과 탱크 1,029대 간의 전투였다. 독일 측이 5만 명 죽고 연합군 1만 3천 명이 죽었다. 1차전의 독일 롬멜 장군은 처칠조차도 감탄한 '사막의 여우'라는 별명을 가진 독일군 명장이다. 독일의 공격을 물리치고 영국군이 승기를 잡았다.

2차 세계대전은 유럽에서는 1939년 독일의 폴란드 침공으로 시작되었다. 중일 전쟁은 1937년 일본의 베이징 공격으로, 태평양 전쟁은 1941년 일본의 진주만 폭격으로 시작되었다. 2차 세계대전의 전장Theatre은 미국과 일본의 남태평양, 중국과 일본 간의 중국 남부, 연합군Allies, 미국과 영국과 추축국Axis, 이탈리아와 독일 간은 북아프리카, 소련과 독일 간의 유럽 동부 볼가강 유역, 영국과 독일의 도버해협이었다. 1942년까지는 전선에서 선제공격을 한 추축국Axis, 독일, 이탈리아, 일본이 우세했다. 그러나 전선이 확대되고 지구전의 형상을 띠자 인적, 물적 자원이 넉넉한 연합군 측에 유리해졌다. 1943년부터는 연합군이 공세로 들어갔다.

일본군 수뇌부는 중국 전역을 2개월이면 점령할 것이라 했다. 1937년에 전쟁을 시작하여 1943년까지 해안 도시를 점령한 것뿐이다. 중국 내륙은 강력한 저항으로 지구전 양상을 띠게 되었다. 태평양 전쟁에서 일본에 밀리고 있었다. 미국이 역전의 계기를 마련한 전쟁이 과달카날Guadalcanal, 솔로몬제도 전쟁이다. 미국과 일본은 자원 전쟁이었다. 자원이 풍부한 미국이 유리해졌다. 과달카날 전투를 계기로 미국은 공세로, 일본은 수세로 돌아섰다.

카이로회담에서 장개석이 한반도 독립을 거론한 것은 의외다. 배경이 있다. 일본의 중국 침략이 노골화된 1932년이다. 윤봉길 의사가 홍커우 공원에서 폭탄을 투척하여, 일본군 육군 대장 시라가와를 비롯한 상하이 거류민단장을 폭사시키고 다수에게 중상을 입혔다. "중국군 100만 명이 못 다한 일을 조선 청년 1명이 해냈다."라며 장개석은 감탄했다. 국민당 정부는 임시정부를 물심양면으로 지원했다. 장개석은 2차 세계대전 후 일본이 항복하고 조선이 독립하면 조선은 자연스럽게 중국의 영향하에 들어온다고 판단했다. 장개석이 전후 조선 독립을 제기한 배경이다.

카이로회담에 스탈린은 참석하지 않았다. 소련과 일본은 불가침조약을 맺고 있었다. 극동에서는 소련이 종전이 가까워서야 참전을 했다. 장개석은 소련의 방관에 불만이 컸다. 장개석이 가는 곳에는 스탈린이 없고, 스탈린이 주재하는 자리에 장개석은 참석하지 않았다. 테헤란회담에 장개석을 초청하지 않았다. 소련이 독일과 스탈린그라드 전투(1943)에서 승리했다. 이란의 수도 테헤란에서 루즈벨트, 처칠, 스탈린이 유럽 전쟁을 두고 논의했다. 1943년 11월은 전세가 연합군 쪽으로 기울어져 있을 때다. 테헤란회담 다음으로 얄타회담Yalta Conference, 1945에서 한반도를 38선으로 나누고, 포츠담회담Potsdam Declaration, 1945에서 카이로회담을 추인했다. 포츠담회담은 미국의 투르만, 영국의 애트리 수상, 소련의 스탈린이 참석했고, 중국의 장개석은 참석은 못 하고 전문으로 추인했다. 카이로회담으로 한반도의 운명은 그렇게 결정되었다.

13 | 홍해, 모세가 지팡이로 내려치니 갈라진 바다

이집트는 참으로 관광자원이 많다. 문화 유적과 자연 경치다. 홍해Red Sea는 아프리카 대륙과 아시아 대륙 사이에 있는 바다다. 이집트의 시나이반도는 기독교 성경 구약 이야기를 전부 차지하고 있는 활동 무대다. 이집트는 관광산업이 GDP의 주요 부분을 차지하고 있다. 아름다운 자연과 역사적 문화유산도 중요하다. 제일 중요한 것은 치안이다. 가장 큰 변수다. 돈을 버는 일에는 목숨을 거는 위험한 일도 있다. 돈 쓰는 일은 위험하면 안 간다.

'이집트의 봄'은 미완의 혁명으로 끝을 맺었다. 철권통치를 하던 무바라크를 끌어내리고, 민선 대통령을 선출하는 데까지는 성공했다. 그러나 군부를 정리하지는 못했다. 김영삼 대통령 같은 지도자가 없었다. 나는 김영삼 대통령을 가장 존경한다. 군부의 정치 관여에 철퇴를 내려야 한다. 군부가 정치에 관여하면 후진국 형태를 면치 못한다. 군인이 정치에 관여하면 후진국이다. 시민혁명은 민주주의로 대통령을 선거하고, 당선된 대통령은 군부의 정치 개입을 엄중히 차단해야 했다. 이집트는 못 했다. 사회가 혼란하다는 이유로 군부가 나섰다. 군대는 무질서를 참지 못한다. 정치가 혼란스럽다고 쿠데타를 했다. 군부가 통치하자 민주화를 원하던 이슬람 형제단을 비롯한 반정부 단체는 테러로 대항하고 있다. 테러 단체도 국가의 주요 수입인 관광객을 향해서는 테러하지는 않았다. 무슨 사유인지는 몰라도 2014년 이집트를 관광하고 이스라엘로 들어가려던 한국인 관광버스에 테러를 자행했다.

홍해는 수에즈만에서 밥 알만다브Bab al Mandab 해협까지다. 묘하게 생긴 지형이다. 대륙 한가운데를 갈라놓은 형국이다. 사실 그렇다. 지구 자체의 힘으로 갈라놓은 지구대Great Rift다. 홍해가 시나이반도를 만들고 있다. 지도를 보아도 홍해는 아프리카 대륙에서 떨어져 나간 아라비아반도 사이에 물이 들어온 바다라는 것을 알 수 있다. 지구대에 물이 들어왔다. 주변은 모두가 사막이다. 아라비아사막도 사하라사막의 연장이다. 홍해의 북쪽은 이집트 시나이반도가 차지하고 있고, 남쪽은 여러 국가가 공유하고 있다. 동쪽은 사우디아라비아, 예멘이고, 서안은 이집트, 수단, 에리트레아, 지부티다.

홍해의 면적은 43만8천km²이고 길이는 2,250km, 평균 바다 깊이는 450m다. 폭은 넓은 곳이 355km다. 홍해를 끼고 있는 국가는 사우디, 수단, 이집트, 에리트레아, 예멘, 지부티 등 6개국이다. 홍해라는 이름은 바다가 붉게 보이기 때문이다. 영양이 부족한 바다에 질소가 과잉으로 농축되어 붉게 보인다고 한다. 열대, 아열대 바다에서 자주 나타난다. 일종의 박테리아 번식이다. 홍해와 오스트레일리아 바다에서 자주 나타난다. 자연현상이다.

홍해는 성경에 있다. 구약『출애굽기Exodus』에 나오는 바다가 홍해다. 모세가 이스라엘 백성을 데리고 이집트를 탈출했다. 뒤에는 이집트 군대가 쫓아오고 앞에는 바다 막혀있는 기막힌 상황이다. 모세가 가지고 있던 지팡이로 홍해 바다를 쳤다. 바다가 갈라지고, 유대인이 무사히 건널 수가 있었다. 뒤따르던 이집트 군대가 홍해에 들어서는 순간 바닷물이 닫혀 몰살했다는 이야기다.

홍해는 수에즈운하를 통하여 지중해와 연결된다. 세계무역의 동맥이다. 홍해의 병목은 전략적 요충, 바브엘 만데브Bab-el-Mandeb 해협이다. 만데브 만은 홍해의 남쪽 끝자락, 예멘과 에리트레아 사이 좁은 해협이다. 아덴만과 홍해를 연결하는 수로다. 인도양에서 홍해의 수에즈운하를 지나 지중해와 연결된다. 과거에도 지금도 대단히 중요한 바닷길이다. 연간 330만 배럴의 석유가 이곳을 통과한다. 세계 유조선 이동량의 8%에 해당한다. 홍해와 인도양 사이에 7형제7 Brothers라는 무인도가 있다. 무인도는 해적들 근거지가 되고 있다. 전략적 요충지다. 홍해에서 아덴 만으로 나가는 선박에 해적질을 한다. 아프리카 지부티 영토다.

1798년 나폴레옹은 이집트를 정복하고 홍해의 항해권을 장악했다. 나폴레옹은 나일강에서 홍해로 나가는 운하를 팠다. 당시에는 '작은 운하Sweet Water Canal'였다. 수에즈운하는 1869년에 이르러서야 개통되었다. 2차 세계대전 후 미국과 소련이 영향력을 행사하여 국제 유통이 가능하게 했다. 1965~1975년 사이 전쟁 이후에는 모두 공개되어 공해로 인정받고 있다.

주변이 사막이다. 해수도 염도가 높다. 홍해로 들어가는 강은 없다. 홍해의 북쪽에는 염도가 4%로 높다. 세계 평균 해수 염도는 3.5%다. 홍해에는 석유와 천연가스가 대량 매장되어 있는 것으로 알려져 있다. 이집트 쪽과 사우디아라비아는 이미 시추하여 채굴하고 있다. 홍해에는 그 외에도 다양한 생태계의 생물이 부존하고 있다. 1,200종의 물고기, 10%는 다른 곳에서 발견되지 않는 희귀종이다. 주변이 사막이므로 개발을 위하여 담수화 프로젝트가 진행 중이다. 18개의 담수화 공장이 가동 중이다. 아시아와 유럽 간 무역의 50%가 홍해에서 일어난다.

2023년 만데브 해협에 긴장감이 감돌고 있다. 만데브 해협은 지부티와 예멘 사이에 있는 해협이다. 예멘의 후티Houthis 반란군이 만데프 해협을 지나는 유조선을 나포했다. 영국 석유회사 BP 소속 유조선은 홍해 항해를 중단했다. 네덜란드에서 홍해를 거쳐 대만까지 가는데 25.5일, 18,520km다. 아프리카 남단을 둘러 가면 34일, 25,000km다. 비용도 시간도 더 많이 든다. 기름 값이 오르고 있다. 이스라엘-하마스 전쟁 때문이다. 이란의 지원을 받고 있는 후티 반군은 가지지구의 하마스를 돕고 있다. 만데브 해협을 지나는 미국과 영국 상선에 대하여 테러를 자행하고 있다. 세계 최대 상선회사 지중해해운MSC과 머스크Maersk는 홍해 방향으로 항해는 당분간 피해야 한다고 했다.

14 | 피라미드의 신비, 피라미드 안에 있는 미라가 부활?

이집트에는 모든 무덤은 나일강 서쪽에 있다. 태양은 동에서 뜨고 서쪽으로 진다. 태양은 태어나서 서쪽에서 지고, 또다시 동쪽에서 부활한다. 나일강 서쪽에 묻으면 태양처럼 부활할 것이라 믿었다. 사막의 태양은 무섭고 위대하다. 태양이 뜨고 짐에 따라서 모든 생명이 태어나고 죽는다. 권력 있고 돈 가진 파라오이집트 왕는 부활을 원했다. "죽을 각오를 하면 무슨 짓을 못 할까 싶지만, 부활을 확신하면 겸손해진다."는 것이다. 이집트에 남아 있는 피라미드는 135개다. 카이로 남쪽 13km, 기자Giza에 있는 쿠푸Kufu왕의 피라미드는 최고다. 중국의 하夏왕조BC 2070~1600는 요, 순, 우 17대에 이어졌다 한다. 확실한 유적은 없다. 이집트의 기자 피라미드는 기원전 2560년에 세워졌다. 세계 7대 불가사의 건축물 중 현재 남아있는 것은 피라미드가 유일하다. 이집트 피라미드는 서기 1311년 영국 링컨 성당이 건립될 때까지 3000년간 지구상에서 가장 높은 인공 구조물이었다.

사각뿔의 형태다. 밑면은 한 변의 길이가 230m의 정사각형이다. 면적은 52,600$m^2$15,939평, 보통 초등학교 운동장1,500평의 10배 면적이다. 높이 146.5m약 50층 건물 높이를 삼각형으로 쌓아 올렸다. 축조한 돌의 무게는 평균 2.5톤, 약 230만 개를 쌓았다. 외벽은 흰 석회암을 반듯하게 붙였다. 먼 곳에서도 태양에 반사되어 보이도록 했다. 피라미드 안에 쿠푸 왕의 미라가 있었다. 지금은 바위가 노출되어 있다. 건립한 지 2500년이 지난 후 줄리어스 시저가 방문 했을 때AD28년, 피라미드는 외벽의 손상이 없이 매끈한 대리석으로 되어 있었다고 했다. 햇빛에 반사되어 먼 곳에서 그 존재를 알아볼 수 있었다. 피라미드의 꼭지는 화강석으로 장식되어 있었고, 금으로 도금되어 있었다. 헤로도토스Herodotus, BC 440는 그의 저서 『역사Histories』에서 쿠푸 피라미드 건설을 위하여는 매일 20만 명이 20년간 건축해야 가능한 구조물이라고 했다.

세계사에 최초의 국가형태가 생겨날 무렵이다. 국력인구+소득이 얼마나 커서 이런 규모의 구조물을 만들어 낼 수 있었을까? 그 많은 인구를 부양하고 동원할 수 있는 나일강의 농업생산력을 가늠하지 않을 수 없다. 철기를 사용하지 않고서도 돌을 일정한 규격으로 자르고, 건축을 위하여 계산된 길이가 mm의 오차에 불과하고, 수학에서 파이π의 원리가 도입되었다. 피라미드 인근에 노동자가 거주하던 도시가 있었다. 당시의 국가가 어느 정도인가를 말해 준다.

하와이 대학 유학 시절이다. 대학원 연구실 방을 같이 쓰고 있던 캐나다인 친구가 있었다. 그는 신비주의자다. 그를 따라 신비주의Mysticism 모임에 갔다. 피라미드의 신비를 '사각뿔의 신비'라고 했다. 철사로 엮어 만든 사각뿔, 유리로 만든 네모뿔, 종이로 만든 것 등 크기와 재료가 다양한 것들인데 만든 솜씨도 조잡하고 매우 하찮은 것들을 테이블 위에 전시해 두었다. 네모뿔 아래 녹슨 못, 죽은 바퀴벌레, 상한 음식이 놓여 있었다. 전시된 창고의 문을 닫고 나왔다. 네모뿔은 피라미드다. 피라미드 중앙에 놓아둔 물건이나 사체가 일주일 이후에 어떻게 변하는가를 본다는 것이다. 신비주의 회원들에 의하면 죽은 바퀴벌레는 살아나고, 녹슨 못은 녹이 벗어지고, 부패된 음식은 다시 신선해진다는 것이다. 바로 피라미드의 신비라고 주장했다. 나의 과학 상식으로는 말이 안 되는 이야기이므로 그다음 주일은 가지 않았다.

서양 문명의 기초는 헬레니즘Hellenism과 헤브라이즘Hebraism이다. 과학과 종교다. 과학과 종교 사이의 철학이 신비 철학Mythicism, Esoteric Philosophy이 있다. 주류는 아니다. 즉, 종교적 현상, 기적을 과학으로 설명하려는 태도다. 돌로 만든 성모 석상이 눈물을 흘려서 전쟁이 났고, 시나고그Synagogue, 유대교의 성전에 기도했더니 고장 난 탱크가 고쳐졌다. 과학으로 설명하기 어려운 현상을 신의 힘으로 설명하는 것이다. 사각뿔피라미드의 신비주의가 아직도 전해 내려오고 있다. 기도의 힘으로 인간을 움직여 깊은 금광을 파서 금을 찾아낼 수는 있으나 기도의 힘으로 돌을 금으로 바꿀 수는 없다.

생자필멸生者必滅, 살아있는 것은 모두 죽는다는 말이다. 모든 생물체는 죽기를 싫어한다. 죽지 않는 생물은 없다. 인간도 생물이다. 따라서 인간도 죽는다. 죽기 때문에 생물이다. 우리는 죽는다는 것을 안다. 그래도 포기 못 한다. 통계에 따르면 죽기 전 2개월 안에 평생에 쓸 의료비의 1/2을 쓴다고 한다. 살기 위해서다. 모든 종교는 죽음의 공포를 먹고 자란다. 피라미드는 무덤이다. 이집트 파라오는 피라미드에 묻으면 부활할 것이라 믿었다. 누구도 부활하지 못했다. 피라미드, 진시황의 병마용갱兵馬俑坑, 인도의 타지마할, 그리스의 마우솔레움Mausoleum 묘 등 모두가 부활을 생각했다.

15 | 룩소르, 인간이 만든 기적

룩소르Luxor는 카이로에서 650km 남쪽으로, 아스완에서 북쪽으로 40km 지점에 있다. 나일강의 상류 쪽이다. 카이로에서 비행기로 1시간, 버스로 8시간 걸린다. 카이로에서 룩소르까지 오는 길에 나일강을 벗어나면 내내 모래 아니면 암석 사막이다. 암석은 석회암과 사암이다. 세계 사막 중에서도 가장 건조한 사막으로 알려져 있다. 일 년 내내 비 한 방울 오지 않는 사막연평균 강우량 1mm이다. 사하라사막 중에서도 사람이 사는 곳으로는 가장 건조한 지역이다. 이집트에서 가장 뜨거운 곳이다. 여름 동안인 6, 7, 8월은 40C°고, 평균 습도는 39.9%이고, 최저 27%까지 내려간다. 일조시간은 연간 4천시간이다. 4천 시간은 이론상 최고치에 가깝다. 밤과 낮의 기온 차이가 평균 16C°다.

더 남쪽으로 가면 아스완이 있다. 인구는 38만이다. 여덟 번째로 큰 도시다. 지금은 궁벽한 농업생산과 관광산업으로 살아가는 작은 도시다. 기원전 1300년에는 인구 8만, 당시 세계에서 가장 큰 도시였다. 나일강 유역에 비옥한 토양을 바탕으로 농업생산이 풍부했다. 많은 인구를 부양할 수 있었다. 많은 인구를 기반으로 하여 강대한 파라오왕가 생겨났다. 엄청난 유적을 남겼다. 지금도 나일강이 범람하는 시기2월에는 오페트Opet 축제를 연다. 범람홍수은 비옥한 토양을 만들고 생명을 살리는 기간이다. 범람은 신이

주는 축복이다. 기반암은 석회암이나 사암이다. 건축자재다. 목재를 할 만한 키 큰 나무가 없다. 야자는 목재로 쓰지는 못한다.

알렉산드리아를 보고 "아!" 하고, 카이로의 피라미드를 보고 "아아!" 한다. 그러나 룩소르의 유적을 보고는 "억!" 한다. 기가 질려 말이 나오지 않는다는 말이다. 대단한 유적이다. 모두 석조물이고 기둥과 석관에는 상형문자가 조각되어 있다. 규모도 거대하지만 아름답기도 하다. 19세기 말부터 룩소르 유적이 발굴되기 시작했다. 기원전 1300년, 인간이 만든 것이라고는 상상이 안 되는 유물을 만난다. 어떻게 이렇게 어마어마한 석조 건물을 균형 있게, 그리고 아름답게 조각해 낼 수 있었을까?

3500년 전 인간과 현재 인간의 지능을 비교할 수 없다. 왜 태양이 뜨고 지는지, 지구가 자전하고 공전하는지를 몰랐다. 태양은 두렵기도 하고 고마운 존재다. 신과 같다. 신은 무섭게 벌하고, 축복을 준다. 룩소르 지역만큼 태양의 위력이 강한 곳은 세계 어느 곳도 없다. 그러나 거기에 나일강이 흐른다. 기적을 만들어 냈다. 람세스 2세BC 1279~1213는 우리의 눈으로 보면 왜 이런 무모한 짓을 했을까 하는 생각이 든다. 당시 그에게는 절실했을 터다. 한 쌍의 오벨리스크를 룩소르 사원 입구에 세웠다. 하나뿐이다. 없어진 오벨리스크는 파리의 콩코드 광장에 서 있다. 높이 23m, 무게 250톤이다. 프랑스가 훔쳐 갔다. 대영박물관과 루브르박물관의 유물은 모두 이집트, 중국, 인도 등에서 훔쳐 간 것이 절반이 넘는다. '카르나크Karnak의 석주'는 대단하다. 높이 12m, 직경 3m의 석주가 16줄로 122개가 서 있다. 석주 위 받침돌의 무게는 70톤이다. 룩소르 북쪽 2.5km에 있다. 나일강의 서안에 왕의 무덤, 여왕의 무덤, 귀족의 무덤을 만들었다.

투탕카멘 무덤의 발굴은 세계를 떠들썩하게 했다. 투탕카멘은 기원전 1332~1323년 9년간 재위를 한 18대 파라오다. 나일강 서안, 왕의 계곡무덤에 있다. 서안의 왕 무덤은 거의 모두가 도굴되었다. 투탕카멘의 무덤은 도굴의 흔적이 없이 온전한 채로 남아 있었다. 영국인 고고학자 카터와 허버트H. Carter & G. Herbert가 1922년 발굴했다. 무덤번호 KV62번이다. 3300년 전 미라가 온전한 채로 발견되었다. 그의 얼굴에는 '투탕카멘 사자의 황금가면'이 씌워져 있었다. 5,800여 점의 부장품이 발견되었다. 미라는 19세의 소년이었고, 남근까지 남아 있는 온전한 상태였다. 미라에서 유전자를 채취하여 어머니와 아버지를 알아냈다.

한쪽 다리는 골절상을 입었고, 말라리아에 걸려 죽었다는 것을 밝혀냈다. 이집트인들은 현세의 인간은 유한하고 짧은 생애지만, 죽은 이후의 생애가 길고 영원하다고 믿었다. 영원한 삶을 위하여 집을 지었다. 지금도 크게 다르지 않다. 룩소르의 역사는 기원전 3000년에 시작하여 그리스의 알렉산더 왕이 침략함으로써 문을 닫았다. 그리스, 로마, 아랍제국으로 배턴을 넘겼다. 룩소르 문화유산은 현재 도처에서 숨 쉬고 있다. 황금가면은 전 세계의 박물관을 순회 전시했다. 룩소르의 "억!"은 우연한 것이 아니다. 바위만 있고, 나무가 자라지 않는 나일강과 태양에 적응하며 영원히 살기 위한 인간의 몸부림이었다.

01 | 카다피, 미친 개인가 영웅인가?

북한 하면 김 씨 일가를 떠 올리듯, 리비아 하면 무아마르 카다피Muammar Gaddafi를 연상하게 된다. 그는 1969년 29살의 나이에 쿠데타를 하여 정권을 잡았다. 2011년 2월의 시민혁명으로 죽었다. 로널드 레이건 미국대통령은 그를 "중동의 미친 개Mad Dog of Middle East"라고 했다. 그가 반군에 잡혀 죽었을 때, 오바마 대통령은 "리비아에 드리운 독재자의 그림자가 걷혔다."라고 했으며, 영국 수상 카메론은 "시민혁명으로 무도한 독재자Brutal Dictator를 제거한 것은 자랑스러운 일"이라고 했다. 한편 카스트로전 쿠바 대통령는 "아랍 국가 중에서 가장 위대한 지도자"라고 했고, 차베스베네수엘라 대통령는 "위대한 전사, 혁명가이고 순교자"라고 했다. 또, 만델라전 남아공 대통령는 "슬픈 뉴스, 반인종차별주의자Anti-Apartheid였다."라고 했고, ANC남아공 국회는 "그의 죽음은 우리 투쟁에 가장 두려운 일", 《나이지리아 타임스》는 "그는 독재자였지만, 그는 리비아 국민만 보았고, 모든 아프리카인이 존경했던 인물"이라고 이야기했다. 아프리카 대부분의 국가원수와 언론은 그의 죽음을 영웅적인 희생으로 여겼고, 리비아의 많은 인민은 그의 죽음을 애도했다.

카다피는 어떤 사람이었을까? 그는 가난하고 글을 모르는 유목민, 베두인족의 아들로 태어났다. 할아버지는 독립운동을 하다가 이탈리아군에 살해되었다. 그는 어린 시절 독실한 모슬렘이었고, 말없이 조용하고, 독서를 좋아하고, 용감했다. 이탈리아가 지배하고 있었다. 2차 세계대전 후 1951년 이탈리아로부터 리비아는 독립했다. 이드리시 국왕 시절 카다피는 군에 들어갔다. 영국 군사영어학교에서 교육을 받았다. 제국주의와 사회주의를 공부했다. 당시 사회주의가 후진국의 주류 정치 철학이었을 때다. 이집트 나세르를 존경했다. 국왕이 그리스에 외유한 틈을 타 쿠데타를 했다1969. 이드리시 왕의 부패와 무능으로 쿠데타는 큰 충돌 없이 성공했다.

카다피는 반제국주의, 아랍 민족주의와 사회주의를 표방했다. 왕정을 폐지하고 공화정으로 바꾸었다. 리비아는 인구의 90%가 도시에 산다. 경제는 석유 수출에 의존했다. 외국인 소유의 모든 석유산업을 국유화했다. 1969년에 38억 달러이던 리비아 GDP가 1974년에는 137억 달러로 늘었고, 1979년에는 245억 달러로 성장했다. 당시는 OPEC의 석유 파동이 있을 때다. 1979년 리비아 1인당 GDP가 8,170달러, 당시 이탈리아와 영국의 소득1979년 영국의 1인당 소득 7,511달러과 같았다. 토지개혁, 교육과 의료 혜택 등 획기적인 개혁을 단행하였다.

경제만이 아니다. 아랍 국가의 고질적인 여성 인권에 대하여 조치를 취했다. 일부일처제를 주장했다. 자신도 하렘을 두지 않았고, 한 명의 부인과 살았다. 9학년까지 무상교육을 실시하고, 의료 복지시설을 확대했다. 대의

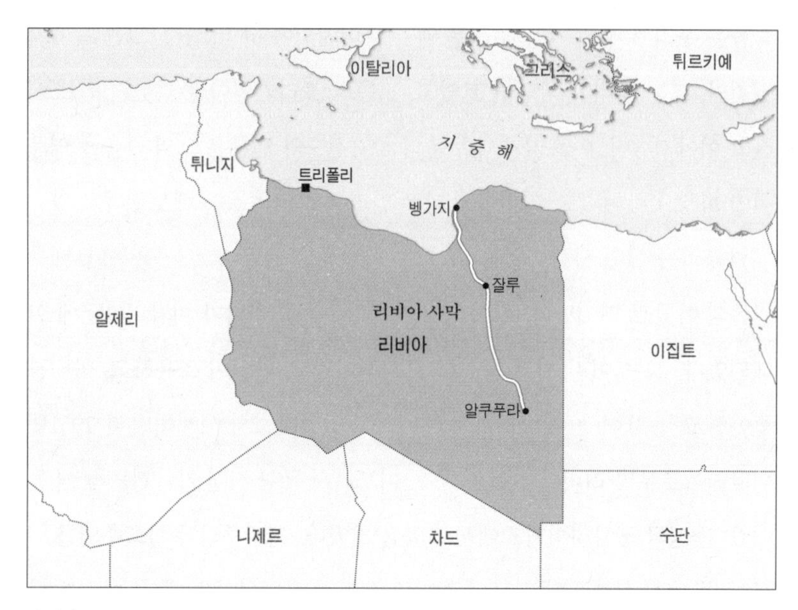

리비아

정치를 거두고 직접민주주의를 주장했다. 정치이념은 반제국주의, 사회주의, 아랍민족주의다. 그의 정치철학을 『그린북Green Book』에 담았다. 1, 2, 3권이다. 정치에서 자마힐리아Jamahiriya, 민중국가를 주장했다. 『그린북』에는 사회주의, 민족주의, 직접민주주의가 들어 있다.

유토피아를 꿈꾸었다. 상상하는 유토피아가 아니라 실제로 걸어 다니는 유토피아를 건설할 것이라 했다. 카다피의 주장은 나름대로 의미가 있다. 그러나 국제 현실을 몰랐다. 너무 나갔다. 카다피의 반제국주의 도발적 행위에 대하여 서방국가들은 경제제재를 가했다. 카다피는 강대국의 압력에 저항하면서 아랍 국가들의 동맹을 외쳤다. 겁먹은 아랍 국가들은 동참하지 않았다. 서방의 압력에 못 이겨 핵무장을 포기하고 서방으로 회귀하려는 제스처를 취했다. 때가 너무 늦었다.

나세르가 카다피를 만난 후 "훌륭한 정치가이지만, 너무 순진하다."라고 했다. 라이스 국무장관이 노무현 대통령을 만났다. 독도 주장을 듣고 있던 라이스는 '낭만적 정치인'이라 했다고 한다. 정치가는 현실을 봐야지 순진하거나, 낭만적이거나, 이상주의자가 되어서는 안 된다.

그가 '중동의 미친 개'가 된 것은 그가 제국주의를 배격하고 아랍민족주의를 주장했기 때문이다. 카다피는 서방에 테러하는 게릴라를 도왔다. 도피처도 제공하고 자금도 후원했다. 미국은 테러 배후의 카다피를 지목했다. 보복으로 미국은 카다피를 죽이려 했다. 지중해 제6함대 항공모함에서 출격한 전투기는 수도 트리폴리의 카다피 대통령궁을 폭격했다. 그의 아들은 죽었다. 그는 사막 텐트 속에 피정을 하고 있어 죽음은 피했다. 반기문 UN 사무총장이 카다피를 만난 장소가 대통령궁이 아니라 사막의 텐트 안이었다. 우리는 서양 언론, 미국 언론의 정보에 의존한다. '미친 개'라고 하고 있다. 40년간 독재를 했다. 사복을 챙기지 않았고, 초심을 잃지 않으려고 베두인의 천막생활을 고집했다. 카다피의 업적은 리비아의 현대사고 그는 주역이었다. 많은 공功과 과過를 남겼다. 그가 조국을 지킨 애국자인지 악마인지는 리비아 역사가 말할 것이다.

02 | 리비아 대수로 공사

1953년에 리비아에 석유탐사를 했다. 지하에 엄청난 양의 액체가 발견되었다. 석유가 매장된 줄 알았다. 석유가 아니라 지하수였다. 지하수는 1만 년 전 빙하기 때 생성된 대수층Aquifer이다. 누비아 사암 지대 지하수Nubian Sandstone Aquifer System의 일부다. 리비아, 이집트, 차드, 수단에 걸쳐져 있다.

대부분이 리비아 영토에 있다. 지구상 담수는 빙하 69.6%, 지하수 30.1%, 지표수강과 호수는 0.3%다. 누비아 지하수는 면적이 200만km²에 이르는 세계 최대 규모다. 나일강이 200년간 흐르는 수량과 맞먹는다. 35조 톤이다. 지금 보충되는 지하수는 아니다. 리비아가 현재 쓰는 수량으로 계산하면 1천 년 동안 쓸 수 있다고 한다. 리비아는 큰 나라다. 국토 면적이 175만km²으로 한국의 17배나 된다.

리비아는 국토 전체가 사막이다. 도시 지역과 농업 용지를 포함하여 국토 1.5%만 이용한다. 물 때문이다. 나머지는 사막이다. 카다피가 정권을 잡고 사막 지하에 거대한 대수층 이용 계획을 세웠다. 처음에는 물이 있는 내륙으로 이주 계획을 세웠다. 이주를 꺼렸다. 내륙에 있는 물을 지중해 연안으로 송수하는 계획을 세웠다. '대수로공사Great Manmade River Authority'를 설립했다. 세계사에 없었던 대공사였다. 한국의 동아건설이 수주를 받았다. 공사비는 총 300억 달러40조 원이다.

GMR는 5단계 사업으로 시행되었다. 1단계 공사는 지하수가 있는 쿠프라Kufra에서 해안 도시 벵가지Benghazi, 인구 300만 명까지 하는 수로건설이다. 1,700km이다. 1991년 통수식을 했다. 2단계 공사는 자발 하수나Jabal Hasuna 취수장에서 수도 트리폴리Tripoli, 350만 명까지 하는 연결공사로 1,130km였다. 1996년에 완공했다. 사업내용은 간단하다. 사막에서 지하수를 퍼올려 지중해 연안 도시에 보내는 공사다.

거대한 토목공사고, 한국의 건설 회사가 시공한 사업이므로 알아보는 것도 재미있다. 수도관 총길이는 4천km다. 수도관 한 개 크기는 지름 4m, 길이 7.5m이다. 1개의 무게는 75톤이다. 수도관 제작은 베르가Brega와 사리르Sarir에서 동아건설이 했다. 대형 트레일러로만 운반할 수 있다. 지하에 매설하여 샘에서 지중해 연안 도시까지 송수관을 건설하는 공사다. 매일 650

대수로 공사

만 톤의 물을 송수해야 한다. 지하 500m에 있는 1,300개 샘을 파서 물을 퍼 올려 저수조에 저장한다. 저수조 한 개의 크기는 지름 937m, 깊이 10m, 둘레 2,932m이다. 바닥 면적이 689,205m^{2}20만 평이다. 저수량은 689만 톤이다. 여러 개의 저수조가 있다. 세계 8대 불가사의 프로젝트Eighth Wonder of the World라고 했다. 조금도 과장된 표현이 아니다. 사실이 그렇다.

사막의 물을 어디에 쓸 것인가를 묻지 말라. 물만 있으면 농사도 짓고 도시도 건설한다. GMR사업에 대해 비판적으로 보는 시각도 있다. 아무리 많은 수량이라도 보충 안 되는 지하수를 계속 퍼 올리면 바닥이 난다. 비관적 추정치는 50년 또는 100년이면 고갈된다고 한다. 물을 이용하여 사우디나 UAE처럼 잘 살게 되면 리비아는 지중해 해수를 담수화할 수 있다. 그 석유 자원도 풍부하지만, 사하라사막 태양광 에너지는 무한정이다. 상상할수록 재미있다. 리비아 석유 매장량은 세계 9위다. 에너지는 충분하다. 지중해 해수를 담수화하여 사막 내부로 물을 보낼 수 있다. 사막은 인류의 미래 에너지 자원이 되고 있다.

1단계 공사를 마치고, 2단계 공사는 국제 입찰하려 했다. 1단계 수로 공사에 만족한 카다피 대통령은 국제 입찰 계획을 접고 수의계약으로 동아건설에게 주었다. 지름 4m 수도관으로 수천km 물을 보내도 물 한 방울 새지 않는 완벽한 시공이었다. 감리를 맡았던 회사도 감탄했다 한다. 탄탄대로를 걷던 동아건설은 1994년 성수대교 붕괴 사건으로 내리막길을 걸었다. 동아건설의 시공 능력을 아는 세계 유명 건설 회사들은 동아건설이 시공한 교량 붕괴를 아무도 믿지 않았다. 한국에서는 동아건설의 신용도는 말이 아니었다. 최원석 회장은 문란한 사생활, 정치자금 연루, 성수대교 붕괴로 1998년 실질적으로 파산했다. 지주회사인 서울은행이 최원석 동아건설 회장에게 최후통첩을 보냈다. 동아건설은 리비아 3단계 공사 이후 수로 공사를 수주 받지 못했다. 세계의 화제가 되었던 대수로 공사의 주역, 카다피는 반군에 총 맞아 죽고, 동아건설은 부도로 공중분해 되었다. 사막의 생명, 누비아 사암 지대 대수층 물은 송수관을 타고 지금도 여전히 흐르고 있다.

03 | 대수로 공사 에피소드, 사랑을 매장한 분단

사리르Sarir는 리비아 사막 가운에 있는 오아시스다. 벵가지에서 남쪽으로 350km 지점에 사막이 있다. 2차 세계대전 때 영국과 독일이 오아시스를 두고 격렬한 전투를 했다. 독일과 이탈리아군이 패했다. 아직도 파손된 탱크가 있다. 오아시스에 흩어져 사는 주민은 1천 명 정도 된다. 사리르 가는 길의 모래사막 길이다. 오아시스에 가까이 이르자 야자수를 비롯하여 숲,

농작물, 낙타, 집이 보인다. 낡고 초라한 단층 슬레이트 집에 북한 인공기가 걸려 있다. 북한에서 파견한 병원이라 한다.

경북대학교 손우익 유전공학 전공 교수, 송승달 생물학 전공 교수, 김순권 옥수수 전공 교수와 함께 대수로 공사를 시찰하러 갔다. 1996년이다. 서울서 최원석 회장을 만나 협의했다. 여비는 각자 부담했지만, 현지 지원은 동아건설이 부담하고, 경북대학교와 리비아 대학 간에 결연을 맺고 사막에 물을 이용한 옥수수 종자 육종, 농업 실험실을 협력하여 만든다는 게 협의 내용이었다. 리비아 공선섭 대사가 주선해 주었다. 공 대사는 나와 공군 학사 장교 동기생이자 친구이기도 하다.

프랑크푸르트를 거쳐 트리폴리 공항으로 갔다. 동아건설은 우리 일행에게 최 회장의 전용 비행기를 제공해 주었다. 트리폴리에서 벵가지까지다. 12인승 제트기다. 대단한 편의 제공이다. 자가용 제트기를 타기는 처음이다. 캐나다에 갔을 때, 자가용 수상비행기는 여러 번 타보았다. 캐나다 북서부 지방은 개발이 되지 않아 도로가 없다. 호수를 연결하는 자가용 비행기가 교통수단이다. 자가용 제트기는 대단한 배려였다. 벵가지에서 사리르 오아시스까지는 지프차로 갔다. 사리르 오아시스에 수도관 제조 공장이 있었다.

사리르로 가는 길에 유목을 하는 낙타와 양떼가 가끔 보인다. 완전한 사막이다. 사리르에 가까이 오자 북한 인공기가 보인다. 놀랐다. 도로 가 낡은 벽돌 건물에 북한 인공기가 걸려 있었다. 북한에서 지어준 병원이라고 했다. 의사 1명과 간호사 2명이 근무했다. 이 벽지에 어떻게 북한 병원이? 북한 김일성과 카다피는 가까운 사이였다. 양국은 미국과 적대 관계에 있는 사회주의 국가였다. 리비아-북한 간 우호 협력을 맺었다. 북한은 경제 사정이 어려운 형편에도 리비아에 의료진을 파견했다.

벵가지에서 사리르까지 도로는 비포장일 뿐만 아니라 보수를 하지 않아 형편이 없다. 벵가지에서 사리르까지는 400km로 버스로 7시간 걸린다. 버스는 2주일에 한 번 다닌다. 오아시스 주민은 자급자족 경제다. 동아건설은 사리르 외각에 거대한 수도관 제작 공장을 세웠다. 75톤 수도관을 운반해야 하므로 수로 공사 전용 4차선 도로를 건설했다. 벵가지까지 다니는 자동차는 동아건설 자동차뿐인 듯했다. 수시로 다닌다. 지프차로는 5시간이면 주행할 수 있다. 비포장도로지만 평균 시속 70km로 달릴 수 있다. 고속도로다.

사리르 공장에서 1개당 무게가 75톤인 수도관을 하루 35개를 생산한다. 1천여 명의 노동자와 직원은 숙식을 포함해 모든 것을 공장 안에서 해결해야 한다. 다른 선택이 없다. 동아건설 캠프촌이다. 공장 내에 식당, 숙소, 병원, 휴게실, 당구장, 탁구장, 노래방도 있다. 1천여 명 중 한국인은 150명 정도다. 모두 기술자다. 노동자는 대부분 필리핀과 파키스탄인들이었다. 헝가리 의사를 고용했다. 한국 의사는 희망자를 구할 수 없었다. 월 5천 달러를 지급한다. 캠프 내는 비교적 자유롭다. 리비아는 율법이 매우 엄한 사회주의 국가다. 회교국이므로 술이 없다. 몰래 술도 담가 먹기도 하고, 캠프 주위를 돌아다니는 유기견을 잡아 보신탕을 끓여 먹기도 한다고 했다. 사막의 날씨는 낮은 뜨거워도 밤은 춥다.

김 씨는 결혼 3년 만에 건설 노동자로 중동에 왔다. 현대건설, 대우건설 노동자로 전전하다가 동아건설에 취업했다. 1973년에 중동으로 나온 지 25년 되었다. 아직 한 번도 귀국한 적이 없다. 기인이다. 출국할 때 태어난 아이가 대학을 졸업했다는 졸업 사진을 받았다. 가족에게 돈만 보낸다. 건설 현장이 자유롭고 편하다. 결혼식, 장례식, 동창회 같은 번거로운 모임에 나가지 않아서 좋다. 밤이 되자 모닥불 피워 놓고 이야기를 했다. 캠프에 여자는 없다. 리비아는 이슬람 국가다. 여성 고용을 허용하지 않는다. 시장에 가도 여자는 볼 수도 없다. 이야기가 재미있었다. 현지에서 담근 '사티'라는 막걸리를 마셨다. 김 씨는 나와 고향이 같다. 진주다.

회사는 사막에서 일하는 직원을 위로하기 위해 가수를 초청했다. 한국에서 온 2명의 여성 가수가 공연했다. 열광했다. 가수들을 보호하기 위하여 숙소 전체를 지붕까지 철조망으로 감쌌다. 지게차로 철조망을 들어 올려야만 들어갈 수 있게 했다. 아침에 일어나니 철조망에 걸려 내려오지 못한 사람이 3명이 있었다. 김 씨는 건설 현장에 약방의 감초 격이다. 리비아 말도 잘한다. 현지인과 소통할 수 있는 유일한 사람이다. 현장 소장이 있다. 소장은 임기제다. 2년마다 바뀐다. 1년에 두 번 한국으로 휴가를 간다. 1회에 한 달간이다. 실제로 김 씨가 현장 소장 역을 한다.

현지의 일은 모두 김 씨가 한다. 생필품을 구하러 수시로 벵가지에 나간다. 오아시스에도 간다. 벵가지에서 캠프로 오는 길에 북한 병원 앞에서 라면 한 상자와 고추장 한 통을 달리는 차에서 일부러 떨어트렸다. 리비아인은 라면과 고추장을 모른다. 하루는 그대로 있더니 다음날 지나다 보니 보이지 않았다. 쌀 포대, 김치, 고추장, 약을 벵가지 오가는 길에 던져 놓았다. 그렇게 소통을 시작했다. 버스를 기다리는 북한 간호사를 벵가지까지 태워 준 일도 있다. 나는 궁금한 점이 더 있었지만, 더 이상 말을 하지 않았다. 이야기를 하던 김 씨가 눈물을 훔친다. 고향 사람을 만나니 가족이 그리워 우는 줄 알았다. 김 씨는 밤이면 자동차를 몰고 캠프를 나와 20km 떨어진 북한 간호사를 만나러 다녔다. 그러던 어느 날 그녀는 나타나지 않았다. 화물선을 타고 북한으로 간다는 연락을 받았다. 벵가지 항구에서 보낸 편지였다. 그 후로 소식을 모른다. 사막의 밤하늘 별은 유난히 빛났다. 우리 일행은 다음날 더 사막 깊숙이 알쿠프라Al Kufra로 갈 여정이 잡혀 있었다.

01 | 튀니지, 사하라사막의 보석

튀니지는 북아프리카의 작은 나라다. 면적은 16만km^{2}이다. 대한민국의 1.6배다. 인구는 1,100만 명이다. 우리나라의 1/5이다. 북아프리카에서 가장 작은 나라다. 시민혁명을 거친 후 정치가 살아나고 있다. 민주주의가 터를 잡아가고 있다는 말이다. 북아프리카에서는 가장 모범적으로 가고 있는 나라다. 이웃 나라 이집트110 km^2, 리비아175 km^2, 알제리128 km^2, 모로코71 km^{2}는 다들 큰 나라다. 튀니지는 로마의 식량 창고라고 불렸다. 비옥한 땅이다. 북아프리카를 가로지르는 아틀라스Atlas산맥이 지나간다. 산맥을 따라 지중해 해안 쪽에 비가 온다. 연평균 강우량이 400mm다. 제벨참비Jebel ech Chambi산은 1,544m로 최고봉이고 겨울에는 눈을 볼 수 있다. 농업 국가다. GDP의 11%를 차지한다. 수도 튀니스는 정치, 경제의 중심이다. 튀니지의 남쪽은 사하라사막이다.

문어를 가장 많이 먹는 나라는 아시아와 지중해 연안국이다. 유럽에는 지중해 연안 국가들이 문어를 먹는다. 문어가 매년 25만 톤이 잡힌다. 지중해 연안 국가와 아시아인들이 먹는다. 스페인 문화가 전래되어 남미에서도 먹는다. 지중해 연안 국가들은 문어가 모든 국가의 주요 요리 재료인 듯하다. 튀니지의 재래시장에서 문어를 판다. 문어 요리가 다양하다. 나는 네덜란드에서 한때 유학을 했다. 어시장에서 문어를 보지는 못했다. 대구와 청어만 봤다. 지중해 연안의 요리는 조개를 비롯하여 다양한 해산물이 식재료가 된다. 문어를 밀가루를 묻혀 튀김으로 먹는다.

시디부사이드Sidi Bou Said, 인구 6천 명는 '아랍의 봄'의 진원지다. 튀니지의 수도 튀니스에서 10km 북쪽에 있다. 관광도시다. 그리스 산토리니섬과 비슷하다. 지붕 색깔은 파란색, 벽을 비롯하여 그 외 색은 하얀색이다. 시디부사이드는 산토리니 주택과 같은 색을 쓰고 있다. 집의 모든 색깔은 하얀색이다. 단, 문과 문틀만은 파란색이다. 산토리니보다 시디부사이드의 집 색깔이 더 통일되어 있다. 문틀에 칠한 파란색이 강렬하다. 내가 오션 블루라고 했더니, 채색하는 기술자는 '부사이드 블루'라고 했다. 페인트 상표도 그렇게 붙어 있었다. 프랑스어가 공용어다. 사회학자 미셸 푸코Michel Foucault와 소설가 앙드레 지드Andre Gide의 집도 여기에 있다. 경치가 좋고 기후가 좋다. 그리고 물가가 싸다. 파리 물가의 3분의 1이라 한다. 도시의 색은 시 당국의 도시 계획법이 그렇게 지정해 둔 모양이다. 특이한 색깔 때문에 많은 관광객을 유인한다고도 한다.

튀니지는 사하라사막 북쪽이다. 수도 튀니스Tunis 해안 쪽은 파란 정원이다. 이탈리아, 프랑스와 가깝다. 튀니스에서 이탈리아의 섬, 시칠리의 팔레르모Palermo까지가 320km다. 튀니스의 외항은 카르타고Carthage다. 로마와

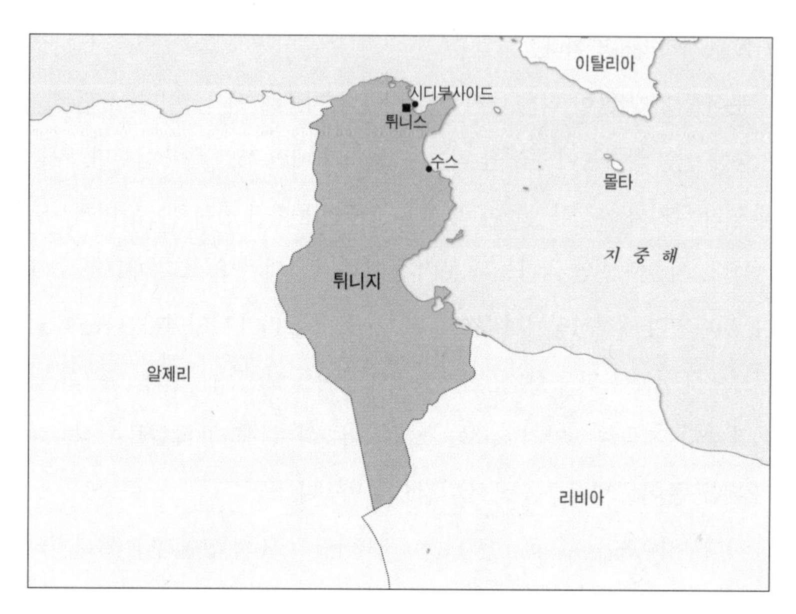

튀니지

전쟁을 한 도시다. 지중해에 면하고 있어 어업이 성하다. 유럽과 가깝다. 생선 요리가 유명하다. 북유럽에서는 생선을 거의 먹지 않는다. 생선은 대구, 청어, 가재, 새우, 민물고기로는 연어 정도다. 유럽 남부와 북아프리카는 지중해 바다에서 나는 생선은 모두 먹는다.

지중해 연안의 문어 요리는 유명하다. 튀니스 어시장을 갔더니, 문어를 구경하는 사람들이 모여 있는데 피부색과 말투가 북유럽 사람들이다. 문어를 보고 야단이다. 영국인은 문어Octopus를 악마의 상징으로 여긴다. 먹지 않는다. 영국을 중심으로 한 북유럽에는 생선 시장이 잘 서지 않는다. 지중해 연안은 다르다. 튀니지에서 가장 선호하는 물고기가 문어다. 우리도 문어는 최상의 음식이다. 제사상에 제일 먼저 오른다. 생선 가게 주인이 보란 듯이 산 문어를 들어 올리니 문어발이 손등을 감는다. 구경하던 여자의 목소리에 내가 다 놀랐다. 그 자리에서 삶아 우리나라 초고추장과 비슷한 양념장에 찍어 먹는다. 우리나라 문어와 차이가 없다.

카르타고는 고대 카르타고 왕국의 수도였다. 튀니스 호Lake of Tunis 곁에 있다. 카르타고는 지붕 없는 박물관이라 한다. 2000년 동안 사막 속에 묻혀 있었다. 사막 바람이 거꾸로 불어 유적이 나타났다. 대부분의 유적들은 지진으로 파괴되어 산재되어 있다. 그 규모와 파괴된 석조 건물들을 보면 감탄을 금치 못한다. 로마와 같은 규모다. 기원전 146년 3차 포에니 전쟁Third Punic War에서 3년 동안 포위되고 함락되었다. 로마는 아프리카에 로마를 건설하였다. 로마제국의 거점으로 삼았다. 보기에도 어마어마한 규모였다. 어디에나 고대 로마 시대의 유적이 있다. 이탈리아를 지배했던 시절, 무솔리니는 카르타고의 석조 유물을 실어 가려고 철도까지 건설했다. 로마로 싣고 가지 못한 것만 남아 있는 것들이다. 3차에 걸친 포에니전쟁은 당시 페니키아인과 로마인 간의 세계대전이었다.

02 | 아랍의 봄, 튀니지의 전태일

'아랍의 봄'은 대단했다. 지금도 계속되고 있다. 민주화 운동이다. 아랍의 모든 국가가 하나 같이 독재정치를 했다. 민주화를 못한 탓으로 많은 자원을 갖고 있으면서도 잘살지도 못한다. 인권은 유린되고 있다. 튀니지는 아랍의 봄의 진원지다. 억울한 죽음을 애도하는 시민은 울분했다. 억눌린 분노가 폭발했다. 시위는 전국의 모든 도시로 확산했다. 2010년 12월 17일에 시작했다. 당시 튀니지는 실업, 물가고, 부패가 만연했다. 정치 활동은 제한되었고, 언론을 탄압했다. 대통령 벤 알리는 23년 동안 튀니지에서 독재정치를 했다. 시위대에 경찰이 발포하여 20여 명이 죽고 수십 명이 부상당했다. 시위는 과열되었다. 독재 타도 운동으로 전개되었다. 데모의 주체는 노동조합이었다. 튀니지 총노동조합연맹, 튀니지 산업노조, 튀니지 인권연맹이다. 튀니지 변호사협회가 "2011년 튀니지의 혁명으로 튀니지에 민주정치를 가능케 한 공로"로 2015년 노벨 평화상을 받았다.

26살의 대학 졸업생인 부아지지는 노점상을 하는 행상이었다. 8명의 가족을 부양하기 위해 매일 시장에 나갔다. 시디부지드Sidi Bouzid, 인구 4만 8천 명시는 수도 튀니스에서 300km 남쪽에 있다. 혁명의 발화점은 성냥 한 개비와 같았다. 경찰관이 노점상 단속을 나왔다. 경찰은 노점상을 하는 리어카를 차압했다. 리어카 주인 부아지지는 10디나르10달러, 일당 수입를 주고 사정했다. 경찰관은 부아지지와 아버지를 불법으로 행상을 한다고 욕설하고 구둣발로 찼다. 리어카 없이는 먹고살 수가 없다. 부아지지는 경찰서로 찾아가서 그의 리어카와 채소를 돌려달라고 요구했다. 뺨만 서너 대 얻어맞고 나왔다. 리어커와 채소를 뺏기고 아버지가 두들겨 맞고 반죽음이 된 채로 경찰서에서 풀려났다.

부아지지는 "더러운 세상"이라고 고함을 질렀다. 또 경찰에 얻어맞았다. 부아지지는 경찰서 앞 시장에서 한 통의 휘발유를 덮어쓰고 많은 사람이 보는 앞에서 분신자살Self-immolation을 했다. 시장 상인들이 공분했다. 경찰은 곤봉으로 시위하는 상인을 때리고 강제로 연행했다. 다음날 분신자살 동영상과 진압하는 경찰이 유튜브, 페이스북 등 SNS를 통하여 전국으로 퍼져나갔다. 뒤늦게 심각성을 인지한 알리 대통령은 12월 28일 화상을 입은 부아지지가 치료받는 병원으로 갔다. 부아지지는 화상으로 사망했다. 시위는 더욱 격렬해졌다. 지식인과 변호사의 95%인 8천 명의 변호사들의 시위가 뒤따랐다. 정권은 붕괴되었다. 부아지지가 죽은 지 10일 후, 2011년 1월 14일에 알리 대통령은 하야하고 사우디아라비아로 도망갔다. 23년간의 독재는 막을 내렸다. 튀니지 시민혁명이다.

부아지의 분신자살은 전태일의 분신자살을 생각게 한다. 산업화의 신화로 민주주의가 무시될 때다. 독재 정권은 인권을 짓밟았다. 당시 전태일은 평화시장의 재단사였고, 시장의 여공들은 한 달에 1,600원을 받고 16시간 노동을 했다. 당시 9급 공무원의 월급이 3만 원일 때다. 사람이 할 짓이 아니었다. "우리는 기계가 아니다. 근로기준법을 지켜라." 이들은 노동청을 찾아가서 호소하고, 동대문구청을 찾아가고, 서울특별시 근로감독관을 찾아갔다. 그러나 독재 정권 시절이었기에 아무 소용이 없었다. 1970년 11월 근로기준법을 들고 전태일은 온몸에 휘발유를 끼얹고 분신했다. 그 불이 붙은 채로 평화시장을 뛰어다녔다. 그는 당일 오후 10시에 성모병원에서 죽었다. 우리나라의 노동운동과 민주화 운동은 이렇게 불이 붙었다. 부아지의 죽음과 전태일의 죽음은 헛되지 않았다.

튀니지의 시민혁명을 '자스민튀니지의 국화혁명' 또는 '아랍의 봄'으로 부르고 있다. 튀니지의 혁명은 들불처럼 비슷한 정치 환경을 가진 아랍 국가들로 전파되었다. 북아프리카와 아라비아반도의 이슬람 국가들이다. 모두 22개국이다. 목표는 민주주의, 자유선거, 시장경제, 인권, 고용, 정권 교체다. 이집트는 호스니 무라바크가 하야했다. 리비아는 카다피가 반군에 체포되어 총살되었다. 예멘은 알리 살레 대통령이 하야하고, 정권은 국가 통합 정부로 넘어갔다.

시리아는 아사드 왕이 정치범을 석방하고 계엄령을 해제했다. 시민혁명은 복잡한 양상으로 발전하여 내전에 휩싸여 있다. 바레인은 정치범을 석방하고 시아파 대표들과 협상했다. 그러나 사우디아라비아군의 간섭으로 시민혁명이 좌절되었다. 쿠웨이트는 총리를 해임하고 국회를 해산했다. 오만은 장관을 해임하고 카부 왕은 많은 재산을 내놓았다. 대대적인 개혁을 단행했다. 모로코와 요르단은 시민 데모로 인하여 헌법을 개정하고 개혁을 단행했다. 사우디아라비아, 수단, 모리타니는 시민의 저항이 계속되거나 지하로 잠입했다. '아랍의 봄'이라 한다. 결국은 인류 보편적인 정치는 민주주의다. 민주주의를 하지 않고서는 근본적인 해결 방법은 없다. 아랍제국 독재의 본산은 사우디아라비아다. 사우디아라비아도 내부는 끓고 있다.

01 | 모로코, 지정학적 요충지

모로코는 지정학적으로 매우 중요한 위치다. 아프리카의 서북쪽 끝에 위치한다. 동쪽은 지중해고 서쪽은 대서양을 맞잡고 있다. 북쪽은 유럽이고, 남쪽은 아프리카 대륙이다. 유럽과 아프리카를 통하는 좁은 바다가 지브롤터Gibraltar해협이다. 지중해 동쪽, 유럽과 아시아와 만나는 해협인 보스포루스Bosporus가 있다. 같은 형국이다. 모로코의 기후는 북쪽은 지중해식 기후 지역이고, 서쪽은 서안 해양성기후다. 지중해의 서쪽 끝이다.

문명은 동쪽에 서쪽으로 이동했다. 세계 문명은 지중해서 대서양으로 대서양에서 태평양으로 이동하고 있다. 세계 문명의 중심지, 반달 지역인 메소포타미아와 나일강에서 시작하여 그리스 → 로마 → 유럽으로 확대되었고, 대서양을 건너 미국으로 건너갔다. 아메리카 대륙의 동부에서 서부로 전파되었다. 다시 문명은 태평양을 건너 지금 일본, 중국, 한국에서 꽃을 피우고 있다. 토인비Toynbee는 문명은 동쪽Levant 메소포타미아에서 서쪽 로마, 스페인, 미국으로 돌아간다고 말했다. 모로코는 스페인과 프랑스의 지배를 받았다. 1956년에 독립을 했다. 북아프리카에 위치한 이집트, 리비아, 튀니지, 알제리, 모로코의 운명이 비슷하다. 민족은 베르베르인과 아랍인이다. 베르베르인은 유목민이다. 아랍인은 정착해서 농경을 하며 사는 사람들이다. 이들 모두 이슬람을 믿는다. DNA를 갖고 민족을 분류하지는 않는다. 언어와 문화가 기준이다.

재레드 다이아몬드Jared Diamond는 인류의 문명의 차이는 인종에 따라 다른 것이 아니라 지리적 환경에 따라 결정된다고 했다. 문명의 발전은 온대지방에서 일어났다. 인류 최초의 문명은 물이 있는 사막에서 일어났다. 하와이 대학 지리학 교수였던 로널드 프리어Ronald Fryer는 국가의 발전은 민족에 따라 다르다고 주장했다. 같은 북아메리카에서도 미국과 캐나다는 민주주의도 잘되고, 산업화가 잘되는 것은 앵글로색슨족이기 때문이다. 한편, 멕시코는 같은 북미 대륙이지만, 민주화도 안 되고, 경제발전도 정체된 것은 라틴족이기 때문이라고 설명했다. 뿐만 아니다. 동남아시아 국가에서도 중국인이 거주하는 곳은 잘살고, 말레이족이 사는 곳은 같은 자연환경이지만 잘살지 못한다고 했다. 이스라엘 민족이 사는 곳 치고 못사는 곳을 보았느냐, 아프리카인이 사는 곳 치고 잘사는 곳을 보았느냐고 반문한다.

민족 발전론은 피상적으로 맞는 이야기처럼 보인다. 인간 생활은 주어진 환경과 깊은 관계가 있다. 동아시아 인종, 중국인, 한국인, 일본인이 부지런하고 어려운 환경 속에서도 경제발전을 이룩하였다. 동아시아 모두가 계절풍기후에 속해 있었고, 벼농사를 했다. 벼농사는 단위면적당 인구밀도가 높아갔고, 높은 인구밀도에서 살아남기 위하여서는 열심히 일하지 않으면 안

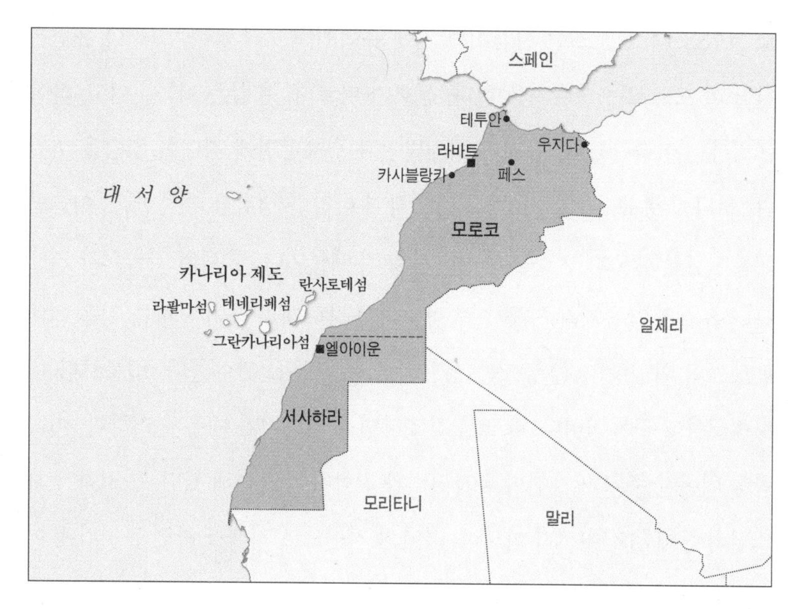

모로코

되었다. 부지런하고 잘사는 이유다. 민족의 DNA 때문에 잘사는 것이 아니다. 인간과 자연환경에 관한 논쟁은 어제 오늘의 이야기가 아니다. 자연환경이 인간의 생활에 큰 영향을 미치는 것은 사실이지만, 인간 생활의 결정론Determinism은 아니다. 인간이 습득한 학습에 따라 환경에 적응하는 행위가 다르다. 열대 지방에서 뱀과 파충류를 피하기 위해 수상 가옥을 짓는다. 같은 열대의 기후 속에서도 식민지를 한 유럽인들의 거주는 원주민과는 다르다. 집을 짓고, 냉방기를 설치하고, 냉장고를 갖고, 자동차로 이동하면서 더위에 적응한다. 같은 자연환경이라 하더라도 문화적 배경에 따라 다르게 적응한다.

베르베르인은 유럽과 가까우면서도 북아프리카 전역의 국가들이 식민지를 당했고, 유럽인의 지배를 받았다. 무엇으로 설명해야 했을까? 객관적으로 보았을 때, 모로코는 사람이 살기에 유럽 대륙보다 좋다. 그러나 유럽은 잘살고, 모로코는 잘살지 못한다. 문화가 다르다. 유럽은 기독교이고, 북아프리카는 이슬람교다. 종교가 정치발전과 경제발전에 지대한 영향을 미친다. 하나의 종교, 이데올로기를 강조하면 다양한 생각을 저해한다. 이슬람교조주의를 강조하는 것은 통치하기 좋기 때문이다. 중세의 기독교가 지배하던 유럽을 암흑기라 하듯, 이슬람주의를 강하게 드라이브 하는 것은 이데올로기의 획일주의다. 종교는 생활의 모든 부분을 관여한다. 법률보다 더 광범위하고 구체적이다. 종교를 강조하면 통치하기가 매우 편리하다. 이슬람을 비롯한 종교의 발전이 국가권력과 결탁하여 발전해 왔다. 통치자가 하느님의 존재를 믿어서가 아니라, 하나의 기준으로 지배를 하면 통치가 용이하기 때문이다. 이슬람이나 가톨릭 국가들이 개신교를 믿는 국가에 비하여 다양성이 떨어지고 정치발전이 정체되는 이유다.

02 | 모로코의 엔클레이브(Enclave) 세우타, 불법 이민자의 통로

모로코의 지리 키워드는 지브롤터 해협, 아틀라스산맥, 마그레브, 서아프리카다. 지브롤터 해협은 스페인과 모로코 사이, 지중해와 대서양을 잇는 바닷길이다. 해협의 양안에 세우타와 지브롤터가 있다. 세우타는 모로코 영토 안에 있지만, 스페인의 역외 영토Exclave다. 맞은편 지브롤터Gibraltar는 스페인 영내에 있지만, 영국령이다. 모로코의 세우타Ceuta 지역이다. 고대 로마제국, 중세 오스만제국, 근대 스페인제국, 대영제국이 중요하게 여겼던 전략적 요충지다. 지중해에서 대서양으로 왕래하는 배는 지브롤터 해협, 즉 스페인과 모로코 사이 바다를 반드시 거쳐야 한다. 지금 영토가 그렇게 등기된 것은 전쟁의 결과다. 이긴 국가가 자기 땅이라고 등기했다.

세우타는 스페인과 17km 떨어져 있다. 유럽 대륙에서 가장 가까운 아프리카 땅이다. 스페인의 본토 카디즈Cadiz주에 속해 있다. 면적 18.5km^{2}이고, 8만 5천 명의 주민이 산다. 기후도 좋고 경치도 아름답다. 안달루시아주 알게시라Algeciras 사이 페리가 주 교통수단이다. 본토까지는 가까운 거리이므로 헬리콥터도 다닌다. 세우타는 군사기지로 출발했다. 지금은 자유무역항이다. 보따리장수Porteadoras가 많다. 유럽으로 들어가려는 아프리카 난민들이 득실거린다. 모로코와 국경을 6.4km를 맞대고 있다. 모로코 화폐를 쓴다.

스페인 정부는 불법 이민을 막기 위하여 2005년도 6m 높이의 이중 철책Ceuta Border Fence을 설치했다. 철책은 불법 이민자들에 의하여 여러 번 파손되었다. 2016년 철책을 넘어뜨리고 400명이 밀입국했다. 2018년에는 3차례에 걸쳐 1천여 명의 난민이 넘어왔다. 2019년에는 12명이 넘어오다가 4명이 사살되는 사건이 발생했다. 2021년에는 해안으로 밀입국했다. 철책을 넘지 못하도록 레이저 펜스까지 설치했다. 도와주는 브로커가 있다. 난민이 모이는 곳의 불법행위는 일상이다. 경비병에 뇌물을 주는 브로커, 철책을 잘라 주는 브로커, 사다리를 대여해 주는 브로커, 경비병이 잡지 못하게 밀입국자 몸에 똥을 발라주고 똥을 던져 주는 브로커도 있다.

철책을 넘은 불법 이민자라 하더라도 쉽게 총을 쏘지는 못한다. 한반도 휴전선 철책은 넘으면 사살한다. 사정이 좀 다르다. 사람의 이동을 막는 데 가장 간단한 방법은 철조망이다. 세계 곳곳에 불법 이민을 막기 위한 철책이 있다. 미국과 멕시코 간에 총 3,145km를 설치했다. 멕시코에서 들어오는 불법 이민을 막기 위해서다. 이스라엘과 가자지구 사이에도 철책이 있다. 우리나라 휴전선에 248km 철책이 있다. 남북 간의 교류를 차단하기 위한 것이다. 중국과 북한 간에도 철책이 있다. 철조망을 부수고 들어온 밀입국자라도 총을 쏘면 안 되는 게 국제관례다.

일단 세우타에 들어오면 스페인 땅이다. 강제송환도 간단치 않다. 스페인은 인권을 존중하는 문명국이다. 각종 국제 인권 단체와 기자들이 간여한다. 정치적 망명과 난민 인정을 도와준다. 다시 되돌려 보내기가 매우 어렵다. 난민은 국제법이 보호하게 되어 있다. 국제 인권 단체Amnesty Internationale 등이 강력히 항의한다. 일단 불법 이민을 하면, 난민 캠프에 수용했다가 연고에 따라, 희망에 따라, 받으려는 국가에 따라 보낸다. 대부분의 유럽 국가들이 난민 수용을 반대한다. EU의 가장 큰 골칫거리는 난민 문제다.

전 세계는 교통통신의 발달로 상품과 돈이 지구상의 어디를 막론하고 자유롭게 이동한다. 사람 이동은 제한한다. 선진국에서 돈 없는 난민에게 비자를 발급하지 않는다. 전쟁에 휩싸인 중동인과 가난한 아프리카인들이 지중해 건너 유럽으로 들어가려 한다. EU 회원국들의 가장 큰 정치 이슈는 이민정책이다. 이민에 대하여 유화적인 쪽은 진보 정당이고, 이민을 받지 말자는 쪽은 보수 정당이다. 영국이 EU를 떠난 것도 이민정책 때문이다.

스페인 안달루시아Andalucia 지방을 여행하는 패키지 투어가 있다. 모로코까지 포함하는 상품이 있다. 페리에 버스를 싣고 세우타에 들어갔다. 지중해를 건너는 데 30분 걸렸다. 버스를 타고 탕헤르Tangier, 라바트Rabat, 카사블랑카Casablanca를 관광했다. 돌아오는 길이다. 세우타에서 하차하여 버스를 타려고 버스 쪽으로 걸어갔다. 봉지에 들었던 오렌지가 굴러 버스 아래로 굴러갔다. 버스 아래를 보았더니 배기통 가까이 한 소년이 허리끈을 버스 아래 묶어 놓고 손으로 말하지 말라는 신호로 입을 가린다. 오렌지 줍기를 포기했다. 스페인으로 들어가려는 밀입국자다. 소년이 무사히 스페인으로 들어가기를 바랐다. 확인하지는 못했다. 약한 자를 도와주고, 도망가는 사람 숨겨주고 싶은 마음은 인간의 측은지심이다.

03 | 이븐 바투타, 마르코 폴로보다 한 수 위 여행가

탕헤르Tangier는 대서양에서 지중해로 들어가는 입구다. 해협을 사이에 두고 스페인과 마주하고 있다. 건너편이다. 지정학적 위치 때문에 5세기부터 여러 문명이 건너간 다채로운 도시다. 근대사에도 포르투갈, 스페인, 영국의 지배를 거쳐 갔다. 1662년 스페인에서 겨우 독립한 포르투갈은 스페인의 지배를 벗어나고자 했다. 포르투갈 브라간사Braganza 왕가는 영국의 황태자 찰스 2세와 정략결혼을 시켰다. 포르투갈 공주, 캐서린은 신부 지참금으로 모로코의 탕헤르와 인도의 봄베이를 영국 왕실에 바쳤다1662. 왕실의 지참금은 금반지 정도는 아니었던 모양이다. 곡절 끝에 모로코의 독립과 함께 모로코의 영토가 되었다. 모로코의 관문이기도 하고 아프리카의 문The door of Africa라는 별명을 갖고 있다. 탕헤르 인구는 50만이다.

이븐 바투타Ibn Battuta는 모로코 탕헤르 사람이다. 지리학자고 여행가다. 몽골이 전 세계를 지배할 당시다. 유럽에서 중국까지 여행을 한 사람은 마르코 폴로1254~1324와 이븐 바투타1304~1368다. 마르코 폴로는 15살 때, 상인인 아버지와 숙부를 따라서 베네치아에서 중국의 북경까지 여행했다. 17년 동안은 중국에만 있었다. 폴로가 중국을 두루 다녀왔다는 기록을 학자에 따라서는 의심하고 있다. 쿠빌라이 밑에서 높은 벼슬을 하고 오랫동안 여행했다고 주장했다. 원사元史에는 그런 기록이 없다.

중국을 여행했으면 젓가락과 차Tea 이야기가 있어야 한다. 어디에도 없다. 그는 돈을 벌기 위한 상인이었고, 당시 대상들은 실크로드를 여행하는 경우가 많았다. 상인들에게 들은 이야기를 감옥에서 무용담을 털어 놓은 것을 감옥의 같은 죄수였던 루스티켈로 다 피사가 받아 적어 놓았다는 설이 많다. 원본도 없고 필사본으로 140개의 버전이 있었다. 그의 별명도 '밀리오네Millone', '뻥튀기'였다. 진실은 잘 모른다. 영화 〈고산자〉의 김정호 이야기도 그렇다.

『대동여지도』를 제작하기 위하여 백두산을 여덟 번 올랐고, 한반도를 세 번이나 전국 방방곡곡을 다니면서 실측해서 지도를 작성했다는 말이 있다. 그러지 않았다. 당시 시장을 다니는 도붓장수들은 다니는 지역 지도를 갖고 다녔다. 마을, 시장, 강과 산, 길, 거래되는 상품을 그려놓은 수첩 지도다. 현지답사를 하여 제작한 지도가 아니다. 수첩 지도를 수집하여 축척에 맞추어 편집한 것이라 보는 것이 더 맞다. 그 일도 대단한 일이다.

이븐 바투타는 마르코 폴로보다 50살이 작지만, 폴로는 15살, 바투타는 21살에 여행을 시작했다. 여행기는 56년 차이가 있다. 600년 전 일이다. 동시대 사람이다. 마르코 폴로보다 이븐 바투타는 더 많은 지방을 여행했다. 29년간 여행했다. 직접 쓴 『여행기Rihla: Journey』를 남겼다. 『동방견문록』과는 비교가 안 될 정도로 정확하고 상세한 여행기다. 기독교인보다 이슬람교도가 여행을 많이 한다. 하지Hajji 때문이다. 메카의 성지순례를 평생에 한 번은 해야 하는 의무다.

바투타는 21살에 아라비아의 메카로 하지를 떠나는 것으로 시작했다. 메카까지 순례 기간은 1년 6개월이 걸렸다. 그는 모로코의 부유한 법률가 집안에서 태어났다. 당시 최고의 지식인은 율법을 공부한 사람이었다. 그가 여행한 지역은 모두가 이슬람 국가였다. 여행하면서 어떻게 숙식을 해결하고, 섹스 문제를 해결했을까? 장기간 혼자 여행하는 경우 인간의 생리적 문제다. 당시 아프리카, 중앙아시아, 남아시아까지 이슬람교가 위세를 떨칠 때다. 그는 방문하는 지역에 있는 모스크의 이맘Imam, 이슬람 성직자을 찾아갔다. 바투타는 해박한 지식과 교리를 강론하며 숙식을 제공받았다. 때로는 그 지역 이맘의 추천으로 술탄왕을 만나 자문을 하여 여비를 후원받고, 노예와 여자를 얻기도 했다. 29년 동안 여러 번 결혼도 하고 아이도 낳았지만, 고향 탕헤르에 데리고 온 가족은 없었다. 노상강도를 피하기 위해 큰 대상 행렬과 함께 여행했다.

그는 3번에 걸쳐 여행을 했다. 1차1325~1332는 북아프리카, 이라크, 페르시아, 아라비아반도, 소말리아, 스와힐리 해안이었다. 2차1332~1347는 흑해 연안 중앙아시아, 인도, 인도네시아, 베트남, 중국의 광저우, 항저우, 베이징을 다녀왔다. 3차1349~1354는 북아프리카, 모리타니, 말리, 알제리, 스페인 안달루시아 지방을 다녀왔다. 폴로의 『동방견문록』은 14세기 유럽에서 성경 다음으로 많이 읽힌 책으로 알려졌다. 더 위대한 『여행기Rihla』는 19세기까지 세상에 알려지지 않았다. 바투타의 증언은 대단하다. 지진으로 일부가 파괴된 알렉산드리아 파로스 등대를 보았고, 몽골 훌라구가 파괴된 이라크 바그다드의 참상을 증언했고, 인도에서 황제의 법률고문을 지냈고, 원나라 때 중국에 들어가 광저우에서의 지폐 사용을 증언했다. 북아프리카에 퍼져 있던 페스트도 증언했다. "보통사람은 할 수 없는 세계여행을 나에게 허락한 하느님께 감사한다."라는 말을 친구에게 남겼다. 그의 업적은 600년 전의 아프리카, 중앙아시아, 인도, 중국의 생활을 우리에게 남기고 있다는 것이다.

04 | 카사블랑카, 진실보다 더 강한 허구의 힘

모로코는 몰라도 카사블랑카Casablanca는 안다. <카사블랑카1942>라는 영화 때문이다. 대학 2학년 때 좋아하는 여학생과 그 영화를 보았다. 60년 전 일이다. 강의를 위하여 다시 영화를 봤다. 10번도 더 본 영화다. 흑백영화고, 화면 전환도 대화도 느리다. 알아들을 만했다. 나도 영어권에서 유학했다. 네덜란드에서 석사를, 미국에서 박사 학위를 취득했다. 영어를 많이 쓰는 편이다. 그런데도 최근 미국 영화 대사는 알아듣지 못한다. 청력도 떨어졌지만, 청년 문화를 따라가지 못한다. <카사블랑카>라는 노래가 있다. 이루지 못한 사랑을 연상하며 작곡했다. 한국어로 번안하여 가수 최헌이 불러 인기가 높았다. 모로코는 아프리카의 진주The Pearl of Africa라고 한다. 동의한다.

영화에서 가장 드라마틱한 장면은 릭스 카페 아메리카나Rick's Cafe America에서 일어났다. 카사블랑카에 '릭스 카페 아메리카나'가 있으나 가짜다. 이 영화는 온전히 할리우드에서 촬영했다. 1942년은 전쟁 중이었고, 카사블랑카는 독일의 괴뢰국인 프랑스 비시Vichy 정부 수중에 있었다. 카사블랑카를 관광하는 이유 중 하나는 영화 <카사블랑카> 때문이다. 공전의 히트를 기록했다. 86만 달러를 들여 제작한 영화는 3,200만 달러의 수익을 냈다. 할리우드에는 해마다 지난 100년 동안 100개 명화를 선정하여 인기 순위를 매긴다. <카사블랑카>는 항상 톱 10에 들어간다. 때로는 허구가 진실보다 강하다.

2차 세계대전 중 모로코의 카사블랑카는 미국을 가기 위한 중간 기착지였다. 비시 정부의 경찰, 독일 게슈타포, 레지스탕스, 난민이 뒤섞였고 도둑, 사기꾼, 살인이 난무하는 난장판의 도시였다. 릭은 파리가 독일군에 함락되기 바로 전날 탈출했다. 파리 열차를 타고 6월 13일 새벽 마르세유Marseille를 거쳐 카사블랑카에 왔다. 장대비가 쏟아지는 밤이었다. 약속 시간에 그녀는 파리 역에 나타나지 않았다. 샘이 가져온 메모지에 "동행할 수 없습니다. 이유를 묻지 말아요. 행운을 빕니다."라는 글이 적혀 있었다. 있을 수 없는 일이 현실이 되었다. 멋진 남자 릭은 독신으로 카사블랑카에서 큰 사교장, 릭스 카페 아메리카나를 경영하고 있었다.

일사도 같은 코스로 탈출했다. 일사는 남편 라즐로와 함께 우연히 릭 카페로 왔다. 파리에서 릭이 온몸을 바쳐 사랑했던 여자가 일사다. 그녀는 피아노를 치는 샘을 알아본다. 샘에게 'As Time Goes by' 연주를 부탁한다. 릭과 일사는 극적인 재회를 한다. 릭에게 남편 라즐로를 소개한다. 체코슬로바키아인이고 게슈타포가 수배하는 레지스탕스의 거물이다. 암표를 구해 리스본을 거쳐 미국으로 망명을 하고자 했다. 라즐로는 연인의 남편이다. 배신한 일사에게도 사정은 있었다. "라즐로가 레지스탕스 운동을 하다가 체포되어 캠프에서 살해되었다. 당신을 사랑하게 되었다. 떠나기 전날 죽을 줄 알았던 남편이 살아 돌아왔다. 파리 역에 나가지 못한 이유"라고 릭에게 말했다.

일사는 "남편을 리스본으로 탈출시키고 당신 곁에 남겠다."라고 애원한다. 릭은 항공권을 갖고 있다. 안개 낀 새벽 국제공항으로 갔다. 경찰서장과 밀약한다. 그들이 비행기를 탑승하려는 순간 관제탑에 연락하여 항공기에서 그들을 체포하라 했다. 릭은 항공권 2장을 내밀며 일사도 함께 떠나라고 강권한다. 눈치 채고 따라온 게슈타포 대장은 관제탑에 전화를 해 항공기 이륙을 중지하려 한다. 릭은 게슈타포 지부장을 사살한다. 항공기는 무사히 이륙한다. 릭은 죽음을 각오하고 사랑하는 여인과 그녀의 남편을 탈출시킨다.

최근 베스트셀러인 지리책이 있다. 저자는 팀 마샬Tim Marshall로, 『지리학의 포로Prisoners of Geography, 2015』와 『지리학의 힘The Power of Geography, 2021』이다. 마샬은 국제 관계 전문 기자다. 지리학자가 아니다. 영국인이다. 영국은 지리학을 영문학 앞에 놓는 나라다. 《포린 어페어스Foreign Affairs》의 편집장을 지냈다. 현대 세계 국가의 운명은 그 나라의 지리Geography에 달려 있다고 주장했다. 고마운 일이다. 지리학을 얕잡아 보는 지금, 지리학의 중요성을 말하니 기분이 좋다. 아프리카에서 지정학적으로 가장 중요한 나라는 어디일까? 지중해와 홍해 사이에 있는 이집트, 대서양과 인도양에 걸쳐 있는 남아프리카공화국을 거론한다.

모로코는 지중해와 대서양을 연결하는 길목이고, 아프리카 대륙과 유럽 사이에 있다. 가장 중요한 땅이다. 땅값으로 치면 가장 비싼 땅이다. 2차 세계대전 초반 나치는 유럽 대륙 전역을 파죽지세로 점령했다. 2차 세계대전 때 모로코의 카사블랑카는 어떤 지위에 있었을까? 2차 세계대전 중 모로코는 프랑스 비시 정부하에 있었다. 약간의 자치가 인정되었다. 현지 프랑스인은 독일보다 연합군에 더 우호적이었다. 2차 세계대전 중 횃불 작전Torch Operation은 연합군의 상륙작전명이다. 모로코의 카사블랑카에서 시작했다. 교두보를 마련했다. 독일이 점령한 남부 유럽을 공격하는 폭격기는 모두 카사블랑카 미군 기지에서 출격했다. 그때는 살기 위해 난민은 유럽에서 모로코로, 지금은 아프리카에서 유럽으로 가기 위해 모로코로 간다. 우리나라도 아프리카 대륙에서 제일 먼저 수교1962한 나라가 모로코다. 모로코의 지리 때문이다.

05 | 모로코의 자연, 나라의 운명을 결정하는 자연

모로코는 특이하다. 모로코만큼 기후와 지형이 다양하고, 식민지 경험이 다양한 나라도 없는 듯하다. 모로코는 아프리카 대륙에 있지만 아프리카의 운명만 타고난 것은 아니다. 미인박명이다. 국가의 운명도 비슷하다. 아름다운 여성은 자기의 운명을 스스로 결정할 수 없을 때 힘 있는 자의 간섭을 받는다. 오래된 역사, 아름다운 자연, 풍부한 인적·물적 자원을 가진 국가도 스스로 운명을 개척하지 못하면 타락한 미인의 신세가 된다. 운명은 기구할 수밖에 없다.

모로코에서 볼 때 한국은 극동Far East이다. 지구가 구형이기 때문에 극동, 극서는 기준을 어디에 두느냐에 따라 다르다. 19세기 말 지리학이 정착될 때 식민지 패권 국가인 영국이 표준이었다. 본초자오선Prime Meridian은 영국 런던의 천문대를 기준으로 한다. 영국에서 계산하여 한국은 동경 E128°를 지난다. 모로코는 W7°35'를 지난다. 모로코는 중앙이고 한국은 극동이다.

모로코는 아프리카에서는 큰 나라다. 인구가 3천400만 명이고, 면적은 71만km^2이다. 영토 분쟁이 있는 서사하라West Sahara를 제외해도 면적이 45만km^2나 된다. 아프리카에서 6번째로 경제 규모가 큰 나라다. 인접한 스페인과 영토 분쟁이 있다. 모로코 영토 내에 5곳이나 스페인 땅이 있다. 세우타Ceuta, 멜리야Melilla, 페논Penon, 차파리나스Chafarinas섬, 페레힐Perejil이다. 이유가 있다. 모로코의 북부 지중해 연안 지방은 스페인이 오랫동안 지배했다. 1956년 모로코를 독립시켜주면서 5개 지역을 자치령으로 스페인의 영토로 떼어 갔다. 모로코는 인정하지 않는다. 영토 분쟁이 되고 있다.

모로코의 위치는 묘하다. 서쪽은 대서양, 북쪽은 지중해고, 남쪽은 사하라사막이다. 지중해 쪽의 북쪽은 아틀라스산맥이 지나고 그 남쪽은 리프Rif산맥이 지난다. 토부칼Toubkal, 4,167m산은 북아프리카에서 제일 높은 산이다. 북아프리카에서 가장 추운 곳이다. 해안 가까이 높은 산이 솟아 있어서 많은 비가 내린다. 농사가 잘된다. 인구가 북쪽에 모여 산다. 큰 도시들도 모두 북쪽에 있다. 모로코의 북쪽은 산지 지형이다. 비가 많이 내린다. 모로코의 북쪽 기후는 아프리카보다 유럽 해안의 기후와 비슷하다. 지중해와 대서양에 걸쳐 있는 지정학적 위치 때문에 지금도 그렇지만, 이 지역을 지배하는 강대국은 항상 모로코를 괴롭혔다.

5개의 기후 지역으로 나누어진다. 첫째, 지중해식 기후 지역, 지중해 연안 지역 500km까지가 여기에 해당된다. 여름은 고온 건조하고, 겨울에는 비가 내린다. 여름은 30C°이지만, 겨울은 10C° 내외다. 날씨는 미국의 캘리포니아와 비슷하다. 북쪽과 중앙 산지는 삼림이 무성하게 자란다. 둘째, 서안 해양성기후 지역, 대서양 연안은 한류인 카나리Canary Islands 해류가 연안으로 흘러 여름에도 시원하다. 셋째, 대륙성기후 지역, 중앙의 리프산맥과 아틀라스산맥이 있는 산지 지역은 비가 많고, 참나무, 향나무, 침엽수가 자란다. 넷째, 고산기후 지역, 위도가 높은 지역은 고산기후를 보이고, 스키 리조트도 있다. 다섯째, 사막기후 지역, 산맥의 동남쪽은 알제리 국경 지대는 완전한 사하라사막 지대로 이어진다. 다양한 기후 지역에 따라 다양한 삶의 형태가 나타나는 것이다.

19세기 이전의 모로코 역사는 북아프리카 여러 나라와 차이가 없다. 오랫동안 아랍제국의 지배를 받았고, 그 후 근세에 이르기까지 오스만제국의 지배를 받았다. 서양 근대사 500년은 지중해에서 대서양으로 진출에서 시작한다. 그 후 산업혁명으로 강대국이 된 유럽 국가들은 지중해와 대서양의 관문이 된 모로코에 높은 전략적 가치를 두었다. 스페인, 프랑스, 영국, 독일이다. 프랑스는 1830년에 알제리와 모로코를 보호국으로 만들었다. 스페인은 1860년 스페인의 거주지 문제로 모로코와 전쟁했다. 모로코의 북쪽 해안 지역을 보호 지역식민지으로 설정하였다. 1904년 프랑스와 스페인은 모로코의 식민지 분할을 합의했다.

영국과 독일도 끼어들었다. 열강들 사이에 긴장은 높아갔고, 1912년 페즈Fez 조약이 체결되었다. 모로코는 실질적으로 프랑스 식민지가 되었다.

스페인은 북부 해안 지역과 모로코의 남부 사하라사막 지역을 차지하였다. 1926년 리프Rif 산악 지역에서 베르베르족의 독립운동이 일어났다. 스페인과 프랑스군에 의하여 제압당했다. 1943년 미국의 도움으로 독립당Istiqlal이 창당되고, 모로코 독립을 주도했다. 1956년 드디어 프랑스는 모로코의 독립을 허락했다. 그리고 1개월 후 스페인도 북부 모로코의 보호령을 풀고 물러났다. 모로코는 보호국에서 왕국으로 독립했다. 모로코의 공식 언어는 아랍어와 베르베르어다. 프랑스어는 학교에서는 의무적으로 배운다. 모로코의 지식인은 프랑스어와 스페인어를 말할 줄 안다.

알제리

01 | 알제리 독립, 독립 후의 삶은 왜 더 나빠졌나?

알제리는 북아프리카에 있다. 프랑스가 알제리를 1830년부터 120년 동안 식민지 통치했다. 프랑스는 세계 각지에 많은 식민지를 갖고 있었지만 두 곳은 포기하지 못한다고 했다. 아시아의 베트남과 아프리카의 알제리였다. 제2차 세계대전의 종전으로 많은 식민지가 독립했다. 제2차 세계대전으로 승전국이든 패전국이든 만신창이가 되었다. 유럽의 제국주의 국가들은 식민지 관리를 할 겨를도 없었다. 또한, 식민지에서 독립운동이 일어나 감당하기도 힘들었다. 세계의 패권을 거머쥔 미국은 세계 질서를 미국 쪽으로 재편하기 위하여, 식민지의 독립을 도와주었다.

프랑스는 제2차 세계대전의 전승 국가라고 한다. 전승 국가의 자격이 없다. 2차 세계대전 발발 직후 전쟁을 해 보지도 못하고 독일군에 항복했다.

1940년 5월 10일 독일군이 프랑스 국경을 넘었다. 6월 14일에 파리가 함락되었다. 프랑스는 한 달 정도 저항했다. 승전국 대열에 낀 것은 드골이 이끄는 레지스탕스 운동과 미국의 지원으로 전승 국가로서 지위를 향유했다. 전후 프랑스는 쌀의 보고인 베트남을 다시 지배하려 했다. 디엔비엔푸Dien Bien Phu 전투1954에서 패하고 물러났다.

프랑스는 알제리에 국력을 집중했다. 알제리는 프랑스의 지중해 건너 아프리카 땅이다. 프랑스보다 알제리가 더 좋은 땅이라고도 한다. 프랑스64만 8천km²보다 알제리는 크기가 238만km², 3.5배다. 인구는 4천5백만 명으로 프랑스의 인구인 6천8백만 명보다 조금 적다. 아프리카에서 제일 면적이 큰 나라다. 이슬람 국가 중에서도 알제리, 사우디, 인도네시아, 수단 순이다. 세계 10위다. 면적 크기만큼 자원도 많다. 세계 지하자원의 톱 5에 들어가는 것만도 석유세계 4위, 천연가스5위, 망간3위, 수은3위, 은3위, 납5위, 코발트2위 등 엄청난 매장량을 갖고 있다.

지중해 연안은 아틀라스산맥이 평행하게 동서로 가로놓여 있다. 비가 있다. 해안 지방에는 오렌지, 포도, 올리브, 대추야자가 재배된다. 농산물이 풍부하다. 지중해 연안은 기후가 좋아 유럽인의 관광지가 되고 있다. 120년간 프랑스가 지배했다. 프랑스어를 누구나 구사한다. 알제리에서 태어난 프랑스인들이 많다. 프랑스인은 알제리에 사는 데 아무런 불편할 것이 없다. 창씨개명도 하고, 프랑스 교육을 강화하여 공용어는 프랑스어다. 알제리의 해안 지역에 교통과 통신에 많은 투자를 하였다. 알제리의 근대화는 프랑스의 힘으로 이루어졌다. 프랑스는 알제리를 합병하여 끝까지 지배하고 싶어 했다.

알제리의 독립운동은 결국 알제리 전쟁Algerian War, 즉 알제리 독립 전쟁으로 발전하였다. 알제리의 독립을 적극 반대하는 쪽은 주로 프랑스 군인의 가족들과 그 후손들이다. 그들은 주로 해안 지대의 도시, 수도 알제Algiers, 오란Oran 등 기후가 좋고 비옥한 토지를 차지했다. 프랑스인이 100만에 육박하였다. 알제리 원주민, 아랍·베르베르족은 물이 귀한 더 척박한 사막 쪽으로 몰려나갔다. 피지배 민족은 저항하기 마련이다. 알제리 독립 전쟁은 1954년부터 1962년까지였다. 독립 전쟁은 치열했다. 알제리 민족해방전선National Liberation Front은 게릴라전으로 저항하였다. 프랑스 정규군은 한때 47만 명에 이르렀다. 알제리 내의 프랑스인Pied-Noirs과 친프랑스 아랍 군대, 하르키Harki가 모두 프랑스 편이 되어 알제리 민족해방전선과 전쟁을 했다.

프랑스의 내에서도 국론이 양분되었다. 제5공화국의 드골 대통령은 알제리의 민족해방전선NLF과 '에비앙협정Evian Accords'을 맺었다. 알제리의 운명은 국민투표에 의하여 스스로 운명을 결정하도록 했다. 프랑스는 알제리를 떠났다. 알제리 주둔 프랑스 군대는 반란을 일으켰다. 드골 암살단이 조직되는 등 알제리 거주 프랑스 거류민의 저항은 한동안 계속되었다. 프랑스 반란군은 진압되고, 알제리는 완전 독립했다.

알베르 카뮈Albert Camus는 알제리에서 태어나고 자랐다. 1957년 부조리Absurdism로 노벨 문학상을 받았다. 알지에 대학을 나온 알제리 프랑스인Pied-Noirs이었다. 그는 정의와 휴머니즘을 주장하면서도 알제리 독립은 반대했다. 알제리의 독립이 알제리의 자유와 번영에 도움이 되지 않는다고 주장했다. 독립한 알제리는 노벨 문학상을 받은 카뮈를 대접하지 않았다. 태어난 집도, 유적도, 업적도 말살했다. 알제리의 독립은 지상 과제였다. 독립이 가져다준 것이 무엇인가? 독립한 지 60년이 지났다. 그러나 지금까지 알제리는 독재로 인한 인권유린, 엄청난 자원이 있으면서도 프랑스 국민소득의 3분의 1 수준의 빈곤 국가로 남아 있고, 치안이 불안한 전형적인 후진국이다. 알제리 국민에게 독립이 가져다준 의미는 무엇일까? 한 번 더 자문해 본다.

분쟁 지역이다. 아프리카 대륙의 서쪽 끝, 모로코 공화국 남쪽에 위치한다. 면적은 한국의 3배에 가까운 28만 6천km^2고, 인구는 100분의 1 정도인 56만 명이다. 서쪽은 대서양이고, 지역 전체가 사하라사막이다. 사람이 살 수 있는 곳은 작은 오아시스뿐이다. 북쪽 모로코 국경 근처에 사람이 살 만한 곳이 있다. 600m 높이의 산이 있고, 비가 조금 내리고, 와디가 있다. 안개가 많다. 대서양에서 습기를 품고 바람이 상륙하면서 안개를 만든다. 밤의 육지는 바다보다 기온이 낮다. 철망으로 안개를 받아 물방울로 만들어 식수로 쓴다. 특이한 경관이다. 제일 큰 도시는 엘아윤Laayoune이다. 인구는 21만 명이다. 서사하라 인구의 반은 엘아윤에 살고 있다.

서사하라는 아프리카의 마지막 식민지Last Colony of Africa이다. 1975년까지 스페인 식민지였다. 스페인이 손을 빼면서 서사하라의 운명은 마드리드 합의Madrid Accords로 처리됐다. 1975년 11월 14일이다. N24°를 중심으로 북쪽은 모로코, 동남쪽은 모리타니Mauritania 영토로 합의했다. 3분의 2는 모로코가 차지하고, 나머지 3분의 1은 모리타니가 가져갔다. 그리고 스페인은 돈이 되는 광산을 떼어 갔다. 마드리드 합의에는 실제로 거주하는 주민, 사라위Sahrawi족에 대한 배려는 없었다.

사라위족은 사실 독립할 결의도 힘도 없었다. 사라위족에 폴리사리오Polisario라는 무장 단체가 생겨났다. 독립군인 셈이다. 동쪽에 국경 일부를 맞대고 있는 알제리의 후원이 주효했다. 알제리에는 모로코 국경 가까이에 작은 도시 틴도푸Tindouf가 있다. 1997년 인구 1만 명도 안 되는 오아시스 도시였다. 알제리 정부가 사라위 난민 캠프를 설치했다. 난민을 수용하여 10

년 만에 5만 명, 지금은 15만 명 도시가 되었다. 주인 없는 땅인 서사하라에 욕심이 생긴 것이다.

그중 도시 인구의 3분의 1인 4만 5천 명은 난민이다. 모로코군에 쫓기고 있는 폴리사리오 무장 단체에 은신처를 제공해 주고 자금과 무기를 공여하고 있다. 사실상 폴리사리오 후원자는 알제리다. 모로코와 알제리 사이가 좋지 않고 원수지간이 되었다. 서아프리카 때문에 국교를 단절한 상태다. 알제리가 폴리사리오를 돕는 이유가 있다. 서사하라는 확인된 자원은 없다. 대서양으로 접근할 수 있는 통로 때문이다. 사라위족이 독립하면 서사하라를 통하여 대서양으로 접근이 용이해진다. 국제 문제는 모두가 국가의 이익 때문이다.

폴리사리오의 끈질긴 게릴라전으로 모리타니Mauritania는 손을 들었다. 국력도 약하고, 넓은 사막을 갖고 있고, 자국도 내전에 휩싸여 있었다. 마드리드 합의에 의한 서사하라의 남쪽 땅을 포기한다고 선언했다. 이제 분쟁은 모로코와 폴리사리오로 집약되었다. 모로코는 게릴라의 침입을 막기 위하여 모로코 장벽Morocco Wall을 설치했다. 1980년부터 2020년까지 7차에 걸쳐 설치하였다. 철조망을 설치하고 그 아래 지뢰밭을 만들고, 레이다를 설치하고, 중간 중간 초소를 두고 있다. 남북으로 길이가 2,700km다. 동쪽 알제리와 가까운 쪽은 폴리사리오가 관장하는 지역이다. 전체 면적의 5분의 1로 모두 사막이다.

모로코는 큰 나라고 아프리카에서는 잘사는 나라다. 인구가 3,700만 명이고 1인당 GDP도 1만 달러가 넘는다. 알제리도 큰 나라다. 면적은 238만 km^2고, 인구는 4,500만 명이다. 1인당 소득은 1만 3천 달러다. 모로코와 알제리의 국력은 비슷하다. 모리타니는 면적은 넓지만 인구는 420만 명이다. 1인당 소득은 2,300달러에 불과한 작은 나라다. 국제적 지지 여론도 팽팽하다. 서사하라는 모로코 영토라고 하는 주장에 편을 드는 나라는 47개국이고, 폴리사리오의 독립에 편을 드는 나라는 41개국이다. 서방 강대국들은 중립적 태도를 취하고 있지만, 모로코 편이다.

UN은 전쟁을 막기 위하여 평화유지군을 파견했다. 한국도 UN의 요구로 1994년에서 2006년까지 12년 동안 평화유지군을 파견했다. 주둔군 42명, 연인원 480명의 의료 지원단이었다. 우리도 사막전을 조금 이해한다. 이라크에 자이툰 부대를 보냈다. 영화로 사막전을 보았다. 영화 <모가디슈2021>는 모로코 에사우이라Essaouira에서 촬영했다. 최근 개봉한 <비공식작전2023>은 모로코 카사블랑카와 탕헤르를 배경으로 한다. 사막을 배경으로 하는 영화는 모로코에서 촬영한다. 물가가 싸고, 엑스트라를 구하기 쉽다고 한다. 서사하라 해안에 잡히는 문어, 갈치 등 생선이 우리 밥상에 오른다. 물가가 싸고 정치적으로 안정되어 노인 이민자도 받고 있다는 모로코 광고를 보았다.

어린 시절 학교 다닐 때 지리책이나 역사책에서 항상 지중해 이야기가 많았다. 지중해가 어떤 바다인가? 세계사는 어떻게 지중해에서 시작되는 것일까? 나는 일찍이 1970년 12월에 그 유명한 지중해를 가 보았다. 그냥 바다였다. 세계사를 담아 놓은 바다 같지 않았다. 고대의 유적만 있고 조용한 바다였다. 겨울에는 비가 오고 여름은 뜨거운 지중해 날씨다. 지중해 과거를 들여다볼수록 대단한 바다였다. 0.7%의 바다가 세계사의 90%를 만들어냈다. 지금도 크게 다르지 않다. 세계의 뉴스 반은 지중해 주변 국가에서 나온다. 이스라엘과 하마스 전쟁, 러시아와 우크라이나 전쟁, IS와 테러, 중동과 아프리카에서 들어오는 난민 문제, 지중해로 떠나는 바캉스 뉴스다. 오랫동안 지중해를 들여다보고 주변 국가들을 살폈지만, 아직도 지중해를 아는 데는 뚜껑을 열었을 뿐 지중해 바다에는 무궁무진한 에피소드가 들어 있었다. 나머지는 독자들의 몫이다. 나는 시작을 했을 뿐이다.

지중해 연안의 23개 나라를 살펴보았다. 이 책은 전문적인 지식도 들어 있지만, 교과서 같지는 않다. 많은 정보가 들어있어도 지식을 상식화하려고 노력했다. 지리학이라는 학문이 꼭 지리를 전공하는 사람만이 독점하는 지식이 아니다. 지리서나 역사서는 누구나 읽어야 하는 교양서다. 사람을 만날 때도 마찬가지다. 어디에서 어떤 환경에서 성장한 사람이고 어떤 이력을 가진 분인지 모르면 친해지기 쉽지 않다. 인간의 공동체인 국가도 마찬가지다. 그 나라의 지리와 역사를 알아야 그 나라를 이해할 수 있고, 이해를 바탕으로 교류가 일어난다. 지금 전 세계의 어느 국가도 한번 거래하고 끝나는 경우가 없다. 비록, 전쟁하는 나라라도 앞으로 지구상에 공존하고 같이 함께 살아갈 나라라는 것을 염두에 두어야 하는 세상이 되었다.

정보는 인터넷에서 얻은 것이 대부분이다. 인터넷 정보는 넘쳐난다. 인터넷에 링크된 2차 정보까지 계산하면 거의 무한정이다. 각국의 정보는 Wikipedia, Naver, Chat Gpt, 인터넷 백과사전을 비롯하여 각국 대사관에서 정보를 얻었다. 우리와 관계는 우리 대사관 자료를 참조했다. 정보가 어떻든 그 해석은 필자의 몫이다. 이 책에 쓰여진 정보와 해석은 전적으로 나의 소관이고 책임이다.

단순히 그 나라의 지리정보를 체계화한 것이 아니라 나의 눈으로 체계화했다. 나는 한국인이고 지리학을 전공한 사람이다. 전문적인 여행을 하는 사람은 아니지만, 여행을 많이 한 한국인 축에는 든다. 내가 방문한 나라를 헤아려보지는 않았다. 국경보다 지리적 요소를 공유하고 있는 지역에 더 관심을 가졌다. 나는 호기심이 많은 사람이라 생각한다. 세상에 왜 그 장소에서 그런 일어나는지가 나의 제일 관심사다. 그리고 우리와 어떤 관계가 있는지를 살폈다.

신문에 게재한 칼럼을 모아서 책으로 만들었다. 초등학생부터 대학생까지 읽어도 된다. 대구에서 발행하는 주간지 ≪내일신문≫이다. 2003년부터 2024년까지 21년간 매주 한 꼭지씩을 기고했다. '박찬석의 세계지리 산책'이란 제목으로…. 꽤 인기 있는 칼럼이었다. 자화자찬 같기는 하지만, 신문은 독자가 생명줄이다. 재미없는 칼럼을 신문사가 21년 동안 연재를 허용하지는 않았으리라 생각한다. 한 국가의 이야기를 체계적으로 다루지 않고 에피소드 중심으로, 흥미 중심으로 쓰고, 그 속에 알아야 할 지식을 알박기했다. 따라서 한 국가를 이해하는 체계적으로 종합적으로 공부하려는 독자에게는 한계가 있다. 지리 산책 산문이다. 이야깃거리가 되는 흥미를 일으키는 에피소드를 중심으로 내용으로 정리했다. 총체적·체계적 지식 책이 아닌 단편적인 지식이라는 비판을 감수해야 한다. 그렇게 설계된 책이다.

지금은 여행 전용 유튜버들이 많이 있다. 각국을 다니면서 동영상을 찍고 해설을 해준다. 그 지역의 경관과 문화를 듣고 볼 수 있어 좋다. 여행자는 현지 정치 관심은 금물이다. 유튜버는 정치 이야기는 못 한다. 참으로 하고 싶은 말이다. 오늘의 그 나라들이 처한 경제적, 사회적 환경은 근본적으로 정치에 있다. 사회의 불안과 빈곤의 원인은 정치 때문이라고 생각한다. 경제발전을 하고 난 후 민주주의를 한다. 거짓말이다. 민주주의를 하지 않고서는 경제발전이 안 된다. 그런 나라를 보지 못했다. 정치 이야기를 다루었다. 나도 한시적인 정치가국회의원였다. 세르비아에서 정치 이야기를 하면 가이드는 손가락을 입에 갖다 댄다. 이집트에서는 신문에 나는 이야기도 물어보지 못한다. 여행 중 정치 이야기는 금물이다. 잘못하면 검색당하고 곤욕을 치른다. 여행자들이 가장 꺼리는 것이 현지 경찰과 엮이는 일이다.

요즘 여행자는 먹는 것에 많은 시간과 화면을 할애한다. 흥미롭다. 같은 생각이다. 문화는 먹고, 자고, 입는 데서 출발한다. 그러나 다루지는 못했다. 여행은 어디에서 무엇을 먹고, 어디에서 잠을 자느냐가 전부다. 인간도 동물이다. 내가 살던 서식지 아닌 곳에 던져지면 가장 중요한 것은 생명을 지키는 일이고, 그것이 먹고 자는 일이다. 나는 중요한 음식 이야기를 하지 못했다. 우리 시절은 달랐다. 어머니는 부엌에 들어가는 것을 천한 행위로 여겼다. "사내가 배가 고파도 부엌에 얼쩡거리는 것 아니다." 하고 나무랐다. 그런 시절에 나는 청춘을 보냈다.

너무 많은 정보가 들어 있다. 당일 신문의 칼럼이므로 알찬 내용을 담으로 했던 것이 원죄다. 따라서 내용의 중복을 피하려고 노력했지만 피하지 못한 부분이 많다. 어쩔 수 없었다. 이 책은 총론에서 각론으로 간 것이 아니라, 부분의 종합에서 전체를 보려고 노력했다. 한 꼭지마다 각각의 독립성이 있다. 책을 화장실에 두고 일을 보는 동안 한 꼭지 읽는 독자도 있다고 들었다. 그래도 상관없다.

지금도 매주 화요일 오후 2시, 대구에서 강의한다. 〈세계지리 산책〉이란 제목으로 협동조합 '지식과 세상'에서 시민강좌를 한다. 정리된 원고는 《내일신문》 대구판에 게재한다. 강의의 모음이 책으로 출판되었다.

책이 나올 때까지 수고하신 분들이 있다. 강좌 〈세계지리 산책〉 총무 박연우 선생의 노고다. 원고를 교정하고 감리했다. 공저라고 해도 과언이 아니다. 다음으로 까다로운 지도 작업을 마다하지 않고 출판을 맡아주신 출판사 ㈜푸른길의 이선주 팀장님, 끝으로 골방에서 읽고 쓰는 일에만 전념할 수 있도록 허락해 준, 반려자 이명자 여사에게 감사의 말을 올린다.

찾아보기

ㄹ

ㅁ

ㅂ

ㅅ

ㅇ

ㅈ

ㅊ

ㅋ

ㅌ